W0268618

FEM bei elektrischen Antrieben 1

Lizenz zum Wissen.

Sichern Sie sich umfassendes Technikwissen mit Sofortzugriff auf tausende Fachbücher und Fachzeitschriften aus den Bereichen: Automobiltechnik, Maschinenbau, Energie + Umwelt, E-Technik, Informatik + IT und Bauwesen.

Exklusiv für Leser von Springer-Fachbüchern: Testen Sie Springer für Professionals 30 Tage unverbindlich. Nutzen Sie dazu im Bestellverlauf Ihren persönlichen Aktionscode C0005406 auf

www.springerprofessional.de/buchaktion/

Jetzt 30 Tage testen!

Springer für Professionals.
Digitale Fachbibliothek. Themen-Scout. Knowledge-Manager.

- Zugriff auf tausende von Fachbüchern und Fachzeitschriften
- Selektion, Komprimierung und Verknüpfung relevanter Themen durch Fachredaktionen
- Tools zur persönlichen Wissensorganisation und Vernetzung

www.entschieden-intelligenter.de

Springer für Professionals

Bernd Aschendorf

FEM bei elektrischen Antrieben 1

Grundlagen, Vorgehensweise, Transformatoren und Gleichstrommaschinen

Bernd Aschendorf
FB Informations- und Elektrotechnik
Fachhochschule Dortmund
Dortmund, Deutschland

ISBN 978-3-8348-0574-4 ISBN 978-3-8348-2033-4 (eBook)
DOI 10.1007/978-3-8348-2033-4

Die Deutsche Nationalbibliothek verzeichnet diese Publikation in der Deutschen Nationalbibliografie;
detaillierte bibliografische Daten sind im Internet über http://dnb.d-nb.de abrufbar.

Springer Vieweg
© Springer Fachmedien Wiesbaden 2014

Springer Vieweg ist eine Marke von Springer DE. Springer DE ist Teil der Fachverlagsgruppe Springer Science+Business Media
www.springer-vieweg.de

*Meiner Familie gewidmet,
die mich als ANSYS-Süchtigen bei der
Bearbeitung von FEM-Projekten
und Lösung von Problemen
sehr häufig und lang andauernd
entbehren mussten.*

Vorwort

Das vorliegende Buch befasst sich mit der Berechnung Elektrischer Maschinen und deren Teil-Phänomenen durch das Finite-Elemente-Programm-Paket ANSYS. ANSYS ist unter den angebotenen numerischen Feldberechnungsprogrammen das weltweit verbreitetste. Die verwendete Finite-Elemente-Theorie zählt zu den numerischen Simulationsansätzen im Vergleich zu analytischen, bei denen Systeme und damit auch elektrische Maschinen über Matrizen oder einzelne Elemente in Ersatzschaltbildern beschrieben werden. Bei Verwendung der Finite-Elemente-Theorie erfolgt die Analyse der elektrischen Maschine nah am realen System. Die zu simulierende Konstruktion wird je nach Anordnung auch durch Schnitte als 2D-, 2,5D- oder 3D-Modell aufgebaut. Hierzu werden geometrische Elemente, wie z. B. Geometriepunkte, Linien, Flächen, Volumen, Finite-Elemente-Knoten und Elemente verwendet. Die generierten Flächen- oder Volumen, die sich in Verbindung mit Attributen, wie z. B. Elementtypen und Materialeigenschaften, zum gesamten Modell zusammenfügen, werden durch kleine finite Elemente in kleinste zusammenhängende Strukturen aufgeteilt, man spricht von Vermaschung oder Vernetzung. Damit entstehen große, bandstrukturierte Gleichungssysteme, die in Verbindung mit Randbedingungen und Lasten über Gleichungssystems-Lösungsverfahren gelöst werden müssen. Das Buch geht auf den gesamten Prozess der Modellgenerierung über die einzelnen Schritte Pre-processing, Solution und Postprocessing ein. Vorgestellt werden die beiden Verfahren der Bottom-up- und Top-down-Methode, die vergleichbar in allen anderen Finite-Elemente-Programmen zum Einsatz kommen. Die typische Vorgehensweise mit Menüs wird beschrieben, zur Ermöglichung der einfachen Änderbarkeit des Modells wird auf einen hybriden Ansatz eingegangen, bei dem aus den Menüeingaben sukzessive Skripten entstehen, mit denen in sehr kurzer Zeit Variationen des Modells generiert und gerechnet werden können. ANSYS verwendet hierzu die Programmiersprache APDL. Hinsichtlich der Berechnungsmöglichkeit wird auf statische, quasistationäre, harmonische und transiente Rechenverfahren eingegangen. Die Schaltungen der unterschiedlichen elektrischen Maschinen werden mit den ANSYS-typischen Schaltungen beschrieben.

Die Vorgehensweise wird an einem ersten Beispiel, einer trapezförmigen Nut, zunächst ausführlich erläutert. Die Berechnungsverfahren werden vorgestellt und auch die Auswertung durch graphische oder tabellarische Methoden wird beschrieben.

In den weiteren Kapiteln werden grundlegend die Berechnungsmöglichkeiten von Transformatoren, Gleichstrommaschinen, auch mit Zusatzwicklungen, Asynchronmaschinen, Synchronmaschinen und Linearmotoren vorgestellt. Hierzu werden parametrierte APDL-Skripten im Detail vorgestellt, mit denen auch in Verbindung mit eigenen Änderungen eigene Erfahrungen mit ANSYS aufgebaut werden können. Die Berechnungen erfolgen statisch, dies betrifft insbesondere die Gleichstrommaschinen, ansonsten dienen statische Rechnungen lediglich zur Kontrolle des Finite-Elemente-Modells. Die harmonische Berechnungsmethode setzt auf eine feste Frequenz in der gesamte Anordnung und liefert Real- und Imaginärteile, die anschießend gemeinsam ausgewertet werden müssen. Hinsichtlich der transienten Berechnungsmethode wird auf zeit- und ortsveränderliche Aufgabenstellungen eingegangen, die auch gemeinsam auftreten können. Die transiente Berechnung liefert induzierte Spannungen, Kurzschlussströme bei konstanter Drehzahl, aber auch Hochläufe ab bestimmten Drehzahlen oder die Berechnung der Belastung. In den beiliegenden Unterlagen sind die einzelnen Programme, aber auch die Geometriedaten in Verbindung mit den Aufrufen der Programme enthalten.

Dortmund, im Oktober 2013   Bernd Aschendorf

Einleitung

Das Finite-Elemente-Programm ANSYS zählt zu den verbreitetsten numerischen Analyseprogrammen weltweit. Durch den umfassenden Multiphysikansatz ist ANSYS in nahezu fast allen großen Unternehmen zur Berechnung mechanischer, elektrischer, thermischer und weiterer Problemstellungen im Einsatz. ANSYS verfügt neben einer übersichtlichen Benutzermenüführung zur Modellgenerierung, Berechnung und Auswertung über eine umfangreiche Skriptsprache, mit der parameterbasierte Berechnungen übersichtlich erfolgen können. Zur Anwendungsunterstützung stehen umfangreiche englischsprachige Dokumentationen, Tutorien und Beispielprojekte zur Verfügung. Trotz all dieser Vorteile ist der Einstieg in ANSYS langwierig und ohne Besuch von Schulungsveranstaltungen kaum möglich. Ist die Anschaffung dieses Programmsystems inklusive Hardware bereits sehr kostspielig, so erhöhen sich die Anschaffungskosten durch zwingend notwendige Schulungspakete von mindestens 10 Tagen Dauer erheblich. Hinzu kommt der Einsatzausfall des Geschulten und die zwingend erforderliche Anwendung der Schulungsergebnisse vor Ort. Nach 10 Tagen Schulung und der nachfolgenden Arbeit mit dem System verfügt der ANSYS-Anwender insbesondere bei elektromagnetischen Anwendungen, z. B. bei Elektrischen Maschinen, noch immer nicht über das notwendige Know-how für unternehmensorientierte Anwendungen. Nur durch ununterbrochene Intensivanwendung von ANSYS, weitere Nachschulungen und workshops erhält der ANSYS-Anwender das Wissen für komplexe Berechnungsmöglichkeiten. Was für ANSYS gilt, trifft auch für alle anderen Finite-Elemente-Programme zu, es sei denn es sind Eingabeprozessoren verfügbar, mit denen softwarebasiertes Spezialwissen über das Finite-Elemente-Programm mit Grundkenntnissen gepaart schnellen Erfolg ermöglichen. Sind derartige Möglichkeiten nicht vorhanden und stehen dem ANSYS-Anwender keine ausreichenden Schulungsmöglichkeiten und insbesondere Einarbeitungszeit zur Verfügung, so entsteht schnell Frustration über das teure Tool und die mangelhafte Einsetzbarkeit desselben.

Ähnliche Erfahrungen werden auch in der Lehre gemacht. ANSYS ist ein häufig in der Lehre an Hochschulen eingesetztes Tool, da die Konditionen der ANSYS-Anbieter für Hochschulen sehr interessant sind. Nach umfangreicher Einarbeitung in ANSYS im Rahmen von Projekt- oder Diplomarbeiten oder Bachelor Thesen ermöglicht ANSYS den Einsatz für Forschungs- und Entwicklungsprojekte. Nur an wenigen Hochschulen wird ANSYS bereits in der Lehre zur Elektrotechnik in Lehrveranstaltungen eingesetzt, um größeren Studierendengruppen einen Einstieg in ANSYS zu ermöglichen und darauf basierend umfangreichere Projekte durchzuführen. Der Autor dieses Buches führt seit mehreren Jahren Lehrveranstaltungen mit ANSYS durch und stellte fest, dass im Rahmen von Lehrveranstaltungen mit 3 Semesterwochenstunden über ein Semester bereits statische, harmonische und erste feststehende transiente Berechnungen möglich sind. Im Rahmen einer Vertiefungsveranstaltung mit weiteren 3 Semesterwochenstunden über ein Semester wird auch die Basis für bewegliche Modelle mit transienter Berechnung möglich. Abgeschlossen werden die Lehrveranstaltungen jeweils mit einer umfangreichen Hausarbeit zur Berechnung einer von den Studierenden selbst gewählten elektrotechnischen Aufgabenstellung inklusive Präsentation im Studierendenkreis. Durch eine derart intensive Betreuung erhalten bis zu 50 Studierende in einem Semester die Möglichkeit des Einstiegs in eines der verbreitetsten Finite-Elemente-Programme überhaupt und sind damit in der Lage dieses Tool auch bei späteren Arbeitgebern direkt anzuwenden.

Die Problematik der Einarbeitung in ANSYS ist demnach in Unternehmen und Hochschulen vergleichbar. Der Autor dieses Buches sammelte in den letzten Jahren intensive Erfahrungen mit dem Einsatz von ANSYS u. a. im Kontext rotierender und transversal beweglicher Elektrischer Maschinen und entwickelte auf der Basis der Einsatzerfahrung das Tool EM-Praktikum, mit dem sukzessive durch Menüführung die Modellierung, Berechnung und Auswertung zahlreicher Typen Elektrischer Maschinen unterstützt wird. Dieses auch in der Lehre eingesetzte Tool EM-Praktikum dient auch als Grundlage für dieses Buch, um ANSYS-Anwendern während und nach Schulungsveranstaltungen zu ANSYS zu unterstützen. Die zahlreichen Tipps und Tricks, die erst die komplexe Maschinenberechnung ermöglichen, ermöglichen dem Leser zudem eigene Modelle zu erstellen, vorgestellte Modelle zu ändern oder erweitern und Berechnungen, wie z. B. stellungsabhängige Rechnung, induzierte Spannung, Hochlauf, etc., durchzuführen. Im Folgenden wird zudem auf die spezifischen Probleme bei der Berechnung von Transformatoren, Gleichstrommaschinen, Synchron- und Asynchronmaschinen eingegangen. Das Buch beginnt mit einer allgemeinen Übersicht über die Maxwell'schen Gleichungen und die Grundlagen der Finite-Elemente-Theorie und beschreibt den Vorgang einer Finite-Elemente-Rechnung mit ANSYS, geht dann auf verschiedene Modellierungsansätze durch Menüanwendung, hybride Anwendung von Menü und APDL-Skript durch Umarbeitung von LOG-Dateien und direkte Anwendung von APDL-Skripten in Unterprogrammtechnik ein und widmet sich anschließend detailliert der Berechnungsmöglichkeit typischer Elektrischer Maschinen, wie z. B. Transformatoren, Gleichstrommaschinen, Synchronmaschinen, Asynchronmaschinen und Linearmotoren.

Im Teil 1 des Buches wird auf die Anwendung von ANSYS für elektrische Maschinen explizit eingegangen, als ausführliches Beispiel für rotierende elektrische Maschinen wird die Gleichstrommaschine mit verteilter Ankerwicklung und Erregerpolen behandelt.

Inhaltsverzeichnis

Theoretische Grundlagen 1

1.1 Maxwell'sche Gleichungen in integraler Form

Die Finite-Elemente-Theorie basiert auf den Maxwell'schen Gleichungen, die in integraler und differenzieller Form angegeben werden können. In integraler Form können leicht Analysen von geometrischen Modellen erfolgen oder verifiziert werden. Demgegenüber dienen die Gleichungen in differenzieller Form der Ableitung der Differenzialgleichungen für elektromagnetische Probleme. Als Maxwell'sche Gleichungen gelten 4 Gleichungen, die um weitere 3 Gleichungen ergänzt werden. Bei elektrischen Maschinen werden verhältnismäßig niedrige Frequenzen vorausgesetzt, was den Verzicht auf die zeitliche Varianz der Verschiebungsdichte bedingt.

Als erste Maxwell'sche Gleichung ist das Durchflutungsgesetz bekannt, mit dessen Hilfe aus der Aufsummation der einzelnen magnetischen Spannungsabfälle (Eisenamperewindungen), der dafür erforderliche Durchflutungsbeitrag aus dem Produkt von Windungszahl und Strom ermittelt wird.

$$\oint \vec{H} \cdot \vec{dl} = \iint \vec{J} \cdot \vec{ds} = N \cdot I$$

$$\text{Einheitenbetrachtung:} \quad \left[\frac{\text{A}}{\text{m}}\right] [\text{m}] = [1]\,[\text{A}]$$

Über die zweite Maxwell'sche Gleichung, das Induktionsgesetz oder Faraday'sche Gesetz, kann die induzierte Spannung aufgrund der Änderung einer Flussverkettung mit der Zeit ermittelt werden.

$$\oint \vec{E} \cdot \vec{dl} = -\frac{d\Psi}{dt} = -\frac{d}{dt} \iint \vec{B} \cdot \vec{ds}$$

$$\text{Einheitenbetrachtung:} \quad \left[\frac{\text{V}}{\text{m}}\right] [\text{m}] = \frac{\left[\frac{\text{Vs}}{\text{m}^2}\right]\left[\text{m}^2\right]}{[\text{s}]}$$

© Springer Fachmedien Wiesbaden 2014

B. Aschendorf, *FEM bei elektrischen Antrieben 1*, DOI 10.1007/978-3-8348-2033-4_1

Die dritte Maxwell'sche Gleichung beschreibt die Quellenfreiheit von elektromagnetischen Anordnungen, d. h. die Notwendigkeit geschlossener magnetischer Feldlinien.

$$\oiint \vec{B} \cdot \vec{ds} = 0$$

Die vierte Maxwell'sche Gleichung betrifft insbesondere elektrische Felder und dort den Ursprung elektrischer Felder aufgrund von Ladungen. Im Zusammenhang mit elektromagnetischen Berechnungen elektrischer Maschinen kommt diese Gleichung nicht zur Anwendung.

$$\oiint \vec{D} \cdot \vec{ds} = \varrho$$

Zur Vervollständigung der Gleichungen dient der i. a. nichtlinerare Zusammenhang zwischen der magnetischen Flußdichte B und der magnetischen Feldstärke H, der über die magnetische Feldkonstante μ_0 und die nichtlinear von H abhängige relative Permeabilität hergestellt wird.

$$\vec{B} = \mu_0 \cdot \mu_r \cdot \vec{H} \qquad \text{Einheitenbetrachtung:} \quad \left[\frac{\text{Vs}}{\text{m}^2}\right] = \left[\frac{\text{Vs}}{\text{Am}}\right] [1] \left[\frac{\text{A}}{\text{m}}\right]$$

Entsprechend wird über die elektrische Feldkonstante ε_0 und die relative, aber lineare Permittivität ε_r der Zusammenhang zwischen der Verschiebungsdichte D und der elektrischen Feldstärke E hergestellt.

$$\vec{D} = \varepsilon_0 \cdot \varepsilon_r \cdot \vec{E} \qquad \text{Einheitenbetrachtung:} \quad \left[\frac{\text{As}}{\text{m}^2}\right] = \left[\frac{\text{As}}{\text{Vm}}\right] [1] \left[\frac{\text{V}}{\text{m}}\right]$$

Der Zusammenhang von Stromdichte J und elektrischem Feld E wird über die Leitfähigkeit γ hergestellt und beinhaltet auch die Induktion von Strömen auf der Basis von bewegten Leitern im Magnetfeld.

$$\vec{J} = \gamma(\vec{E} + \vec{v} \times \vec{B})$$

Als Beispiel soll zur Verdeutlichung ein einfacher magnetischer Kreis dienen, der aus einem Joch endlicher Ausdehnung in z-Richtung mit Luftspalt und elektromagnetischer Spule besteht.

Die Parameter für das zweidimensionale Finite-Elemente-Modell sind:

Breite des Jochs: 0,2 m

Höhe des Jochs: 0,15 m

Jochstärke oben: 0,03 m

Jochstärke unten: 0,01 m

Jochstärke links: 0,02 m

Jochstärke rechts: 0,04 m

Luftspalt: 0,005 m

Spulenhöhe: 0,04 m

Spulenbreite: 0,01 m

Tiefe des Jochs: 0,03 m

$\mu_{r,\mathrm{Eisen}} = 10.000$ in der ersten und $\mu_{r,\mathrm{Eisen}} = 100$ in der zweiten Anordnung

Stromdichte $J = 10.000 \, \mathrm{A/m^2}$

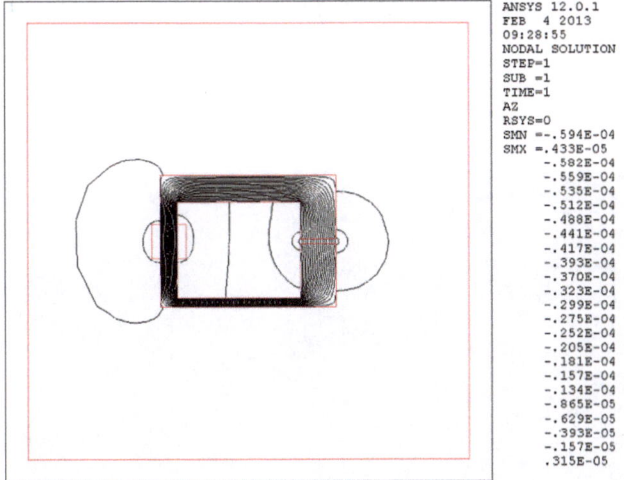

Abb. 1.1 Magnetfeldlinien in der Anordnung bei hoher Eisenpermeabilität

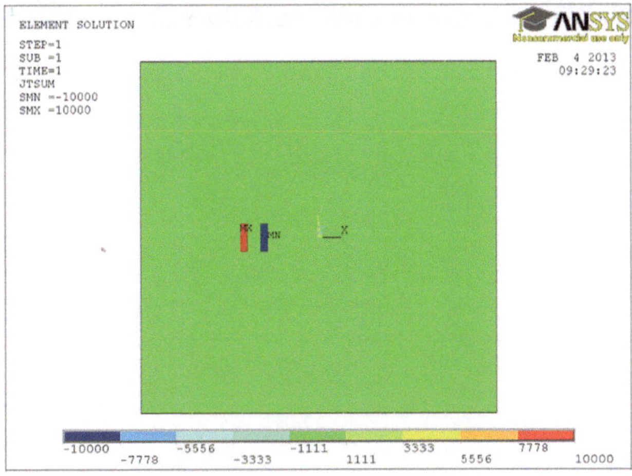

Abb. 1.2 Stromdichteverteilung in der Anordnung

Bei der Berechnung der Durchflutung nach der 1. Maxwell'schen Gleichung ist aufgrund der sehr hohen Permeabilität des Eisens die Auswertung des Ringintegrals über die magnetischen Spannungsabfälle nur der Luftspalt zu berücksichtigen. Es ergibt sich bei beidseitiger Auswertung des Integrals für die Aufsummation der magnetischen Spannungsabfälle und die Durchflutung:

$$\oint \vec{H} \cdot \vec{dl} = 797{,}4 \, \frac{\mathrm{A}}{\mathrm{m}} \cdot 0{,}005 \, \mathrm{m} = \iint \vec{J} \cdot \vec{ds}$$

$$= 10.000 \, \frac{\mathrm{A}}{\mathrm{m}^2} \cdot 0{,}04 \, \mathrm{m} \cdot 0{,}01 \, \mathrm{m} = N \cdot I$$

$$\oint \vec{H} \cdot \vec{dl} = 3{,}978 \, \mathrm{A} = \iint \vec{J} \cdot \vec{ds} = 4 \, \mathrm{A} = N \cdot I.$$

Die Differenz zwischen rechter und linker Seite ist auf die magnetischen Spannungsabfälle im Eisen zurückzuführen, die jedoch bei hochpermeablem Eisen sehr gering sind.

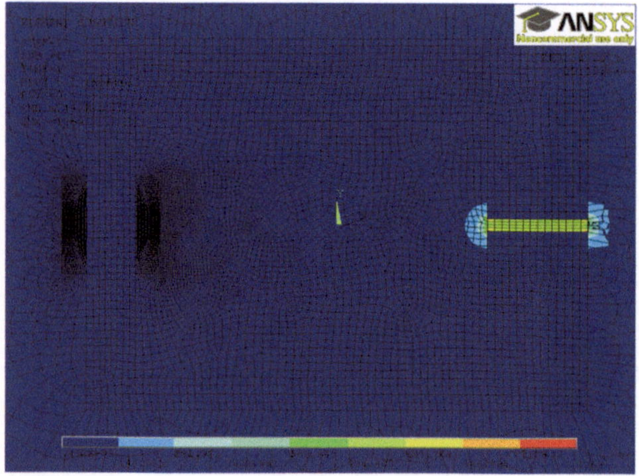

Abb. 1.3 Magnetische Feldstärke in der Anordnung bei hoher Eisenpermeabilität

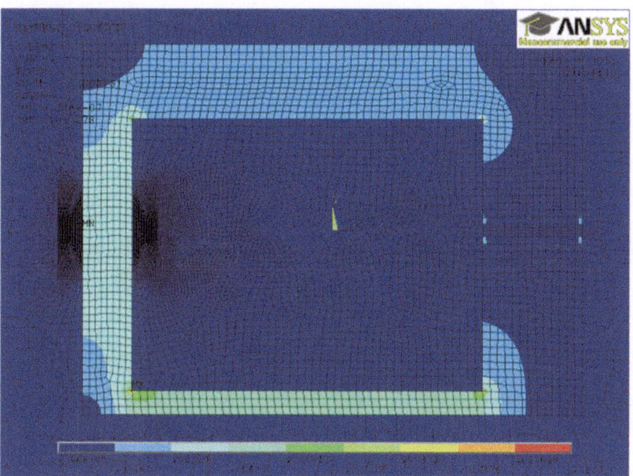

Abb. 1.4 Magnetische Flußdichte in der Anordnung bei hoher Eisenpermeabilität

Aus den magnetischen Feldstärken kann entsprechend der 3. Maxwell'schen Gleichung in etwas anderer Form, d. h., dass in einem abgeschlossenen Raum der magnetische Fluss konstant bleiben muss und damit $\varphi = B_1 A_1 = B_2 A_2$ ist, aus der magnetischen Feldstärke H auf die magnetische Flußdichte B geschlossen werden und diese wiederum von Jochseite zu Jochseite umgerechnet werden. Im Beispiel wurden die magnetischen Flußdichten B in den verschiedenen Jochseiten und im Luftspalt (jeweils zentral) mit ANSYS ermittelt und bei einer linearen Eisenpermeabilität μ_r von 10.000 zum einen aus der magnetischen Feldstärke H auf die Flußdichte geschlossen. Die magnetische Flußdichte im Luftspalt wurde als Referenz betrachtet und auf die Jochseiten flächenmäßig umgerechnet und mit dem von ANSYS berechneten Wert verglichen.

$$\left|\vec{B}_\delta\right| = \mu_0 \cdot \mu_r \cdot H = \mu_0 \cdot 1 \cdot 797{,}4\,\frac{\mathrm{A}}{\mathrm{m}} = 0{,}001\,\frac{\mathrm{Vs}}{\mathrm{m}^2} = 0{,}001\,\frac{\mathrm{Vs}}{\mathrm{m}^2}$$

$$\left|\vec{B}_{\mathrm{rechts}}\right| = \left|\vec{B}_\delta\right| = 0{,}001\,\frac{\mathrm{Vs}}{\mathrm{m}^2} = 0{,}0012\,\frac{\mathrm{Vs}}{\mathrm{m}^2}$$

$$\left|\vec{B}_{\mathrm{oben}}\right| = \frac{0{,}04\,\mathrm{m}}{0{,}03\,\mathrm{m}}0{,}001\,\frac{\mathrm{Vs}}{\mathrm{m}^2} = 0{,}00133\,\frac{\mathrm{Vs}}{\mathrm{m}^2} = 0{,}0018\,\frac{\mathrm{Vs}}{\mathrm{m}^2}$$

$$\left|\vec{B}_{\mathrm{links}}\right| = \frac{0{,}04\,\mathrm{m}}{0{,}02\,\mathrm{m}}0{,}001\,\frac{\mathrm{Vs}}{\mathrm{m}^2} = 0{,}002\,\frac{\mathrm{Vs}}{\mathrm{m}^2} = 0{,}0032\,\frac{\mathrm{Vs}}{\mathrm{m}^2}$$

$$\left|\vec{B}_{\mathrm{unten}}\right| = \frac{0{,}04\,\mathrm{m}}{0{,}01\,\mathrm{m}}0{,}001\,\frac{\mathrm{Vs}}{\mathrm{m}^2} = 0{,}004\,\frac{\mathrm{Vs}}{\mathrm{m}^2} = 0{,}0055\,\frac{\mathrm{Vs}}{\mathrm{m}^2}$$

Man erkennt, dass die numerische Rechnung auf der rechten Seite und im Luftspalt mit der Umrechnung übereinstimmt, leichte Varianzen in der Berechnungen jedoch bereits größere Unterschiede ergeben, da die magnetische Permeabilität mit 10.000 nicht unendlich groß ist und zudem bereits kleinere Streueffekte auftreten.

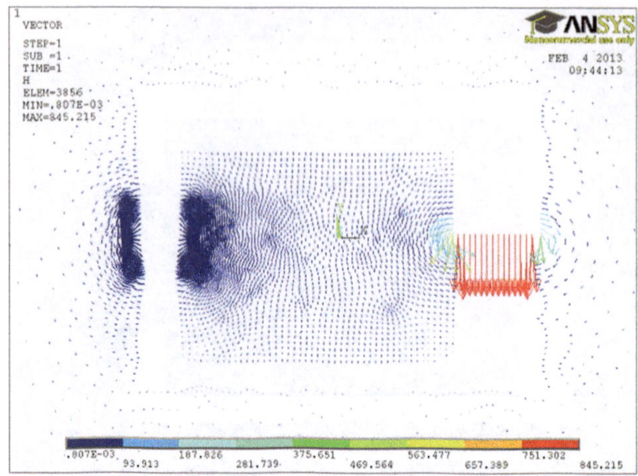

Abb. 1.5 Vektorielle Darstellung der magnetischen Feldstärke in der Anordnung bei geringer Eisenpermeabilität

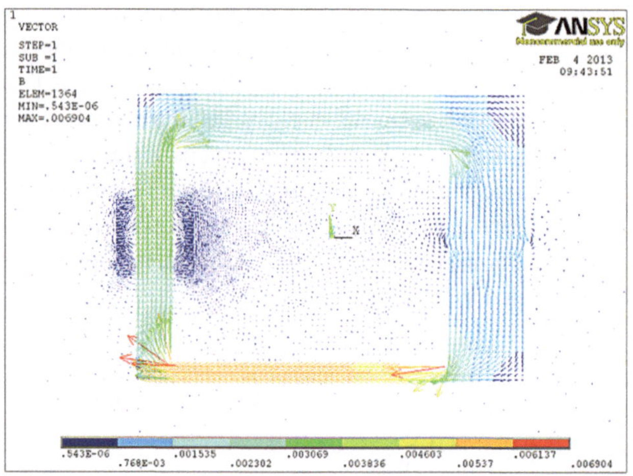

Abb. 1.6 Vektorielle Darstellung der magnetischen Flußdichte in der Anordnung bei geringer Eisenpermeabilität

Der Strom fließt im Zentrum des magnetischen Kreises entgegen der z-Richtung, d. h. senkrecht zur Papierrichtung. Damit sind die Richtungen von magnetischer Flußdichte und magnetischer Feldstärke im Uhrzeigersinn orientiert.

Bei Reduktion der relativen Permeabilität des Eisens auf 100 treten deutliche magnetische Spannungsabfälle als Eisenamperewindungen und Streueffekte auf. Nicht alle von der linken Spule erzeugten Feldlinien erreichen den Luftspaltbereich.

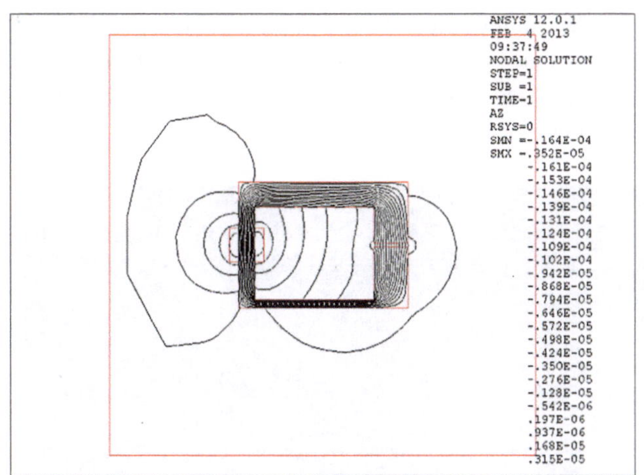

Abb. 1.7 Magnetfeldlinien in der Anordnung bei geringer Eisenpermeabilität

Bei der Berechnung der Durchflutung nach der 1. Maxwell'schen Gleichung ist aufgrund der sehr geringen Permeabilität des Eisens die Auswertung des Ringintegrals auch über die magnetischen Spannungsabfälle im Eisen in Verbindung mit dem Luftspalt zu führen. Im vorliegenden Fall wurden die magnetischen Feldstärken und Flußdichten mit ANSYS ermittelt, jedoch davon ausgegangen, dass B und H in den jeweiligen Jochbereichen und im Luftspalt konstant ist. Es ergibt sich bei beidseitiger Auswertung des Integrals für die Aufsummation der magnetischen Spannungsabfälle und die Durchflutung:

$$\oint \vec{H} \cdot \vec{dl} = 182{,}3\,\frac{\text{A}}{\text{m}} \cdot 0{,}005\,\text{m} + 2{,}1\,\frac{\text{A}}{\text{m}} \cdot \left(0{,}15 - \frac{0{,}015}{2} - \frac{0{,}005}{2} - 0{,}005\right)\text{m}$$

$$+\,3{,}5\,\frac{\text{A}}{\text{m}} \cdot \left(0{,}2 - \frac{0{,}02}{2} - \frac{0{,}04}{2}\right)\text{m} + 7{,}9\,\frac{\text{A}}{\text{m}} \cdot \left(0{,}15 - \frac{0{,}03}{2} - \frac{0{,}01}{2}\right)\text{m}$$

$$+\,9{,}3\,\frac{\text{A}}{\text{m}} \cdot \left(0{,}2 - \frac{0{,}02}{2} - \frac{0{,}04}{2}\right)\text{m}$$

$$= \iint \vec{J} \cdot \vec{ds} = 10.000\,\frac{\text{A}}{\text{m}^2} \cdot 0{,}04\,\text{m} \cdot 0{,}01\,\text{m} = N \cdot I$$

und nach Auswertung:

$$\oint \vec{H} \cdot \vec{dl} = 0{,}9115\,\text{A} + 0{,}2835\,\text{A} + 0{,}595\,\text{A} + 1{,}027\,\text{A} + 1{,}581\,\text{A}$$

$$= \iint \vec{J} \cdot \vec{ds} = 4\,\text{A} = N \cdot I$$

$$\oint \vec{H} \cdot \vec{dl} = 4{,}4\,\text{A} = \iint \vec{J} \cdot \vec{ds} = 4\,\text{A} = N \cdot I.$$

Im Gegensatz zur Rechnung mit hoher Eisenpermeabilität wirken sich Streuung, Eisenamperwindungen im Eisen und die Feldverhältnisse in den Ecken der Anordnung stark auf die Abschätzung aus, sodaß die Abschätzung der Durchflutung 10 % größer ist als die tatsächliche Durchflutung.

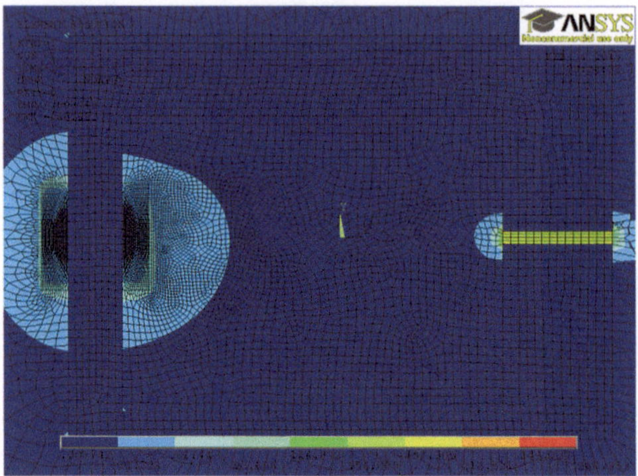

Abb. 1.8 Magnetische Feldstärke in der Anordnung bei geringer Eisenpermeabilität

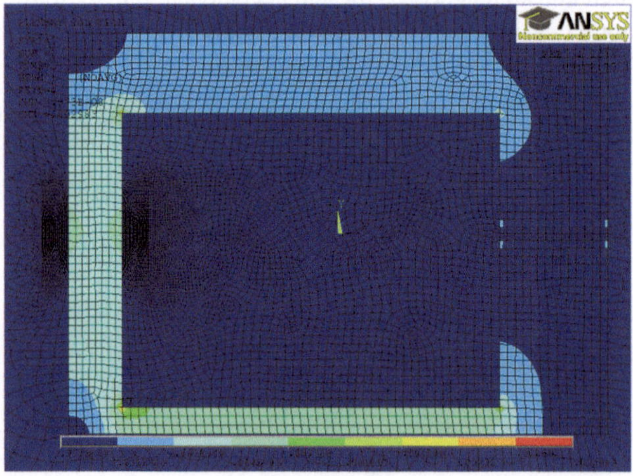

Abb. 1.9 Magnetische Flußdichte in der Anordnung bei geringer Eisenpermeabilität

Aus den magnetischen Feldstärken kann wie bei der Rechnung mit hoher Eisenpermeabilität entsprechend der 3. Maxwell'schen Gleichung aus der magnetischen Feldstärke H auf die magnetische Flußdichte B geschlossen werden und diese wiederum von Jochseite zu Jochseite umgerechnet werden. Im Beispiel wurden die magnetischen Flußdichten B in den verschiedenen Jochseiten und im Luftspalt (jeweils zentral) mit ANSYS ermittelt und bei einer linearen Eisenpermeabilität μ_r von 100 zum einen aus der magnetischen Feldstärke H auf die Flußdichte geschlossen. Die magnetische Flußdichte im Luftspalt wurde als Referenz betrachtet und auf die Jochseiten flächenmäßig umgerechnet und mit dem von ANSYS berechneten Wert verglichen.

$$\left|\vec{B}_\delta\right| = \mu_0 \cdot \mu_r \cdot H = \mu_0 \cdot 1 \cdot 182{,}3\,\frac{A}{m} = 2{,}29 \cdot 10^{-4}\,\frac{Vs}{m^2} = 2{,}29 \cdot 10^{-4}\,\frac{Vs}{m^2}$$

$$\left|\vec{B}_{\text{rechts}}\right| = \mu_0 \cdot \mu_r \cdot H = \mu_0 \cdot 100 \cdot 2{,}2\,\frac{A}{m} = 2{,}76 \cdot 10^{-4}\,\frac{Vs}{m^2} = 2{,}29 \cdot 10^{-4}\,\frac{Vs}{m^2}$$

$$= 2{,}29 \cdot 10^{-4} = 2{,}8 \cdot 10^{-4}\,\frac{Vs}{m^2}$$

$$\left|\vec{B}_{\text{oben}}\right| = \mu_0 \cdot \mu_r \cdot H = \mu_0 \cdot 100 \cdot 3{,}5\,\frac{A}{m} = 4{,}4 \cdot 10^{-4}\,\frac{Vs}{m^2} = \frac{0{,}04\,m}{0{,}03\,m}2{,}29 \cdot 10^{-4}\,\frac{Vs}{m^2}$$

$$= 3{,}05 \cdot 10^{-4}\,\frac{Vs}{m^2} = 4{,}4 \cdot 10^{-4}\,\frac{Vs}{m^2}$$

$$\left|\vec{B}_{\text{links}}\right| = \mu_0 \cdot \mu_r \cdot H = \mu_0 \cdot 100 \cdot 7{,}9\,\frac{A}{m} = 0{,}99 \cdot 10^{-4}\,\frac{Vs}{m^2} = \frac{0{,}04\,m}{0{,}02\,m}2{,}29 \cdot 10^{-4}\,\frac{Vs}{m^2}$$

$$= 4{,}58 \cdot 10^{-4}\,\frac{Vs}{m^2} = 9{,}91 \cdot 10^{-4}\,\frac{Vs}{m^2}$$

$$\left|\vec{B}_{\text{unten}}\right| = \mu_0 \cdot \mu_r \cdot H = \mu_0 \cdot 100 \cdot 9{,}3\,\frac{A}{m} = 1{,}17 \cdot 10^{-4}\,\frac{Vs}{m^2} = \frac{0{,}04\,m}{0{,}01\,m}2{,}29 \cdot 10^{-4}\,\frac{Vs}{m^2}$$

$$= 9{,}16 \cdot 10^{-4}\,\frac{Vs}{m^2} = 11{,}71 \cdot 10^{-4}\,\frac{Vs}{m^2}$$

Man erkennt, dass die numerische Rechnung im Luftspalt mit der Umrechnung übereinstimmt, leichte Varianzen in der Berechnungen durch Streuung, Feldverteilung in den Ecken und geringe Eisenpermeabilität jedoch bereits größere Unterschiede in den Jochseiten ergeben.

Dieses simple Beispiel eines magnetischen Kreises zeigt die Notwendigkeit von Finite-Elemente-Rechnungen zur Ermittlung der tatsächlichen Feldverteilung insbesondere bei geringer Eisenpermeabilität und langen Eisenwegen.

Die Maxwell'schen Gleichungen in integraler Form können gut zur Validierung der numerischen Rechenergebnisse herangezogen werden, um Modellierungsfehler und fehlerhafte Parametrierung auszuschließen.

1.2 Maxwell'sche Gleichungen in differenzieller Form

Zur Bestimmung der Differenzialgleichungen als Grundlage für die Lösung über die Finite Differenzen- oder Finite Elemente-Methode können die Maxwell'schen Gleichungen wie folgt angeschrieben werden:

$$\text{rot}\,\vec{H} = \vec{J} + \frac{\partial}{\partial t}\vec{D}$$

Die Durchflutung eines magnetischen Gebietes über die Stromdichte J und bei hohen Frequenzen über die zeitliche Varianz der elektrischen Flußdichte D ergibt sich über die Rotation des magnetischen Feldes H, d. h. elektrische Ströme erzeugen um sich Wirbel des magnetischen Feldes.

$$\operatorname{rot} \vec{E} = -\frac{\partial}{\partial t}\vec{B}$$

Die induzierte Spannung ergibt sich aus einem Spannungsumlauf um eine elektrische Anordnung und ist auf die zeitliche Änderung des magnetischen Feldes B zurückzuführen.

$$\operatorname{div} \vec{B} = 0$$

Die Quellenfreiheit magnetischer Anordnungen wird über die Divergenz des magnetischen Feldes beschrieben.

$$\operatorname{div} \vec{D} = \varrho$$

Demgegenüber ist das elektrische Feld, beschrieben über die Verschiebungsdichte nicht quellenfrei, sondern basiert auf einer Raumladungsverteilung ρ.

Ergänzt werden die Maxwell'schen Gleichungen durch die Beziehungen zwischen B und H über μ, D und E über ε und J und E über γ.

Die Rotation eines Vektors entspricht nach der Vektoranalysis dem Kreuzprodukt des Ableitungsvektors mit dem Vektor und ergibt damit als Ergebnis einen Vektor, während die Divergenz eines Vektors dem Punktprodukt des Ableitungsvektors mit dem Vektor entspricht und damit als Ergebnis einen Skalar ergibt.

In kartesischen Größen ergibt sich:

$$\operatorname{rot} \vec{V} = \begin{pmatrix} \dfrac{\partial}{\partial x} \\[2ex] \dfrac{\partial}{\partial y} \\[2ex] \dfrac{\partial}{\partial z} \end{pmatrix} \times \begin{pmatrix} V_x \\ V_y \\ V_z \end{pmatrix}$$

und

$$\operatorname{div} \vec{V} = \begin{pmatrix} \dfrac{\partial}{\partial x} \\[2ex] \dfrac{\partial}{\partial y} \\[2ex] \dfrac{\partial}{\partial z} \end{pmatrix} \circ \begin{pmatrix} V_x \\ V_y \\ V_z \end{pmatrix}.$$

1.3 Herleitung der Differenzialgleichung für elektrostatische Felder

Am Beispiel des elektrostatischen Feldes kann die Herleitung der Differenzialgleichung aus den vektoriellen Maxwell'schen Gleichungen ohne Hilfsgrößen leicht nachvollzogen werden.

Die elektrische Feldstärke E ergibt sich aus den partiellen Ableitungen der elektrischen Potenzialverteilung.

$$\vec{E} = -\operatorname{grad} V$$

Zusätzlich wird die 4. Maxwell'sche Gleichung benötigt.

$$\operatorname{div} \vec{D} = \varrho$$

Der Zusammenhang zwischen Verschiebungsdichte D und elektrischem Feld E ergibt sich aus:

$$\vec{D} = \varepsilon \cdot \vec{E}.$$

Ersetzt man in der 4. Maxwell'schen Gleichung die Verschiebungsdichte D durch E, so ergibt sich

$$\operatorname{div} \varepsilon \vec{E} = \varrho$$

und nach einer kleinen Umstellung

$$\operatorname{div} \vec{E} = \frac{\varrho}{\varepsilon}.$$

In dieser Gleichung wird die elektrische Feldstärke E durch den Gradienten der Potenzialverteilung V ersetzt

$$\operatorname{div} \operatorname{grad} V = -\frac{\varrho}{\varepsilon}.$$

Formt man in vektorielle Schreibweise in kartesischen Koordinaten um, so ergibt sich:

$$\begin{pmatrix} \dfrac{\partial}{\partial x} \\[1ex] \dfrac{\partial}{\partial y} \\[1ex] \dfrac{\partial}{\partial z} \end{pmatrix} \circ \begin{pmatrix} \dfrac{\partial}{\partial x} \\[1ex] \dfrac{\partial}{\partial y} \\[1ex] \dfrac{\partial}{\partial z} \end{pmatrix} V(x, y, z) = -\frac{\varrho}{\varepsilon}.$$

Für das zweifache Produkt der Ableitungen kann statt *div grad* auch der Nabla-Operator Δ verwendet werden.

$$\operatorname{div} \operatorname{grad} V = \Delta V = -\frac{\varrho}{\varepsilon}$$

In kartesischen Koordinaten in der Ebene ergibt sich damit die Potenzialgleichung.

$$\frac{\partial^2 V}{\partial x^2} + \frac{\partial^2 V}{\partial y^2} = -\frac{\varrho}{\varepsilon}$$

1.4 Herleitung der Differenzialgleichung für magnetostatische Felder

Die Herleitung der Differenzialgleichung für magnetostatische Felder, d. h. konstante Stromdichte oder magnetisches Material ergibt sich aus der 1. und 3. Maxwell'schen Gleichung nicht direkt.

Aus rot $\vec{H} = \vec{J}$ in Verbindung mit der 2. Maxwell'schen Gleichung div $\vec{B} = 0$ und

$$\vec{B} = \mu \cdot \vec{H}$$

ergibt sich nicht direkt eine Differenzialgleichung. Benötigt wird eine magnetische Hilfs-größe ähnlich dem tatsächlich messbaren elektrischen Potenzial. Eingeführt wird das magnetische Vektorpotenzial A, aus dem über die Rotationsbeziehung die magnetische Fluß-dichte ermittelt werden kann. Eingeführt wird $\vec{B} = $ rot $\vec{A}$, wobei das magnetische Vektor-potenzial A wie das magnetische Feld quellenfrei ist. Damit muss sichergestellt sein, dass div $\vec{A} = 0$. Dies wird im Folgenden über Randbedingungen eingestellt.

Durch Ersatz von B durch H wird aus $\vec{B} = $ rot $\vec{A}$

$$\mu \vec{H} = \text{rot } \vec{A}$$

und damit

$$\vec{H} = \frac{1}{\mu} \text{rot } \vec{A}.$$

Des Weiteren ist laut der 1. Maxwell'schen Gleichung

$$\text{rot } \vec{H} = \vec{J}$$

und nach der 2. Maxwell'schen Gleichung

$$\text{rot } \vec{E} = -\frac{\partial}{\partial t} \vec{B} = 0,$$

wobei nach der 3. Maxwell'schen Gleichung das magnetische Feld quellenfrei ist.

$$\text{div } \vec{B} = 0$$

Setzt man $\mu \vec{H} = \mathrm{rot}\,\vec{A}$ in die 1. Maxwell'sche Gleichung ein, so ergibt sich:

$$\mathrm{rot}\,\frac{1}{\mu}\,\mathrm{rot}\,\vec{A} = \vec{J}$$

und damit nach einer kleiner Umwandlung

$$\mathrm{rot}\,\mathrm{rot}\,\vec{A} = \mu \vec{J}.$$

Mit Hilfe der Vektoranalysisbeziehung

$$\mathrm{rot}\,\mathrm{rot}\,\vec{A} = \mathrm{grad}\,\mathrm{div}\,\vec{A} - \mathrm{div}\,\mathrm{grad}\,\vec{A}$$

ergibt sich

$$\mathrm{grad}\,\mathrm{div}\,\vec{A} - \mathrm{div}\,\mathrm{grad}\,\vec{A} = \mu \vec{J}.$$

Bei Berücksichtigung der Quellenfreiheit des Vektorpotenzials

$$\mathrm{div}\,\vec{A} = 0$$

ergibt sich

$$\mathrm{div}\,\mathrm{grad}\,\vec{A} = \mu \vec{J}$$

und bei Verwendung der Schreibweise des Nabla-Operators

$$\Delta \vec{A} = \mu \vec{J}.$$

In kartesischen Koordinaten in der Ebene ergibt sich damit

$$\frac{\partial^2 A_z(x,y)}{\partial x^2} + \frac{\partial^2 A_z(x,y)}{\partial y^2} = \mu \vec{J}_z.$$

Aufgrund von Strömen, bzw. Stromdichten, in der z-Richtung ergibt sich ein magnetisches Vektorpotenzial in z-Richtung, das sich in der x-y-Ebene verteilt. Aus dem Vektorpotenzial können Äquipotenziallinien-Darstellungen, die sogenannten Feldlinien abgeleitet werden. Über die Rotation, d. h. die Ableitung des Vektorpotenzials in die Richtungen x und y, ergibt sich die magnetische Flußdichte B und damit die magnetische Feldstärke H.

Grundsätzlich ist dies die Potenzialgleichung, wobei jedoch statt einem Potenzial die z-Richtung eines Vektors berechnet wird.

1.5   Herleitung der Differenzialgleichung für zeitlich veränderliche magnetische Felder

Die Herleitung der Differenzialgleichung für zeitlich veränderliche elektromagnetische Felder ergibt sich aus der 1. und 3. Maxwell'schen Gleichung nicht direkt, es muss die 2. Maxwell'sche Gleichung berücksichtigt werden.

Die Herleitung erfolgt analog Abschn. 1.4, jedoch ist die Änderung des magnetischen Feldes zu berücksichtigen.

Das Einsetzen von $\vec{B} = \operatorname{rot} \vec{A}$ in die 2. Maxwell'sche Gleichung ergibt

$$\operatorname{rot} \vec{E} = -\frac{\partial}{\partial t} \operatorname{rot} \vec{A}.$$

Nach Wandlung der Reihenfolge von Differenziation nach der Zeit und Rotation ergibt sich

$$\operatorname{rot} \vec{E} = \operatorname{rot}\left(-\frac{\partial}{\partial t}\vec{A}\right)$$

und damit nach Auswertung der Gleichung ohne die Rotation

$$\vec{E} = -\frac{\partial}{\partial t}\vec{A}.$$

Eingesetzt in die 1. Maxwell'sche Gleichung ergibt sich

$$\operatorname{rot}\frac{1}{\mu}\operatorname{rot}\vec{A} = -\gamma\frac{\partial}{\partial t}\vec{A}$$

und nach kleiner Umschreibung

$$\operatorname{rot}\operatorname{rot}\vec{A} = -\gamma\mu\frac{\partial}{\partial t}\vec{A}.$$

Bei Einführung der Vektoranalysisbeziehung ergibt sich

$$\operatorname{rot}\operatorname{rot}\vec{A} = \operatorname{grad}\operatorname{div}\vec{A} - \operatorname{div}\operatorname{grad}\vec{A} = -\gamma\mu\frac{\partial}{\partial t}\vec{A}$$

und mit $\operatorname{div}\vec{A} = 0$

$$\operatorname{div}\operatorname{grad}\vec{A} = \gamma\mu\frac{\partial}{\partial t}\vec{A}$$

$$\Delta\vec{A} = \gamma\mu\frac{\partial}{\partial t}\vec{A}.$$

Bei eingeprägter magnetischer Stromdichte und bei Verwendung der Schreibweise des Nabla-Operators ergibt sich:

$$\Delta\vec{A} = \gamma\mu\frac{\partial}{\partial t}\vec{A} + \mu\vec{J}.$$

In kartesischen Koordinaten in der Ebene ergibt sich damit die Differenzialgleichung:

$$\frac{\partial^2 A_z(x,y)}{\partial x^2} + \frac{\partial^2 A_z(x,y)}{\partial y^2} = \gamma\mu\frac{\partial}{\partial t}\vec{A}_z + \mu\vec{J}_z.$$

1.6 Herleitung der Differenzialgleichung für magnetische Felder inklusive Bewegung

Die Herleitung der Differenzialgleichung für elektromagnetische Felder inklusive Bewegung ergibt sich aus der 1. und 3. Maxwell'schen Gleichung nicht direkt, zusätzlich muss die Induktion aufgrund der Bewegung berücksichtigt werden.

Die Herleitung erfolgt analog Abschn. 1.5, jedoch ist die Bewegung zu berücksichtigen.

In die zweite Maxwell'sche Gleichung inklusive Bewegung wird $\vec{B} = \text{rot}\,\vec{A}$ eingebaut. Damit wird aus

$$\text{rot}\,\vec{E} = -\frac{\partial}{\partial t}\vec{B} + \text{rot}\,(\vec{v} \times \vec{B})$$

die Gleichung

$$\text{rot}\,\vec{E} = -\frac{\partial}{\partial t}\text{rot}\,\vec{A} + \text{rot}\,(\vec{v} \times \vec{B})$$

und nach einer Umstellung

$$\text{rot}\,\vec{E} = \text{rot}\,\left(-\frac{\partial}{\partial t}\vec{A}\right) + \text{rot}\,(\vec{v} \times \vec{B}).$$

Es ergibt sich

$$\vec{E} = -\frac{\partial}{\partial t}\vec{A} + (\vec{v} \times \vec{B})$$

und nach nochmaligem Ersatz der magnetischen Flußdichte B

$$\vec{E} = -\frac{\partial}{\partial t}\vec{A} + (\vec{v} \times \text{rot}\,\vec{A}).$$

Eingesetzt ergibt sich

$$\text{rot}\,\frac{1}{\mu}\text{rot}\,\vec{A} = -\gamma\frac{\partial}{\partial t}\vec{A} + \gamma(\vec{v} \times \text{rot}\,\vec{A})$$

und damit analog zu Abschn. 1.4 und 1.5

$$\text{div}\,\text{grad}\,\vec{A} = \gamma\mu\frac{\partial}{\partial t}\vec{A} + \gamma\mu(\vec{v} \times \text{rot}\,\vec{A})$$

$$\Delta\vec{A} = \gamma\mu\frac{\partial}{\partial t}\vec{A} + \gamma\mu(\vec{v} \times \text{rot}\,\vec{A}).$$

Bei zusätzlich eingeprägter magnetischer Stromdichte ergibt sich:

$$\Delta\vec{A} = \gamma\mu\frac{\partial}{\partial t}\vec{A} + \mu\vec{J} + \gamma\mu(\vec{v} \times \text{rot}\,\vec{A}).$$

In kartesischen Koordinaten in der Ebene:

$$\frac{\partial^2 A_z(x,y)}{\partial x^2} + \frac{\partial^2 A_z(x,y)}{\partial y^2} = \gamma\mu\frac{\partial}{\partial t}A_z(x,y) + \mu J_z + \gamma\mu\left(v_x\frac{\partial A_z(x,y)}{\partial x} + v_y\frac{\partial A_z(x,y)}{\partial y}\right).$$

1.7 Herleitung der Differenzialgleichung für harmonische magnetische Felder

Bei harmonischen Prozessen, d. h. einer bestimmten Frequenz in allen Teilen der Anordnung, ist:

$$\underline{J_z} = \underline{\widehat{J_z}}\, e^{j\omega t}$$

$$\underline{A_z} = \underline{\widehat{A_z}}\, e^{j\omega t}.$$

Damit ergibt sich als Differenzialgleichung

$$\frac{\partial^2 \underline{A_z}(x,y)}{\partial x^2} + \frac{\partial^2 \underline{A_z}(x,y)}{\partial y^2} = j\,\gamma\mu\omega\underline{\widehat{A_z}}\,e^{j\omega t} + \gamma\mu\left(v_x\frac{\partial \underline{A_z}(x,y)}{\partial x} + v_y\frac{\partial \underline{A_z}(x,y)}{\partial y}\right)$$

und damit

$$\frac{\partial^2 \underline{A_z}(x,y)}{\partial x^2} + \frac{\partial^2 \underline{A_z}(x,y)}{\partial y^2} = \gamma\mu j\omega\underline{A_z}(x,y) + \mu\underline{J_z}$$

$$+ \gamma\mu\left(v_x\frac{\partial \underline{A_z}(x,y)}{\partial x} + v_y\frac{\partial \underline{A_z}(x,y)}{\partial y}\right).$$

1.8 Randbedingungen

Als Randbedingungen des magnetischen Feldes sind zu berücksichtigen Feldlinien parallel zum Rand über

$$A_z = \text{konst} \quad \text{(Dirichlet-Randbedingung)}$$

und für Feldlinien, die z. B. beim Eintritt in ungesättigtes, hochpermeables Eisen, senkrecht in den Rand eintreten

$$\frac{\partial A}{\partial n} = 0 \quad \text{(Neumann'sche Randbedingung)}.$$

Bei Teilsegmenten aus Anordnungen, z. B. elektrischen Maschinen, oder bei Linearmotoren sind periodische und antiperiodische Randbedingungen zu berücksichtigen.

Als periodische Randbedingung ergibt sich für Periodizität nach der Länge x_L

$$A_z(x,y) = A_z(x + x_L, y)$$

und für polare Strukturen in polaren Koordinaten nach dem Winkel φ_L

$$A_z(r,\varphi) = A_z(r, \varphi + \varphi_L).$$

Für antiperiodische Randbedingung gilt in kartesischen Koordinaten

$$A_z\,(x, y) = -A_z(x + x_L, y)$$

und für polare Strukturen in polaren Koordinaten

$$A_z\,(r, \varphi) = -A_z(r, \varphi + \varphi_L).$$

1.9 Ableitung der Finite-Elemente-Theorie über Extremal- oder Residuenprinzipien

Die Finite-Elemente-Theorie wird über Extremal- oder Residuenprinzipien in der Ebene abgeleitet. Hierzu ist die Lösung des Variationsintegral I durch Minimierung über Ableitung zu untersuchen.

$$I = \iint\limits_G F\left(x, y, \frac{\partial A}{\partial x}, \frac{\partial A}{\partial y}\right) dx dy$$

Der Funktionalansatz für ruhende Medien lautet

$$F = \frac{1}{2\mu}\left[\left(\frac{\partial A}{\partial x}\right)^2 + \left(\frac{\partial A}{\partial y}\right)^2\right] - JA$$

und wird in das Variationsintegral eingesetzt

$$I = \iint\limits_G \left\langle \frac{1}{2\mu}\left[\left(\frac{\partial A}{\partial x}\right)^2 + \left(\frac{\partial A}{\partial y}\right)^2\right] - JA \right\rangle dx dy.$$

Die Lösung des Extremwertsproblems kann z. B. nach dem Ritz'schen Verfahren erfolgen. Dabei wird als Lösungsansatz folgende Funktion für das zu bestimmende Vektorpotenzial verwendet:

$$A = f_0 + \sum_{k=1}^{p} c_k f_k$$

Beispielhaft kann die Lösung über Dreiecke mit Knoten in den 3 Ecken erfolgen.

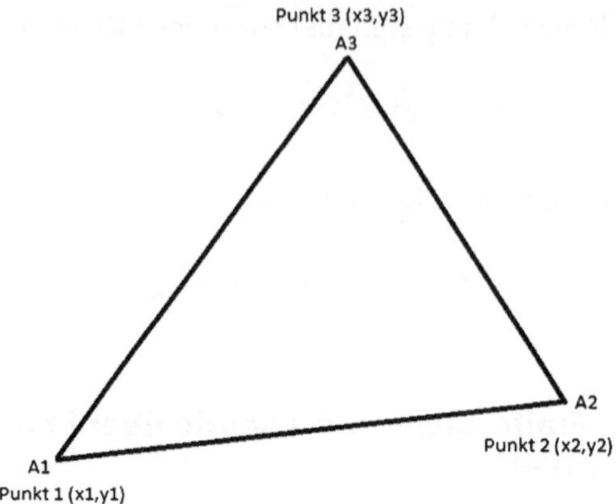

Abb. 1.10 Dreiknotiges Dreieckselement

Bei Verwendung eines Dreieckselements mit drei Knoten ergibt sich als Ansatz für die Funktion des Vektorpotenzials A am Ort x und y zu:

$$A(x, y) = \alpha_1 + \alpha_2 x + \alpha_3 y$$

Bei Definition über die Knoten in den Ecken eines Dreiecks ergibt sich

$$A(x, y) = \sum_{k=1}^{3} A_k f_k(x, y)$$

Als Formfunktionen für das Dreieck mit drei Eckpunkten ergibt sich nach Auflösung

$$f_1(x, y) = \frac{(x_2 y_3 - x_3 y_2) + (y_2 - y_3)\, x + (x_3 - x_2)\, y}{x_1(y_2 - y_3) + x_2(y_3 - y_1) + x_3(y_1 - y_2)}$$

$$f_2(x, y) = \frac{(x_3 y_1 - x_1 y_3) + (y_3 - y_1)\, x + (x_1 - x_3)\, y}{x_1(y_2 - y_3) + x_2(y_3 - y_1) + x_3(y_1 - y_2)}$$

$$f_3(x, y) = \frac{(x_1 y_2 - x_2 y_1) + (y_1 - y_2)\, x + (x_2 - x_1)\, y}{x_1(y_2 - y_3) + x_2(y_3 - y_1) + x_3(y_1 - y_2)}.$$

Eine komplexe Geometrie wird entsprechend des Variationsintegrals

$$I = \iint_G F\left(x, y, \frac{\partial A}{\partial x}, \frac{\partial A}{\partial y}\right) dx\,dy$$

über eine größere Anzahl von m finiten Elementen des zu diskretisierenden Rechengebiet approximiert

$$I = \sum_{i=1}^{m} \iint_{G_i} F\left(x, y, \frac{\partial A}{\partial x}, \frac{\partial A}{\partial y}\right) dx\,dy.$$

Damit ergibt sich das vollständige Variationsintegral nach Einsetzen der Formfunktionen und Ansatzfunktionen zu

$$I = \sum_{i=1}^{m} \iint_{G_i} \left\{ \frac{a_2}{2} \left[\left(\sum_{k=1}^{3} A_k \frac{\partial f_k}{\partial x} \right)^2 + \left(\sum_{k=1}^{3} A_k \frac{\partial f_k}{\partial y} \right)^2 \right] \right.$$
$$\left. + \frac{a_1}{2} \left(\sum_{k=1}^{3} A_k f_k \right)^2 + a_0 \left(\sum_{k=1}^{3} A_k f_k \right) \right\} dx\,dy.$$

Die Koeffizienten a_i werden entsprechend der zugrunde liegenden Differenzialgleichung und der Unterscheidung von statischer und harmonischer Rechnung festgelegt.

Das Variationsintegral I wird zur Bestimmung des Extremwerts nach den einzelnen zu bestimmenden Vektorpotenzialen in den Knotenpunkten aller finiten Elemente differenziert und zu Null gesetzt.

$$\frac{\partial I}{\partial A_i} = 0$$

Damit ergibt sich

$$\frac{\partial I}{\partial A_i} = \sum_{i} \iint_{G_i} \left\{ \left[\sum_{k=1}^{3} a_2 A_k \left(\frac{\partial f_j}{\partial x} \frac{\partial f_k}{\partial x} + \frac{\partial f_j}{\partial y} \frac{\partial f_k}{\partial y} \right) \right] \right.$$
$$\left. + \left(\sum_{k=1}^{3} \frac{a_1}{2} A_k f_j f_k \right) + a_0 f_j \right\} dx\,dy = 0.$$

Hier sind die Summationen nur über diejenigen Knoten zu bilden, die am jeweiligen Teilgebiet beteiligt sind. Das sich ergebende Gleichungssystem wird hinsichtlich des Grades um die Anzahl der aufgrund der Dirichlet-Randbedingung bekannten Vektorpotenziale verkleinert.

Es ergibt sich ein Gleichungssystem mit schwacher Besetzung der Diagonalen, das geeignet zum Aufbau einer schmalen Bandstruktur umnummeriert werden muss.

$$\begin{pmatrix} a_{ji} & \cdots & 0 \\ \vdots & \ddots & \vdots \\ 0 & \cdots & a_{ji} \end{pmatrix} \cdot \begin{pmatrix} A_1 \\ A_i \\ A_n \end{pmatrix} = \begin{pmatrix} b_1 \\ b_i \\ b_n \end{pmatrix}$$

1.10 Berücksichtigung von Spannungsgleichungen

Die Stromvorgabe kann über Stromdichten erfolgen. Dem elektrotechnischen Prozess entsprechen jedoch eher Strom- oder Spannungsvorgaben über elektrische Stromkreise. Hierzu sind die Spannungsgleichungen aller beteiligten Spulensysteme aufzustellen und zu berücksichtigen.

Über die 2. Maxwell'sche Gleichung

$$\oint \vec{E}\,\vec{dl} = -\frac{\partial \Psi}{\partial t}$$

können die Spannungsgleichungen aufgestellt werden. Darin besteht der verkettete Fluss Ψ bei Elektrischen Maschinen aus dem verketteten Fluss im Luftspalt im Bereich des Blechpakets und dem Streufluss im Stirnbereich.

$$\Psi = \Psi_\delta + \Psi_s.$$

Der Streufluss ergibt sich als

$$\Psi_s = L_s i$$

und kann damit als festes elektrisches Element im Stromkreis, wie z. B. auch einen Kondensator, berücksichtigt werden. Damit ergibt sich für die 2. Maxwell'sche Gleichung

$$\oint \vec{E}\,\vec{dl} = iR - u = -\frac{\partial \Psi}{\partial t} = -L_s i - \frac{\partial \Psi_\delta}{\partial t}.$$

Nach Umstellung ergibt sich

$$u = iR + L_s i + \frac{\partial \Psi_\delta}{\partial t}$$

und nach Aufteilung in zu berechnende Freiheitsgrade

$$u = (R + L_s)i + \frac{\partial \Psi_\delta}{\partial t}.$$

Bei harmonischer Zeitabhängigkeit, d. h. fester Frequenz f, ergibt sich

$$\underline{U} = (R + j\omega L_s)\,\underline{I} + j\omega\underline{\Psi}_\delta.$$

Dabei ist die Spannung u, bzw. $\underline{U}$, eine neue Randbedingung, aus der das magnetische System durchflutende Strom i, bzw. $\underline{I}$, als neuer zu lösender Freiheitsgrad resultiert. Widerstände, Kondensatoren und Streuinduktivitäten sind über Parameter vorzugeben. Die Flussverkettung Ψ resultiert aus der Aufsummation des magnetischen Flusses durch das Gebiet einer Spule, der sich wiederum aus der Differenz von Vektorpotenzialen ergibt.

Spannungsgleichungen sind damit weitere Gleichungen im zu lösenden Gleichungssystem.

Umsetzung der Finite-Elemente-Methode in ANSYS

ANSYS bietet über verschiedene Elementtypen die Umsetzung der Finite-Elemente-Methode mit zahlreichen Elementtypen und mehreren Berechnungsmethoden im zwei- und dreidimensionalen Raum an.

2.1 Elementtypen

Die Entscheidung für die Umsetzung des realen Problems als zweidimensionales Modell durch einen Schnitt durch die reale Anordnung mit einer gewissen Tiefe als Maßstab für das reale Modell an. Hierbei müssen die weiteren Elemente im Stirnbereich von z. B. elektrischen Maschinen per Abschätzung durch elektrische Zusatzelemente, wie z. B. Widerstände oder Induktivitäten, berücksichtigt werden. Andererseits können axialsymmetrische Modelle durch einen zentralen Schnitt durch die reale Anordnung bei Berücksichtigung einer Hälfte des Modells und Rotation um die z-Achse um 360 Grad realisiert aufgebaut werden. Modelle mit teilweise verdrehten oder geschrägten Anordnungen können durch einen Schnitt durch die Anordnung repräsentiert werden, der je nach geschrägtem Anordnungsteil Stator oder Rotor durch verdrehte Projektion in z-Richtung (Extrusion) als quasi 2,5-D-Modell realisiert werden. Dies ist bereits ein drei-dimensionales Modell mit langen Elementen in z-Richtung. Andererseits sind axial sehr kurze Modelle relativ zur Flächenausdehnung oder Modelle, bei denen großer Wert auf die Nachbildung der Stirnräume gelegt werden muss, nur über drei-dimensionale finite Elemente abgebildet werden.

ANSYS bietet sowohl für zwei-, als auch dreidimensionale Modelle zahlreiche Elementtypen an. Die Entscheidung für die Lösung der Differenzialgleichungen wird bereits bei der Entscheidung für die Elementtypen getroffen. So bietet ANSYS Elementtypen vom Typ MAGNETIC VECTOR, MAGNETIC SCALAR, MAGNETIC INTERFACE, MAGNETIC EDGE, sowie für hochfrequente elektromagnetische, elektrostatische, Stromkreis- und Stromleitungsprobleme an.

© Springer Fachmedien Wiesbaden 2014

B. Aschendorf, *FEM bei elektrischen Antrieben 1*, DOI 10.1007/978-3-8348-2033-4_2

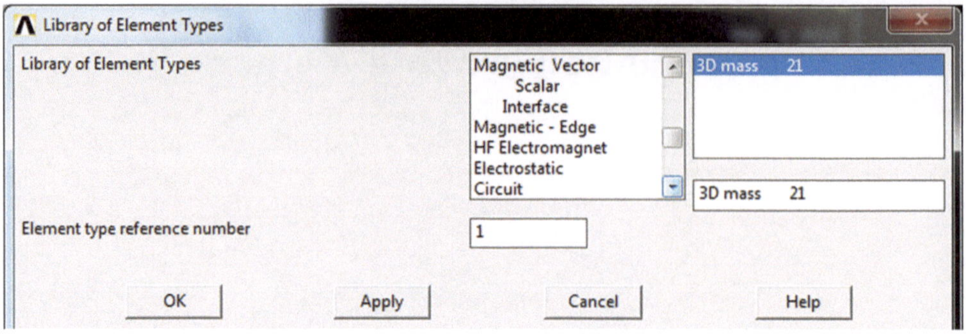

Abb. 2.1 Auswahl der Elementtypen zur Berechnung der Differenzialgleichung

Für rein zwei-dimensionale Probleme, die im Folgenden diskutiert werden sollen, stehen verschiedene quadratische, quader- und tetraederförmige Elementtypen zur Verfügung. Jede Elementtype wird durch eine Beschreibung der Form, die Anzahl der Knoten und eine der ANSYS-Entwicklungsphase entsprechende Nummer beschrieben.

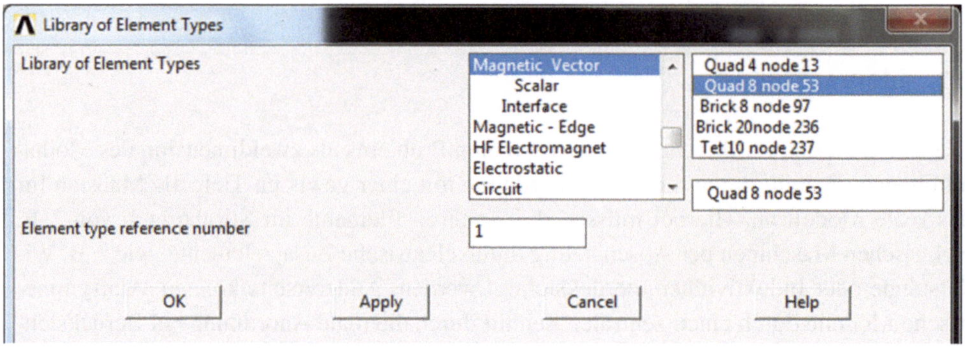

Abb. 2.2 Auswahl des Elementtyps für magnetisches Vektorpotenzial

Üblicherweise werden für zwei-dimensionale Anordnungen Differenzialgleichungen für das Vektorpotenzial A_z verwendet, die innerhalb von ANSYS als Freiheitsgrad AZ geführt werden. Der Elementtyp „Quad 4 node 13", intern als „PLANE13" geführt, ist ein 4-knotiges Viereckselement, das jedoch nicht für die gleichzeitige Berücksichtigung von elektrischen Schaltungen geeignet ist. Demgegenüber bietet die Elementtype „Quad 8 node 53", intern als „PLANE53" geführt, ein 4-eckiges Viereckselement mit 4 Knoten in den Ecken und jeweils einen Knoten auf den Seiten. Dieser Elementtyp ist aufgrund seines quadratischen Ansatzes sehr genau und bietet neben dem Freiheitsgrad AZ auch die Freiheitsgrade VOLT, CURR und EMF, um z. B. induzierte Spannungen oder Ströme zu berechnen, oder bei Verwendung der Freiheitsgrade CURR und EMF, d. h. Strom und induzierte Spannung EMK, auch die Berücksichtigung einer Gruppe von Elementen als Spule oder massiver Leiter. Die exakte Definition des Elementtyps erfolgt nach Auswahl über die Definition der Optionen des Elementtyps.

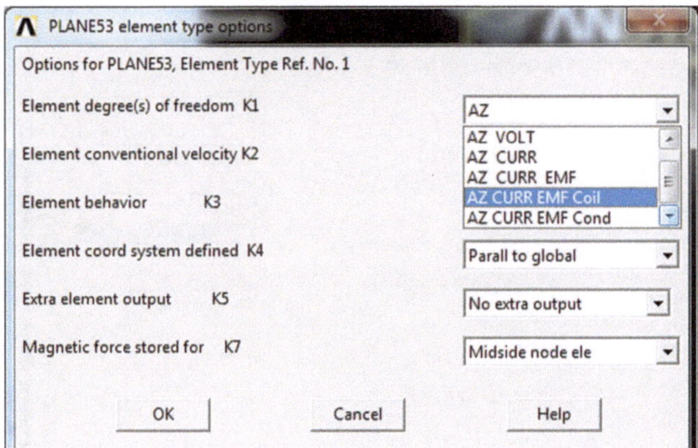

Abb. 2.3 Exakte Definition des Elementtyps über die Spezifikation der zu berücksichtigenden Freiheitsgrade

Entsprechend der Herleitung der verschiedenen Differentialgleichungen als Grundlage für die Finite-Elemente-Theorie kann als weitere Option die Eigenschaft der Bewegung eines Teils einer Anordnung berücksichtigt werden. Dies betrifft jedoch nicht einen bewegten Rotor mit Spulen oder Stäben oder Magneten, sondern eine gleichmäßig bewegte Masse, wie z. B. eine Schichtung auch Luft, Kupfer und Eisen bei einem Asynchron-Wirbelstrom-Linearmotor.

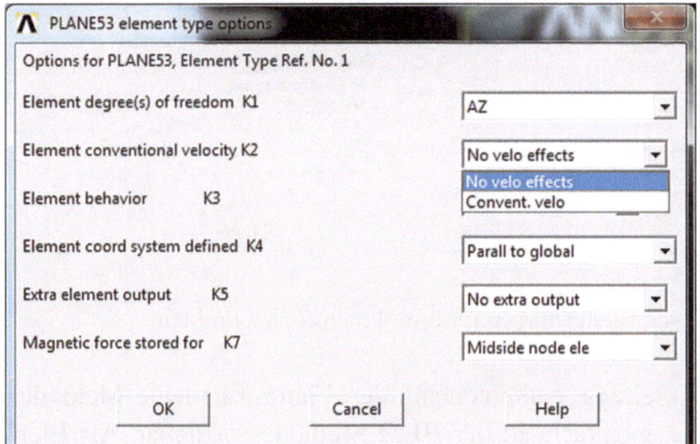

Abb. 2.4 Berücksichtigung der Geschwindigkeit als Option

Desweiteren ist zu unterscheiden zwischen planaren und axialsymmetrischen Anordnungen. Soweit planare Anordnungen gespiegelt oder planar kopiert werden, sollte das Modell im 1. Quadranten aufgebaut werden, dies betrifft generell axialsymmetrische Anordnungen.

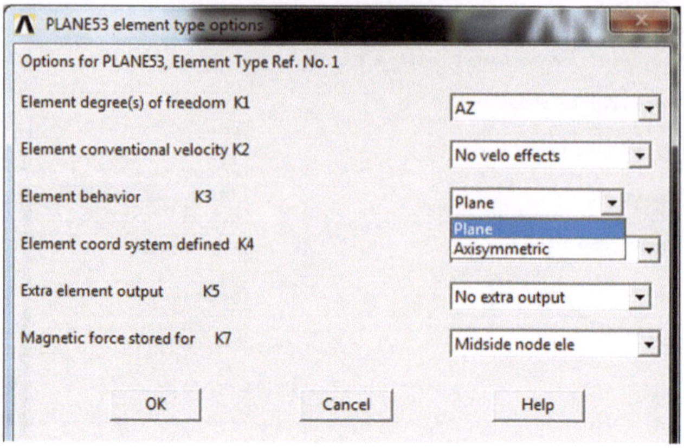

Abb. 2.5 Auswahl planarer oder axialsymmetrischer Anordnungen

Hinsichtlich der Lösung dreidimensionaler Probleme wird auf die Erstellung der Differentialgleichung über das Skalarpotenzial V_m zurückgegriffen. Hier stehen als geometrische Elemente Quader und Tetraeder, als Durchflutungselemente auch stromführende Quellen zur Verfügung.

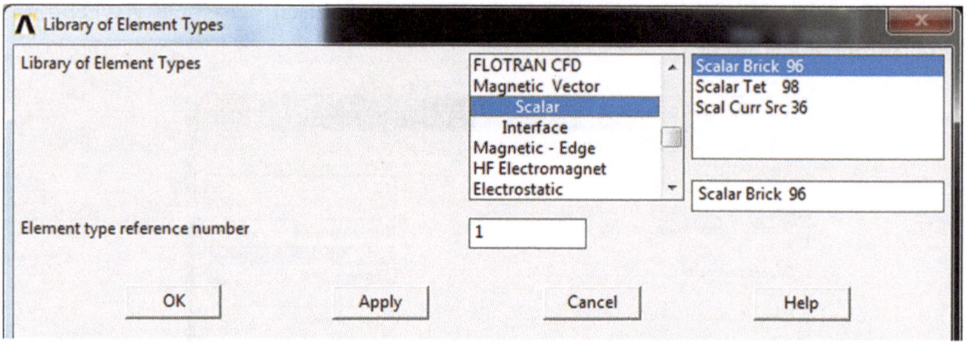

Abb. 2.6 Auswahl von Elementtypen für drei-dimensionale Probleme

Ein weitere Ableitung entsprechend der Finite Elemente-Methode ist als Rand-Elemente-Methode entsprechend der BEM-Methode verfügbar. Als Elementgeometrien sind quader- und tetraederförmige Elemente verfügbar.

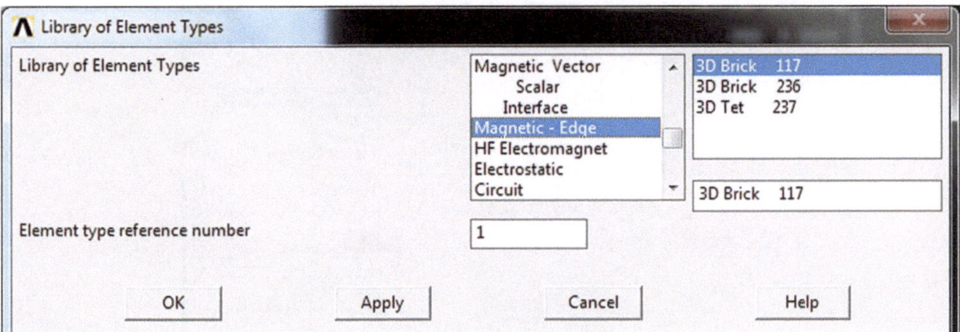

Abb. 2.7 Auswahl von Elementtypen der Randelemente-Methode

Des Weiteren werden 2D- und 3D-Elementtypen für hochfrequente elektromagnetische Probleme zur Verfügung gestellt.

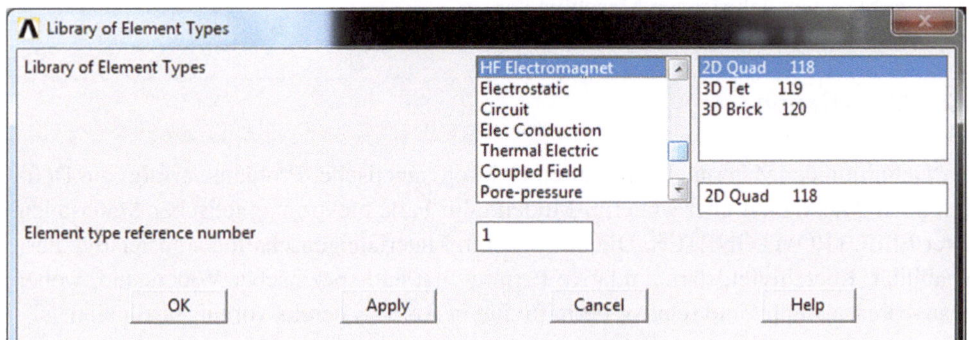

Abb. 2.8 Auswahl von Elementtypen für hochfrequente Probleme

Neben hochfrequenten Anwendungen wird nicht näher auf elektrostatische Probleme eingegangen, da diese lediglich die Isolationsprobleme von elektrischen Maschinen betreffen. Zu Vervollständigung der Berechnungsmöglichkeit sind Schaltungselemente zur Definition der Spannungsgleichungen unter dem MENU-Punkt CIRCUIT verfügbar. Zu den Schaltungselementen zählen Widerstände, Induktivitäten, Kapazitäten, Übertrager, unabhängige Strom- und Spannungsquellen, sowie spannungs- oder stromgesteuerte Strom- oder Spannungsquellen.

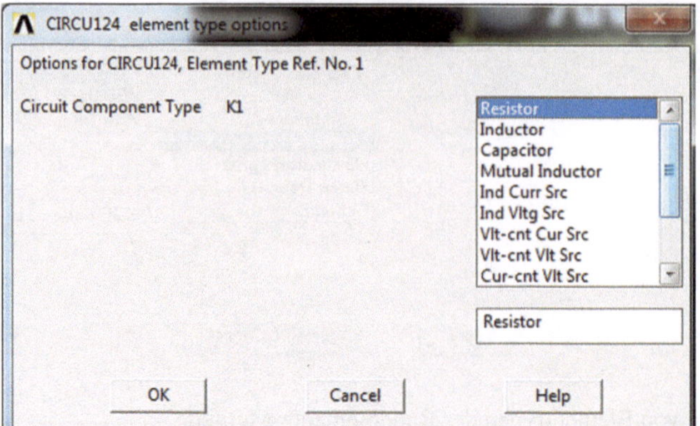

Abb. 2.9 Auswahl von Schaltungselementen als Elementtypen

Damit bietet ANSYS sämtliche Lösungsverfahren zur Berechnung elektromagnetischer Probleme in elektrischen Maschinen an.

2.2 Materialien

Zur Definition der Materialeigenschaften elektromagnetischer Probleme erfolgt die Definition der Materialien über Material-Modelle, im Falle elektromagnetischer Materialien unter ELECTROMAGNETCS. Die verfügbaren Materialeigenschaften sind relative Permeabilität, Koerzitivfeldstärke, relative Permittivität und spezifischer Widerstand, wobei relative Permeabilität und relative Permittivität in ANSYS bereits voreingestellt sind.

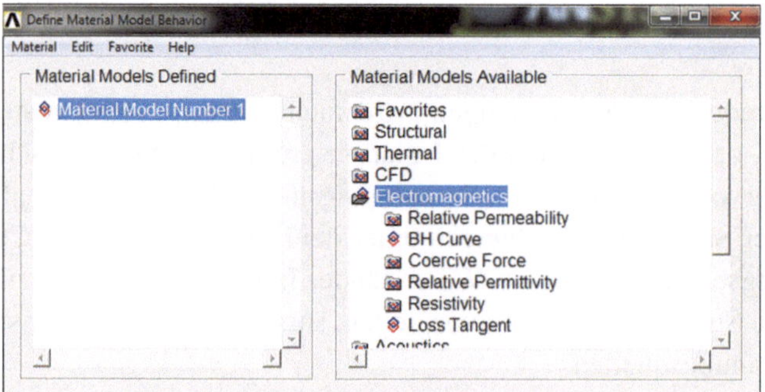

Abb. 2.10 Definition der Materialeigenschaften

Die relative Permeabilität kann als konstante Permeabilität ohne Richtungsabhängigkeit isotrop oder zur Definition richtungsabhängiger Permeabilität, z. B. für Texturen bei Elektroblechen, orthotrop angegeben werden.

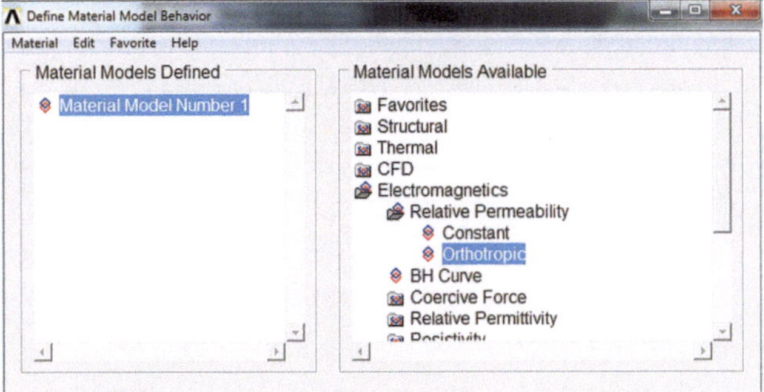

Abb. 2.11 Definition der relativen Permeabilität

Für die in der Elektromagnetik verwendeten Materialien wird für Luft die relative Permeabilität als Bezugsgröße analog dem Vakuum mit 1 definiert. Leitfähige Materialien sind diamagnetische und weisen Permeabilitäten sehr gering unter 1 auf, die wie Luft mit 1 eingegeben werden können. Auch Isolationsmaterialien, Kunststoff und Holz können mit der Permeabilität 1 definiert werden. Eisen kann entweder über konstante Permeabilität wesentlich größer als 1 als lineares Material oder über eine $B(H)$-Kurve als nichtlineares Material definiert werden. Die relative Permeabilität von Permanentmagneten liegt je nach Material zwischen 1,1 und 1,2.

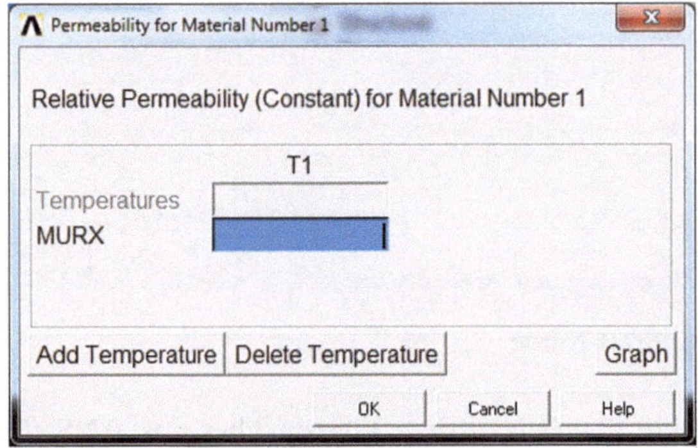

Abb. 2.12 Definition konstanter Permeabilitäten

Bei orthotropen Materialien sind die Materialeigenschaften in den 3 Richtungen x, y und z zu definieren.

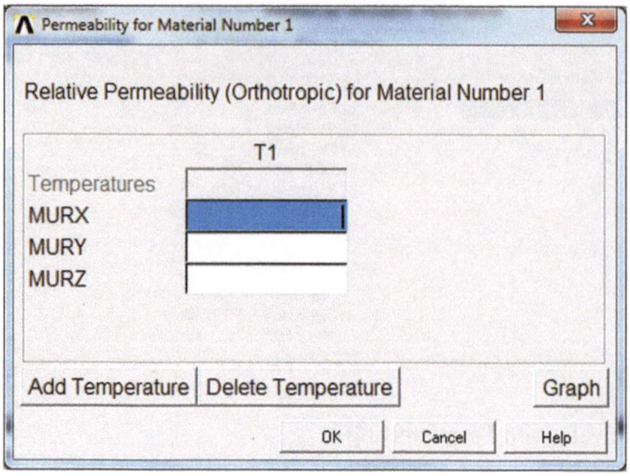

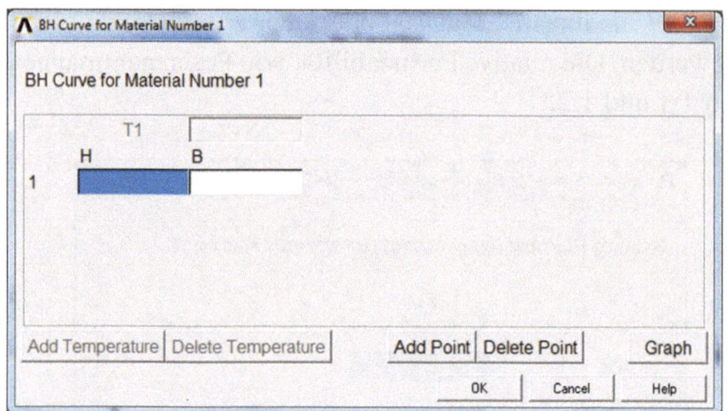

Abb. 2.13 Definition orthotroper Permeabilitäten

Magnetisierungskennlinien werden über Tabellen definiert, die relative Permeabilität muss mit 0 definiert werden, um als nichtlineares Material erkannt zu werden.

Abb. 2.14 Definition der $B(H)$-Kurve

Die einzelnen Punkte der $B(H)$-Kurve können über das ANSYS-Menü über ADD POINT oder DELETE POINT definiert werden. Über den Menüpunkt GRAPH kann die $B(H)$-Kurve in verschiedenen Formen visualisiert werden.

BH Curve for Material Number 2	
T1	0
H	B
1	100	0.23
2	120	0.43
3	140	0.68
4	160	0.91
5	180	1.08
6	200	1.19
7	240	1.33
8	280	1.38
9	300	1.4
10	400	1.48
11	600	1.54
12	1000	1.61

Abb. 2.15 $B(H)$-Kurve mit mehreren Stützstellen

Die $B(H)$-Kennlinie kann auch über ein Skript, z. B. über ein aufzurufendes Makro
oder Unterprogramm eingelesen werden.

```
TB,BH,2,,10
TBPT,,100,0.23
TBPT,,120,0.43
TBPT,,140,0.68
TBPT,,180,1.08
TBPT,,200,1.19
TBPT,,280,1.38
TBPT,,400,1.48
TBPT,,2000,1.68
TBPT,,4530,1.78
TBPT,,12700,1.89
mp,murx,2,
```

Im Beispiel wird die Materialeigenschaft mit der Nummer 2 über 10 Stützstellen definiert und abschließend die Permeabilität gelöscht, bzw. mit 0 belegt.

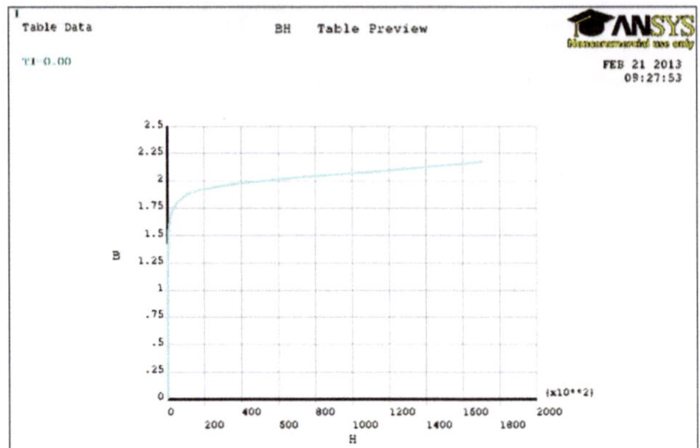

Abb. 2.16 Darstellung einer $B(H)$-Kurve für nichtlineares Eisen

Permanentmagnete werden über die Koerzitivfeldstärke, die relative Permeabilität und die Magnetisierungsrichtung definiert. Die relative Permeabilität kann als konstante Permeabilität und die Koerzitivfeldstärke im 2. Quadranten der $B(H)$-Kurve als Entmagnetisierungskennlinie als lineare Funktion oder als nichtlineare Kennlinie über eine $B(H)$-Kurve und die Koerzitivfeldstärke definiert werden. Die Magnetisierungsrichtung wird über lokale Koordinatensysteme als parallele oder radiale Koordinatensysteme definiert, die auch wie bei bürstenlosen Gleichstrommaschinen infolge der Drehung des Rotors hinsichtlich der Richtung geändert werden.

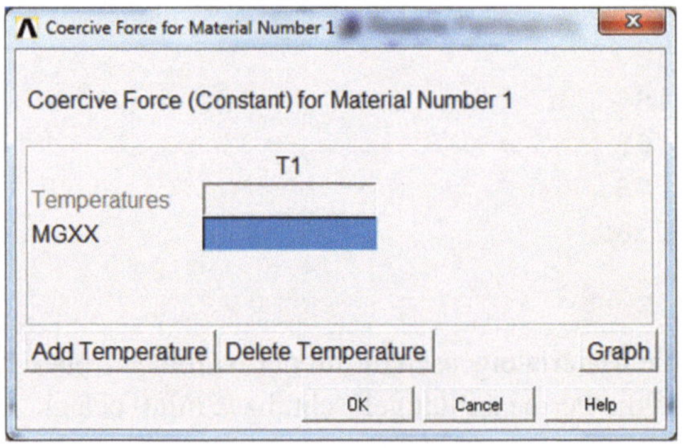

Abb. 2.17 Definition der Koerzitivfeldstärke bei Permanentmagneten

Die Permittivität für elektrische Feld kann als konstante Größe, richtungsabhängig über orthotrop und auch als anisotropes Material definiert werden.

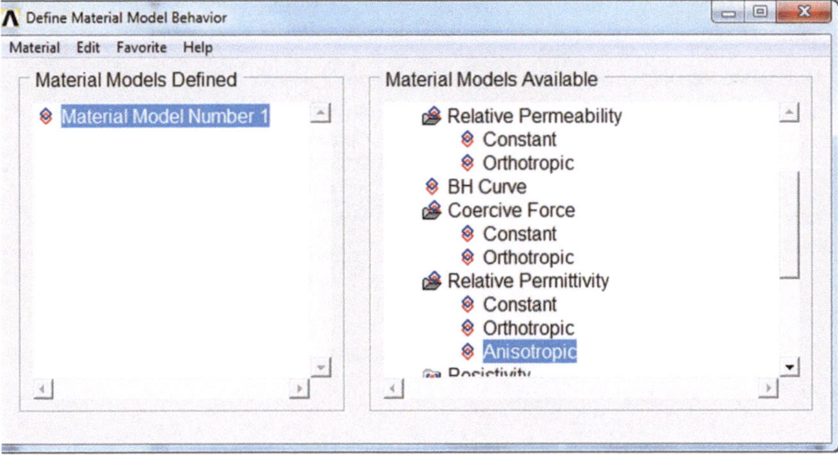

Abb. 2.18 Definition der Permittivität

Die Permittivität wird über den Parameter PERX bei der Materialdefinition beschrieben.

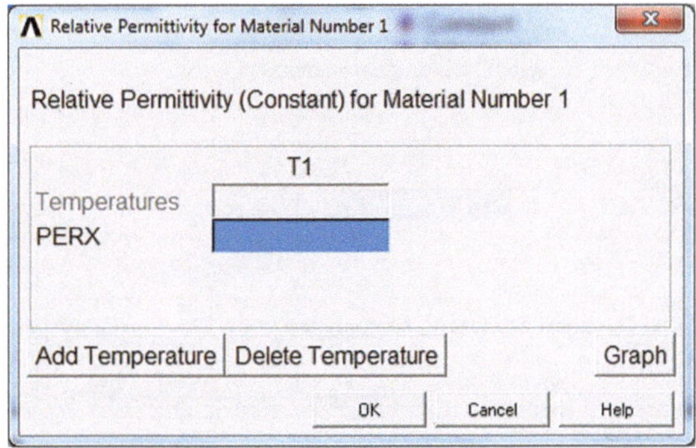

Abb. 2.19 Definition der Permittivität

Der spezifische Widerstand wird als RESISTIVITY definiert und kann wie die Permeabilität richtungsabhängig definiert werden. Die Eingabe des spezifischen Widerstandes erfolgt über den Kehrwert der normalerweise verfügbaren Leitwert. Typische Leitwerte sind 56.000 Sm/m² für kaltes Kupfer und 36.000 Sm/m² für kaltes Aluminium und 50.000 und 30.000 für warmes Kupfer und Aluminium.

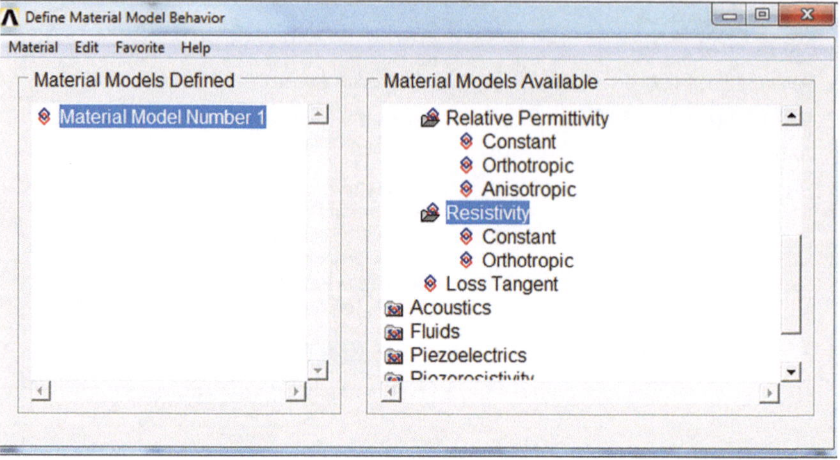

Abb. 2.20　Definition des spezifischen Widerstandes

Als Parameter für den spezifischen Widerstand gilt RSVX.

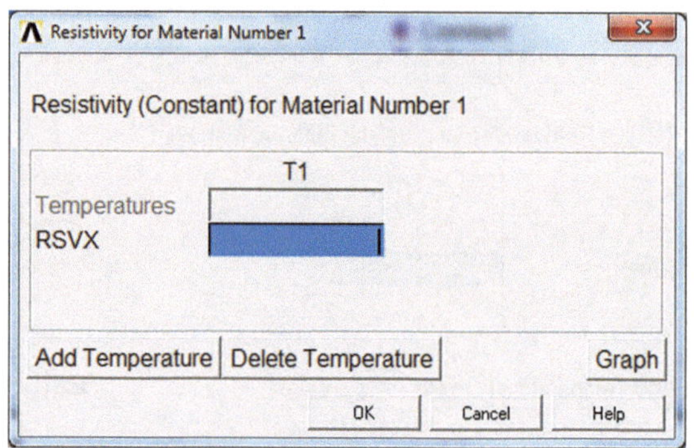

Abb. 2.21　Definition des spezifischen Widerstandes

2.3　Sonder-Elementtypen/reale Konstanten

Unter den Elementtypen konnten Spulen und massive Leiter als Spezifikation des Elementtyps für zwei-dimensionale Probleme deklariert werden, dies erfolgt über die Definition von Optionen (keyoptions) der Elementtypen. Die nähere Beschreibung erfolgt über reale Konstanten.

2.3.1 Spulen und massive Leiter

Spulenseiten elektromagnetischer Teile der elektromagnetischen Anordnung werden über die Nummer der realen Konstante, die sinnvollerweise dem jeweils gewählten Elementtype entsprechen sollte, die Spulenfläche, die Anzahl Windungen der Spule, die Länge der Anordnung in z-Richtung, die der Dicke des Blechpakets ohne Luftbereiche entspricht, der Richtung der Stromdurchflutung in z-Richtung oder entgegengesetzt der z-Richtung. Abgeschlossen wird die Eingabe durch den Füllfaktor, der das Verhältnis durch Windungen genutzte Fläche zur Gesamtfläche der Spule darstellt.

Die Fläche der spulengefüllten Fläche kann entweder direkt über die Geometrie der Anordnung per Formelzusammenhang oder bei komplizierteren Strukturen durch Auslesen der Spulenfläche über ANSYS-Befehle (ASUM und *GET) nach der Modellierung bestimmt werden.

Der Füllfaktor muß abgeschätzt werden über die Anzahl Windungen der Spule, multipliziert mit der Leiterfläche der einzelnen Windungen bezogen auf die Gesamtfläche.

Die Angabe der korrekten Fläche und des Füllfaktors sind zwingend erforderlich, da ANSYS aus dem Strom durch die Fläche die eingeprägte Stromdichte ermittelt und in Spannungsgleichungen hieraus den Widerstand der Spulenseite im Blechpaket bestimmt. Im Gegensatz zu anderen Programmen werden Widerstände der Spulen nicht über externe Elemente, sondern direkt aus Füllfaktor, Fläche, Länge und spezifischem Widerstand bestimmt.

Sollten die Spulenflächen von Hin- und Rückleitern sich unterscheiden, so sind entsprechend die Füllfaktoren anzupassen. Grundsätzlich sollten die Hin- und Rückleiter, bzw. Ober- und Unterlagen von Spulensystemen mit unterschiedlichen Attributnummern definiert werden, um Übersicht zu wahren.

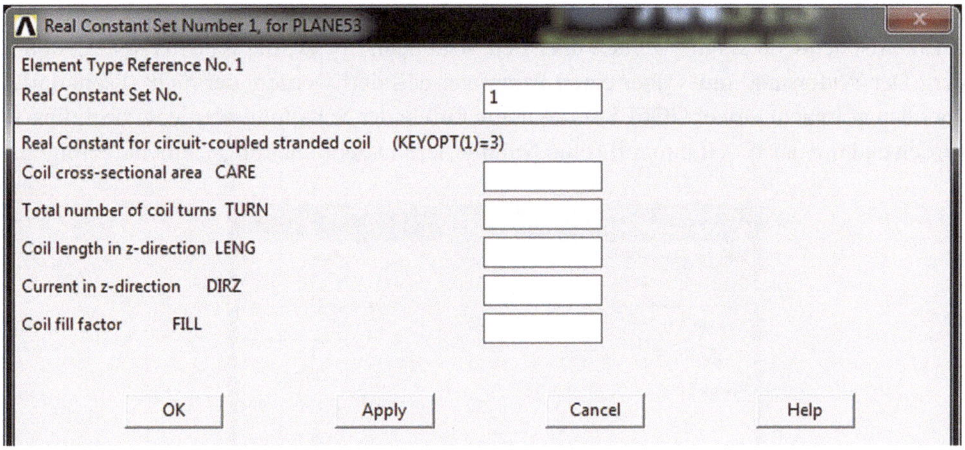

Abb. 2.22 Definition der realen Konstanten bei Spulenseiten

Massive Leiter weisen im Gegensatz zu Spulenseiten keine Windungszahl und keinen Füllfaktor auf, da der massive Leiter nur eine Windung darstellt, die den gesamten Platz der Spulenfläche einnimmt. Die besonderen Eigenschaften der Stromverdrängung müssen über die Generierung der Vermaschung berücksichtigt werden.

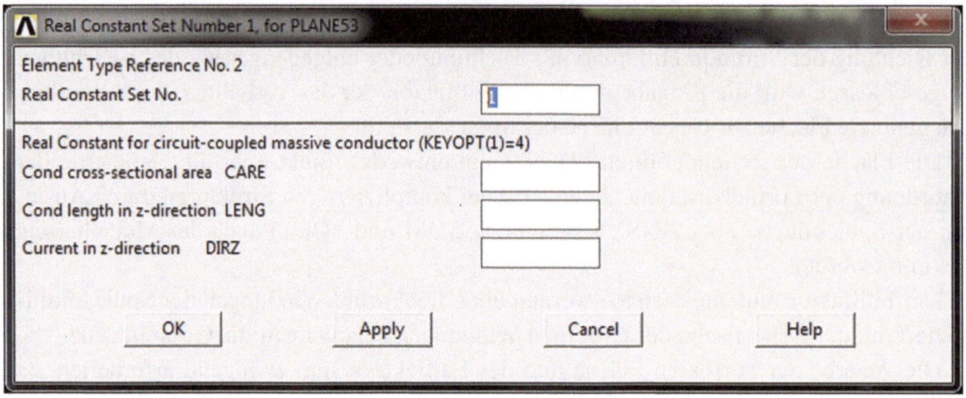

Abb. 2.23 Definition der realen Konstanten bei massiven Leitern

2.3.2 Elektrische Schaltkreiselemente

Weitere spezielle Elemente sind die Schaltungselemente in elektrischen Schaltkreisen. Grundsätzlich sollten gleich verwendete Elementtypen und reale Konstanten aus Übersichtsgründen mit gleichen Nummerierungen versehen werden. Damit ist die Nummer der realen Konstante bei allen Schaltungselementen klar zu vergeben.

Elektrische Widerstände werden über den Widerstand in Ω, die RESISTANCE, definiert. Der Widerstand muss über einen Parameter definiert werden, der nicht 0 sein darf. Über den graphical Offset GOFFSET kann die Größe der Schaltungselemente beeinflusst werden und mit der ID-Nummer ID eine Nummerierung der Schaltungselemente erfolgen.

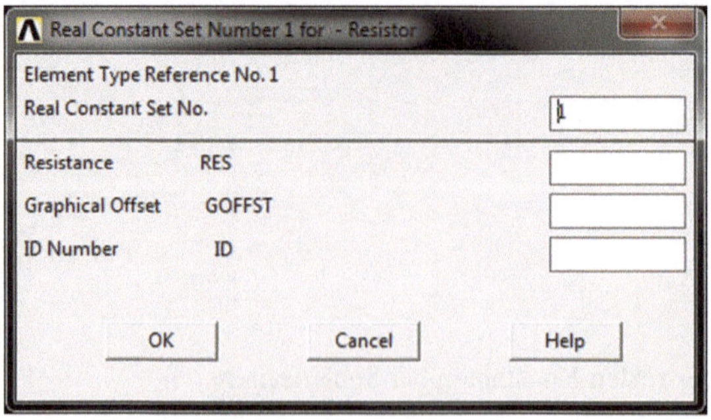

Abb. 2.24 Definition der realen Konstanten eines Widerstandes

Induktivitäten werden über die Induktivitäten in H, die INDUCTANCE, definiert. Die Induktivität muß über einen Parameter definiert werden, der nicht 0 sein darf. Zusätzlich kann bei transienten Berechnungen der Einschaltstrom über INITIAL INDUCTOR CURRENT definiert werden.

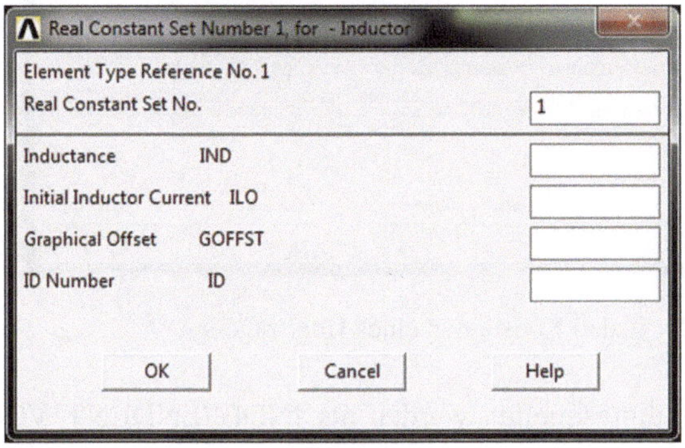

Abb. 2.25 Definition der realen Konstanten einer Induktivität

Kondensatoren werden über die Kapazität in F, die CAPACITANCE, definiert. Die Kapazität muß über einen Parameter definiert werden, der nicht 0 sein darf. Zusätzlich kann bei transienten Berechnungen die Einschaltspannung über INITIAL CAPACITOR VOLTAGE definiert werden.

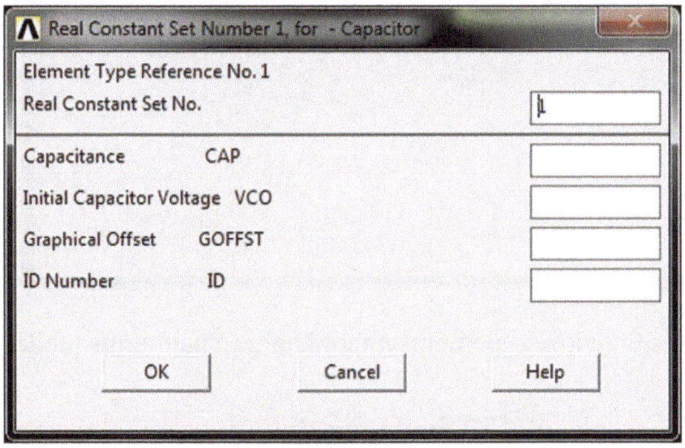

Abb. 2.26 Definition der realen Konstanten eines Kondensators

Übertrager werden über die primären und sekundären Induktivitäten in H, die INDUC-TANCE, definiert. Die Induktivitäten müssen über Parameter definiert werden, die nicht 0 sein dürfen. Zusätzlich muss der Übertragungsfaktor, der COUPLING COEFFICIENT, K definiert werden. Auch dieser darf nicht 0 sein.

Abb. 2.27 Definition der realen Konstanten eines Übertragers

Unabhängige Spannungsquellen werden als INDEPENDENT VOLTAGE SOURCE definiert. Die Spannungen müssen über den Momentanwert oder die Amplitude AMP und den Phasenwinkel PHA je nach Berechnungsverfahren definiert werden. Spannungen dürfen auch den Wert 0 aufweisen, da sie Randbedingungen darstellen.

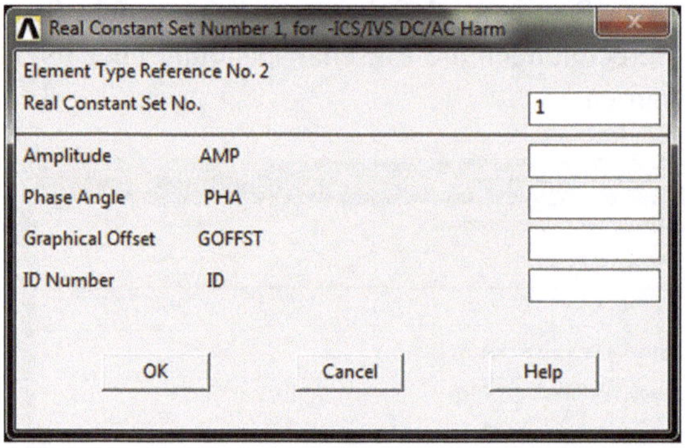

Abb. 2.28 Definition des Schaltungselements unabhängige Spannungsquelle

Zusätzlich kann für transiente Rechnungen die Spannungskurvenform definiert werden. Auf die näheren Verfahren bis auf die konstante Amplitude (erste Option) wird nicht näher eingegangen, da bei transienter Rechnung die Spannungswerte und Spannungsformen einfacher über ständiges Ändern der realen Konstante der Amplitude erfolgen können. Die übrigen Verfahren haben sich für Drehstromsysteme mit verschiedenen Phasenwinkeln als nicht geeignet erwiesen.

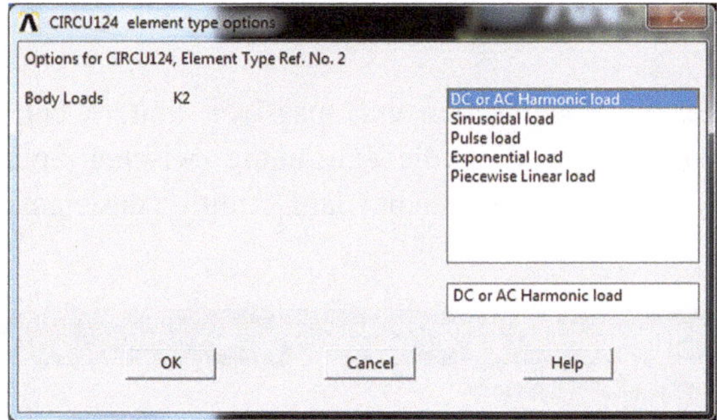

Abb. 2.29 Definition der Spannungskurvenform

Unabhängige Stromquellen werden wie Spannungsquellen als INDEPENDENT CUR-
RENT SOURCE definiert. Der Strom muss über den Momentanwert oder die Amplitude
AMP und den Phasenwinkel PHA je nach Berechnungsverfahren definiert werden. Ströme
dürfen auch den Wert 0 aufweisen, da sie Randbedingungen darstellen.

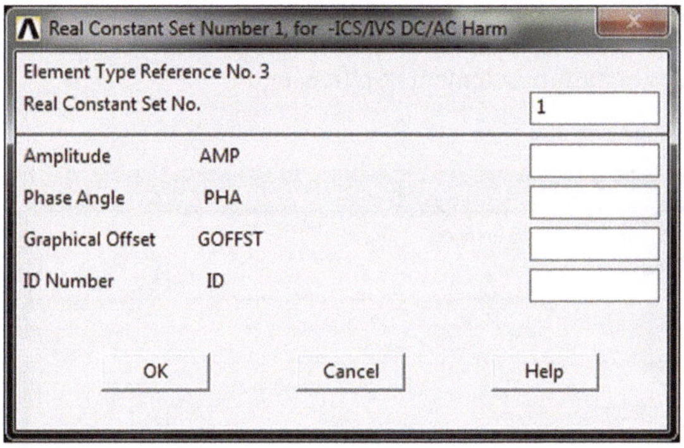

Abb. 2.30 Definition des Schaltungselements unabhängige Stromquelle

Elektronik-Schaltungselementen entsprechende Schaltungselemente werden als spannungs-
oder stromgesteuerte Spannungs- oder Stromquellen (insgesamt 4 Typen) definiert.

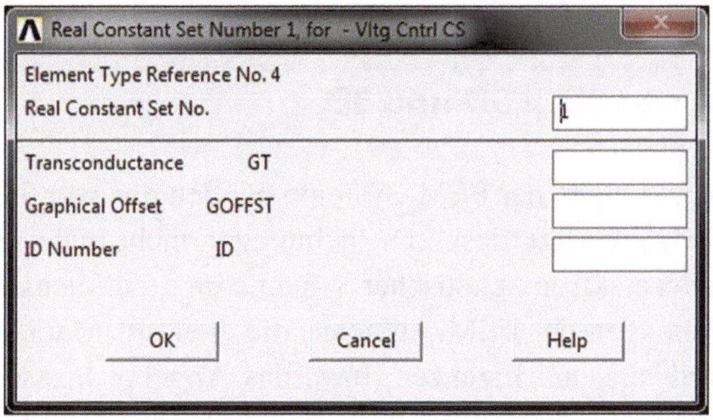

Abb. 2.31 Definition einer spannungsgesteuerten Stromquelle

Der Steuerfaktor wird über die TRANSCONDUCTANCE GT, die nicht 0 sein darf, definiert.

Schaltungselemente, die Spulenseiten und massiven Leitern entsprechen, erfordern prinzipiell keine weiteren Angaben, da die Zuordnung zwischen Spulenseitenelementen und -knoten und den Schaltungselementen bei der Definition des eigentlichen Schaltungselements erfolgt.

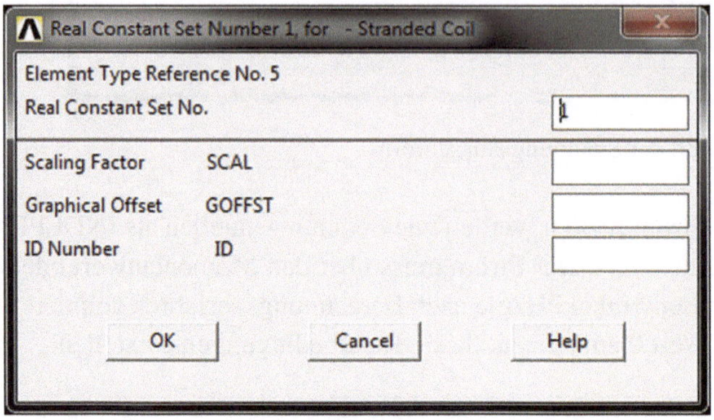

Abb. 2.32 Definition des Schaltungselements Spulenseite

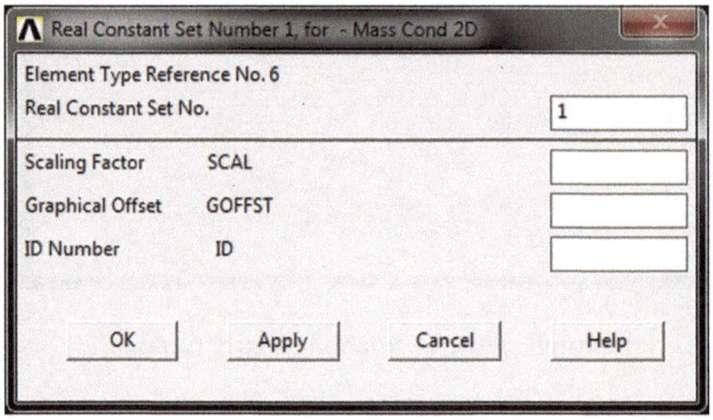

Abb. 2.33 Definition des Schaltungselements massiver Leiter

2.4   Anwendung von 2D, 2,5D und 3D

Durch die Weiterentwicklungen der FEM-Systeme bei den diversen Herstellern wird von diesen mehr und mehr suggeriert, dass 2D-Rechnungen nicht mehr notwendig sind und sämtliche Berechnungen elektromagnetischer Systeme im dreidimensionalen Raum erfolgen können. Diese Aussagen der FEM-Anbieter, die eher auf Marketinggründe und die Vermarktung von Hardware und Lizenzen, bzw. das Angebot kostspieliger, da zeitaufwendiger, Dienstleistungen zurückzuführen ist, sind sehr kritisch zu betrachten.

Nach wie vor können 70–80 Prozent aller Berechnungen elektromagnetischer Systeme im zwei-dimensionalen Raum durchgeführt werden. Damit können entweder sehr exakte FEM-Modelle statisch oder harmonisch in kurzer Zeit berechnet werden oder bei angepaßter Vermaschung transiente Berechnungen auch mit vielen Zeitschritten durchgeführt werden, um das Betriebsverhalten oder die Auslegung elektrischer Maschinen zu ermitteln. Die im FEM-Modell im betrachteten zwei-dimensionalen Raum enthaltenen Elemente in Verbindung mit der betrachteten Tiefe müssen durch zusätzliche Schaltelemente, die den Stirn- oder Luftspaltbereich oder Zuleitungen beschreiben, ergänzt werden. Damit können zahlreiche elektrische Maschinen ohne Schrägung behandelt werden.

Sollte Schrägung von Stator oder Rotor berücksichtigt werden müssen, können die 2-dimensionalen Modelle durch teilweise verdrehte Extrusion in quasi drei-dimensionale Modelle überführt werden. Die Anzahl zu berücksichtigender Freiheitsgrade vergrößert sich damit um den Faktor 2,5 bis 3 und ist damit noch erträglich.

Lediglich für elektrische Maschinen mit kleiner axialer Ausdehnung gegenüber der Fläche oder Maschinen, bei denen der Stirnraum zwingend berücksichtigt werden muss, sind drei-dimensionale Modelle zwingend erforderlich.

Dreidimensionale Modelle bestehen gegenüber gut aufgebauten 2D-Modellen aus Millionen von Freiheitsgraden, die statisch und harmonisch bereits Computer erfordern, die über hohe CPU-Leistung, viele Prozessoren und extrem viel Speicher verfügen. Derartige notwendige Rechenleistung ist extrem teuer und erfordert aufgrund der Lizenzierungspolitik von ANSYS viele teuere ANSYS-Lizenzen oder muss mit vielen teueren Rechendienstleistungsstunden beglichen werden. Zwar können die Berechnungen teilweise parallelisiert werden, dies erfordert jedoch entweder eine Rechnerfarm mit vielen Einzelprozessoren und ein sehr schnelles Netzwerk oder mehrere CPUs oder Cores mit entsprechend viel Speicher, verbunden damit sind sehr teuere ANSYS-Lizenzen.

Zur Einschränkung der Modellgröße kann zusätzlich bei symmetrischen Strukturen die Anordnung in Segmente aufgeteilt werden, die über periodische und antiperiodische Randbedingungen vervollständigt werden. Die symmetrischen Schaltungselemente müssen entsprechend eingebracht werden. Die Berechnungsmethode entspricht dann vergleichbar transversal beweglichen Linearmotoren, für die spezielle Interfaces zwischen Stator und Rotor definiert werden müssen.

Elektrische Maschinen können nach verschiedenen Kriterien kategorisiert werden. Zunächst kann zwischen feststehenden und beweglichen elektrischen Maschinen unterschieden werden.

Bei den feststehenden sind insbesondere Transformatoren von Interesse, die als ein- oder dreiphasiges System ausgelegt werden. Die Modellierung kann trotz geringer Jochtiefe im zwei-dimensionalen Raum erfolgen. Zusätzlich sind die Schaltungselemente zu berücksichtigen, die den Stirnraum über Widerstände und Induktivitäten nachbilden. Die Berechnung kann sowohl statisch zur Überprüfung des Modells, entsprechend quasistationär ohne Rückwirkung der Sekundär- auf die Primärseite oder durch Stromvorgabe auf Primär- und Sekundärseite, aber auch harmonisch durch Spannungsvorgabe auf der Primärseite in Verbindung mit der Induktion auf der Sekundärseite für verschiedene Lastwiderstände erfolgen. Sollen Spannungs- und Stromverläufe bei nichtlinearem Material oder Auswirkungen des Systems auf Schalthandlungen (z. B. ein- oder mehrphasige Kurzschlüsse nach bestimmter Zeit ermittelt werden, so ist eine transiente Rechnung bei Zeitvarianz durchzuführen. Die exakte Nachbildung der $B(H)$-Kurve inklusive Hysterese ist nach wie vor auch bei transienter Vorgehensweise nicht oder nur mit größtem Aufwand möglich. Damit können Eisenverluste nur schlecht abgeschätzt werden.

Hinsichtlich der bewegten elektrischen Maschinen ist zu unterscheiden zwischen rotierenden und transversal bewegten Maschinen.

Rotierende elektrische Maschinen ohne Reduktion auf Segmente sind sehr einfach als Gleichstrom- und Drehstrommaschinen berechenbar.

Bei Gleichstrommaschinen können Typen mit verteiltem und mehrteiligem Ankeraufbau und Ständer mit ausgeprägten Spulen oder Permanentmagneten nachgebildet werden. Die Kommutierung kann über geeignete Kommutierungsmodelle berücksichtigt werden. Als Rechenmethoden sind statische Rechnungen mit Strom- oder Spannungsvorgabe und transiente Rechnungen mit Zeit- und Ort-Varianz möglich. Bei transienten Rechnungen kann die induzierte Spannung bei Drehung mit fester Drehzahl, Kurzschlussstrom bei Drehung mit konstanter Drehzahl, Hochlauf ab vorzugebender Drehzahl und Belastung

© Springer Fachmedien Wiesbaden 2014

B. Aschendorf, *FEM bei elektrischen Antrieben 1*, DOI 10.1007/978-3-8348-2033-4_3

mit variablem Lastmoment berechnet werden. Damit ist das komplette Betriebsverhalten der Gleichstrommaschine auch in Verbindung mit Zusatzwicklungen berechenbar, in Verbindung mit Schaltungsanpassung können Gleichstrommaschinen als fremderregte, Nebenschluss-, Reihenschluss- und Doppelschlussmaschinen berechnet werden. Harmonische Berechnungen machen bei Gleichstrommaschinen keinen Sinn, als Reihenschlussmaschine können harmonisch und transient auch Universalmaschinen gerechnet werden.

Asynchronmaschinen können als Schleifring- und Kurzschlussläufer modelliert werden. Als Rechenmethoden sind statische Rechnungen mit Stromvorgabe, harmonische Rechnung mit Kurzschluss im Rotor (entspricht Sillstand) und offener Rotorwicklung (entspricht etwa Leerlauf) und transiente Rechnungen mit Zeit- und Ort-Varianz möglich. Bei transienten Rechnungen können Hochlauf ab vorzugebender Drehzahl, stufiger Hochlauf und Belastung mit variablem Lastmoment berechnet werden. Damit ist das komplette Betriebsverhalten der Asynchronmaschine berechenbar, in Verbindung mit Schaltungsanpassung können auch Einphasenmaschinen mit Hilfswicklung und Hilfsschaltungselementen berechnet werden.

Bei Synchronmaschinen können Typen mit Schenkel- und Vollpolläufer oder Permanentmagnetläufer nachgebildet werden. Als Rechenmethoden sind statische Rechnungen mit Strom- oder Spannungsvorgabe bei Verdrehung zwischen Stator und Rotor und transiente Rechnungen mit Zeit- und Ort-Varianz möglich. Bei transienten Rechnungen kann die induzierte Spannung bei Drehung mit fester Drehzahl, Kurzschlussstrom bei Drehung mit konstanter Drehzahl, Hochlauf und Pendelung ab vorzugebender Drehzahl und Belastung mit variablem Lastmoment und bei Erregerstromvariation ab Synchronisation berechnet werden. Damit ist das komplette Betriebsverhalten der Synchronmaschine berechenbar. Harmonische Berechnungen machen bei Synchronmaschinen keinen Sinn.

Transversal bewegte Linearmotoren sind als Synchron- und Asynchronlinearmotoren in der Variante als Kurz- oder Langstatorvariante berechenbar. Aufgrund der transversalen Bewegung ist ein spezielles Interface zwischen dem feststehenden und beweglichen Teil des Linearmotors erforderlich. Es gelten die Berechnungsmethoden für Asynchron- und Synchronmaschinen.

Aktuelle elektrische Maschinen, wie z. B. bürstenlose Gleichstrommaschinen, können wie Gleichstrommaschinen behandelt werden, indem die Vorschaltelektronik ähnlich der Nachbildung des Kommutierungsprozesses nachgebildet wird.

Numerische Berechnungen mit Finite-Elemente-Programmen ermöglichen die Berechnung des Betriebsverhaltens elektromagnetischer Systeme und Elektrischer Maschinen unter Berücksichtigung mechanischer Lasten, des nichtlinearen Eisenmaterials, aber auch thermischer Einflüsse. Neben ANSYS sind Finite-Elemente-Programme, wie z. B. COMSOL/FEMLAB, Maxwell, FLUX, FEMAG COSMOS/M und andere bekannt, mit denen derartige Berechnungen mit sehr unterschiedlichen Vorgehensweisen berechnet werden können. ANSYS gilt als das verbreitetste und umfangreichste Programmpaket, das neben einer Benutzerführung mit intelligenten Menüs über eine umfangreiche Skriptsprache APDL und eine Menüerstellungssprache TCL/UIDL verfügt. Damit stehen Tools zur Verfügung, mit denen parametrierte Modelle aufgebaut werden können, die über eine Menü-Benutzerführung hinsichtlich geometrischer und anderer Parameter geändert werden können und zudem den Berechnungsvorgang und die Auswertung durch Menü-Benutzerführung unterstützen kann.

Wie bei allen anderen Finite-Elemente-Programmen gliedert sich der Prozess einer Finite-Elemente-Rechnung in die drei Phasen Preprocessing, Solution und Postprocessing, wobei bei stellungs- und zeitabhängigen Berechnungen die Solution- und Postprocessing-Schritte auch mehrfach durchlaufen werden können.

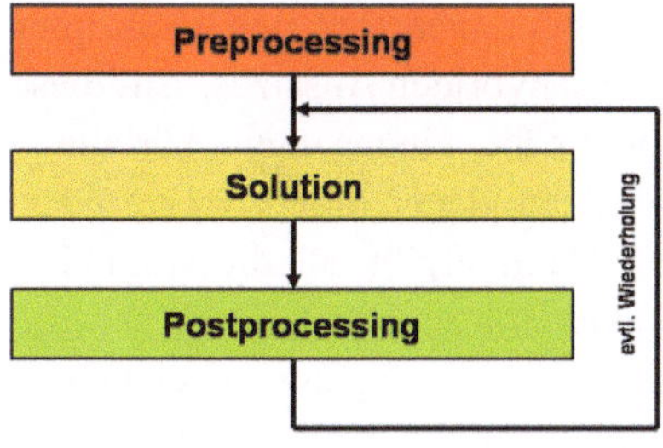

Abb. 4.1 Prozess-Schritte einer Finite-Elemente-Rechnung

© Springer Fachmedien Wiesbaden 2014
B. Aschendorf, *FEM bei elektrischen Antrieben 1*, DOI 10.1007/978-3-8348-2033-4_4

4.1 Preprocessing

Im Rahmen des Preprocessings erfolgt die gesamte Modellgenerierung auf der Basis geometrischer Parameter, die Finite-Elemente-Auswahl, die Definition der Materialeigenschaften, die Vernetzung der Geometrie unter Berücksichtigung elektromagnetischer Eigenschaften, die Definition von Randbedingungen und Interfaces, sowie die auf der Basis von Kopplungen erfolgende Verschaltung der Spulen und Leiterstäbe mit weiteren elektrischen Elementen und Spannungs- oder Stromquellen.

Zum großen Teil können die einzelnen Schritte in einer immer wiederkehrenden strukturierten Vorgehensweise zusammengefasst werden. Dabei müssen Element- und Materialdefinition, sowie die nähere Beschreibung der Elemente über reale Konstanten spätestens vor der Vergabe der Attribute an das geometrische Modell definiert sein.

Änderungen an den realen Konstanten können für Schaltungselemente auch nachfolgend im Zuge mehrfacher Berechnung geändert werden, während Element- und Materialdefinitionen im allgemeinen fest definiert werden, da sie sich real innerhalb eines Prozesses nur selten ändern, es sei denn Materialeigenschaften sind temperaturabhängig und damit vom Prozess abhängig.

Abb. 4.2 Schritte des Preprocessings

ANSYS erlaubt die Modellgenerierung unter Verwendung eines intelligenten Benutzermenüs, des Einlesens eines oder mehrerer APDL-Skripten unter Anwendung einer Unterprogrammtechnik und eines hybriden Ansatzes. Auf diese verschiedenen Methoden wird in einem folgenden Kapitel näher eingegangen. Für alle Vorgehensweisen empfiehlt sich die Verwendung von Variablen, denen durch direkte oder menügeführte Zuweisung Parameter zugewiesen werden. Damit ergibt sich die Möglichkeit durch Änderung gewisser Parameter die Modellcharakteristik zu ändern. Variablen, die unter dem Preprocessing-Schritt Präferenzen gefasst werden, können geometrische Größen (Breiten, Höhen, Radien, Winkel, etc.), Ströme, Spannungen, Leitwerte, Permeabilitäten oder andere sein.

Bei bereits vorgeplantem Modellaufbau erfolgt im nächsten Schritt die Elementdefinition aller zu unterscheidenden Elementtypen. Es wird insbesondere für bewegliche

Anordnungen empfohlen für Stator und Rotor unterschiedliche Elementtypen zu wählen und auch für jede Fläche mit anderer Materialeigenschaft eigene Elementtypen zu wählen. Jeder Elementtypwahl ist eine laufende Nummer zugewiesen, die wiederum für Stator und Rotor, bzw. Primär- und Sekundärteil, gestaffelt empfohlen wird. Darunter wird verstanden, dass beispielsweise bei den Materialtypen von Luft, Eisen, Kupferober- und -unterlage getrennt nach Stator/Rotor folgende Elementtypen gewählt werden:

Luft Stator	Elementtypnummer 1,
Eisen Stator	Elementtypnummer 2,
Kupferoberlage Stator	Elementtypnummer 3,
Kupferunterlage Stator	Elementtypnummer 4,
Luft Rotor	Elementtypnummer 11,
Eisen Rotor	Elementtypnummer 12,
Kupferoberlage Rotor	Elementtypnummer 13,
Kupferunterlage Rotor	Elementtypnummer 14.

Sollten weitere Materialtypen zu unterscheiden sein, so ist entsprechend zu verfahren.

Für elektromagnetische Finite-Elemente von schnittorientierten 2D-Modellen stehen in ANSYS die Elementtypen PLANE13 und PLANE53 zur Verfügung.

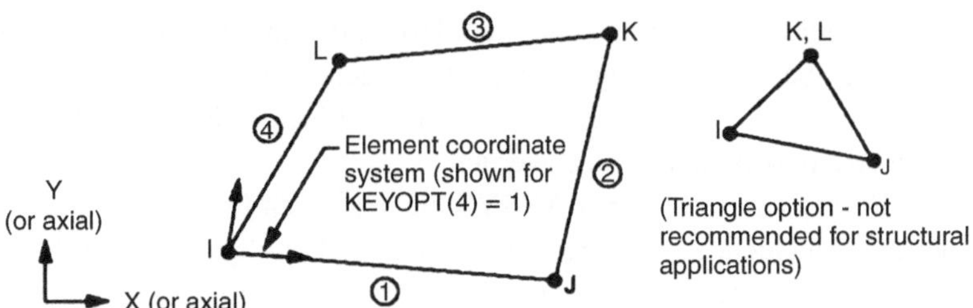

Abb. 4.3 Elementtyp PLANE13 für elektromagnetische Modelle [ANSYS-Hilfe]

Der Elementtyp PLANE13 ist ein Viereckselement mit Elementknoten in den 4 Ecken. Bei elektromagnetischen Rechnungen wird als Freiheitsgrad das magnetische Vektorpotenzial A_z in den Knoten berechnet. In Verbindung mit stromführenden Gebieten, denen Schaltungselemente zugewiesen werden, ist dieser Elementtyp nicht anwendbar. Bei bestimmten Elementgeometrien kann das Viereckselement auch zu einem Dreieckselement entarten, wobei einer der vier Knoten doppelt verwendet wird.

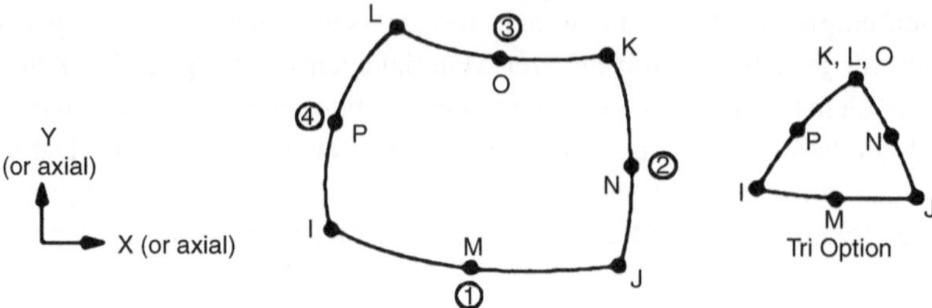

Abb. 4.4 Elementtyp PLANE53 für elektromagnetische Modelle

Abhilfe schafft der Elementtyp PLANE53. Dies ist ein Viereckselement mit Elementknoten in den 4 Ecken und Seitenmittenknoten auf den 4 Kanten. Durch dieses Element
kann eine höhere Berechnungsqualität und damit -genauigkeit auch bei grober Vernetzung
erzielt werden, da als Funktionalansatz eine quadratische Funktion im Gegensatz zu einem
linearen Ansatz bei PLANE13 verwendet wird. In Verbindung mit stromführenden Gebieten, denen Schaltungselemente zugewiesen werden, ist dieser Elementtyp anwendbar, das
Verhalten des Elementtyps muss jedoch durch spezielle Optionen für Spulen oder Stäbe
konkretisiert werden.

Als Materialeigenschaften müssen für elektromagnetische Modelle relative Permeabilität, elektrische Leitfähigkeit, bzw. spezifischer Widerstand, und gegebenenfalls bei
Magneten Koerzitivfeldstärke definiert werden. Falls notwendig können die Materialeigenschaften auch temperaturabhängig angegeben werden. Neben linearen Materialeigenschaften des Eisens mit konstantem μ_r kann auch nichtlineares Material durch Eingabe
einer $B(H)$-Charakteristik berücksichtigt werden.

Unter realen Konstanten werden bei ANSYS die exakteren Beschreibungen stromfüh-
render Elemente verstanden, soweit diese durch verschaltete Schaltungselemente repräsentiert werden. Bei Spulenseiten sind Fläche, Windungszahl, Anordnungstiefe, Füllfaktor
der Spule und Stromflussrichtung zu definieren. Für massive Leiter, d. h. Stäbe, sind lediglich Fläche, Anordnungstiefe und Stromflussrichtung zu definieren.

Die Definition der Elementtypen, Materialeigenschaften und realen Konstanten kann
nach Definition der Präferenzen erfolgen, muss jedoch spätestens vor der Vermaschung
erfolgen. Bei noch unklarem exaktem Modellaufbau empfiehlt sich die Elementtyp- und
Materialeigenschaftseingabe direkt vor der Vermaschung.

Die eigentliche Modellgenerierung besteht aus Geometriepunkten (keypoints), Linien
(lines) und Flächen (areas), die entweder im Bottom-up- oder Top down-Verfahren generiert werden. Beim Bottom-up-Verfahren werden auf der Basis von Geometriepunkten
Linien und danach auf der Basis von Linien Flächen generiert. Soweit notwendig können
Linien oder Flächen durch Linien geschnitten (overlap) oder aufgeteilt (glue) werden, um
bestimmte Geometrien einfach erzeugen zu können. Beim Top down-Verfahren wird mit
Hilfe geometrischer Grundkörper, z. B. Kreisflächen oder Vierecken, die Grundgeometrie
erzeugt, die wiederum durch Verschneidung oder Boole'sche Operationen zur tatsächli-

chen Geometrie führen. Auf die genaue Vorgehensweise beider Verfahren und deren Vor- und Nachteile wird in einem späteren Kapitel eingegangen. Grundsätzlich wird nicht die gesamte Geometrie des Modells generiert, sondern lediglich soweit möglich eine Basiseinheit (halbe Nut- oder Polteilung), die in späteren Prozess-Schritten gespiegelt und zu einem gesamten Modell dupliziert wird. Bei klaren Symmetrien im Modell können auch einzelne Pole oder Polpaare von Maschinen generiert und durch periodische oder antiperiodische Randbedingungen vervollständigt werden.

Nach Fertigstellung der Basisgeometrie aus Geometriepunkten, Linien und Flächen müssen die durch Elementtypen, Materialeigenschaften und reale Konstanten definierten Attribute des Modells den einzelnen Flächen zugewiesen werden. Dies erfolgt durch Auswahl der betreffenden Flächen und Attributzuweisung.

Zur Vermaschung der Basisgeometrie des Modells stehen prinzipiell zwei Verfahren zur Verfügung. Zum einen können auf allen Flächenkanten die Elementkantenanzahlen definiert werden, was ein sehr aufwändiges, aber exaktes Verfahren darstellt. Zum anderen kann für bestimmte Flächen eine maximale Elementgröße vorgegeben werden. Hierauf basierend erfolgt die eigentliche Vernetzung (Vermaschung) der Flächen. Beide Verfahren haben ihre Vor- und Nachteile und ergänzen sich in einer hybriden Vorgehensweise. Bei angrenzenden Flächen erfolgt die Vermaschung immer auf der Basis bereits erfolgter Vermaschung. Daher ist bei beweglichen Modellen zu berücksichtigen, dass die Vermaschung, wie bereits auch die Geometrieerstellung unabhängig von der jeweils anderen Seite ist. Im Zuge der Vermaschung ist eine gewisse Reihenfolge einzuhalten, um den physikalischen Eigenschaften des Modells zu entsprechen.

Grundsätzlich sollte mit der Vernetzung von Luftspalten und -bereichen begonnen, mit stromführenden Gebieten fortgefahren und mit Eisenbereichen, bzw. soweit vorhanden Außenbereichen, geendet werden. Dies entspricht der in diesen Gebieten enthaltenen magnetischen Energie.

Nach vollständiger Vermaschung der Basisgeometrien von Stator und Rotor erfolgt nach Stator und Rotor getrennt zunächst die Spiegelung der Basisgeometrie, bestehend aus Elementen, Knoten, Flächen, Linien und Geometriepunkten, zu einer vollständigen Nut- oder Polteilung und im nächsten Schritt durch Duplikation die Generierung des gesamten Stators oder Rotors. ANSYS verfolgt hier einen assoziativen Ansatz, d. h. Flächen sind mit Linien und diese wiederum mit Geometriepunkte assoziiert, wobei Flächen im gleichen Zuge mit finiten Elementen und diese wiederum mit den Knoten assoziiert sind. Aus diesem Grunde werden bei Spiegelung oder Kopie Flächen mitsamt deren finiten Elementen und damit verbundenen Attributen dupliziert. Zwingend ist für bewegliche Modelle darauf zu achten, dass bei der Bearbeitung des Stators der Rotor nicht aktiviert (selektiert) ist und umgekehrt. Die Spiegelung und Duplizierung bringt mit sich, dass Knoten auf angrenzenden Kanten nicht automatisch zusammengefasst (gemergt) werden, sondern dort doppelt vorhanden sind. Dieser Umstand, der beim Luftspaltsaum zwischen Stator und Rotor benötigt und durch ein variables Interface korrigiert wird, muss bei allen anderen Knoten durch Mergen (Zusammenfassen) behoben werden.

Der nächste Prozess-Schritt bezieht sich auf die Einführung von Kopplungen und die Einführung von Randbedingungen auf Außen- und Innenkanten. Kopplungen sind erforderlich bei der Verwendung von Schaltungselementen für stromführende Gebiete. Derartige Knoten von Elementen müssen durch einen Kopplungsbefehl hinsichtlich der zum Vektorpotenzial A_z hinzukommenden Freiheitsgrade CURR und EMF gekoppelt werden. Kopplung bedeutet, dass ein einziger sogenannter Masterknoten mit allen anderen betreffenden Knoten mit demselben Freiheitsgrad verbunden werden und somit bei einem einzigen Knoten, dem Masterknoten, Freiheitsgrad CURR oder EMF berechnet wird und auf alle anderen Knoten übertragen wird. Der Strom durch das stromführende Gebiet, bzw. die induzierte Spannung an der stromführenden Fläche, abfallend über die Tiefe der Anordnung, wird durch einen einzigen Knoten repräsentiert. Dies bedeutet nicht, dass damit auch das Vektorpotenzial A_z in allen Knoten eines Leiters gleich ist.

Unter Randbedingung wird senkrechter Eintritt von Feldlinien (Neumann'sche Randbedingung) oder paralleler Verlauf von Feldlinien zum Rand (Dirichlet-Randbedingung) verstanden. Grundsätzlich ist senkrechter Eintritt auf Rändern voreingestellt. Zur Definition paralleler Feldlinien sind den betreffenden Knoten eines Randes, die auch durch Linien repräsentiert sein können, entweder ein festes Vektorpotenzial oder gleiches Vektorpotenzial zuzuweisen. Die Zuweisung von gleichem Vektorpotenzial entspricht einer Kopplung des Vektorpotenzials.

Damit ist bis auf die flexible Ankopplung des Stators an den Rotor im Luftspaltbereich die Generierung des eigentlichen Finite-Elemente-Modells abgeschlossen.

Soweit keine elektrischen Schaltungen verwendet werden, müssen den stromführenden Gebieten Stromdichten zugewiesen werden. Dieses veraltete und eher aus der Urzeit der Finite-Elemente-Theorie stammende Verfahren wird anschaulicher durch elektrische Schaltungselemente ersetzt.

ANSYS bietet zur Abbildung der Verschaltung der Verschaltung von Spulen und Stäben weitere Schaltungselemente, wie z. B. Widerstände, Induktivitäten, Kapazitäten, Spannungs- und Stromquellen, aber auch spannungs- oder stromgesteuerte Spannung- oder Stromquellen an. Da die Verschaltung von Spulensystemen insbesondere bei Drehstromwicklungen sehr kompliziert und komplex ist, stellt die Generierung kompletter Schaltungen eine große Anforderung an den ANSYS-Anwender dar. Eine Generierung ist über das Basis-Benutzer-Menü von ANSYS nicht möglich, der Rückgriff auf die APDL-Programmierung unter intensivem Einsatz von Zählschleifen (DO) und Abfrageschleifen (IF) ist zwingend erforderlich. Sobald ein derartiges APDL-Verschaltungsskript bereitsteht, ist die Schaltungsgenerierung nahezu problemlos möglich. Auf den Aufbau von Schaltungen wird in einem späteren Kapitel und bei den einzelnen betrachteten Elektrischen Maschinen grundsätzlich eingegangen.

Abgeschlossen wird die Modellierung bei beweglichen Anordnungen mit der Generierung eines Interfaces zwischen Stator- und Rotor. Das Interface verbindet stellungsabhängig Knoten auf der einen Modellseite (z. B. Stator) mit den Knoten der Elemente auf anderen Modellseite (z. B. Rotor) über Gleichungen (constraint equations), in denen prinzipiell der mathematische Ausdruck

$$A_{z_{\text{außen}}} - A_{z_{\text{innen}}} = 0$$

steht. Knoten und Elemente des Interfaces stellen den Saum zwischen Stator und Rotor in der Luftspaltmitte dar.

4.2 Solution

Die Prozessschritte der Solution (Lösung, Berechnung) beinhalten die exakte Lastdefinition entweder über Spannungen und Ströme bei Schaltungen oder direkt über Stromdichten, die Definition der Berechnungsmethode, d. h. statische, harmonische oder transiente Rechnung, und die eigentliche Berechnung.

Statische Rechnung bedeutet magnetische Berechnung bei fest vorgegebenem Strom oder vorgegebener Stromdichte. Die einzelnen Berechnungen für andere Zeitpunkte oder Stellungen sind voneinander unabhängig. Bei statischen Berechnungen ist zu berücksichtigen, dass sich der Strom aus der Spannung anhand des Ohm'schen Gesetzes ergibt und Induktivitäten nicht berücksichtigt werden können.

$$I = \frac{U}{R}$$

Quasistationäre Rechnungen setzen voraus, dass ein fest vorgegebener Zeitpunkt mit daraus resultierendem Strom für die Durchflutung der Anordnung sorgt. Rechnet man quasistationär mit fester Frequenz sind feste Ströme der einzelnen Phasen zu berücksichtigen, da der Strom sich durch reale Widerstände und Reaktanzen ergibt. Quasistationäre Rechnungen machen daher prinzipiell nur Sinn mit vorgegebenen Strömen oder Stromdichten.

$$\underline{I} = \frac{U}{R + j\omega L}$$

Harmonische Rechnungen setzen die Berechnung über komplexe Zahlen und damit Real- und Imaginärteil bei fest vorgegebener Frequenz voraus. Hier können Spannungs- oder Stromvorgaben erfolgen, da bei der Bestimmung des Stromes reale Widerstände und Reaktanzen berücksichtigt werden.

Transiente Rechnungen sind prinzipiell aufeinanderfolgende statische Rechnungen, wobei durch Zeitschrittrechnung Spannungs- oder Stromverläufe durch diskretisierte Verläufe angenähert werden. Auch bei transienten Rechnungen können Spannungs- oder Stromvorgaben erfolgen.

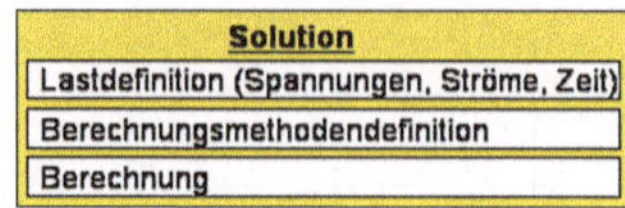

Abb. 4.5 Schritte der Solution

Unter Lastdefinition wird aber auch die Stellungsänderung zwischen Stator und Rotor durch Winkelvorgabe oder als Reaktion auf das zuvor berechnete Drehmoment bei rotierenden Maschinen oder Schubkraft bei linearen Antrieben verstanden. Ebenfalls sind hier Eingaben bei nichtlinearem Verhalten des Eisens vorzunehmen, um die Konvergenzbedingungen für die Lösung einzustellen. Desweiteren ist bei harmonischer Rechnung die Frequenz zu definieren. Die eigentliche Berechnung stellt nur den geringsten Anteil im Solution-Schritt dar.

Zur Verfügung stehen verschiedene Solver, die bei ANSYS mit FRONTAL-Solver und SPARSE-Matrix-Solver bezeichnet werden. Die Verwendung von Solvern ist bei ANSYS nach wie vor kritisch. Während der frontal Solver nahezu immer problemlos Ergebnisse liefert, stellt sich bei rotierenden oder sich transversal bewegten Anordnungen heraus, dass die Rechenzeit für die einzelnen Zeitschritte stark abhängig ist vom Verdrehwinkel, bzw. der Verschiebung von Stator zu Rotor. Demgegenüber zeigt der SPARSE-Matrix-Solver dieses Verhalten nicht, ist jedoch häufig numerisch instabil.

4.3 Postprocessing

Die Prozessschritte des Postprocessings (Auswertung) beinhalten das Einlesen der Lösungsergebnisse, d.h. des Lastschritts, bei harmonischer Berechnung zusätzlich die Auswahl des Real- oder Imaginärteils, die numerische Auswertung z.B. durch Auslesen von Induktions- oder Feldstärkewerten, Spannungen, Strömen oder Leistungen, die Kraft- oder Drehmomentberechnung und die Anfertigung von zeichnerischen Darstellungen (Plots), wie z.B. Feldlinienplots, Betrags- oder vektorielle Darstellung von magnetischer Flußdichte, magnetische Feldstärke und elektrischer Stromdichte.

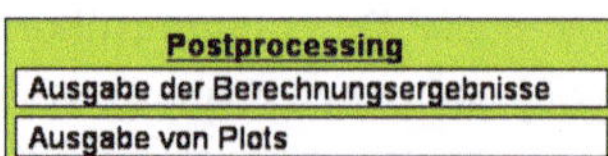

Abb. 4.6 Schritte des Postprocessings

4.4 Zusammenfassung der Vorgehensweise

Was auf den vorhergehenden Seiten in Kürze präsentiert wurde, stellt in der Realität unter Menüeinsatz einen Prozess von zahlreichen Stunden dar, wobei die Änderung der Geometrie über Parameteränderung kaum oder nur eingeschränkt möglich ist. Der Aufwand zur Erstellung von APDL-Prozeduren ist zwar ungleich höher, ermöglicht jedoch je nach Aufwand in der Programmierung umfangreiche Parameteränderungen und aufwändige Berechnungen.

In den folgenden Kapiteln soll zunächst der Menüeinsatz an einem einfachen Beispiel erläutert werden, wobei die beiden Verfahren der Bottom-up- und Top-down-Technik näher beleuchtet werden.

Benutzermenüeinsatz bei ANSYS 5

ANSYS stellt zur Benutzerführung ein intelligentes Menü zur Verfügung, das durch weitere Benutzermenüs oder Spezial-Tool-Menüs erweitert werden kann. Unter Intelligenz wird hierbei verstanden, dass die einzelnen Prozess-Schritte der Modellgenerierung, Berechnung und Auswertung nur in einer klar definierten Reihenfolge aufeinander aufbauend freigeschaltet werden und dann möglich sind. So ist beispielsweise Postprocessing erst nach abgeschlossener Modellierung und Rechnung möglich oder Vermaschung erst möglich, wenn Flächen oder Volumen generiert wurden. Der Benutzer wird also wesentlich bei seiner ANSYS-Anwendung unterstützt.

Als elektromagnetisches Problem wird eine Nut mit Steg und in der Nut eingelagertem Stab betrachtet, um im einfachsten Fall die Stromverteilung im Gleichstromfall durch statische Rechnung oder bei fester Frequenz durch harmonische Rechnung ermöglicht, um den Einfluss der Stromverdrängung auf Leiterwiderstand und Nutstreuinduktivität zu ermitteln.

Abb. 5.1 ANSYS Product Launcher

© Springer Fachmedien Wiesbaden 2014
B. Aschendorf, *FEM bei elektrischen Antrieben 1*, DOI 10.1007/978-3-8348-2033-4_5

Zum Aufruf von ANSYS sollte der ANSYS-Product Launcher verwendet werden. Dieser ermöglicht sowohl die Einstellung von Hardwareeinstellungen (Prozessoranzahl, Speichergröße, etc.), als auch die Definition des Arbeitsverzeichnisses und des Jobnamens. Die Anwahl ist wichtig, um die generierten Modelle unterscheiden zu können und das Modell näher beschreiben zu können.

Durch Anwahl von „Ausführen" wird ANSYS gestartet und es erscheint das Benutzermenü. Es besteht aus der graphischen Oberfläche, in der das Modell generiert wird (im Bild schwarz), dem ANSYS-Menü, in dem die eigentlichen ANSYS-Befehle abgerufen werden können, dem Utility-Menü, in dem allgemeine Befehle, wie z. B. Dateioperationen, Listen, Plots,etc. angefordert werden können. Die zwei funktional unterschiedlichen Menüs sind insbesondere für ANSYS-Anfänger sehr verwirrend, da Befehlsaufrufe zum einen ohnehin noch gesucht werden müssen, dies zudem an zwei unterschiedlichen Stellen. Als weitere Benutzermenübestandteile sind zu erwähnen die Input-Zeile (in Abb. 5.2 weiß), in der direkt ANSYS-Befehle ohne Menü eingegeben werden können und das Graphik-Navigationsmenü (im Bild rechts), mit dem das Modell z. B. verschoben oder gezoomt werden kann.

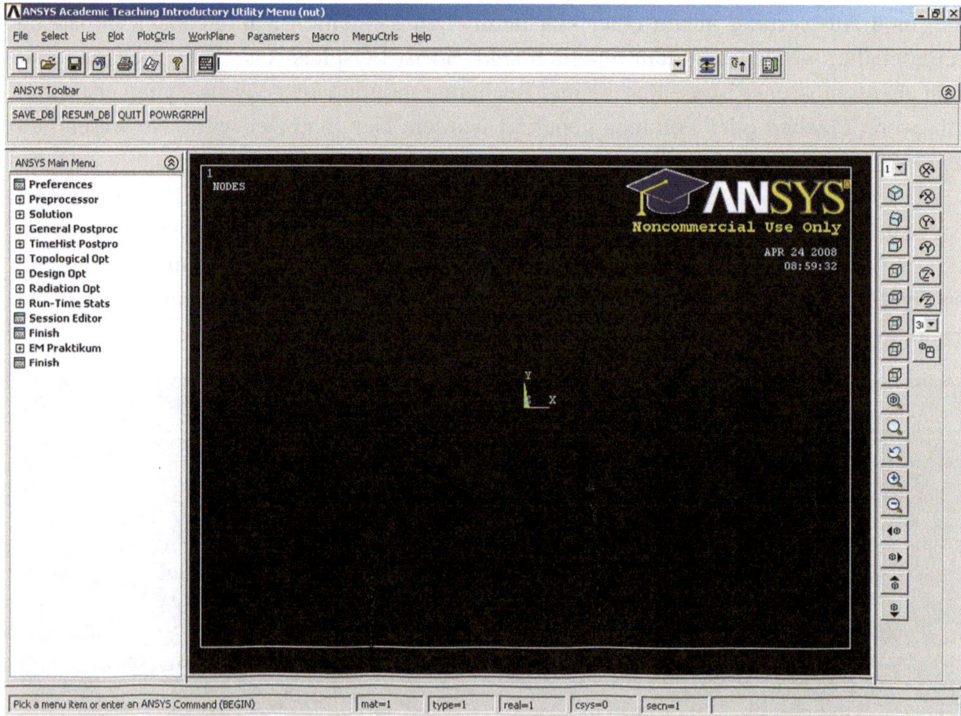

Abb. 5.2 Die ANSYS-Umgebung

Für das geplante elektromagnetische Projekt, den stromführenden massiven Leiter in einer Nut mit Steg, sind lediglich 6 Geometriepunkte erforderlich, die über nur vier Parameter digitalisiert werden können. Als Einheit für Längenangaben wird die Einheit Meter (m) vorausgesetzt, da ansonsten sämtliche Einheiten elektromagnetischer Größen umgerechnet werden müssen.

Die Parametereingabe erfolgt entweder durch Eingabe von *parameter=wert* in der ANSYS-Eingabezeile, wie in Abb. 5.3.

Abb. 5.3 Mathematische Parametereingabe

oder den ANSYS-Befehl *SET,variable,wert, wie in Abb. 5.4.

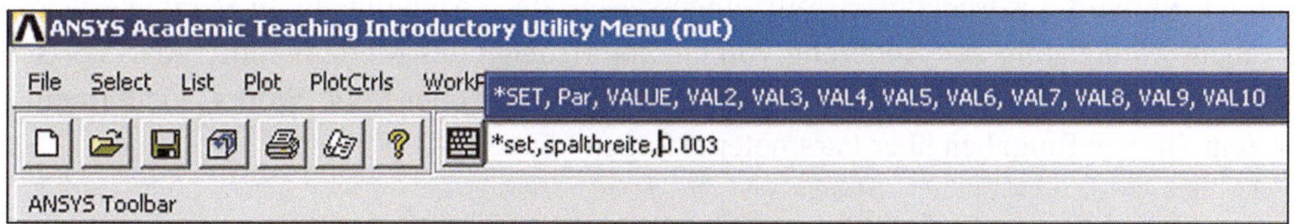

Abb. 5.4 Parametereingabe über den ANSYS-*SET-Befehl

Die definierten Variablen sind unter PARAMETERS im oberen Anwendermenü und dann SCALAR PARAMETERS überprüfbar. Häufige Eingabefehler sind die Verwendung von Kommatas als Nachkommatrennung, die Parameter werden dann als Anteile eines Arrays interpretiert. Für wissenschaftliche Anwendungen gilt der Punkt als Nachkommatrennung. Dies betrifft auch sämtliche Ausgaben von ANSYS in Datenfiles.

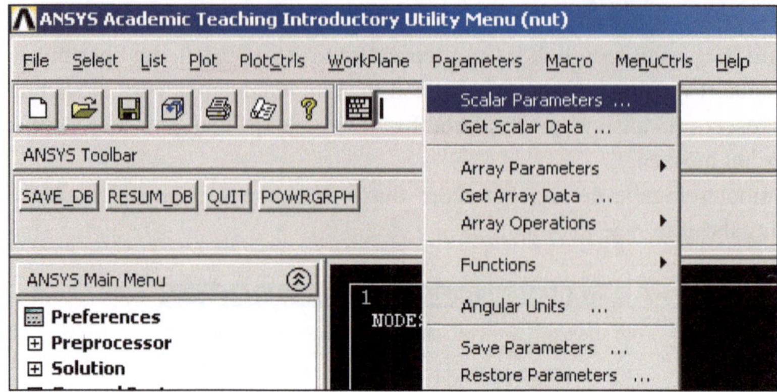

Abb. 5.5 Anzeige definierter Parameter

Die definierten Parameter erscheinen in einem neuen Menüfenster und können anschließend bei der Geometriedefinition verwendet werden. Sollten weitere Parameter erforderlich sein, können diese ohne weiteres noch im laufenden Prozess definiert werden.
Sollte ein Parameterwert falsch sein, kann dieser über eine Neueingabe geändert werden, falsche Parameternamen können durch Eingabe des Wertes Null (Blank) gelöscht
werden. Es wird ausdrücklich darauf hingewiesen, dass Änderungen an Parameterwer-
ten nicht zwangläufig zur Änderung von Geometriedaten des Modells führt. ANSYS ist
kein parametrisches CAD-System wie z. B. Pro Engineer oder Solid Works, sondern ein
System, in dem Eingaben über Parameter erfolgen können.

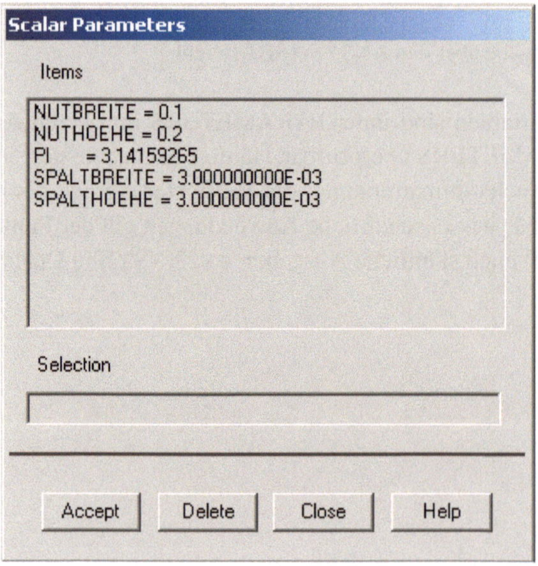

Abb. 5.6 Parameterliste

5.1 Bottom-up-Methode

Das Finite-Elemente-Modell besteht aus Geometriepunkten, Linien, Flächen, Knoten und Elementen, die entweder in der Bottom-up- oder Top-Down-Technik definiert werden. Im folgenden wird zunächst die Bottom-up-Technik erläutert. Die Bottom-up-Methode baut auf der Basis von Geometriepunkten Linien auf, auf der Basis von Linien Flächen, das Vermaschen von Flächen liefert Elemente mit Knoten. Die Geometriegenerierung startet mit dem Preprocessing. Geometriegenerierung ist bei ANSYS unter MODELLING zu finden. Unter MODELLING ist zu unterscheiden zwischen dem Generieren (CREATE), Verändern (OPERATE), Löschen (DELETE), etc. Geometriepunkte werden über CREATE KEYPOINTS angelegt. Dies wiederum kann durch Digitalisierung im Graphikfenster (ON WORKING PLANE) oder im aktiven Koordinatensystem (IN ACTIVE CS) erfolgen. Es wird schnell ersichtlich, dass bereits die Geometriepunktdefinition sehr komplex sein kann. Es wird daher im Folgenden als aktives Koordinatensystem das kartesische Koordinatensystem verwendet, das ohnehin voreingestellt ist.

Nach Anwahl des Befehls erscheint ein Eingabefenster, in dem die Nummer des zu generierenden Geometriepunktes und die zugehörige kartesische Koordinate definiert werden müssen. Wird die Geometriepunktnummer nicht angegeben, wird automatisch fortlaufend gezählt, es wird jedoch dringend angeraten zur eigenen Übersicht die Geometriepunktnummer anzugeben. Eine Handskizze ist hier sehr hilfreich. Bei der Eingabe der Koordinaten sollten die zuvor definierten Parameter genutzt werden, auf die z-Koordinate kann bei planaren Anordnungen, d. h. Schnitten, verzichtet werden.

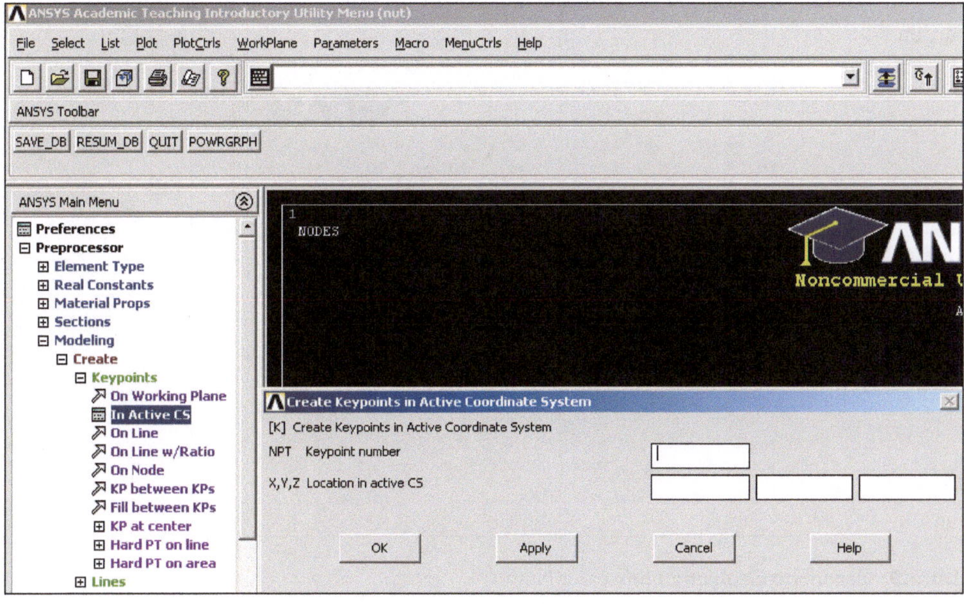

Abb. 5.7 Geometriepunkteingabe

Der Vorteil der Parameterverwendung ist bei entsprechender Wahl eines Koordinatenursprungs, dass z. B. bei symmetrischen Anordnungen von links nach rechts lediglich das Vorzeichen verändert werden muss. Bei exakter Kenntnis des geplanten Modells können auch Teile von Parameternamen einfach geändert werden.

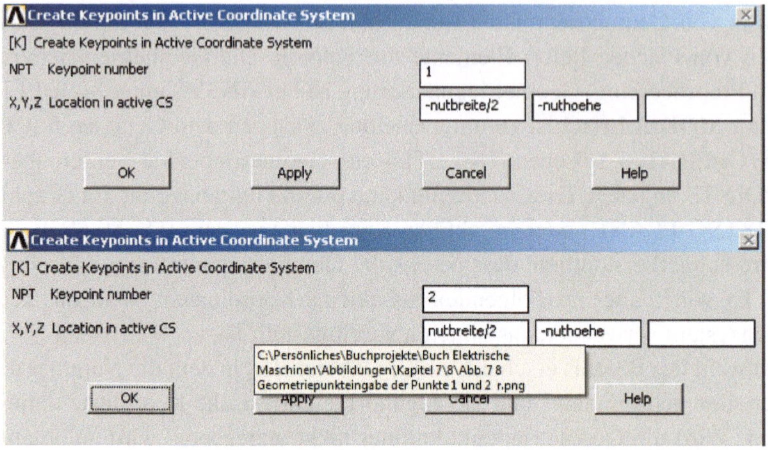

Abb. 5.8 Geometriepunkteingabe der Punkte 1 und 2

Als Ergebnis der Koordinateneingabe erscheinen die digitalisierten Geometriepunkte auf dem Monitor. Zunächst sind die Geometriepunkte nummeriert, nach einem ZOOM- oder PAN-Befehl werden die Nummerierungen entfernt und können nicht mehr überprüft werden.

Abb. 5.9 Generierte Geometriepunkte der Nut

Zur Abhilfe dieses Umstandes kann bei ANSYS die Nummerierung von Geometriepunkten, Linien, Flächen, etc. gezielt ein- und ausgeschaltet werden, um die Übersicht
über das Modell zu wahren.

Über das Utility-Menü (obere Menüzeile) kann unter PLOTCTRLS und dort NUMBE-
RING die Nummerierung spezifiziert werden.

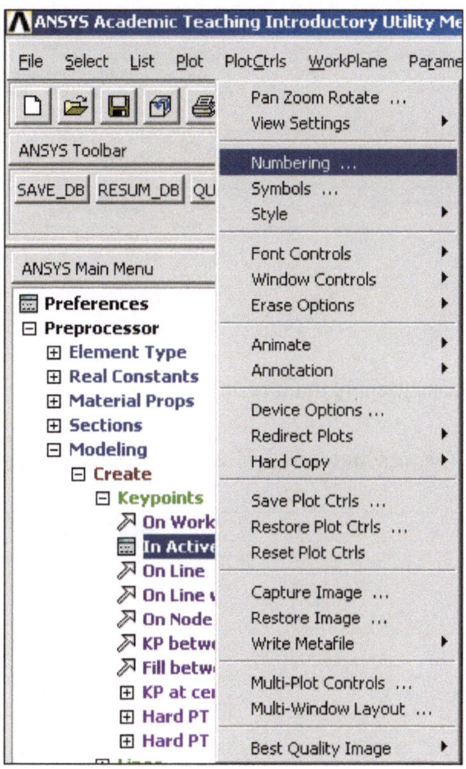

Abb. 5.10 Nummerierung der Geometriepunkte

Es erscheint ein umfangreiches Eingabemenü, in dem durch ON- oder OFF-Selektion
mit der Maus die Nummerierung von Geometriepunkten, Linien, etc. geschaltet werden
kann. Zur Nummerierung können verschiedene Nummerierungsattribute ausgewählt werden. Nummerierungsattribute können sein Elementnummern (d. h. die Nummern der Geometriepunkte), Elementtypnummern oder Materialtypnummern. Da zu diesem Zeitpunkt
noch keine Element- und Materialtypen festgelegt wurden, kann nur die Elementnummer
(ELEMENT NUMBERS) sinnvoll angewählt werden. Desweiteren kann die Nummerierung über Nummern und oder verschiedene Farben erfolgen.

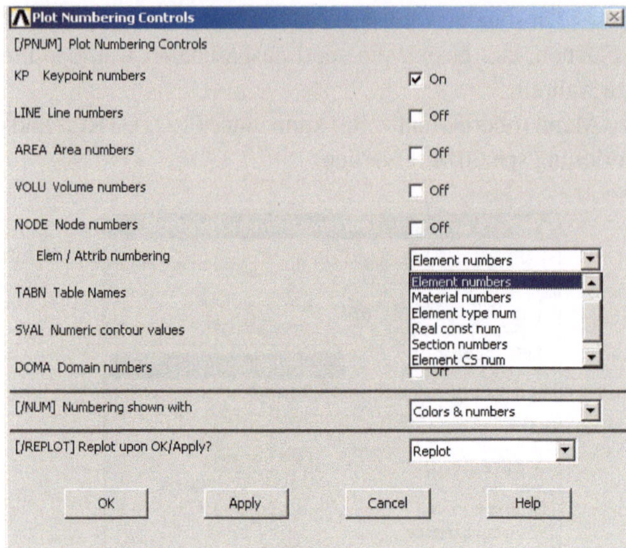

Abb. 5.11 Definition der Geometriepunktnummerierung

Nach Bestätigung mit OK erscheinen die Geometriepunkte nun mit Nummern.

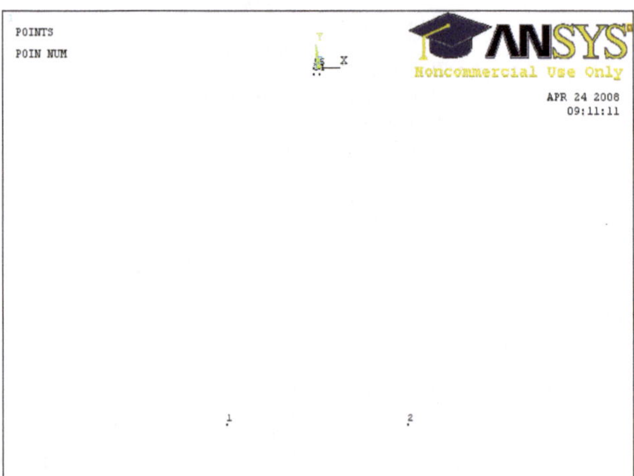

Abb. 5.12 Nummerierte Geometriepunkte

In der hierarchischen Folge folgen auf Geometriepunkte die Linien, welche Geometrie-punkte verbinden. Die Generierung von Linien erfolgt unter MODELLING über CREATE LINES. Je nach gewähltem Koordinatensystem können gerade und abgerundete Linien generiert werden. Um unabhängig vom Koordinatensystem gerade Linien zu generieren, ist STRAIGHT LINE anzuwählen. ANSYS reagiert mit einem weiteren Eingabefenster, über das durch Picken mit der Maus oder Direktangabe die Geometriepunkte angewählt werden, die die zu generierende Linie definieren.

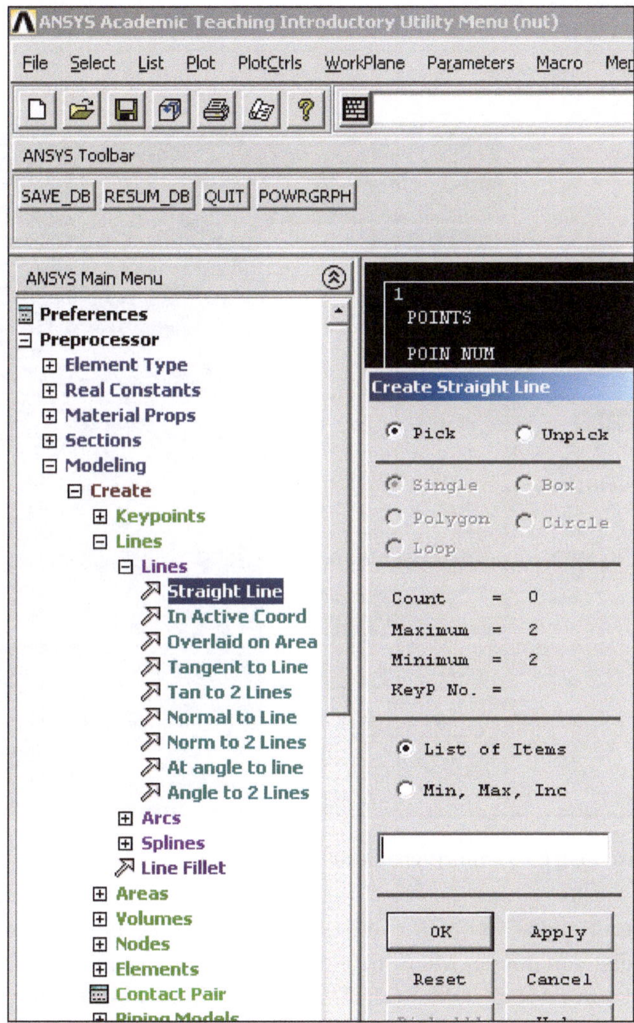

Abb. 5.13 Generierung von Linien

ANSYS zeigt in der Folge die generierte Linie an. Bei Bestätigung mit APPLY kann direkt die nächste Linie generiert werden, sonst muss der Befehl erneut angewählt werden.

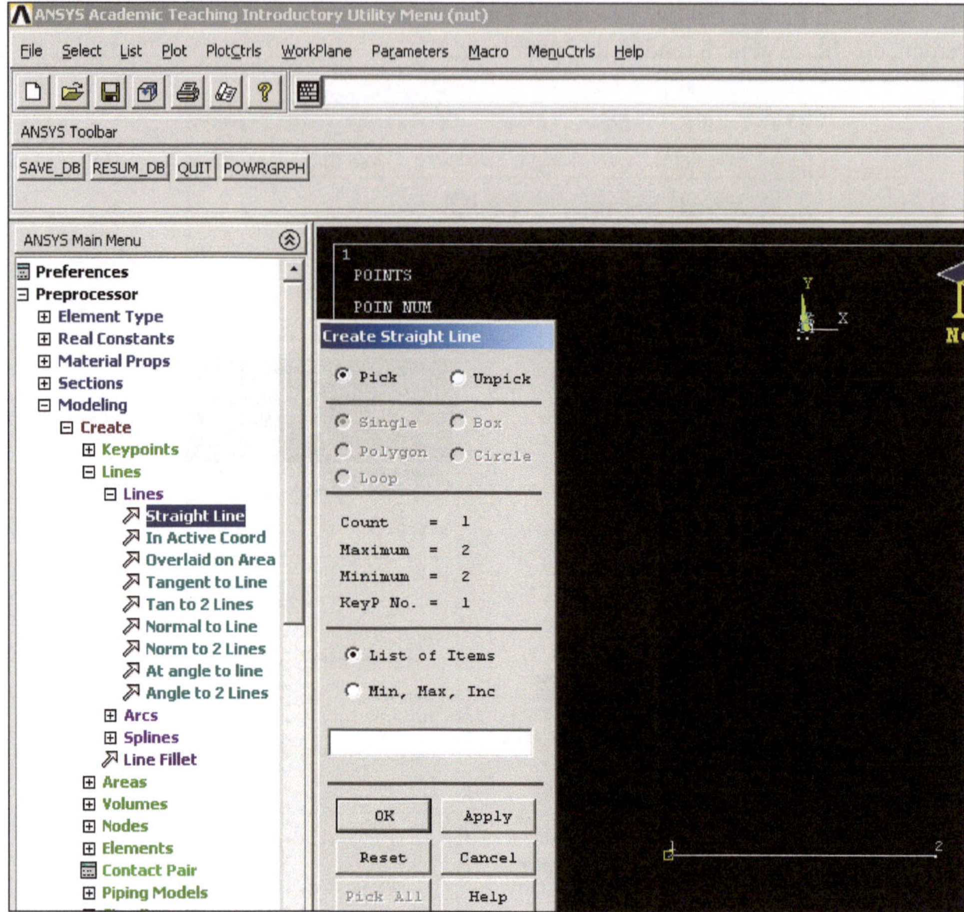

Abb. 5.14 Digitalisierung der Geometriepunkte einer Linie

Sollte bei extrem engen Geometrieverhältnissen, wie z. B. im Beispiel der Steg der Nut, ein Andigitalisieren mit der Maus nicht möglich sein, so kann über PLOTCTRLS im Utility-Menü und dort PAN-ZOOM-ROTATE mit den Pfeilen das Modell verschoben und mit den dünnen und dicken Punkten das Modell gezoomt werden. Die übrigen Befehle, sowie die Verwendung des rechten Navigationsmenüs sollten ausprobiert werden.

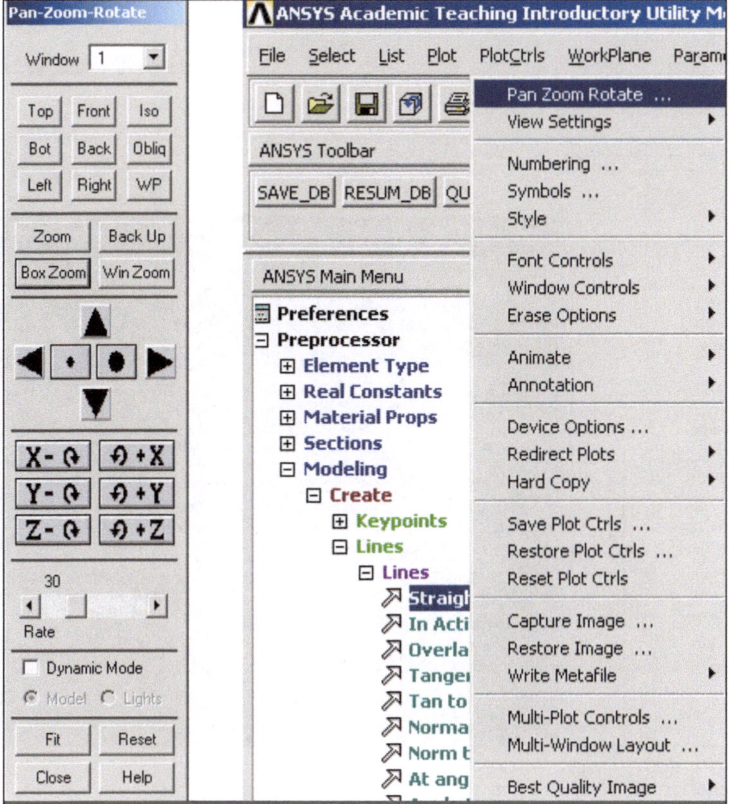

Abb. 5.15 ZOOM- und PAN-Operationen

Nach diesem Schritt ist auch die Generierung der Linien im Stegbereich möglich.

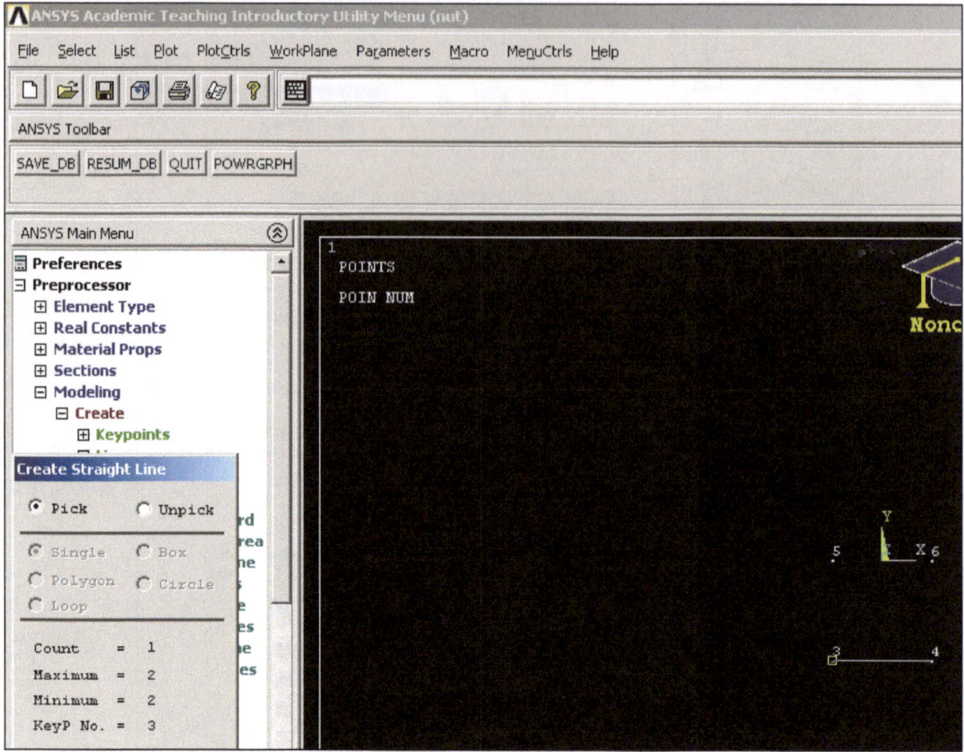

Abb. 5.16 Generierung von Linien in „engen" Bereichen

Wie Geometriepunkte können auch Linien nummeriert werden. Dies empfiehlt sich für den nächsten Schritt der Flächengenerierung.

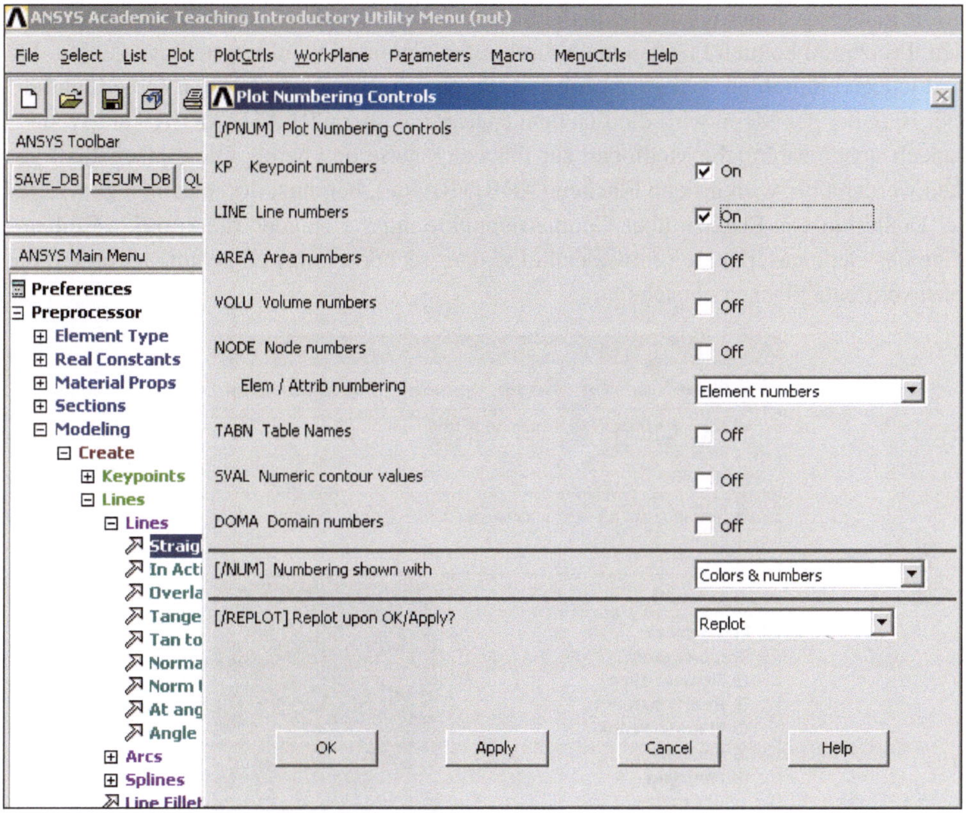

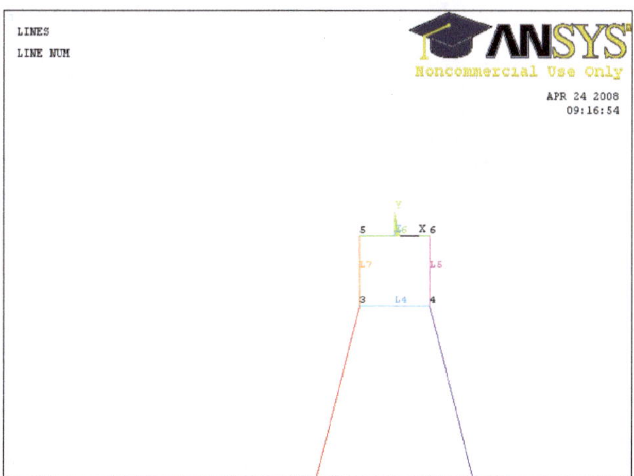

Abb. 5.17 Nummerierung von Linien

Abschließend werden nach dem Plotten der Linien auch die Liniennummern erkennbar.

Abb. 5.18 Nummerierte Linien

Die Flächengenerierung erfolgt in der hierarchischen Reihenfolge auf der Basis von Linien. Prinzipiell können Flächen auch direkt über Geometriepunkte generiert werden. Es wird jedoch empfohlen dies über Linien zu tätigen, da dies einfacher und fehlerunanfälliger ist. Über das Menü wird die Flächengenerierung über CREATE AREAS angewählt. Danach stehen zahlreiche Methoden zur Flächengenerierung bereit. Die einfachsten Flächen werden über willkürliche Flächen (ARBITRARY), begrenzt durch Linien generiert. Bei Definition von Flächen über Geometriepunkte muss zwingend die korrekte Reihenfolge der Geometriepunkte (entweder links- oder rechtswendig) eingehalten werden, da sonst verdrehte Flächen entstehen.

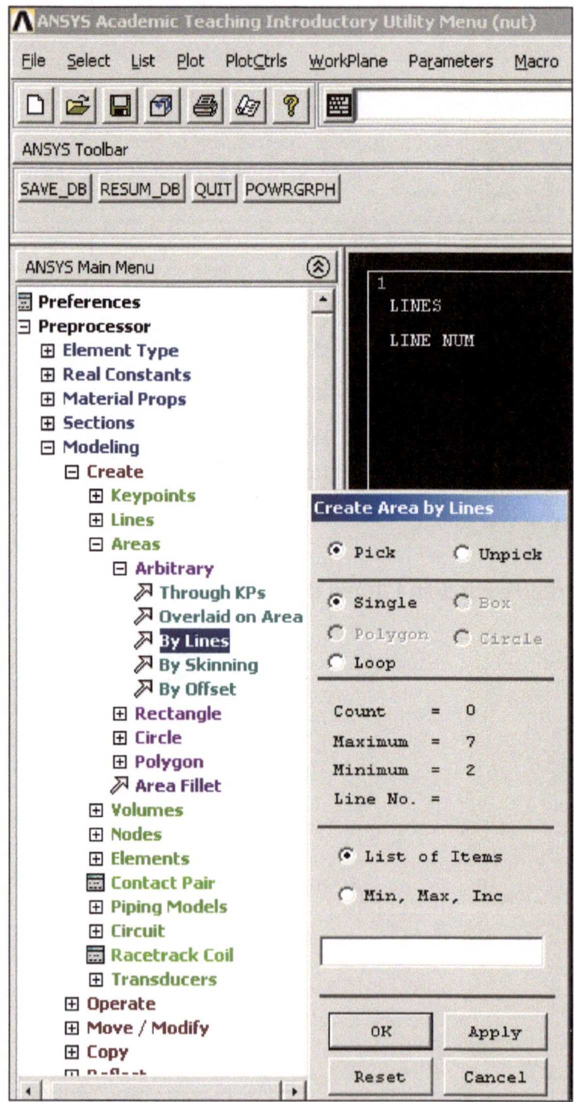

Abb. 5.19 Generierung von Flächen

ANSYS fordert zur Auswahl der Linien auf, die die Fläche beschreiben. Hierbei ist kein Wert auf die Reihenfolge der Linien zu legen.

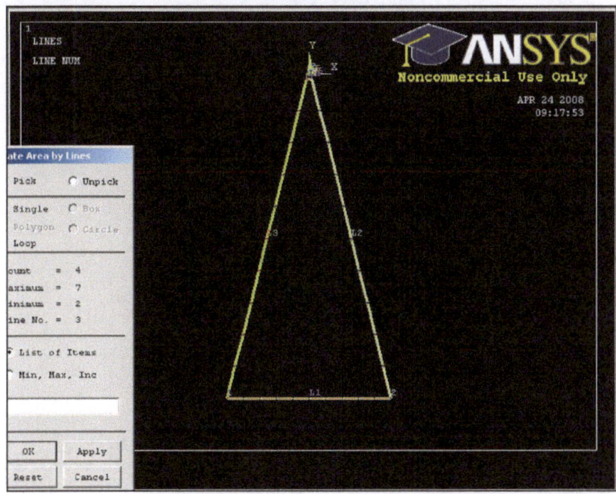

Abb. 5.20 Selektion der Linien einer Fläche

Nach Anwahl von OK wird die Fläche generiert.

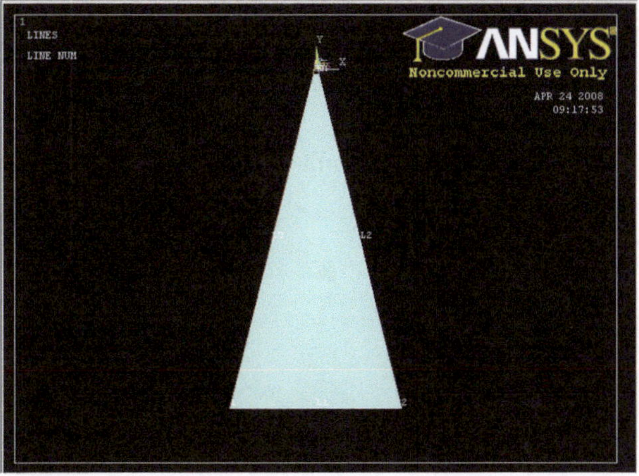

Abb. 5.21 Generierte Fläche

Nach Erzeugung aller Flächen erscheinen diese zunächst in nur einer Farbe (türkis). Durch den bekannten NUMBERING-Befehl können die Flächen nummeriert und mit Farben entsprechen der Elementnummer dargestellt werden. Nach Anwendung des Nummerierungsbefehl über

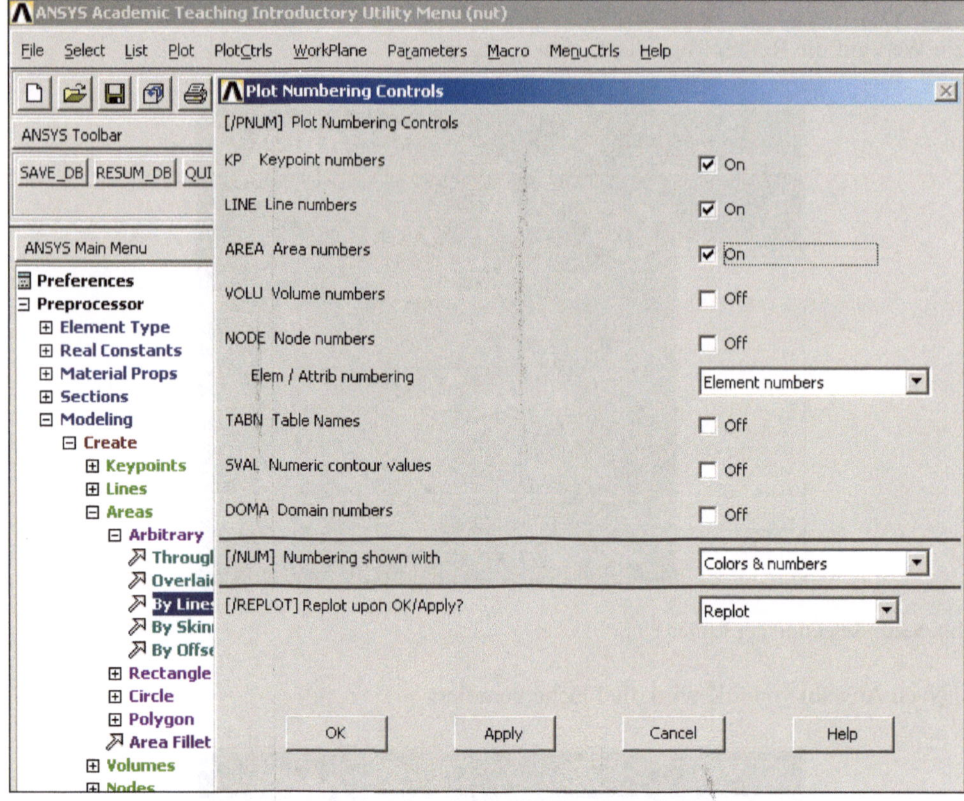

Abb. 5.22 Nummerierung von Flächen

werden die Flächen nummeriert und eingefärbt.

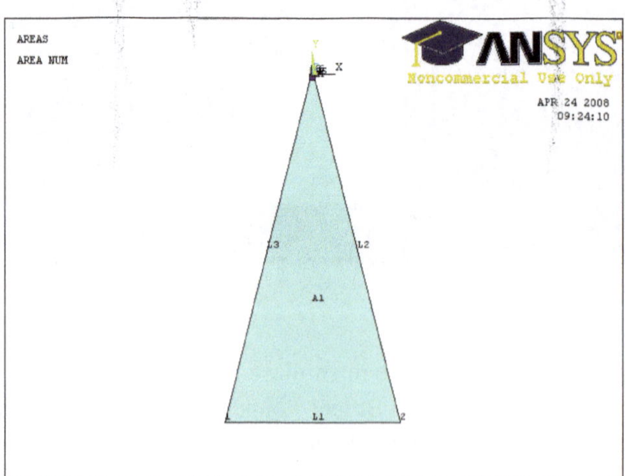

Abb. 5.23 Nummerierte und eingefärbte Flächen

Vor der Vermaschung sind nun die Elementtypen und Materialeigenschaften zu definieren. Dieser Schritt kann bereits vor der Modellgeometriegenerierung nach der Variablendefinition erfolgen, spätestens jedoch vor der Vermaschung. Elementtypen werden generiert über ELEMENT TYPE und dort ADD/EDIT/DELETE. Da noch keine Elementtypen definiert sind, erscheint unter DEFINED ELEMENT TYPES: NONE DEFINED. Durch ADD wird der nächste Elementtyp definiert.

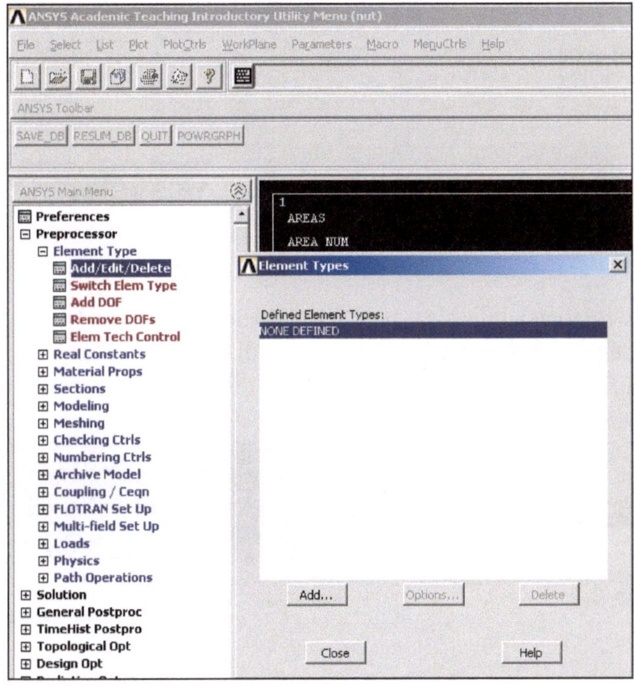

Abb. 5.24 Definition von Elementtypen

Auszuwählen ist bei planaren Anordnungen (2D) für elektromagnetische Elemente sinnvollerweise unter MAGNETIC VECTOR das VECT QUAD 8NOD53-Element, kurz bezeichnet mit PLANE 53. PLANE53 ist ein 8-knotiges Finites Element mit 4 Eck-Knoten und insgesamt 4 Seitenmittenknoten.

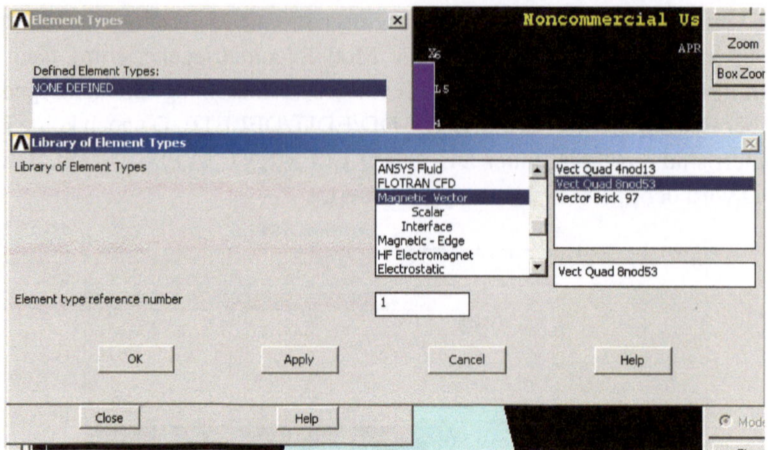

Abb. 5.25 Auswahl von PLANE 53-Elementtypen

Aus Gründen der Übersichtlichkeit wird empfohlen ebenso viele Elementtypen anzulegen, wie Materialeigenschaften vorhanden sind, in diesem Falle 2 Elementtypen. Bei der Definition des zweiten Elementtypes wird der erste definierte bereits angezeigt.

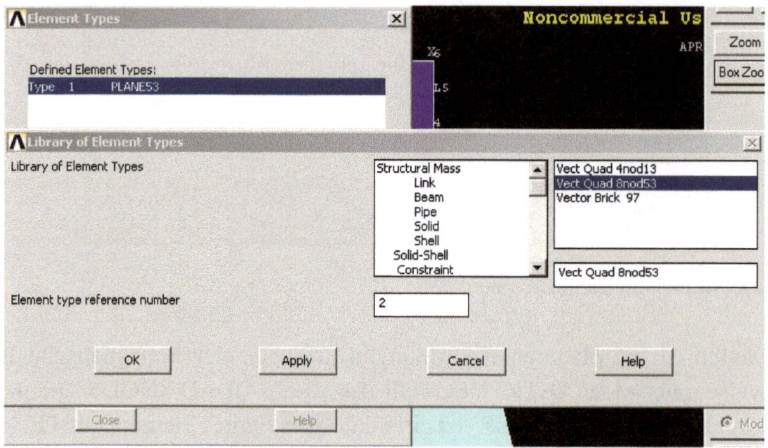

Abb. 5.26 Auswahl des zweiten PLANE53-Elementtyps

Nach Abschluss der Eingabe sind die Elementtypen mit Nummerierung unter DEFINED ELEMENT TYPES aufgeführt.

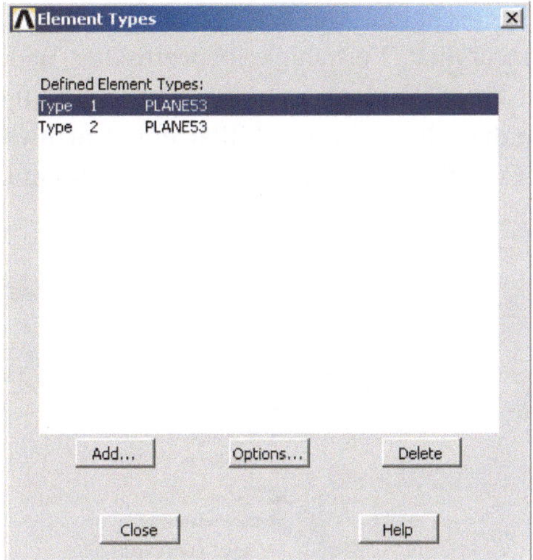

Abb. 5.27 Anzeige der definierten Elementtypen

Die Eingabe von Materialeigenschaften erfolgt über MATERIAL PROPS (material properties, Materialeigenschaften). Die Definition erfolgt über den Menüpunkt MATERIAL MODELS. Das erste Materialmodell ist bereits angelegt, es sind jedoch noch keine Eigenschaften zugewiesen.

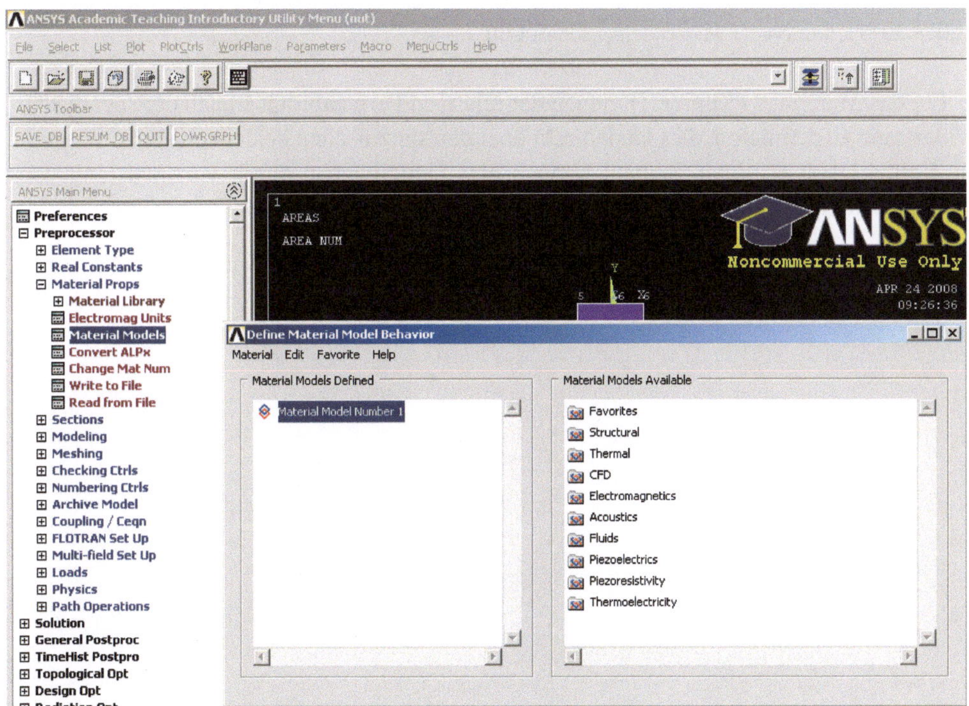

Abb. 5.28 Definition von Materialeigenschaften

Elektromagnetische Eigenschaften werden über ELECTROMAGNETICS angelegt. Zur Auswahl stehen Permeabilität, Leitfähigkeit/spezifischer Widerstand, Koerzitivfeldstärke, etc. Bei dem betrachteten Problem sind die Materialien Luft und Kupfer anzulegen. Für das Material Luft ist die relative Permeabilität mit 1 anzuwählen. Es wird Material mit gleichförmiger (CONSTANT) Permeabilität in alle Richtungen ausgewählt, dies entspricht isotropen Materialien.

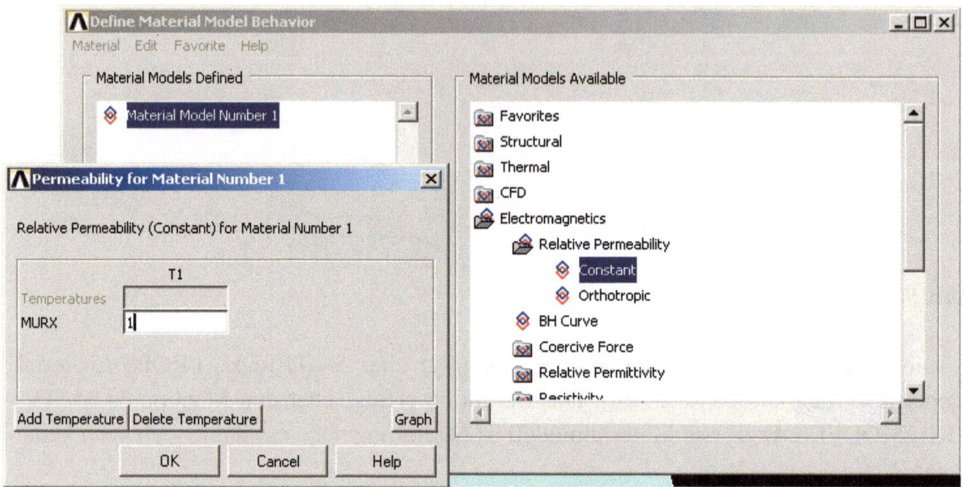

Abb. 5.29   Definition der Materialeigenschaft Luft

Für das Material 2 (Kupfer) ist neben der relativen Permeabilität 1 auch der spezifische Widerstand zu definieren, dies kann direkt über den spezifischen Widerstand oder reziprok die Leitfähigkeit erfolgen. Schnell können hier Fehleingaben durch Verwechslung von spezifischem Widerstand und Leitwert erfolgen.

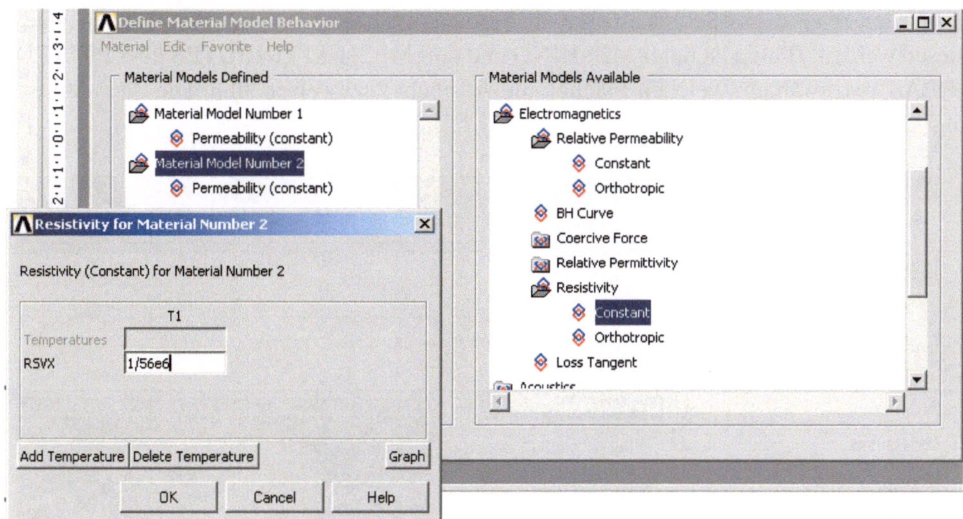

Abb. 5.30 Definition der Materialeigenschaft Kupfer

Nach Abschluss der Materialdefinition können diese überprüft werden. Hierzu sind unter MATERIAL MODELS die Materialtypen gelistet und können über EDIT geändert werden.

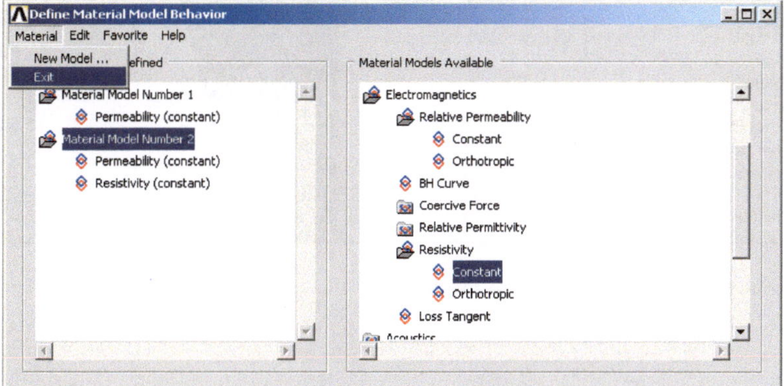

Abb. 5.31 Anzeige der Materialeigenschaften

Im nächsten Prozess-Schritt müssen die Element- und Materialtypen den Flächen zugewiesen werden. Hierzu ist unter MESHING und dort MESH ATTRIBUTES über PICKED
AREAS auszuwählen, welchen Flächen die Attribute zuzuweisen sind. Die Auswahl erfolgt über das Picking mit der Maus.

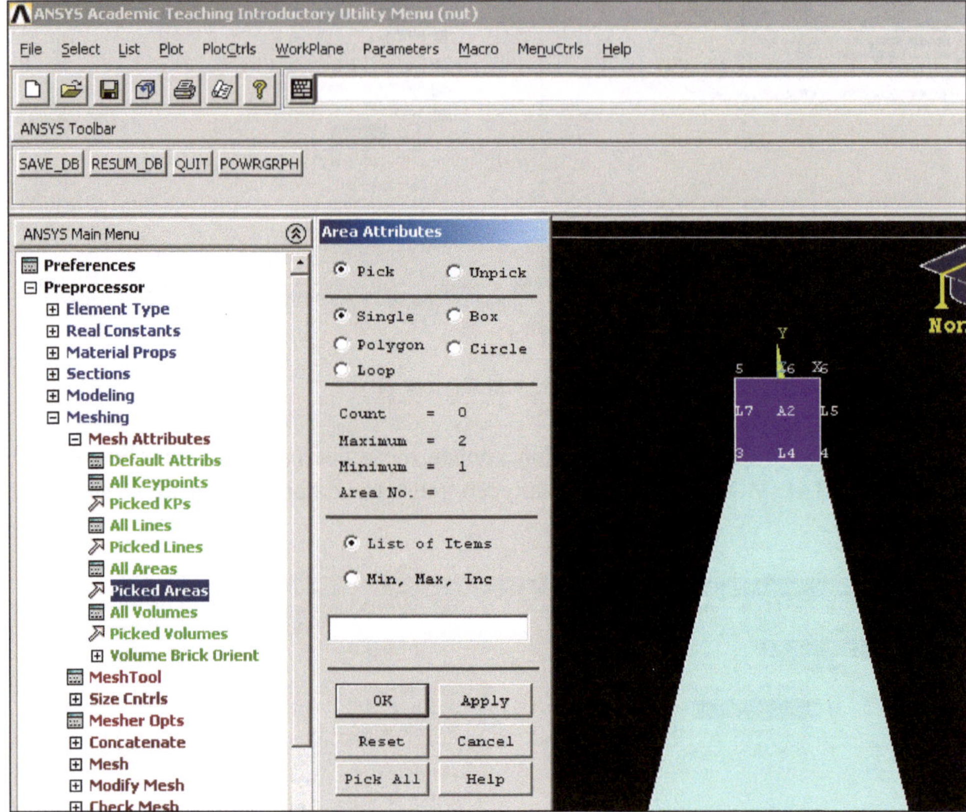

Abb. 5.32 Zuweisung von Attributen zu Flächen

Nach erfolgter Flächenselektion und Abschluss mit OK fordert ANSYS mit einem weiteren Menü die Anwahl der zuzuweisenden Attributnummern ab. Attribute sind hier Elementtyp, Material und reale Konstante.

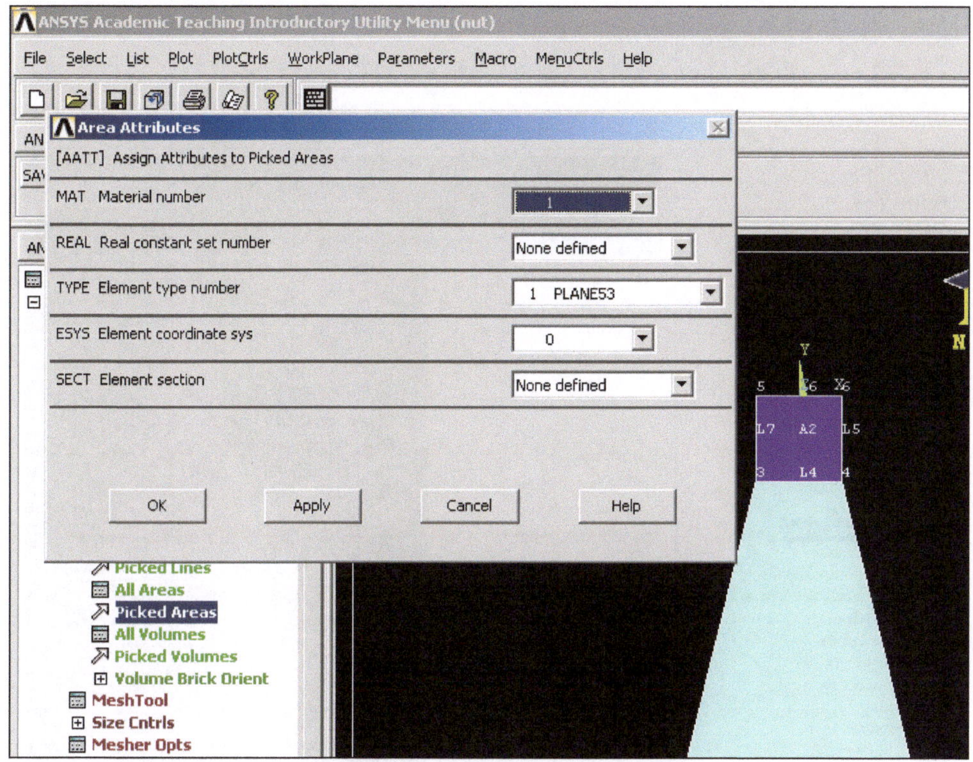

Abb. 5.33 Zuweisung der Attribute Elementtyp und Materialeigenschaft zur Fläche 1

Hier sind die entsprechenden Nummern der Elementtypen und Materialeigenschaften auszuwählen, in diesem Falle die Nummer 1. Durch die Definition eines eigenen Elementtyps für jedes Material wird die Selektion erleichtert. Neben Element- und Materialtypen kann hier gegebenenfalls auch die Nummer der realen Konstante (bei stromführenden Gebieten, die über Schaltungselemente abgebildet werden) und Elementkoordinatensystemen (bei Magneten, denen die Magnetisierungsorientierung zugewiesen werden muss).

Dieser Prozess-Schritt ist auch auf die Fläche 2 anzuwenden.

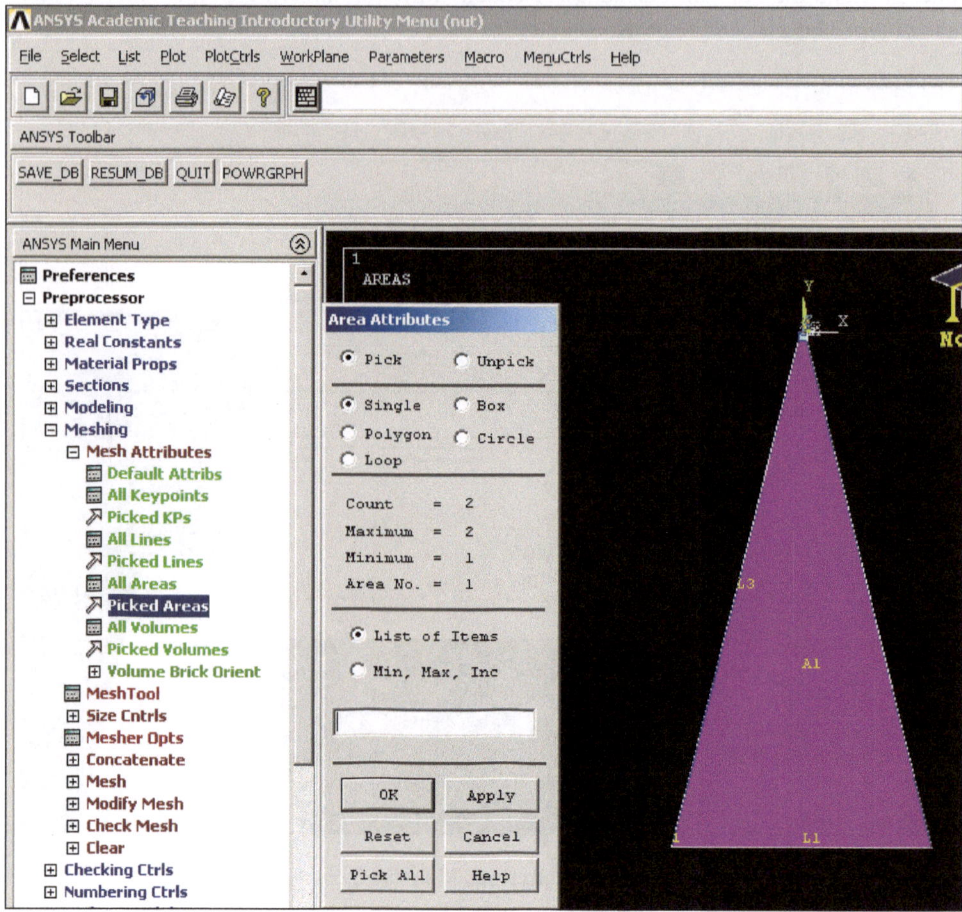

Abb. 5.34 Zuweisung von Attributen zur Fläche 2

Hier ist entsprechend der Element- und Materialtyp 2 zuzuordnen.

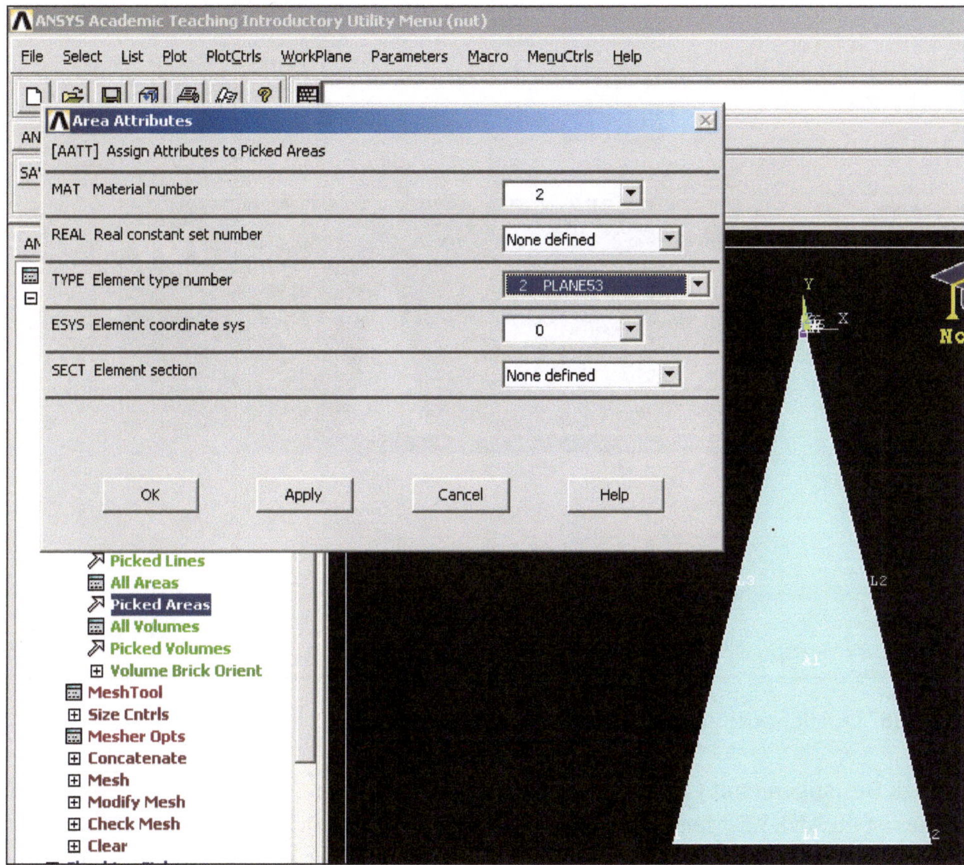

Abb. 5.35 Zuweisung von Elementtyp und Materialeigenschaft zur Fläche 2

Die Flächenvermaschung ist über die Methode der Definition der Elementkantengröße auf allen Seiten oder über eine globale Elementgröße möglich, die dem energetischen und dynamischen Verhalten des Gebietes entspricht. Dies bedeutet, dass Bereiche, in denen die magnetische Energie große Werte hat, entsprechend feine Vermaschung erforderlich ist, aber auch in Bereichen, in denen differentielle Änderungen zu erwarten sind. Nachfolgend erfolgt die eigentliche Vermaschung der Flächen. Im einfachsten Fall wird die Elementgröße global definiert, da dies mit geringstem Aufwand möglich ist. Hier sind die Parameter sehr nützlich, da hierüber die Feinheit der Diskretisierung geometriebasiert eingestellt werden kann. Im Falle der Berechnung von Stromverdrängungseffekten sind sehr feine Elementgrößen erforderlich, um die Eindringtiefe in Abhängigkeit der Frequenz zu berücksichtigen.

Der Befehl zur Einstellung der globalen Elementgröße erfolgt über MESHING, dann SIZE CNTRLS und danach GLOBAL und SIZE.

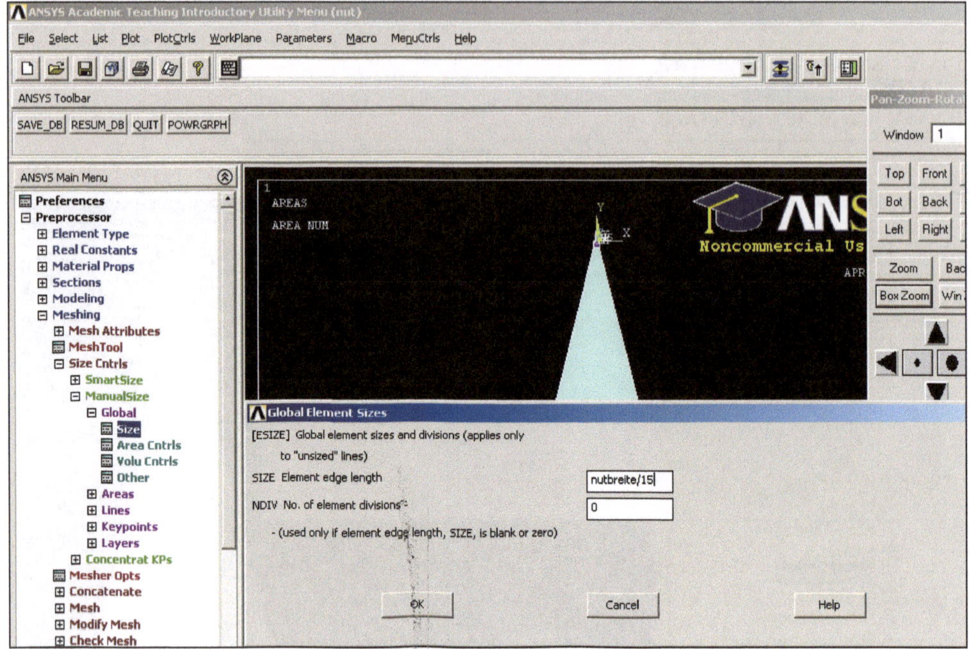

Abb. 5.36 Definition der globalen Elementgröße

Nach Bestätigung mit OK kann die Vermaschung erfolgen.

Dies ist im ANSYS-Menü unter MESHING, dann MESH zu finden. Vermascht werden Flächen, was über AREAS ausgewählt wird. Die eigentliche Vermaschung erfolgt über FREE oder MAPPED. Für eine MAPPED-Vermaschung müssen alle 4, bzw. 3 Seitenkanten hinsichtlich ihrer Elementkantenanzahl definiert sein, was bei globaler Elementgröße nicht bekannt ist. Es verbleibt die Auswahl von FREE, wobei ANSYS ein möglichst gutes Netz in zum Teil mehreren Iterationen erzeugt. Durch jeden weiteren Vermaschungsschritt wird die Elementkantenanzahl auf den Linien exakter bestimmt, sodaß durch geschickte Auswahl der globalen Elementgröße die Feinheit der Vermaschung in allen Bereichen des Modells gesteuert werden kann.

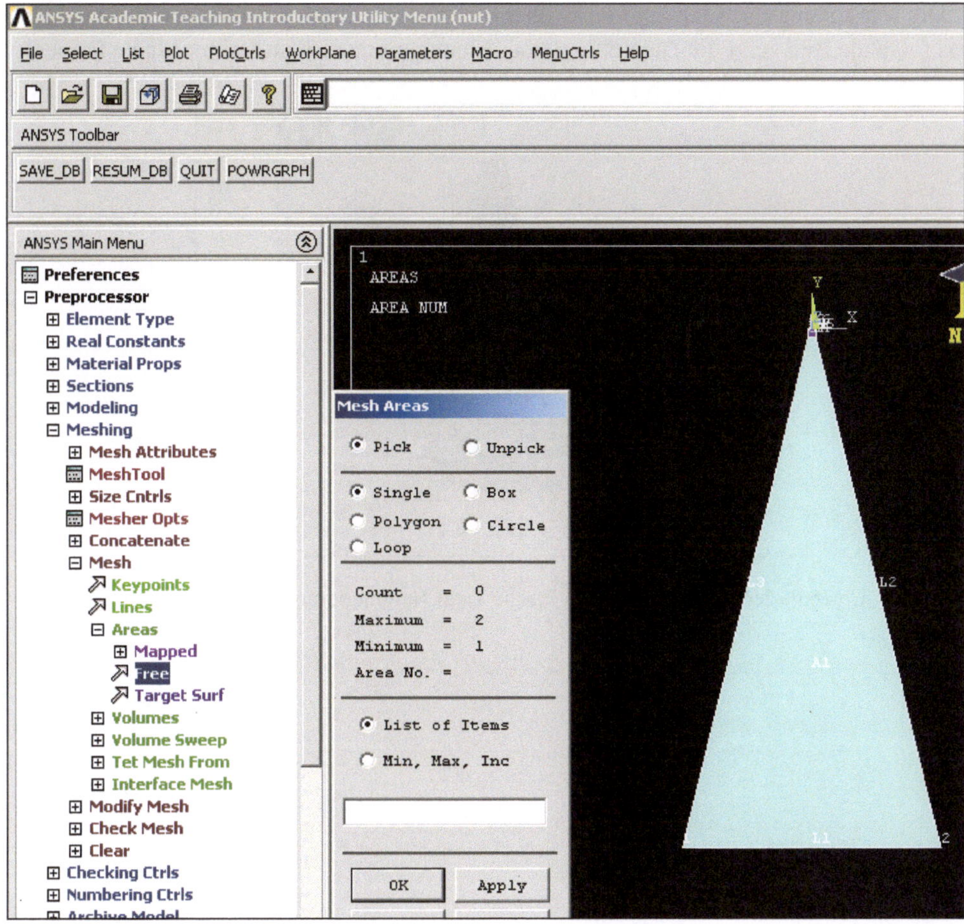

Abb. 5.37 Vermaschung der Fläche 1

Das Ergebnis der Vermaschung sind die finiten Elemente mit den Knoten auf den Seiten der Elemente.

Die Darstellung der Elemente kann über den Nummerierungsbefehl gewählt werden. Das folgende Bild zeigt die Darstellung über Elementnummern und zugeordnete Farben.

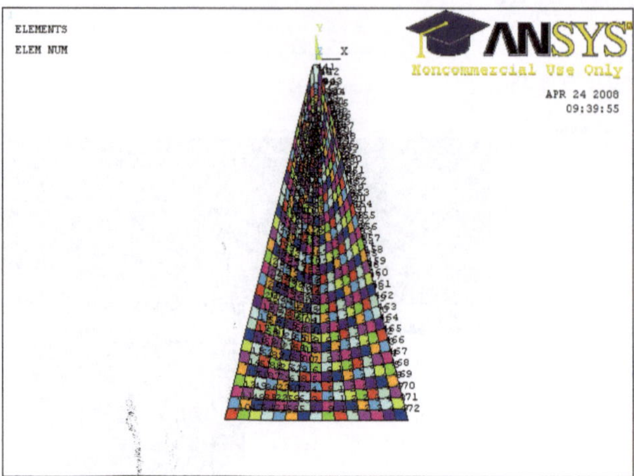

Abb. 5.38 Ergebnis der Vermaschung von Fläche 1 mit Nummerierung und Farbdarstellung

Durch entsprechende Anwahl der Nummerierung kann auch die Darstellung über die Elementtyp- oder Materialtypnummern erfolgen.

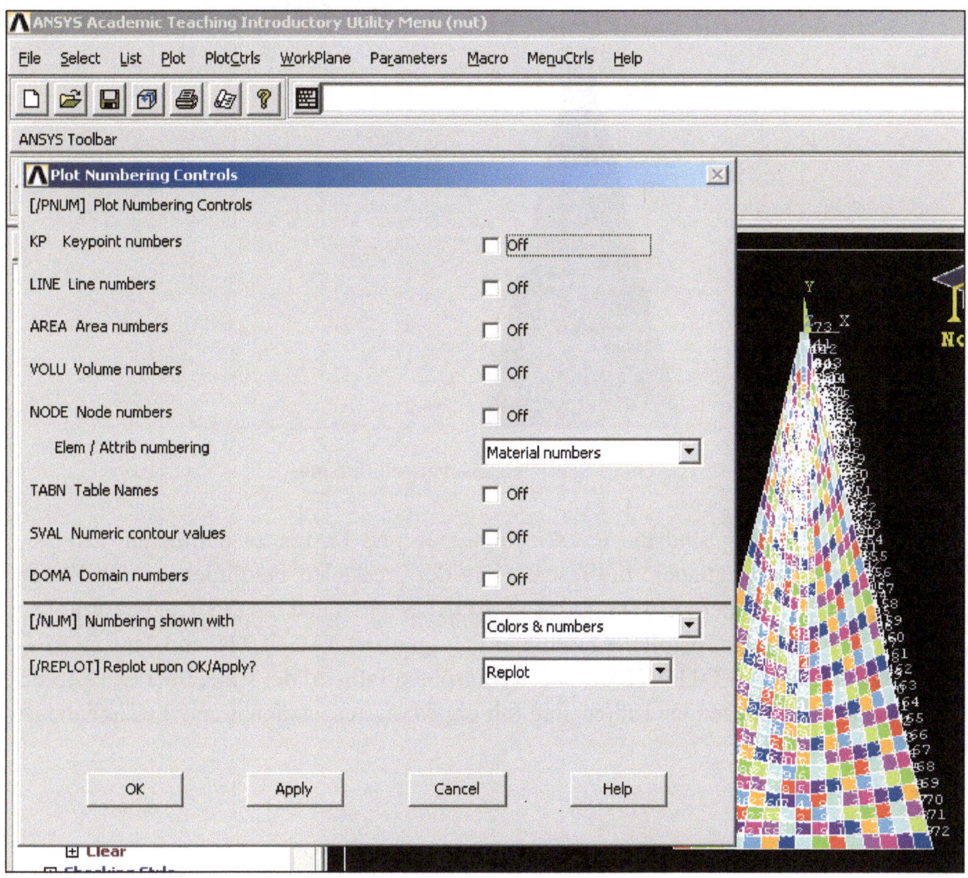

Abb. 5.39 Nummerierung und Färbung der generierten Elemente nach der Materialeigenschaft

Das folgende Bild zeigt die Elementdarstellung über die Materialeigenschaften.

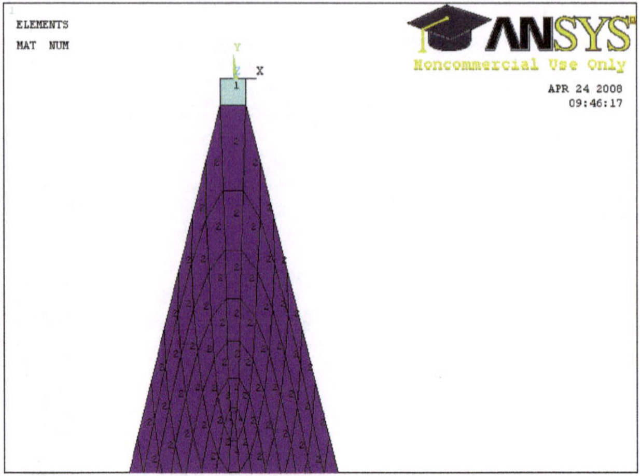

Abb. 5.40   Elemente der Flächen mit Materialeigenschaftseinfärbung

Vor der Berechnung sind die Randbedingungen und Lasten zu definieren. Zur Definition der Randbedingungen, in diesem Falle der parallelen Feldlinien an der oberen Nutkante, wird diese über LOADS, DEFINE LOADS und danach APPLY angewählt. Die magnetische Eigenschaft paralleler Feldlinien erfolgt über MAGNETIC und dann BOUNDARY und VECTOR POTENTIAL. Das Vektorpotential wird der Linie über ON LINES zugewiesen. Die betreffenden Linien sind mit der Maus auszuwählen und die Eingabe ist mit OK abzuschließen.

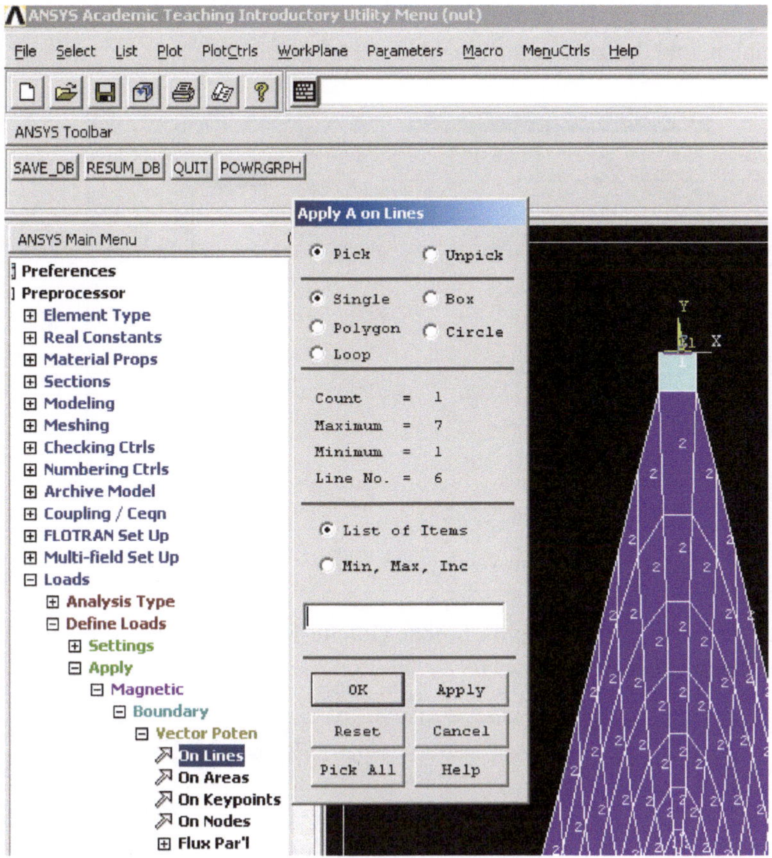

Abb. 5.41 Definition der Randbedingung an der oberen Nutkante

Im nächsten Schritt ist der festzulegende Freiheitsgrad, in diesem Falle Vektorpotential A_z auszuwählen, und der zuzuordnende Wert, z. B. 0 anzugeben.

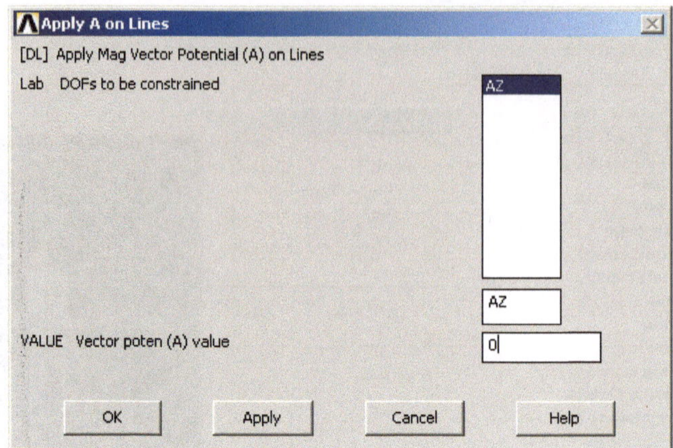

Abb. 5.42 Definition von konstantem Vektorpotenzial A_z

Die Randbedingung wird graphisch über violette Kreuze auf den Linien angedeutet, für die die Randbedingung gilt.

Abb. 5.43 Darstellung der Randbedingung auf der oberen Nutkante

Die Last, in diesem Falle Stromdichte, kann über Schaltungselemente oder direkt die Stromdichte eingeprägt werden. Auf Schaltungselemente wird in einem späteren Kapitel eingegangen. Direkt wird die Stromdichte über LOADS, DEFINE LOADS und danach APPLY angewählt. Die magnetische Eigenschaft Stromdichteaufprägung erfolgt über MAGNETIC und dann EXCITATION und CURRENT DENSITY. Die Stromdichte wird der Fläche über ON AREAS zugewiesen. Die betreffenden Flächen sind mit der Maus auszuwählen und die Eingabe ist mit OK abzuschließen.

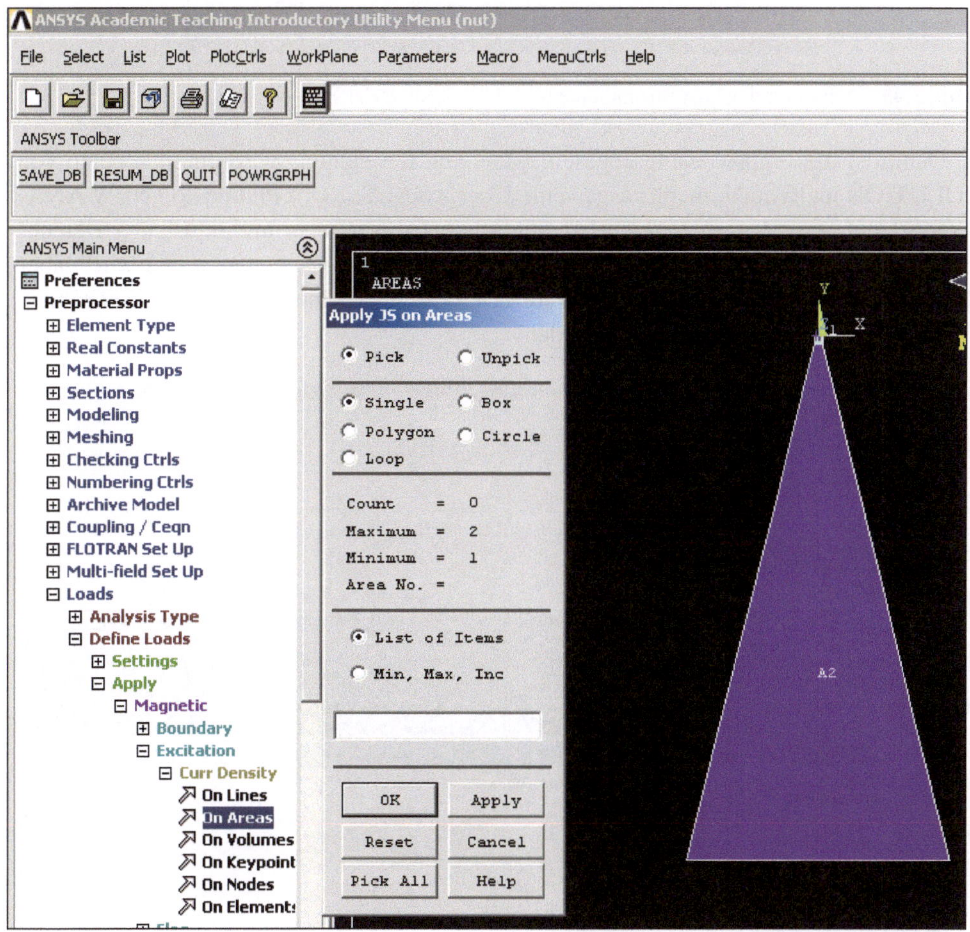

Abb. 5.44 Zuweisung von Stromdichte als Last auf Fläche 1

Im nächsten Schritt ist die Stromdichte über den zuzuordnenden Wert, z. B. 10.000 anzugeben. Der Phasenwinkel wird für harmonische Rechnungen und Drehstromsysteme benötigt.

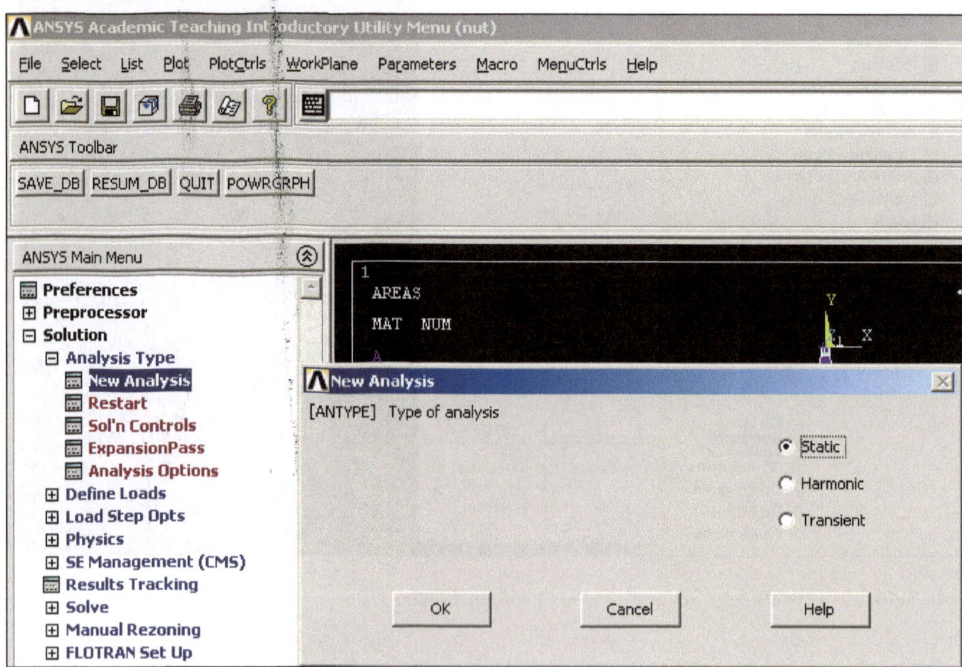

Abb. 5.45 Definition der Last Stromdichte als CURRENT DENSITY

Damit ist das Preprocessing abgeschlossen. Die Berechnung wird durch Anwahl von SOLUTION im Benutzermenü ausgewählt. Über ANALYSIS TYPE und dort NEW ANALYSIS kann gewählt werden zwischen statischer, harmonischer und transienter Berechnung. Die einfachste Berechnungsmethode ist die statische Berechnung und wird daher über STATIC angewählt. Grundsätzlich sollte zur Kontrolle einer modellierten Anordnung immer zunächst statisch gerechnet werden.

Abb. 5.46 Vorbereitung der statischen Berechnung

Damit sind die Berechnungsvorbereitungen abgeschlossen. Der häufigste Fehler ist an dieser Stelle die nicht vollständige Selektion des gesamten, bzw. notwendigen Modells. Zur Sicherheit sollte durch Eingabe von ALLSEL im ANSYS-Input-Fenster oder EVERYTHING unter SELECT im ANSYS-Utility-Fenster das gesamte Modell selektiert werden.

Die Berechnung wird gestartet mit SOLVE und dann CURRENT LOAD STEP und Bestätigung über OK.

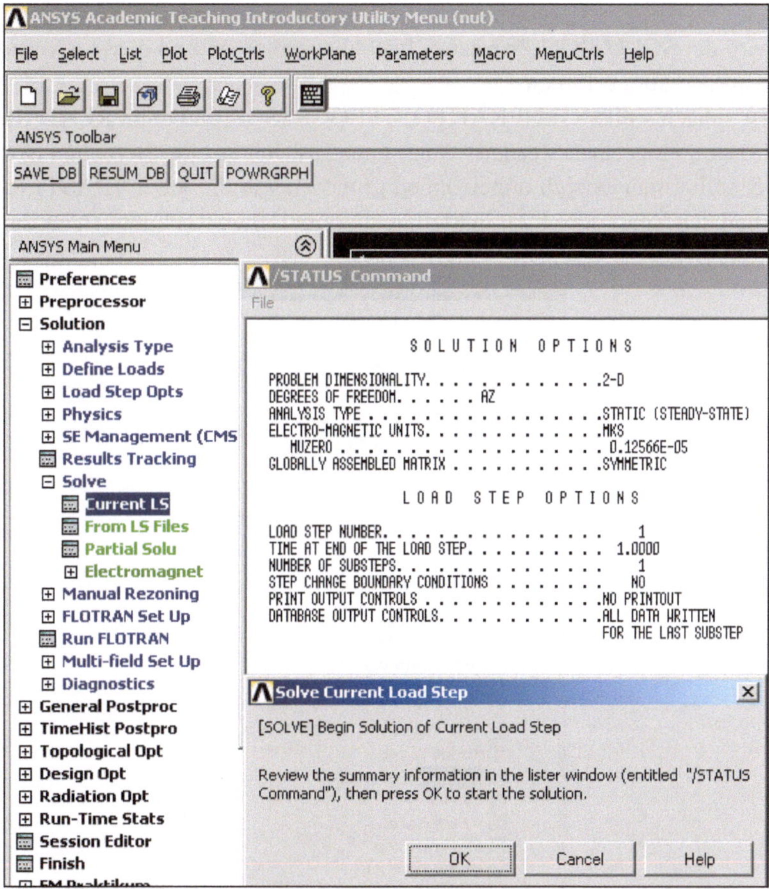

Abb. 5.47 Durchführung der statischen Berechnung

Die Berechnung ist in weniger als einer Sekunde abgeschlossen. Dies wird durch SOLUTION IS DONE angezeigt.

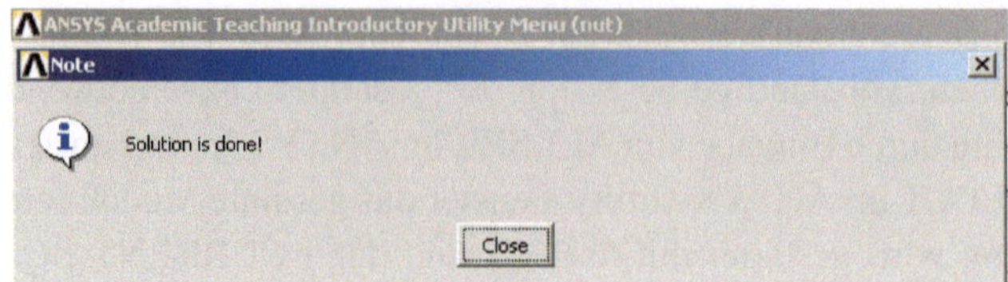

Abb. 5.48 Ende der statischen Berechnung

Damit wird der SOLUTION-Prozess-Schritt abgeschlossen und die Auswertung kann über das Postprocessing erfolgen.

Hierzu ist zunächst über GENERAL POSTPROCESSOR und dann READ RESULTS die letzte Lösung eingelesen werden. Wenn auch bisher nur eine Berechnung durchgeführt wurde, sollte man es sich angewöhnen grundsätzlich die letzte (LAST) Rechnung einzulesen und den Real- oder Imaginärteil bei harmonischen Rechnungen auszuwählen.

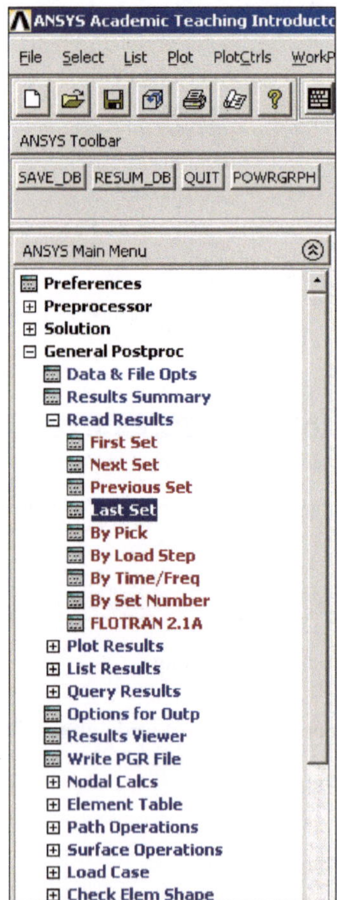

Abb. 5.49 Vorbereitung der Auswertung

Nachfolgend können beliebige PLOTS oder LISTINGS angewählt werden. In diesem simplen Beispiel sollen nur die Feldlinien angezeigt werden. Dies erfolgt über PLOT RE-SULTS und dort CONTOUR PLOT und dann 2D FLUX LINES.

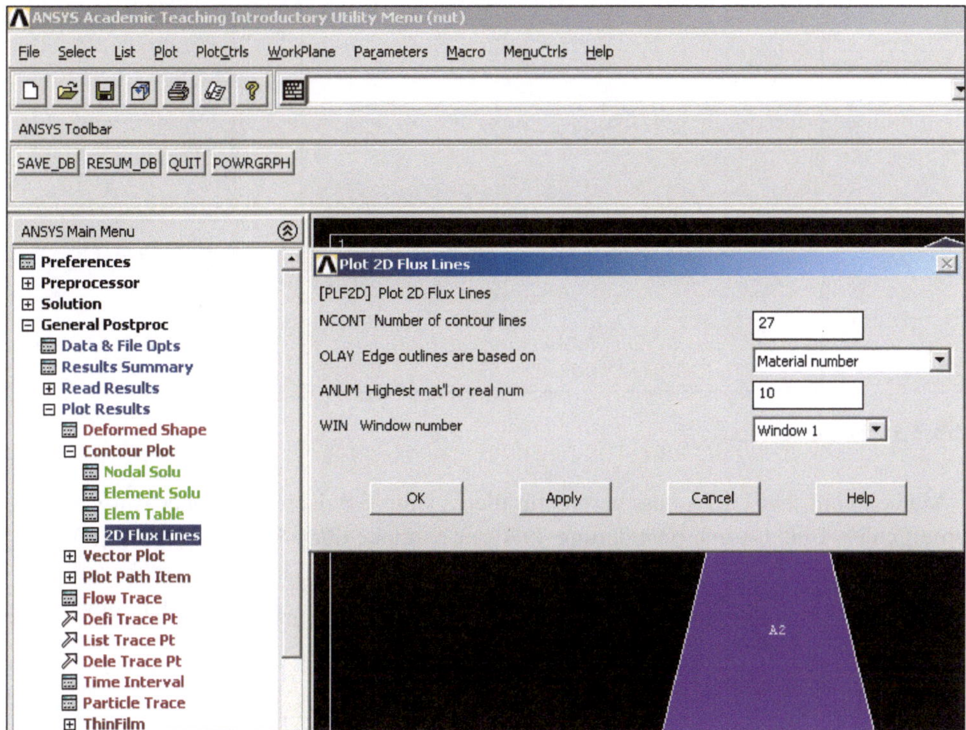

Abb. 5.50 Feldlinienplot-Generierung

Hier können die Anzahl zu zeichnender Feldlinien und weitere Definitionen erfolgen, die für dieses Modell keine Auswirkung haben

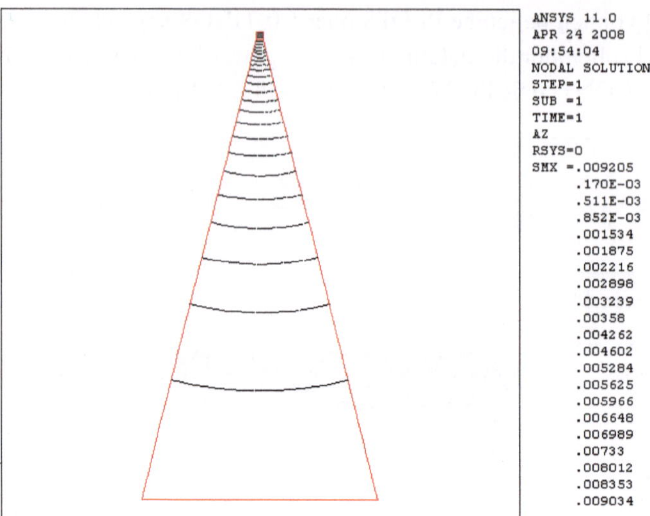

Abb. 5.51 Feldlinienplot

Man erkennt sehr leicht, dass bereits für dieses simple Beispiel ein hoher Aufwand erforderlich ist. Eine Geometrieänderung, z. B. der Nuthöhe oder -breite ist auf diese Weise nicht mehr möglich, ohne große Teile des Modells zu zerstören und neu aufzubauen.

Durch direkten Vergleich mit der Top-down-Methode kann eruiert werden, inwieweit diese Methode Vorteile bringt.

5.2   Top-down-Methode

Bottom-up-Methode bedeutet, dass die Modelle hierarchisch aufgebaut werden, indem Linien aus Geometriepunkten und Flächen aus Linien generiert werden. Es liegt also nahe, dass über die direkte Generierung von Flächen Vorteile zu erzielen sind.

Basis für die Modellgenerierung ist auch bei der Top-down-Methode die Definition von Variablen mit Parametern. Gleich ist bei beiden Methoden auch die Erfordernis für die Element- und Materialdefinition und die realen Konstanten. Daher wird auf diese Prozess-Schritte nicht mehr eingegangen, da sie bereits in dem Kapitel über die Bottom-up-Methode behandelt wurden.

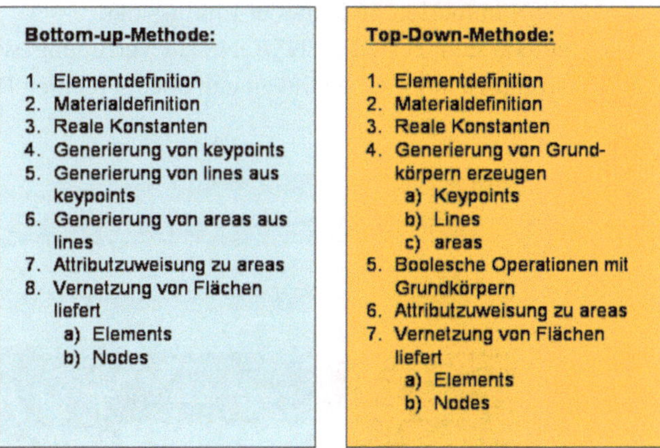

Abb. 5.52 Vergleich der beiden Techniken

Beide Methoden unterscheiden sich in der Geometriegenerierung. Im Preprocessor kann über MODELLING und dort CREATE auch direkt eine Fläche (AREAS) generiert werden. Es stehen mehr als zwei Methoden für die Generierung von Rechtecken zur Verfügung. Die Methode über BY 2 CORNERS erfordert den x- und y-Wert für den unteren linken Eckpunkt des Rechtecks, in diesem Falle „-spaltbreite/2" für den x-Wert (aufgrund schlechter Formatierung des Menüfensters nicht ganz erkennbar) und „-spalthoehe" für den y-Wert und die Breite und Höhe des Rechtecks über WIDTH und HEIGHT, in diesem Falle „spaltbreite" für WIDTH und „spalthoehe" für HEIGHT eingibt.

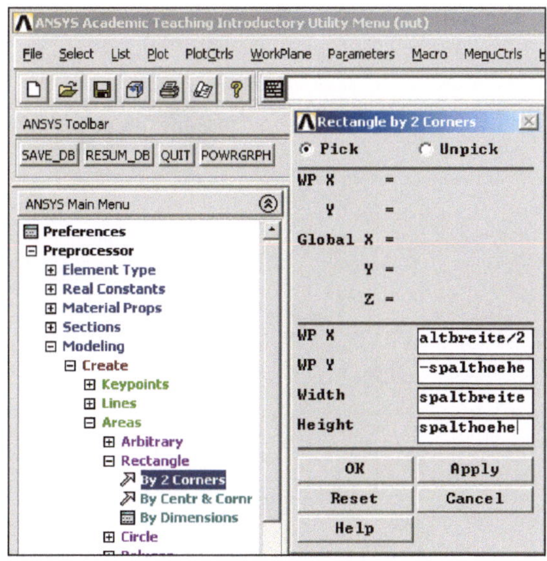

Abb. 5.53 Generierung eines Rechtecks als Basisgeometrie

Ergebnis der Modellierung ist die Fläche des oberen Steges mit Linien und Geometrie-punkten, wobei man auf die Nummerierung keinerlei Einfluss hat.

Als weitere Eingabemethode steht **BY DIMENSIONS** zur Verfügung, wobei im Einga-befenster die x- und y-Koordinaten des unteren linken und oberen rechten Rechteckpunkts definiert werden müssen.

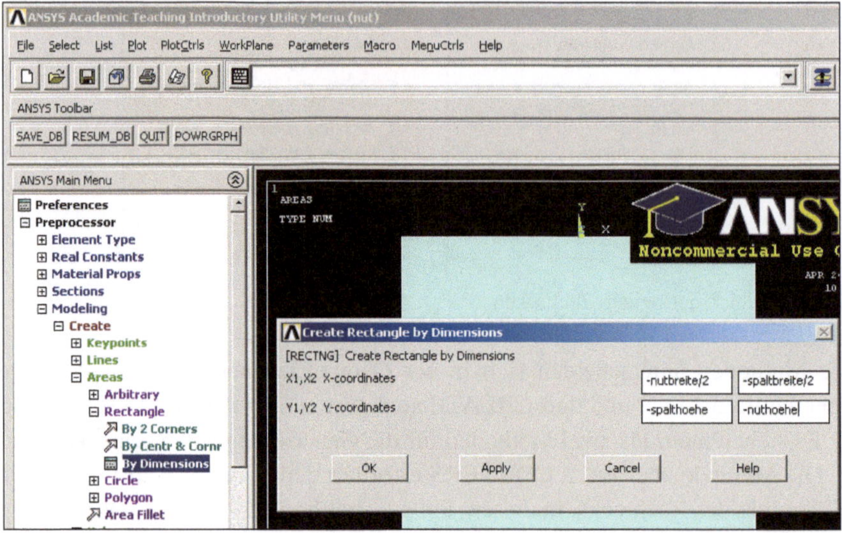

Abb. 5.54 Generierung eines Rechtecks als Basisgeometrie über Dimensionsangaben

Da nicht direkt die Eingabe von beliebigen Dreiecken möglich ist, müssen zur Generie-rung der Rechtecknut insgesamt 4 Flächen definiert werden, die noch bearbeitet werden müssen.

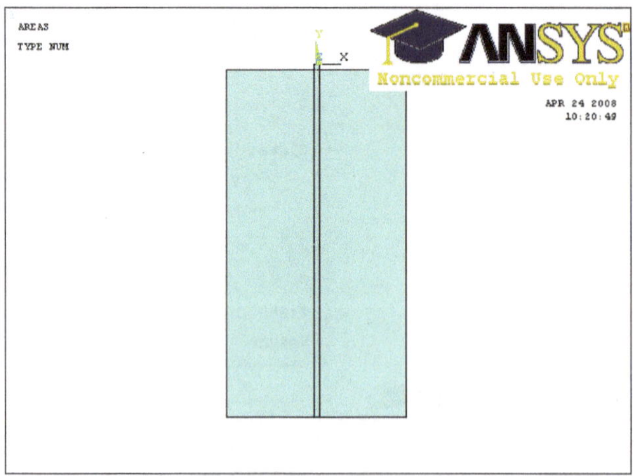

Abb. 5.55 Generierte Rechtecke

Auf der Basis der generierten Flächen mit Linien und Geometriepunkten sind Linien zu generieren, mit denen die Flächen beschnitten werden können. Durch den bereits bekannten Befehl STRAIGHT LINE können direkt die Geometriepunkte mit Maus angewählt werden, um die Linien zu generieren, mit denen geschnitten werden soll.

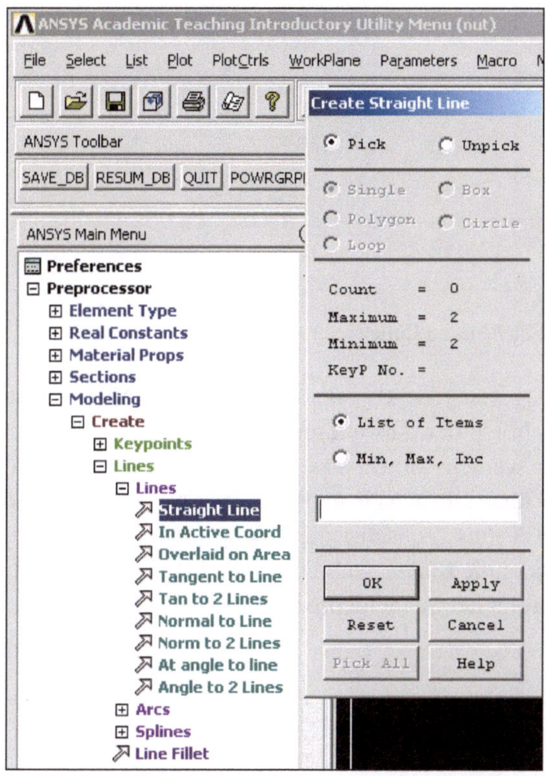

Abb. 5.56 Generierung von Linien auf der Basis der im Zuge der Flächen erstellten Rechtecke

Als Ergebnis sind im Graphikfenster die 4 Flächen mit den 2 zusätzlichen Schneidelinien zu erkennen. Sollte zu Überprüfungszwecken gezoomt oder verschoben worden sein, müssen über PLOT MULTIPLOTS im Utility-Menü erneut alle Entitäten angezeigt werden. Gegenüber einzelnen Plots mit Geometriepunkten oder Linien oder Flächen oder Elementen können mit Multiplots auch selektierte Mischungen aus den hierarchisch aufeinander aufbauenden dargestellt werden.

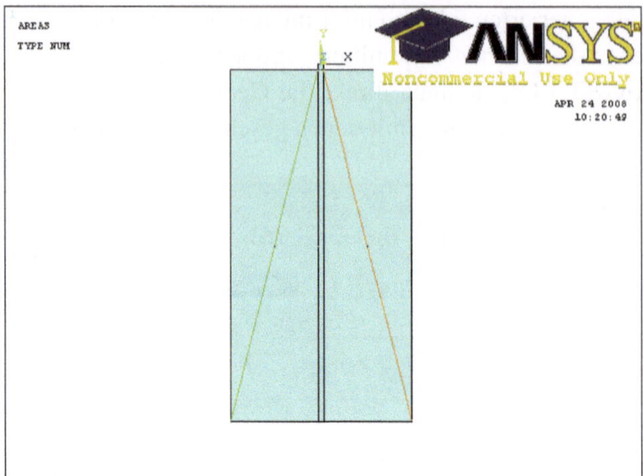

Abb. 5.57 Generierte Flächen und Linien

Für die Bearbeitung von Flächen oder Linien stellt ANSYS zahlreiche Befehle zur Verfügung, die hinsichtlich der Anwendung durch Ausprobieren oder Lesen der Dokumentation untersucht werden sollten. Das Schneiden von Flächen über Linien erfolgt unter MODELLING über OPERATE und dort BOOLEANS mit dem Befehl DIVIDE. Für AREA BY LINES muss zunächst die Fläche (oder die Flächen) selektiert werden und dann die Linie (oder die Linien), mit denen die Fläche geschnitten werden soll. Nach Abschluss mit OK erfolgt der Schneideprozess.

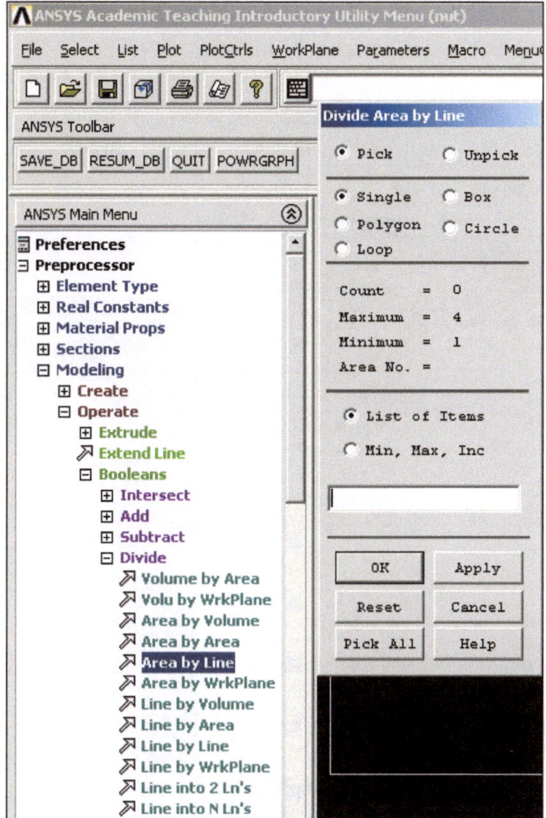

Abb. 5.58 Auftrennung der Flächen durch Linien

Als Ergebnis erhält man je nach Selektion in einem oder zwei Schritten statt der zwei zu schneidenden Flächen nun vier getrennte Flächen.

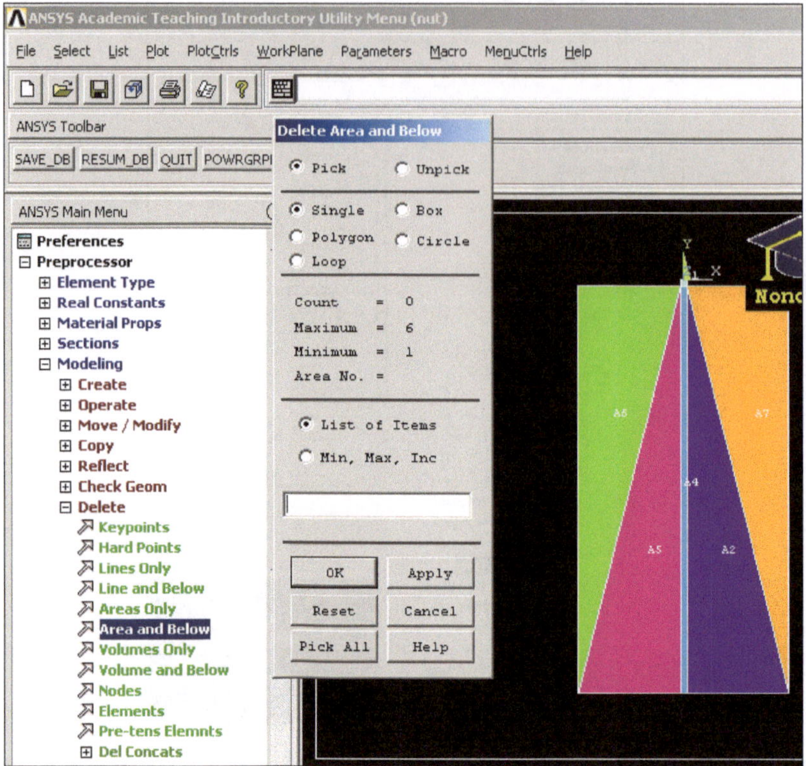

Abb. 5.59 Aufgetrennte Flächen

Die nicht notwendigen Flächen können entweder belassen, aber nicht vermascht werden, oder zur Wahrung der Übersicht gelöscht werden. Das Löschen von Flächen erfolgt unter MODELLING über DELETE und dann AREAS.

Das Ergebnis sind 4 Flächen statt 2 Flächen bei der Bottom-up-Methode.

In den nächsten Schritten sind die Element- und Materialtypen festzulegen und diese Attribute den Flächen zuzuweisen. Auch hinsichtlich der Vermaschung, der Definition von Randbedingungen und der Aufbringung von Lasten unterscheidet sich bei beiden Methoden nicht. Dies betrifft auch die Berechnung und Auswertung.

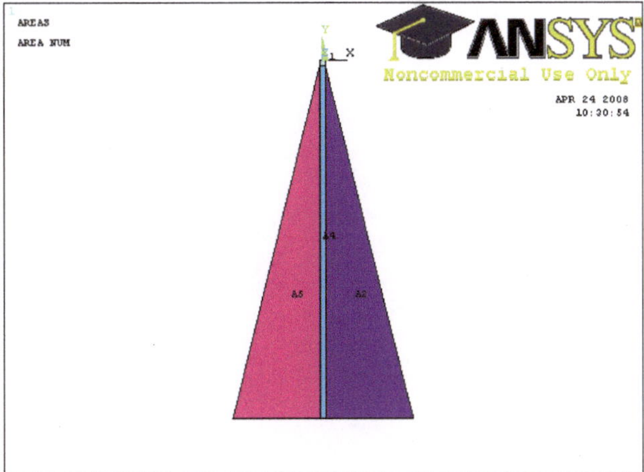

Abb. 5.60 Flächendarstellung nach dem Löschen unnötiger Flächen

Die Vermaschung weist jedoch hinsichtlich der Symmetrie der Vermaschung im Modell Unterschiede zur Bottom-up-Methode auf.

Abb. 5.61 Generierte Elemente nach dem Vermaschungsprozess

Dies kann, muss aber nicht zwingend, Unterschiede bei den Rechenergebnissen in Details mit sich bringen.

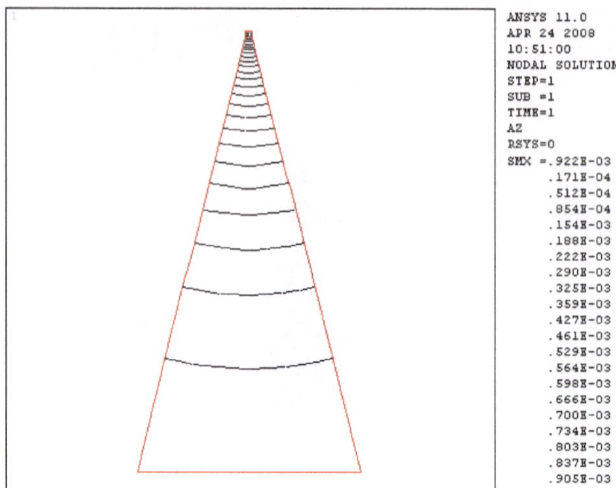

Abb. 5.62 Feldlinienplot

5.3   Vergleich beider Methoden

Mit beiden Methoden kommt man in vergleichbarer Zeit zum Ziel. Die Bottom-up-Methode gilt als klassische Methode aus der Anfangszeit der Finite-Elemente-Programme, von Vorteil ist, dass man die Nummerierung von Entitäten durch Direktwahl oder Reihenfolge in der Vorgehensweise gezielt beeinflussen kann. Demgegenüber ist die Top-down-Methode die modernere Methode, mit der aktuelle, insbesondere 3D-basierte Finite-Elemente-Programme arbeiten. Die Performance-Notwendigkeit der Computer, die früher bei Boole'schen Operationen problematisch war, fällt heute kaum noch ins Gewicht. Problematisch erscheint bei der Top-down-Methode, dass man sein Modell nicht vollständig im Griff hat, da kein direkter Einfluss auf die Nummerierung von Entitäten genommen werden kann. Dies ist insbesondere bei geteilten, beweglichen Modellen (Stator/Rotor) hinderlich. Auch bei der Bottom-up-Methode kann man insbesondere bei der Verschneidung von Pol- und Jochkonturen als Beispiel, auf Boole'sche Operationen nicht verzichten. Es wird empfohlen einem hybriden Weg zu folgen und auf der Basis der Bottom-up-Methode auch Top-down-Methoden-Anteile zu verwenden.

Dass die reine Verwendung des ANSYS-Benutzermenüs den ANSYS-Anwender nicht zufrieden stellen kann, wurde bereits angemerkt, da Änderungen kaum möglich sind. Zwingend notwendig ist die Definition von Variablen mit änderbaren Werten.

ANSYS bietet jedoch bereits ohne konkrete Kenntnis der Skriptsprache APDL die Möglichkeit ein APDL-Skript zu erstellen und damit eine andere Rechnung mit anderen Parametern durchführen zu können.

Im Hintergrund schreibt ANSYS alle Eingaben, die direkt über die Input-Zeile oder das Benutzermenü ausgelöst wurden, in einer LOG-Datei mit. Diese LOG-Datei trägt die Endung „*.log" und den Namen, der über den Product Launcher als Jobname deklariert wurde. Es ist eine ASCII-Datei, die problemlos mit einem Editor bearbeitet werden kann.

Da sämtliche Befehle les- und interpretierbar sind, bietet sich die Möglichkeit, das Skript zu bearbeiten und verändern.

Die geänderte Datei kann von ANSYS über DATEI und dann READ INPUT FROM … in eine leere Datenbank eingelesen werden, hierzu ist eine neue Umgebung zu öffnen oder das Modell zu löschen.

Vor einer Änderung sollte die LOG-Datei zunächst in eine Textdatei mit anderer Endung kopiert werden, um das Überschreiben durch ANSYS zu vermeiden.

Dem ANSYS-Anwender bietet sich also die Möglichkeit in einer hybriden Vorgehensweise über das Menü ein APDL-Skript zu generieren oder aus der LOG-Datei zu lernen, wie ein APDL-Skript aufgebaut wird.

Im folgenden wird zunächst das LOG-File interpretiert und in einem weiteren Kapitel hieraus eine neue APDL-Datei erzeugt.

© Springer Fachmedien Wiesbaden 2014
B. Aschendorf, *FEM bei elektrischen Antrieben 1*, DOI 10.1007/978-3-8348-2033-4_6

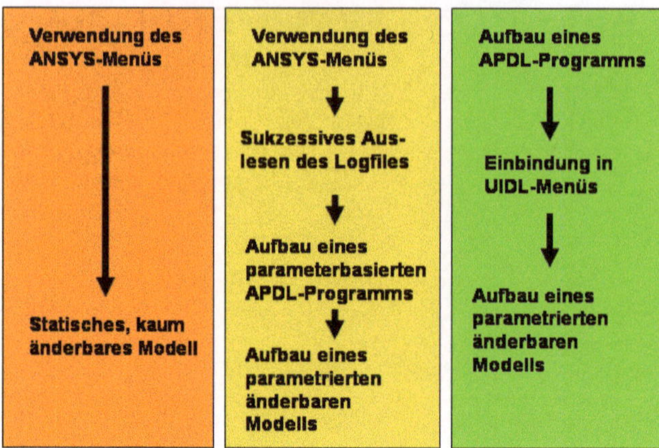

Abb. 6.1 Vergleich der Wege zur Modellgenerierung

Die aufgerufene LOG-Datei zeigt, dass die Befehle im Klartext lesbar sind.

Abb. 6.2 Inhalt der LOG-Datei im Editor-Fenster

6.1 Interpretation des LOG-Files

Der hybride Weg zur Generierung eines FEM-Modells unterscheidet sich zunächst nicht vom Weg über ein Menü. ANSYS wird gestartet über den Product-Launcher. Ausgewählt wird ANSYS in der klassischen Version. Über die erste Zeile/BATCH wird angemerkt, dass diese Datei wieder eingelesen werden kann und im BATCH abgearbeitet werden kann. Mit /COM und den folgenden Angaben wird das ANSYS-Release und der Startzeitpunkt von ANSYS auf dem Monitor in einem Fenster oder in einer Ausgabedatei ausgegeben. Es folgen einige Zeilen, in denen Angaben zur Graphikumgebung gemacht werden. Es ist festzustellen, dass für ein APDL-Skript all diese Zeilen nicht zwingend erforderlich sind und daher gelöscht werden können. Zur Erzeugung von Hinweisen oder Kommentaren bietet sich der Befehl/COM mit nachfolgendem Text oder die Eingabe von Text hinter einem Ausrufezeichen an.

```
/BATCH
/COM,ANSYS RELEASE 11.0   UP20070125   08:59:13   04/24/2008
/input,menust,tmp,",,,,,,,,,,,,,,,1
/GRA,POWER
/GST,ON
/PLO,INFO,3
/GRO,CURL,ON
/CPLANE,1
/REPLOT,RESIZE
WPSTYLE,,,,,,,,0
/REPLOT,RESIZE
```

Die wesentlichen Eingaben starten mit den *SET-Befehlen, über die die Variablen definiert werden. Eingaben, die über *parameter=wert* erfolgen, werden automatisch in *SET-Befehle umgeformt. Im geänderten oder neuen APDL-Skripten sind Eingaben über *parameter=wert* problemlos möglich.

```
*SET,nutbreite,0.1
*SET,nuthoehe,0.2
*set,spaltbreite,0.003
*set,spalthoehe,0.003
```

Im nächsten Schritt wird der Preprocessor gestartet und das Modell ausgezoomt. Es schließen sich die Geometriepunkteingaben an, über die die keypoints erzeugt werden. Der K-Befehl kann durch Eingabe von *help,K* im ANSYS-Input-Fenster als Hilfedokumentation nachgelesen werden. Dies trifft auch auf alle anderen Befehle zu und ermöglicht große Flexibilität und Übersicht. Der K-Befehl besteht nach K, durch Kommata getrennt, aus der keypoint-Nummer, der x-Koordinate, y-Koordinate und z-Koordinate. Befehle, die

Geometriepunkte (keypoints) betreffen, beginnen mit k, Linien (lines) beginnen mit l, Flächen (areas) beginnen mit a, Elemente (elements) mit e und Elementknoten (nodes) mit n

```
/PREP7
/REPLOT,RESIZE
K,1,-nutbreite/2,-nuthoehe,,
K,2,nutbreite/2,-nuthoehe,,
K,3,-spaltbreite/2,-spalthoehe,,
K,4,spaltbreite/2,-spalthoehe,,
K,5,-spaltbreite/2,,,
K,6,spaltbreite/2,,,
```

Es schließt sich an die Plotdarstellung der Geometriepunkte (keypoints) über KPLOT und anschließend die Anwahl der Nummerierung der keypoints. Abschließend erfolgt einer neuer Plot der Geometriepunkte. Der gesamte Block kann in einem eigenen APDL-Skript entfallen. Die Zeile mit Ausrufezeichen am Anfang ist eine Kommentarzeile, mit der das Skript kommentiert werden kann.

Belässt man die Umnummerierung, so wird über 0 oder 1 die Nummerierung von Geometrieelementen aus- oder eingeschaltet.

```
KPLOT
/PNUM,KP,1
/PNUM,LINE,0
/PNUM,AREA,0
/PNUM,VOLU,0
/PNUM,NODE,0
/PNUM,TABN,0
/PNUM,SVAL,0
/PNUM,DOMA,0
/NUMBER,0
!*
/PNUM,ELEM,1
/REPLOT
!*
```

Es schließt sich an die Generierung der geraden Linien (straight lines) durch den LSTR-Befehl mit den Modifikatoren der Geometriepunktnummern, die diese Linie beschreiben. Da im kartesischen Koordinatensystem modelliert wird, bzw. nicht in ein polares Koordinatensystem gewechselt wurde, können die Linien auch direkt über den Befehl L ohne Zusatz STR geniert werden. Der /ZOOM-Befehl war erforderlich, um in den engen Bereichen digitalisieren zu können und kann bei einem APDL-Skript entfallen.

```
LSTR,          1,         2
LSTR,          2,         4
LSTR,          1,         3
/ZOOM,1,RECT,0.206410,0.830682,0.409829,0.679153
LSTR,          3,         4
LSTR,          4,         6
LSTR,          6,         5
LSTR,          5,         3
```

Es schließt sich an die Plotdarstellung der Linien (lines) über LPLOT und anschließend die Anwahl der Nummerierung der Linien. Abschließend erfolgt einer neuer Plot
der Geometriepunkte. Der gesamte Block kann prinzipiell in einem eigenen APDL-Skript
entfallen.

```
LPLOT
/PNUM,KP,1
/PNUM,LINE,1
/PNUM,AREA,0
/PNUM,VOLU,0
/PNUM,NODE,0
/PNUM,TABN,0
/PNUM,SVAL,0
/PNUM,DOMA,0
/NUMBER,0
!*
/PNUM,ELEM,1
/REPLOT
!*
/AUTO, 1
/REP
```

Auf der Basis der Linien erfolgt die Generierung der Flächen. Da die Linien für die
Flächengenerierung mit der Maus digitalisiert wurden, ist die Syntax an die Benutzerführung angepasst. Es erfolgt zunächst mit dem Befehl FLST der Beginn der Selektion
von 4 Linien und anschließend über den Befehl FITEM die Selektion der einzelnen Lini-
en mit der Maus, es sind die Linien 1, 2, 3 und 4. Alle selektierten Linien werden über
den AL-Befehl als Begrenzungslinien der Fläche herangezogen. Im AL-Befehl deutet der
Modifikator P51X auf die zuvor selektierten Linien (P steht für picked). Dies Syntax
ist für eigene APDL-Skripten oder geänderte Skripten nicht zu empfehlen, da man die
Befehle sehr einfach anderweitig ersetzen kann. Innerhalb eines APDL-Skripts können
Selektionen über den SEL-Befehl mit vorangestelltem Modellierungs-Elementtyp (KSEL,
LSEL, ASEL, . . .) erfolgen. Die Syntax des umfangreichen Selektionsbefehls kann über

die ANSYS-Hilfe per HELP,LSEL in Erfahrung gebracht werden oder wird nachfolgend erläutert.

```
FLST,2,4,4
FITEM,2,1
FITEM,2,2
FITEM,2,4
FITEM,2,3
AL,P51X
```

Es schließt sich eine Anzahl von /ZOOM-Befehlen an, die nicht näher betrachtet werden, da damit für die Generierung der Fläche im Stegbereich der Stegbereich herausgezoomt wurde. Sämtliche Befehle können eliminiert werden.

```
/ZOOM,1,RECT,0.262251,0.798781,0.385897,0.699091
/DIST, 1 ,0.729000,1
/REP,FAST
/DIST, 1 ,0.729000,1
/REP,FAST
/DIST, 1 ,0.729000,1
/REP,FAST
/FOC, 1 ,0.300000,,,1
/REP,FAST
/FOC, 1 ,0.300000,,,1
/REP,FAST
/FOC, 1 ,,-0.300000,,1
/REP,FAST
/FOC, 1 ,,0.300000,,1
/REP,FAST
```

Es schließt sich die Generierung der Fläche im Stegbereich an. Auf die Syntax braucht nicht mehr näher eingegangen zu werden, da sie schon erläutert wurde.

```
FLST,2,4,4
FITEM,2,4
FITEM,2,5
FITEM,2,6
FITEM,2,7
AL,P51X
```

Die generierten Flächen werden mit APLOT geplottet und über den Nummerierungsbefehl nummeriert. Diese Befehle können im APDL-Skript entfallen.

```
APLOT
/AUTO, 1
/REP
/PNUM,KP,1
/PNUM,LINE,1
/PNUM,AREA,1
/PNUM,VOLU,0
/PNUM,NODE,0
/PNUM,TABN,0
/PNUM,SVAL,0
/PNUM,DOMA,0
/NUMBER,0
!*
/PNUM,ELEM,1
/REPLOT
```

Es folgen erneut zwei /ZOOM-Befehle, die für das APDL-Skript nicht benötigt werden.

```
/ZOOM,1,RECT,0.114672,0.858595,0.585328,0.443884
/ZOOM,1,RECT,-0.256268,0.695103,0.796724,-0.174195
/REPLOT,RESIZE
!*
```

Die Elementtypauswahl und -definition erfolgt über den ET-Befehl. Als Modifikatoren
werden angegeben die Elementtypnummer und der gewählte Elementtyp, das PLANE53-
Element.

```
ET,1,PLANE53
!*
ET,2,PLANE53
!*
```

Die Materialdefinition erfolgt über das Benutzermenü über eine Kette von MPTEMP-
und MPDATA-Befehlen, die in ihrer Abfolge nicht geändert werden sollten. Zu erkennen
ist in der Syntax sowohl die Materialtypnummer (1 oder 2) und die zugehörige Materialeigenschaft MURX für μ_r und RSVX für den spezifischen Widerstand ρ. Die Materialdefinition ist im APDL-Skript sehr unübersichtlich, da die Materialien temperaturabhängig
definiert werden können. Übersichtlicher kann die Materialeigenschaft in eigenen APDL-
Skripten über den MP-Befehl jedoch für eine feste Temperatur angegeben werden.

```
!*
MPTEMP,,,,,,,,
MPTEMP,1,0
MPDATA,MURX,1,,1
MPTEMP,,,,,,,,
MPTEMP,1,0
MPDATA,MURX,2,,1
MPTEMP,,,,,,,,
MPTEMP,1,0
MPDATA,RSVX,2,,1/56e6
```

Es folgt die Attributzuweisung zu den Flächen, die über die Interpretation von Men-
übefehlen äußerst umständlich ist. Es erfolgt über die FLST- und FITEM-Befehle zunächst
die Selektierung der zu bearbeitenden Flächen über das Benutzermenü. Diese selektierten
Flächen werden in einer Komponente, dies ist eine Zusammenfassung eines Teilmodells
in einer Teilmenge, die über einen Namen angesprochen werden kann, abgelegt. Im vorliegenden Fall wird die Komponente mit _Y benannt. Ein vorangehendes Underscore (_) vor
einer Variablen hat zur Auswirkung, dass ein derartiger Parameter nicht in der Parameterliste erscheint. Diese Komponente wird über den CMSEL-Befehl selektiert und über den
AATT-Befehl mit Attributen, in diesem Falle das Attribut 2, zugeordnet. Abschließend
werden diese Komponenten wieder gelöscht. Diese sehr umständliche Vorgehensweise
kann wesentlich verkürzt werden.

```
FLST,5,2,5,ORDE,2
FITEM,5,1
FITEM,5,-2
CM,_Y,AREA
ASEL,  ,  , ,P51X
CM,_Y1,AREA
CMSEL,S,_Y
!*
CMSEL,S,_Y1
AATT,        2, ,     2,         0,
CMSEL,S,_Y
CMDELE,_Y
CMDELE,_Y1
```

Es folgt die Vernetzung der Flächen. Hierzu wird mit MSHKEY das Finite Elemente
Viereck ausgewählt und anschließend über den ESIZE-Befehl die globale Elementgröße definiert. Anschließend werden die Flächen selektiert und über den AMESH-Befehl
vermascht. Die Vorgehensweise ist erneut durch die Verwendung von Komponenten sehr
umständlich und kann wesentlich verkürzt werden.

```
MSHKEY,0
ESIZE,nutbreite/15,0,
MSHKEY,0
CM,_Y,AREA
ASEL, , , ,          1
CM,_Y1,AREA
CHKMSH,'AREA'
CMSEL,S,_Y
!*
AMESH,_Y1
!*
CMDELE,_Y
CMDELE,_Y1
CMDELE,_Y2
!*
```

Die folgenden /ZOOM-Befehle werden für den Zoom auf die Stegfläche benötigt und sind für ein eigenes APDL-Skript unnötig.

```
/ZOOM,1,RECT,0.218687,0.880345,0.489394,0.642021
/ZOOM,1,RECT,-0.544949,0.654139,0.812626,-0.299158
```

Es folgt analog die Vermaschung der Fläche des Stegbereichs.

```
MSHKEY,0
CM,_Y,AREA
ASEL, , , ,          2
CM,_Y1,AREA
CHKMSH,'AREA'
CMSEL,S,_Y
!*
AMESH,_Y1
!*
CMDELE,_Y
CMDELE,_Y1
CMDELE,_Y2
```

Die nachfolgenden Nummerierungsbefehle dienen der Nummerierung der generierten Finite-Elemente mit der Materialeigenschaft und können entfallen.

```
/AUTO, 1
/REP
```

```
/PNUM,KP,0
/PNUM,LINE,0
/PNUM,AREA,0
/PNUM,VOLU,0
/PNUM,NODE,0
/PNUM,TABN,0
/PNUM,SVAL,0
/PNUM,DOMA,0
/NUMBER,0
!*
/PNUM,MAT,1
/REPLOT
```

Der folgende /ZOOM-Befehl ist unnötig und kann entfallen.

```
/ZOOM,1,RECT,0.162121,0.823794,0.651010,0.415815
```

Bei genauer Betrachtung der folgenden Zeilen ist erkennbar, dass eine bereits vermaschte Fläche erneut vermascht wird. Hier wird von ANSYS unerbittlich jeder Fehler auch in das LOG-File übertragen. Die Fläche 2 wurde falsch mit Attributen belegt und wird daher zunächst von der Vermaschung befreit, indem über ASEL zunächst die Fläche ausgewählt wird und danach das Netz gelöscht wird (ACLEAR). Danach werden die Attribute neu vergeben (AATT-Befehl) und anschließend die Fläche neu vermascht. Derartige Fehler können im Skript direkt ausgenommen werden.

```
ASEL,S, , ,          2
aclear,all
CM,_Y,AREA
ASEL, , , ,          2
CM,_Y1,AREA
CMSEL,S,_Y
!*
CMSEL,S,_Y1
AATT,          1, ,   1,          0,
CMSEL,S,_Y
CMDELE,_Y
CMDELE,_Y1
APLOT
amesh,all
```

Abschließend wird das ganze Modell selektiert und zunächst die Flächen und danach die Elemente geplottet. Beide Plots können entfallen.

```
ALLSEL,ALL
APLOT
EPLOT
```

Im nächsten Schritt wird die Randbedingung auf die obere Nutkante aufgebracht. Hierzu wird die Linie zunächst bei Verwendung des Benutzermenüs selektiert und dann über den DL-Befehl die Randbedingung aufgebracht. Im APDL-Skript wird dies wesentlich kürzer und übersichtlicher abgebildet.

```
FLST,2,1,4,ORDE,1
FITEM,2,6
DL,P51X, ,AZ,0,
```

Es folgen einige Darstellungsbefehle, die für das APDL-Skript sämtlich nicht benötigt werden.

```
/ZOOM,1,RECT,-0.516667,0.827833,0.469192,0.072467
!*
/PSF,DEFA, ,1,0,1
/PBF,DEFA, ,1
/PIC,DEFA, ,1
/PSYMB,CS,0
/PSYMB,NDIR,0
/PSYMB,ESYS,0
/PSYMB,LDIV,0
/PSYMB,LDIR,0
/PSYMB,ADIR,0
/PSYMB,ECON,0
/PSYMB,XNODE,0
/PSYMB,DOT,1
/PSYMB,PCONV,
/PSYMB,LAYR,0
/PSYMB,FBCS,0
!*
/PBC,ALL, ,1
/REP
!*
LPLOT
/ZOOM,1,RECT,-0.153030,0.811676,0.776263,-0.028518
```

```
/ZOOM,1,RECT,-0.464141,0.787439,1.168182,-0.505167
APLOT
/AUTO, 1
/REP
```

Darauf folgt die Auswahl der Flächen, denen als Last die Stromdichte aufgebracht wird. Hierzu wird die Fläche ausgewählt und über den Befehl BFA die Stromdichte mit einem Wert von $100.000\,\text{A/m}^2$ aufgeprägt.

```
FLST,2,1,5,ORDE,1
FITEM,2,1
!*
BFA,P51X,JS, , ,100000,0
```

Das Preprocessing wird abgeschlossen und die Lösung vorbereitet. Hierzu wird mit FINISH das Preprocessing beendet und mit /SOL die Solution gestartet.

```
FINISH
/SOL
```

Über ANTYP,0 wird als Analysetyp die statische Berechnung (0) gewählt. Es folgt der Start der Berechnung mit SOLVE und die Beendigung der Solution mit FINISH.

```
ANTYPE,0
/STATUS,SOLU
SOLVE
FINISH
```

Abschließend wird der Postprocessor gestartet mit /POST1, die letzte Rechnung mit SET,LAST eingelesen und mit PLF2D die Feldliniendarstellung mit 27 Linien gestartet.

```
/POST1
SET,LAST
PLF2D,27,0,10,1
```

6.1.1 Umgewandeltes LOG-File als APDL-Programm

Nach dem Aufbau eines grundlegenden Verständnisses für die Interpretation des LOG-Files kann mit wenigen Änderungen hieraus ein eigenes APDL-Skript abgeleitet werden. Wesentliche Änderungen sind das Löschen unnötiger Elemente, die Umänderung der Selektion von Entitäten und insbesondere das Einfügen von Kommentaren.

Die Eröffnung von ANSYS wurde gelöscht und zunächst der Kommentar für die Beschreibung des Modells eingefügt. Kommentarzeilen erfordern als erstes Zeichen ein Ausrufezeichen.

```
!!
!! APDL-Skript zur Berechnung einer einer stromfuehrenden
Trapeznut
!!
```

Die Ergänzung um Kommentarzeilen betrifft auch die Definition von Parametern, hier kann zusätzlich hinter jeder *SET-Zeile durch Ausrufezeichen getrennt ein Kommentar eingefügt werden.

```
!!
!! Parameterdefinition
!!
*SET,nutbreite,0.1
*SET,nuthoehe,0.2
*set,spaltbreite,0.003
*set,spalthoehe,0.003
```

Vor Geometriegenerierungsbefehlen ist zwingend der Wechsel in den Preprocessor erforderlich, da folgende Befehle des Preprocessings sonst nicht ausgeführt werden.

```
!!
!! Wechsel in den Preprocessor
!!
/PREP7
```

Es folgt die Generierung der Geometriepunkte.

```
!!
!! Generierung der Geometriepunkte
!!
K,1,-nutbreite/2,-nuthoehe,,
K,2,nutbreite/2,-nuthoehe,,
K,3,-spaltbreite/2,-spalthoehe,,
K,4,spaltbreite/2,-spalthoehe,,
K,5,-spaltbreite/2,,,
K,6,spaltbreite/2,,,
```

Auf der Basis von keypoints werden die Linien generiert, statt LSTR hätte bei vorausgesetztem kartesischem Koordinatensystem auch kürzer L verwendet werden können. Die Linien werden entsprechend des Generierungsschritts intern von ANSYS nummeriert.

```
!!
!! Generierung der Linien
!!
LSTR,         1,        2
LSTR,         2,        4
LSTR,         1,        3
LSTR,         3,        4
LSTR,         4,        6
LSTR,         6,        5
LSTR,         5,        3
```

Statt der umständlichen Selektion von Linien über das Benutzermenü liefert der LSEL-Befehl (LINE SELECT) mit nur einer Zeile dasselbe Ergebnis. Die Syntax ist über HELP,LSEL nachlesbar und beinhaltet nach dem Befehlsaufruf mit LSEL den Modifikator S, über den eine neue Selektion gestartet wird. Es folgen drei Kommata, zwischen denen weitere Modifikatoren eingefügt werden können, die hier nicht benötigt werden, und abschließend durch *von,bis,increment* die Selektion der Linien von 1 bis 4 im Abstand 1 gestartet.

```
!!
!! Selektierung der Linien fuer Flaeche 1
!!
lsel,s,,,1,4
```

Nachdem diese Flächen selektiert wurden, wird mit dem Befehl AL mit Modifikator ALL, die Fläche 1 aufgebaut. Als alternative Syntax ohne vorhergehende Selektion der Linien können auch hinter AL durch Kommata abgetrennt die Linien angegeben werden, durch die die Fläche begrenzt wird. Eine vorherige Selektion hat den Vorteil, dass auch mehr als 10 Linien zur Definition einer Fläche berücksichtigt werden können.

```
!!
!! Generierung von Flaeche 1
!!
AL,ALL       !! wahlweise haette hier auch al,1,2,3,4 stehen
koennen
```

Dieselbe Vorgehensweise gilt für Fläche 2.

```
!!
!! Selektierung der Linien fuer Flaeche 2
!!
lsel,s,,,4,7
!!
!! Generierung von Flaeche 2
!!
AL,ALL      !! wahlweise haette hier auch al,4,5,6,7 stehen
koennen
```

Die Elementtypgenerierung kann vollständig aus dem LOG-File übernommen werden.

```
!!
!! Definition der Elementtypen
!!
ET,1,PLANE53
ET,2,PLANE53
```

Dies betrifft auch die Materialeigenschaften, deren Definition nicht verändert werden sollte.

```
!!
!! Definition der Materialtypen
!!
MPTEMP,,,,,,,,
MPTEMP,1,0
MPDATA,MURX,1,,1
MPTEMP,,,,,,,,
MPTEMP,1,0
MPDATA,MURX,2,,1
MPTEMP,,,,,,,,
MPTEMP,1,0
MPDATA,RSVX,2,,1/56e6
```

Die Attributzuweisung erfolgt durch Flächenselektion mit dem ASEL-Befehl mit gleicher Syntax wie beim LSEL-Befehl und anschließender Attributzuweisung über den AATT-Befehl.

```
!!
!! Zuweisung der Attribute zu den Flaechen 1 und 2
!!
!! Zuweisung Flaeche 1
!!
ASEL,S, , ,          1
AATT,          2, ,   2,          0,
```

Dasselbe gilt für Fläche 2, womit auch der Fehler im LOG-File eliminiert wurde.

```
!!
!! Zuweisung Flaeche 2
!!
ASEL,S, , ,          2
AATT,          1, ,   1,          0,
```

Die Vermaschung von Flächen startet mit dem MSHKEY-Befehl.

```
!!
!! Vermaschung von Flaeche 1
!!
MSHKEY,0
```

Im nächsten Schritt wird die globale Elementgröße mit dem ESIZE-Befehl definiert, welche auf den Geometriegrößen basiert.

```
!!
!! Definition der globalen Maschengroesse fuer Flaeche 1
!!
ESIZE,nutbreite/15,0,
```

Zur Vermaschung der Fläche wird die Fläche über den ASEL-Befehl selektiert und die Vermaschung mit dem AMESH-Befehl durchgeführt. Der Modifikator ALL bezieht sich auf alle zuvor selektierten Flächen.

```
!!
!! Vermaschung von Flaeche 1
!!
ASEL,S, , ,          1
AMESH,ALL
```

Die gleiche Vorgehensweise gilt für Fläche 2.

```
!!
!! Definition der globalen Maschengroesse fuer Flaeche 2
!!
ESIZE,spaltbreite/15,0,
!!
!! Vermaschung von Flaeche 2
!!
ASEL,S, , ,         2
AMESH,ALL
```

Es folgt die Zuweisung der Randbedingung durch Selektion der obersten Linie mit dem LSEL-Befehl und Randbedingungszuweisung über den DL-Befehl mit Modifikator ALL, wobei ALL für alle zuvor selektierten Linien gilt. Das zugewiesene Vektorpotenzial hat den Wert 0.

```
!!
!! Randbedingung an der oberen Nutkante
!!
LSEL,S, , ,         6
DL,ALL, ,AZ,0,
```

Ähnlich wird bei der Zuweisung der Stromdichte vorgegangen. Nach Selektion der Fläche über den Befehl ASEL wird über den BFA-Befehl mit Modifikator ALL für alle selektierten Flächen die Stromdichte zugewiesen. Der Modifikator steht hier für Stromdichte und 100.000 ist der Wert der Stromdichte in A/m^2.

```
!!
!! Definition der Stromdichte in Flaeche 1 als Last
!!
ASEL,S, , ,         1
BFA,ALL,JS, , ,100000,0
```

Das Preprocessing wird mit FINISH abgeschlossen.

```
!!
!! Beendigung des Postprocessors
!!
FINISH
```

Im nächsten Schritt wird die Solution gestartet.

```
!!
!! Aufruf des Solution-Processors
!!
/SOL
```

Die statische Analyse wird ausgewählt.

```
!!
!! Definition der Rechnung als statische Rechnung
!!
ANTYPE,0
```

Die Berechnung wird mit SOLVE gestartet.

```
!!
!! Berechnung
!!
/STATUS,SOLU
SOLVE
```

Die Solution wird beendet.

```
!!
!! Beendigung des Solution-Processors
!!
FINISH
```

Der Postprocessor wird aufgerufen.

```
!!
!! Aufruf des Postprocessors
!!
/POST1
```

Die letzte Rechnung, d. h. der letzte Lastschritt (LOAD STEP) wird aufgerufen.

```
!!
!! Auswahl der letzten Rechnung zur Analyse
!!
SET,LAST
```

Abschließend wird der Feldlinienplot angefertigt.

```
!!
!! Feldlinienplot
!!
PLF2D,27,0,10,1
```

6.2   APDL-Programm ohne Kommentare

Ohne jegliche Kommentare ergibt sich ein äußerst kurzes APDL-Skript, in dem die Nut-
parameter einfach geändert werden können und bei dem die Lösung auch sehr einfach auf
harmonische Berechnung umgewandelt werden kann.

```
*SET,nutbreite,0.1
*SET,nuthoehe,0.2
*set,spaltbreite,0.003
*set,spalthoehe,0.003
/PREP7
K,1,-nutbreite/2,-nuthoehe,,
K,2,nutbreite/2,-nuthoehe,,
K,3,-spaltbreite/2,-spalthoehe,,
K,4,spaltbreite/2,-spalthoehe,,
K,5,-spaltbreite/2,,,
K,6,spaltbreite/2,,,
LSTR,          1,          2
LSTR,          2,          4
LSTR,          1,          3
LSTR,          3,          4
LSTR,          4,          6
LSTR,          6,          5
LSTR,          5,          3
lsel,s,,,1,4
AL,ALL  !! wahlweise haette hier auch al,1,2,3,4 stehen
koennen
lsel,s,,,4,7
AL,ALL !! wahlweise haette hier auch al,4,5,6,7 stehen
koennen
ET,1,PLANE53
ET,2,PLANE53
MPTEMP,,,,,,,,
MPTEMP,1,0
```

```
MPDATA,MURX,1,,1
MPTEMP,,,,,,,,
MPTEMP,1,0
MPDATA,MURX,2,,1
MPTEMP,,,,,,,,
MPTEMP,1,0
MPDATA,RSVX,2,,1/56e6
ASEL,S, , ,          1
AATT,          2, ,    2,          0,
ASEL,S, , ,          2
AATT,          1, ,    1,          0,
MSHKEY,0
ESIZE,nutbreite/15,0,
ASEL,S, , ,          1
AMESH,ALL
ESIZE,spaltbreite/15,0,
ASEL,S, , ,          2
AMESH,ALL
LSEL,S, , ,          6
DL,ALL, ,AZ,0,
ASEL,S, , ,          1
BFA,ALL,JS, , ,100000,0
FINISH
/SOL
ANTYPE,0
/STATUS,SOLU
SOLVE
FINISH
/POST1
SET,LAST
PLF2D,27,0,10,1
```

6.3 Zusammenfassung

Unabhängig von der Modellierungsmethode (Bottom-up oder Top-down) kann grundlegend ein problembasiertes Modell generiert werden. Hieraus kann durch Interpretation des LOG-Files ein eigenes APDL-Skript abgeleitet werden. Im Verlaufe des Know-how-Aufbaus kann das eigene APDL-Skript auch durch sukzessives, d. h. modellgenerierungsbegleitendes Auslesen des LOG-Files, z. B. um die Auswirkung einzelner Befehle zu testen, generiert werden. Als Folge des stetigen Modellaufbaus wird der ANSYS-Anwender mehr und mehr dazu übergehen, das APDL-Skript direkt durch Editieren zu erstellen und durch stetiges Einlesen über das ANSYS-Menü und fortlaufende Erweiterung zu vervollständigen. Der alleinige Umgang mit dem Menü oder direkte Erzeugen von APDL-Skripten mit dem Editor führt nicht zum schnellen, optimierten Ziel, der hybride Ansatz ist auch hier optimal.

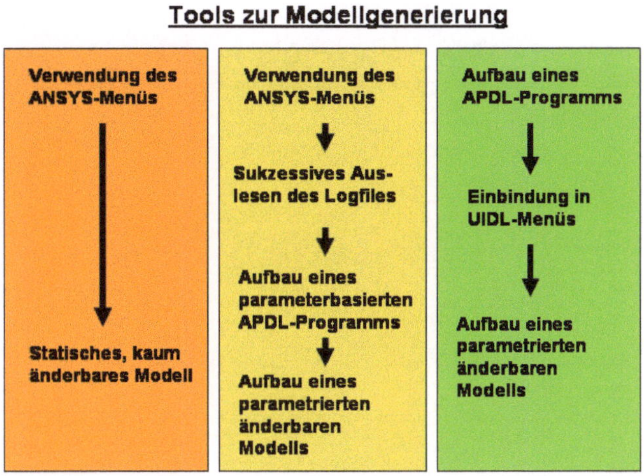

Abb. 6.3 Vergleich der Wege zur Modellgenerierung

Einführung von Schaltungselementen 7

Die Speisung von stromführenden Gebieten über Stromdichten ermöglicht zwar die schnelle Generierung von Feldbildern und damit qualitative Aussagen. Für quantitative Aussagen muss der Strom vorgebbar sein, hieraus die Stromdichte über die Fläche des stromführenden Leiters hergeleitet und zugewiesen werden. Diese Vorgehensweise ist umständlich und führt hinsichtlich der Auswertung z. B. für Stromverdrängungseinflüsse bei verschiedenen Frequenzen nicht oder nur aufwändig zum Ziel. Es bieten sich Schaltungselemente an, mit denen das stromführende Gebiet als massiver Leiter abgebildet wird und mit einer Stromquelle beaufschlagt wird. Durch gezielte Auswertung von Strom und Spannung über der Stromquelle können Widerstände und Induktivitäten in Abhängigkeit der Frequenz bestimmt werden.

Als Basis für die weitere Vorgehensweise wird das APDL-Skript auf der Basis der Bottom-up-Methode angewendet. Aus diesem Skript ist die Stromdichtezuweisung zwingend zu entfernen, da die Stromzuweisung direkt über den Strom erfolgt. Zudem wird die gesamte Berechnung und Auswertung gelöscht und das Modell neu aufgebaut.

7.1 Änderungen am Modell vor der Schaltungsgenerierung

Im ersten Schritt ist der Elementtyp für den stromführenden Leiter zu ändern. ANSYS bietet hier beispielsweise massive Leiter oder Spulenelemente mit mehreren Windungen an.

Hierzu ist der Elementtyp für das stromführende Gebiet aufzurufen und OPTIONS anzuklicken. Hierdurch öffnet sich ein weiteres Menü, in dem unter ELEMENT DEGREES OF FREEDOM (K1) der spezielle Elementtyp ausgewählt werden kann.

© Springer Fachmedien Wiesbaden 2014

B. Aschendorf, *FEM bei elektrischen Antrieben 1*, DOI 10.1007/978-3-8348-2033-4_7

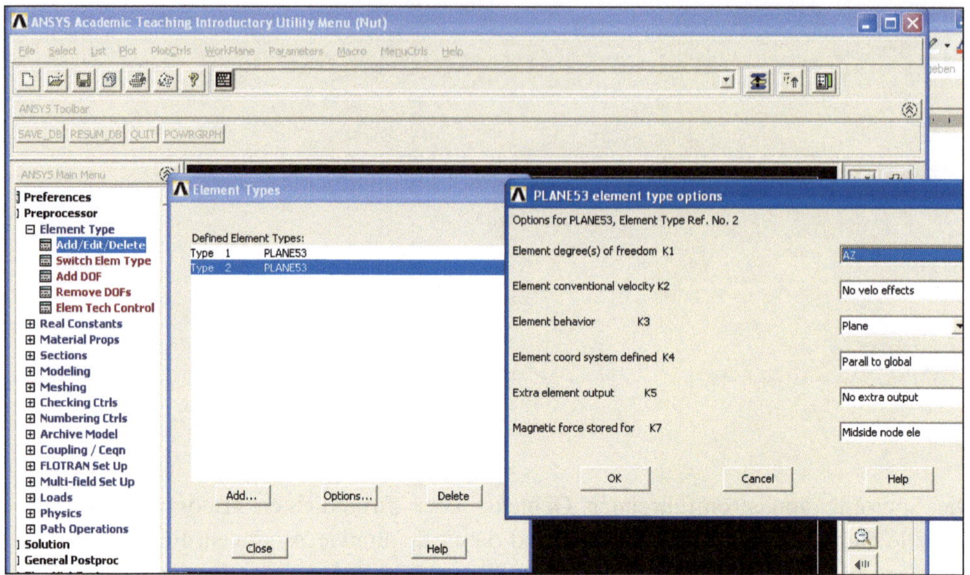

Abb. 7.1 Parametrierung des Elementtyps als massives Stabelement

Hier stehen mehrere Optionen zur Auswahl, wobei die Freiheitsgradbezeichnung AZ CURR EMF COIL für Spulenseite und AZ CURR EMF COND für massiver Leiter steht.

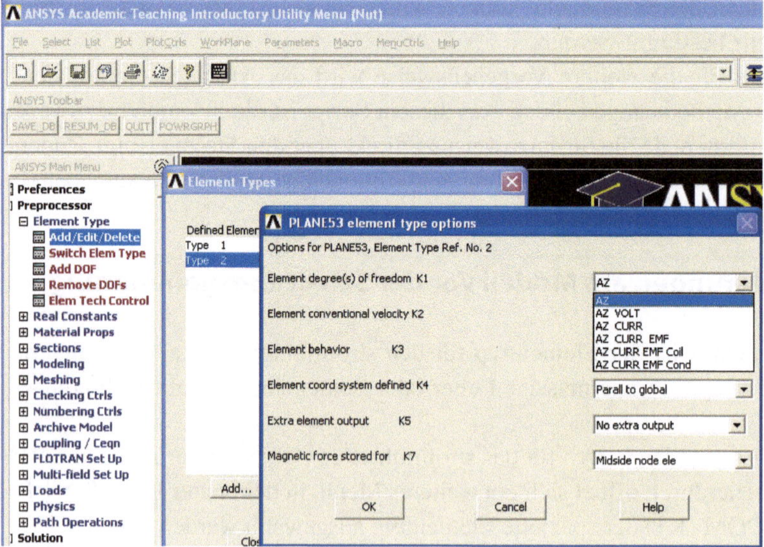

Abb. 7.2 Spezifizierung des Elementtyps

Hier ist AZ CURR EMF COND auszuwählen.

Alle weiteren Elementtyp-Definitionen verbleiben ungeändert.

Im LOG-File werden die folgenden Befehle abgelegt, die in der APDL-Datei direkt hinter dem Elementtyp anzuordnen sind.

```
KEYOPT,2,1,4
KEYOPT,2,2,0
KEYOPT,2,3,0
KEYOPT,2,4,0
KEYOPT,2,5,0
KEYOPT,2,7,0
!*
```

Wenn auch prinzipiell nur die Zeile mit KEYOPT,2,1,4 zu berücksichtigen ist, sollte aus Verständnisgründen grundsätzlich der gesamte Block übernommen werden.

Desweiteren ist der neue Elementtyp massiver Leiter erweitert zu beschreiben. Erforderlich sind Tiefe der Nut in z-Richtung, d. h. die Tiefe des zugrundeliegenden Blechpakets Stromflussrichtung und Fläche des stromführenden Anteils der Nut. Hierzu ist die reale Konstante als reale Konstante Nummer 2 zum Elementtyp zu definieren.

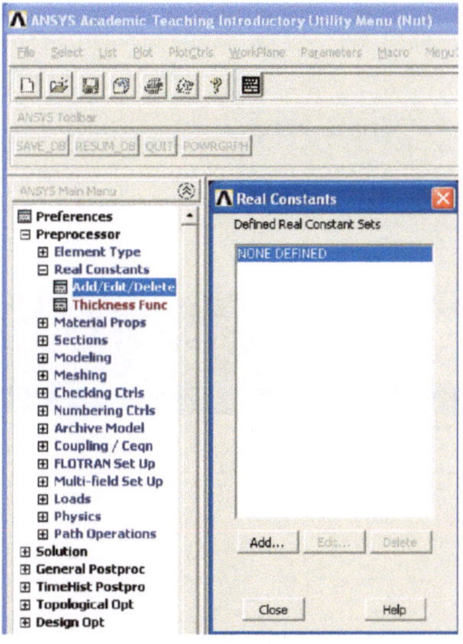

Abb. 7.3 Anlage der realen Konstante zum massiven Stabelement

Zunächst sind keine realen Konstanten definiert. Diese sind durch ADD zu vervollständigen.

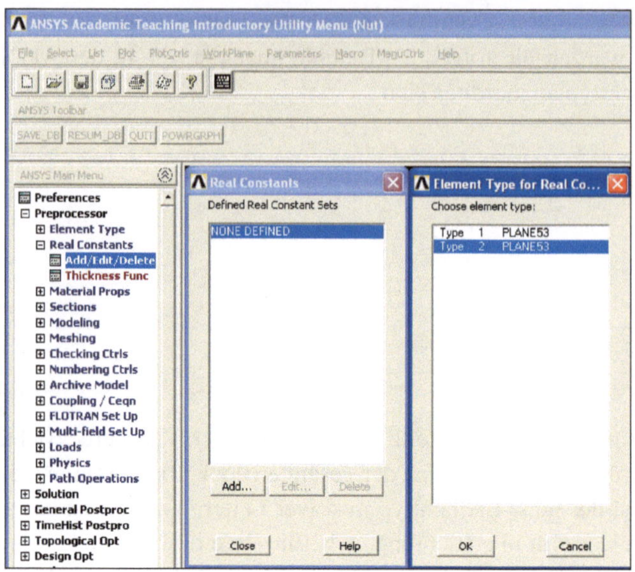

Abb. 7.4 Zuweisung der realen Konstante zum Elementtyp 2

Im nächsten Schritt ist Elementtyp auszuwählen, zu dem diese reale Konstante gehört, in diesem Fall Nummer 2.

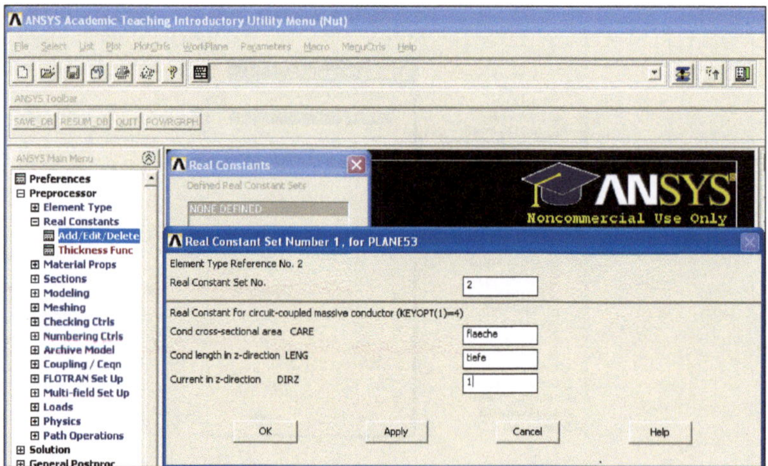

Abb. 7.5 Definition der realen Konstanten des massiven Stabelements

In dem Menü wird eingetragen die Nummer der realen Konstante, die zum Elementtyp und dem Materialtyp korrespondiert. Darüber hinaus ist die Fläche des stromführenden Leiters (dargestellt über den Parameter flaeche), die Tiefe der Anordnung in z-Richtung (Eisenpaketlänge über den Parameter tiefe) und die Stromflussrichtung (über eine 1, d. h. in z-Richtung) zu definieren.

Da die Fläche und die Tiefe der Anordnung bislang nicht definiert wurden, muss dies noch erfolgen. Die Definition der Parameter ist hinter die bereits erstellten Parameter zu verschieben und die Deklaration der realen Konstante hinter die Materialtypdefinition zu verschieben. Die Fläche kann einfach über die Trapezregel bestimmt werden. Sollte die Flächenbestimmung komplex sein, muss zunächst die Geometrie erstellt werden. Nach Ermittlung der Fläche mit ANSYS-Methoden kann dann die reale Konstante erst zu diesem Zeitpunkt erfolgen.

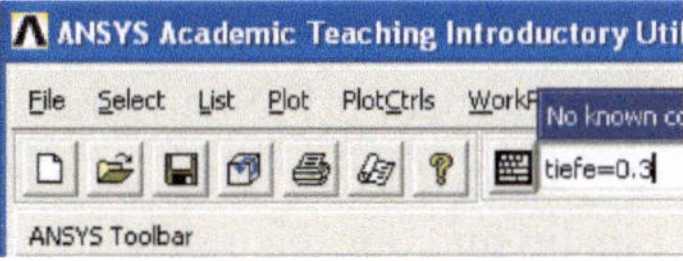

Abb. 7.6 Definition der Stablänge (3. Dimension) für die realen Konstanten des massiven Stabelements

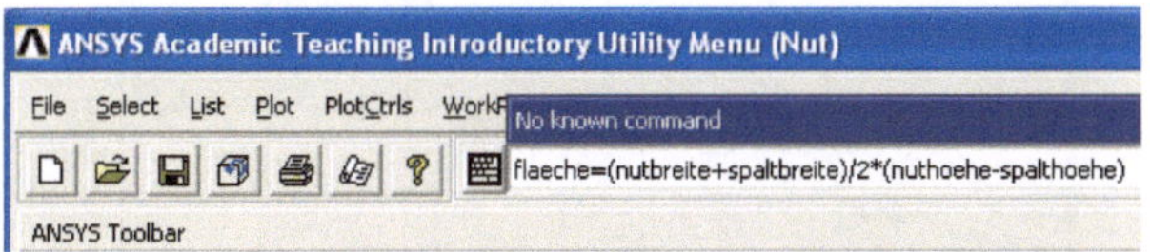

Abb. 7.7 Definition der Fläche für die realen Konstanten des massiven Stabelements

Vor der Vermaschung ist dem stromführenden Leiter zusätzlich die reale Konstante Nummer 2 als Attribut zuzuweisen.

ANSYS ignoriert zwar die Attributzuweisung, da die Flächen alle vermascht sind, legt den Befehl jedoch im LOG-File ab. Das Attribut der realen Konstante 2 wird als dritte 2 beim AATT-Befehl berücksichtigt.

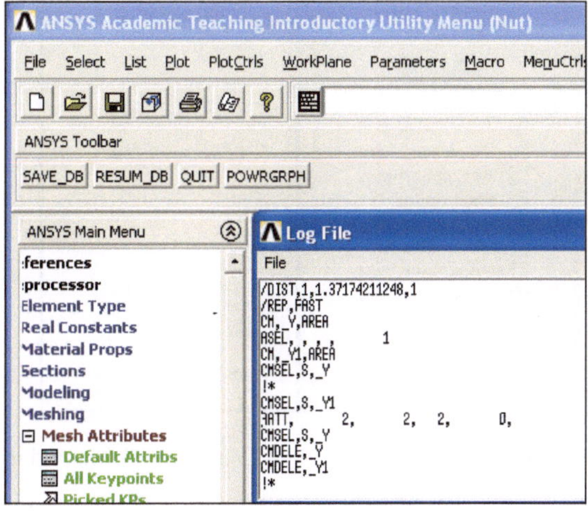

Abb. 7.8 Definition der realen Konstante als weiteres Attribut zur Leiterfläche

Die erforderlichen Änderungen werden im nächsten Schritt im APDL-Skript eingebracht und dieses geänderte Skript neu aufgerufen.

Als nächstes sind Kopplungen der Freiheitsgrade EMF und CURR für das stromführende Gebiet zu erstellen. Dies bedeutet, dass über einen einzelnen Knoten der Strom zum stromführenden Leiter geführt wird und über Gleichsetzung (Kopplung) dieses Freiheitsgrades auf allen Knoten des stromführenden Leiters der Strom verteilt wird. Ähnliches gilt für die induzierte Spannung, die durch einen Knoten repräsentiert und entsprechend eingesammelt wird. Zunächst ist die Fläche zu selektieren, in diesem Fall die Fläche 1, und dann die Kopplung zu erstellen. Dies erfolgt über COUPLING/CEQN und dann den Befehl COUPLE DOFs, DOF steht hierbei für Freiheitsgrad, d. h. das Vektorpotenzial A_z, Spannungen, Ströme, etc. . ANSYS fordert zur Auswahl der zu koppelnden Knoten auf. Dies kann durch Auswahl der Fläche und der dazu gehörigen hierarchisch untergeordneten Knoten erfolgen und somit zur Auswahl aller Knoten führt.

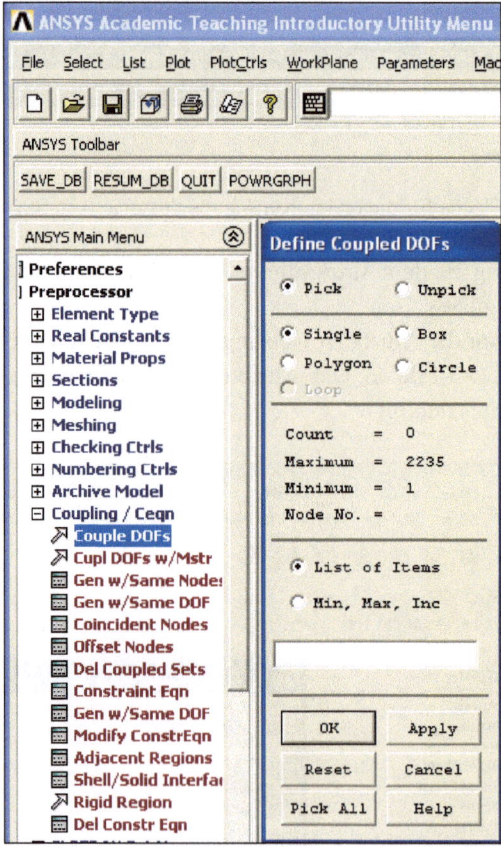

Abb. 7.9 Vorbereitung der Kopplung der Knoten des Leiters für Strom und induzierte Spannung

Die Kopplung erfolgt unter der Kopplungsnummer 1 für den Freiheitsgrad CURR.

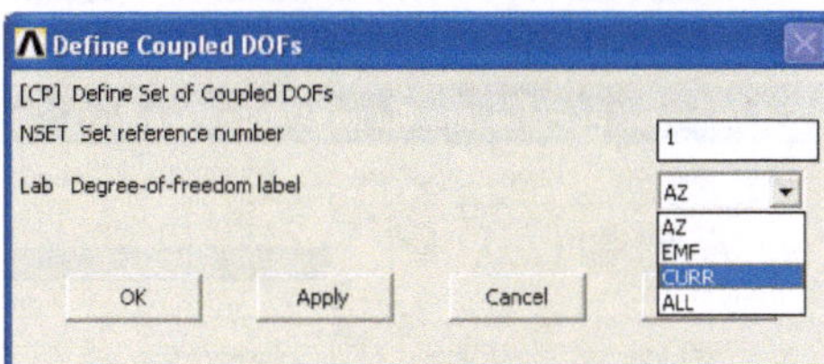

Abb. 7.10 Kopplung der Knoten für die Stromführung im Stab

Die Kopplung erfolgt zudem unter der Kopplungsnummer 2 für den Freiheitsgrad EMF.

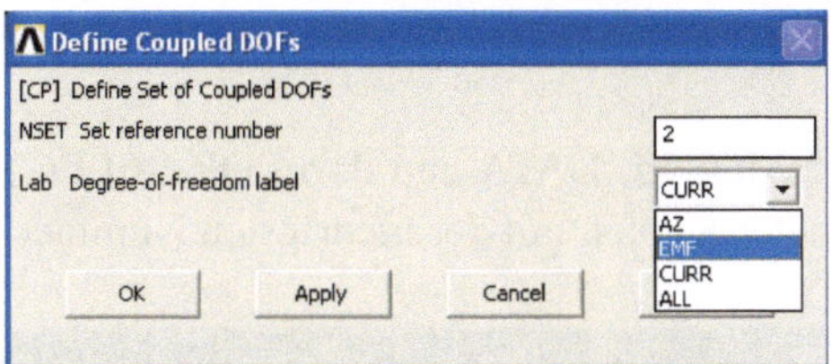

Abb. 7.11 Kopplung der Knoten für die induzierte Spannung im Stab

Die Kopplung wird in der Graphik durch viele grüne gerichtete Verbindungslinien von jedem Knoten im stromführenden Gebiet zum Masterknoten (dem Knoten mit der niedrigsten Knotennummer) angedeutet.

Abb. 7.12 Ergebnis der Kopplung der Knoten des Leiterelements

Die Knotennummer mit der niedrigsten Knotennummer kann im Utility-Menü über PARAMETERS und dort GET SCALAR DATA abgerufen werden

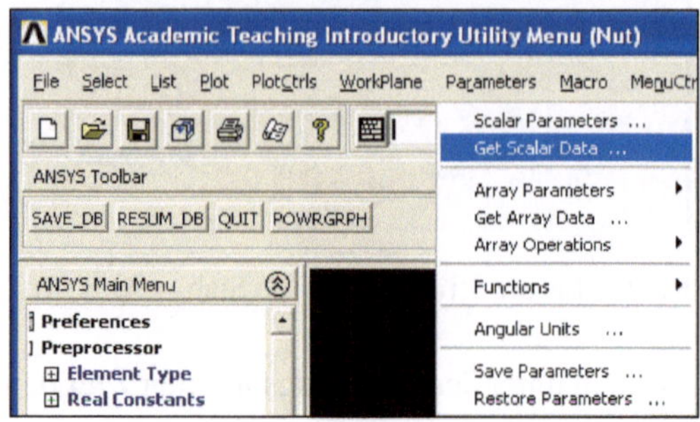

Abb. 7.13　Ermittlung der niedrigsten Knotennummer im Leiter über den *GET-Befehl

Unter dem Menüpunkt MODEL DATA und dort FOR SELECTED SET kann für die zuvor selektierten Knoten der Knoten mit der niedrigsten Nummer ermittelt werden.

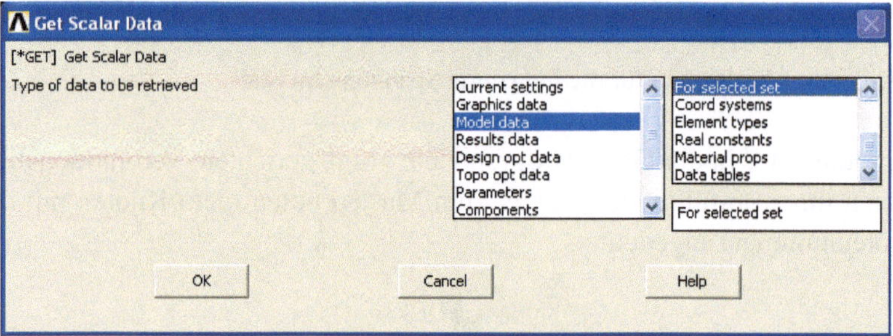

Abb. 7.14　Anwendung des *GET-Befehls auf Modellierungs-Daten und dort selektierte Sets von Entitäten

Der Knoten mit der niedrigsten Knotennummer im stromführenden Gebiet wird unter NUTNODE abgespeichert, er wird bei der Kopplung mit dem Schaltungselement massiver Leiter benötigt.

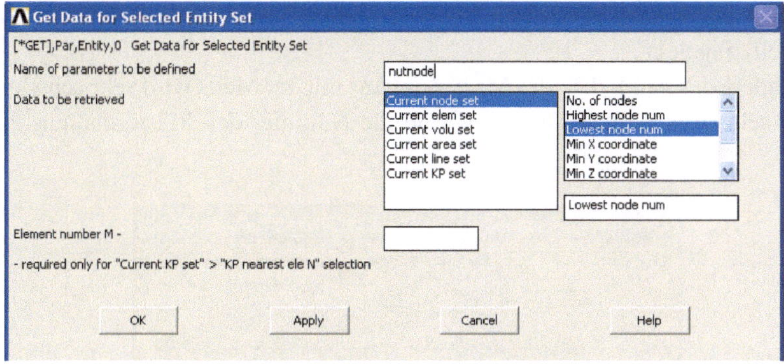

Abb. 7.15 Abspeicherung der Nummer des Knotens mit der niedrigsten Nummer im Leiter unter dem Variablennamen „nutnode"

7.2 Generierung der Schaltungselemente

Für spätere Verwendung im APDL-Skript werden zunächst alle Entitäten selektiert und dann der Knoten mit der höchsten Knotennummer ermittelt und unter MAXNODE abgespeichert. Dies erfolgt analog zur Bestimmung der niedrigsten Knotennummer bei der Feststellung des Masterknotens. Vorher sind zunächst alle Knoten zu selektieren, dies erfolgt durch den Befehl ALLSEL.

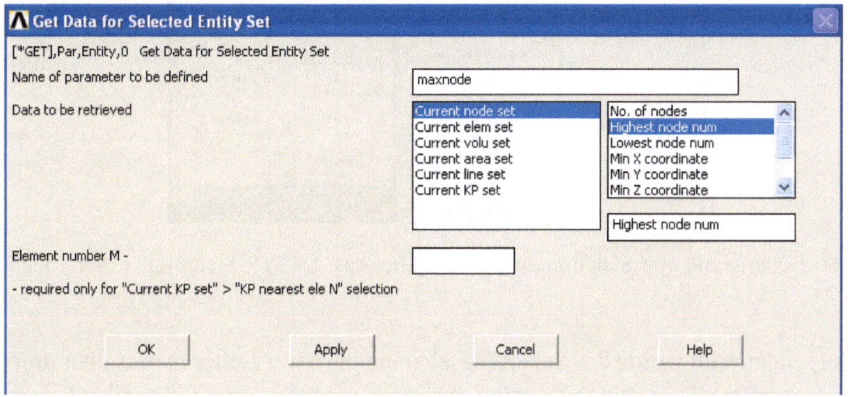

Abb. 7.16 Ermittlung der höchsten Knotennummer im FEM-Modell durch den *GET-Befehl

Die Generierung von Schaltungselementen erfolgt über MODELLING und dann CREATE. Angelegt wird ein Stromkreis (CIRCUIT) über einen Stromkreisgenerator (BUILDER). Das anzulegende Element ist ein elektrisches Element (ELECTRIC) vom Typ massiver Leiter (MASS COND 2D). Dieses Element wird über vier Mausklicks (oberer und unterer Knoten, bzw. linker und rechter, einen Knoten zum Verziehen des

Elements aus der Flucht der beiden Knoten und der Auswahl des Masterknotens im FEM-Modell) angelegt.

Insbesondere das Anklicken des Masterknotens mit der Maus wird sehr schwierig, bzw. unmöglich sein. Aus diesem Grunde wurde die Nummer des Masterknotens zuvor bestimmt.

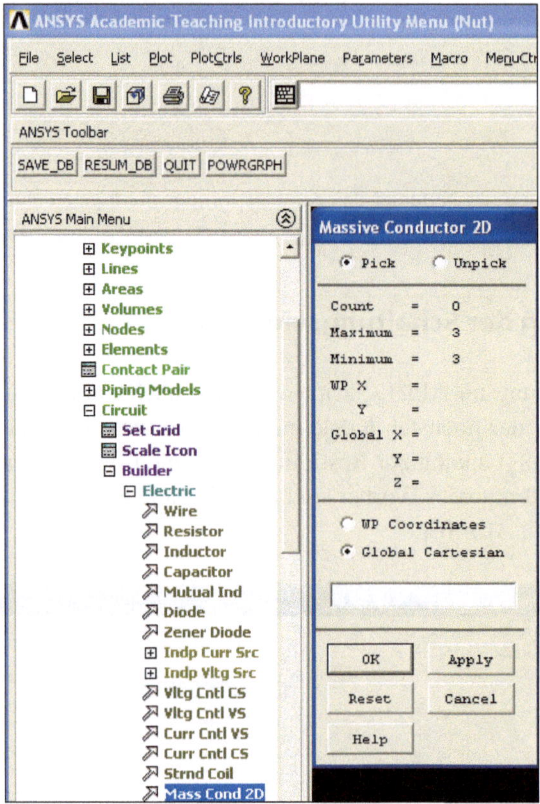

Abb. 7.17 Generierung von Schaltungselementen über das ANSYS-Menü unter dem Menüpunkt „Circuit"

Im folgenden Bild wurde das Schaltungselement massiver Leiter bereits über drei Knoten angelegt, es fehlt als dritter Knoten noch der Knoten im stromführenden Leiter, dies wird im ANSYS-Menü unter links mit PICK ONE NODE angedeutet.

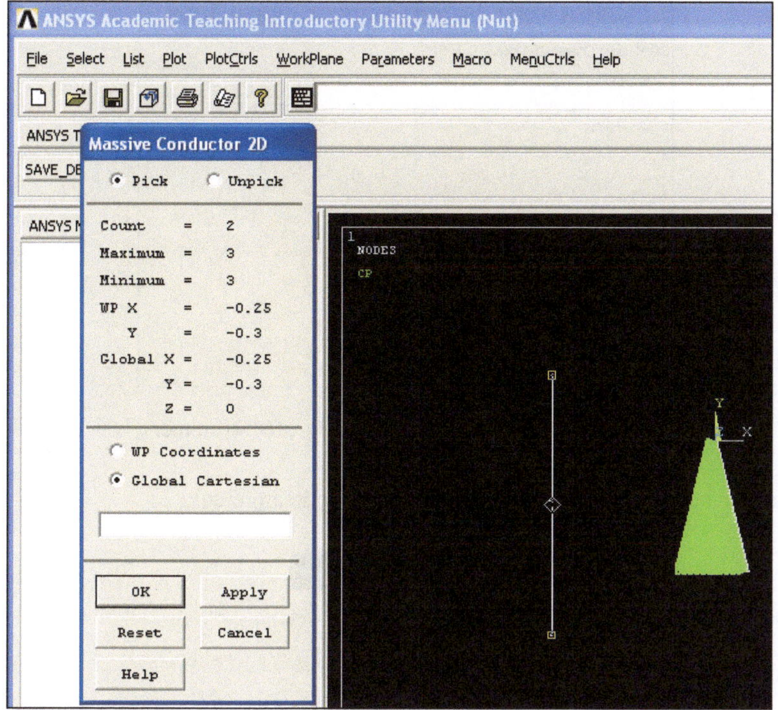

Abb. 7.18 Anlage des Schaltungselements, das den massiven Leiter repräsentiert

Als letzter zu definierender Knoten ist der Knoten mit der niedrigsten Knotennummer im stromführenden Gebiet zu digitalisieren. Dies ist ohne großen Aufwand kaum möglich. Es wird empfohlen im modifizierten APDL-Skript die unter NUTNODE abgespeicherte Knotennummer zu verwenden, sonst können bei der Berechnung Probleme auftreten.

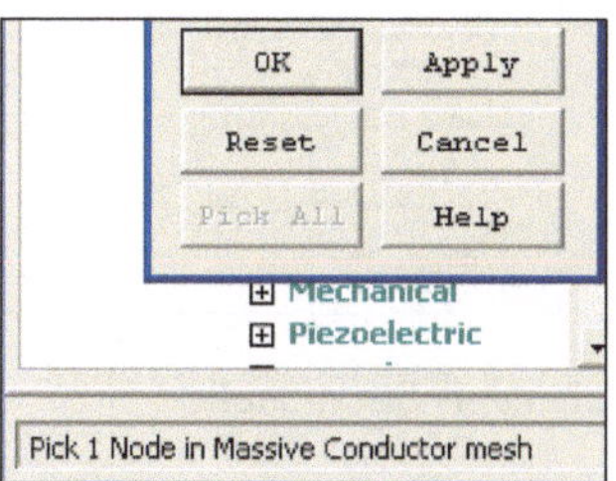

Abb. 7.19 Die Beziehung zwischen Schaltung und massivem Leiter erfolgt über den Knoten mit der niedrigsten Knotennummer im Leiter

Für die Generierung des massiven Stabes sind zwingend keine Modifikatorangaben notwendig. Über die ID-Nummer kann eine Nummerierung der Schaltungselemente erfolgen.

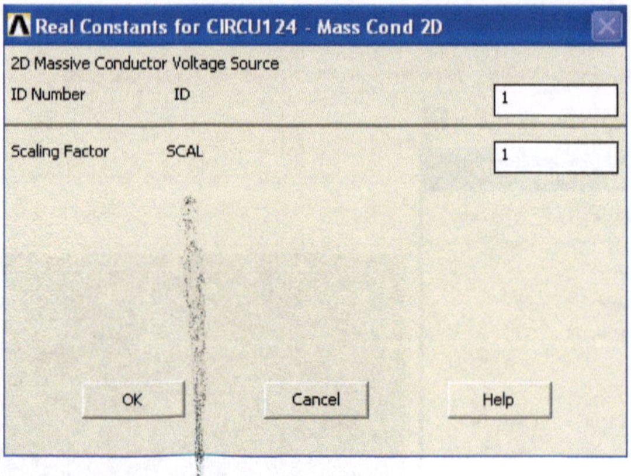

Abb. 7.20 Nummerierung der Schaltungselemente über die „ID"-Nummer

Auf die gleiche Art und Weise wird die Stromquelle angelegt.

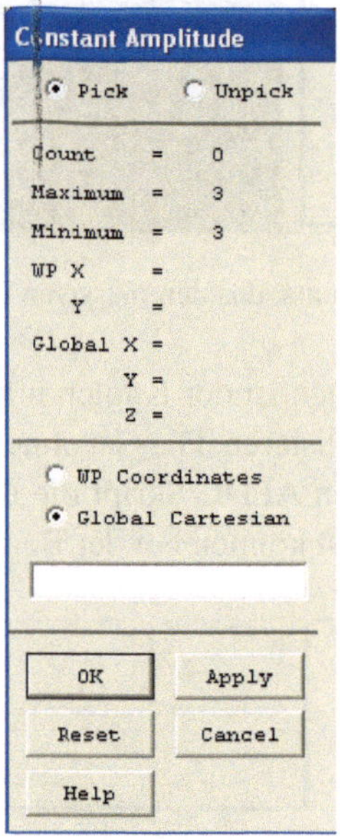

Abb. 7.21 Anlegen des Schaltungselements Stromquelle

Das angelegte Element kann nach dem zweiten Mausklick noch relativ zum massiven Leiter verschoben werden, damit die beiden Elemente nicht direkt übereinander liegen.

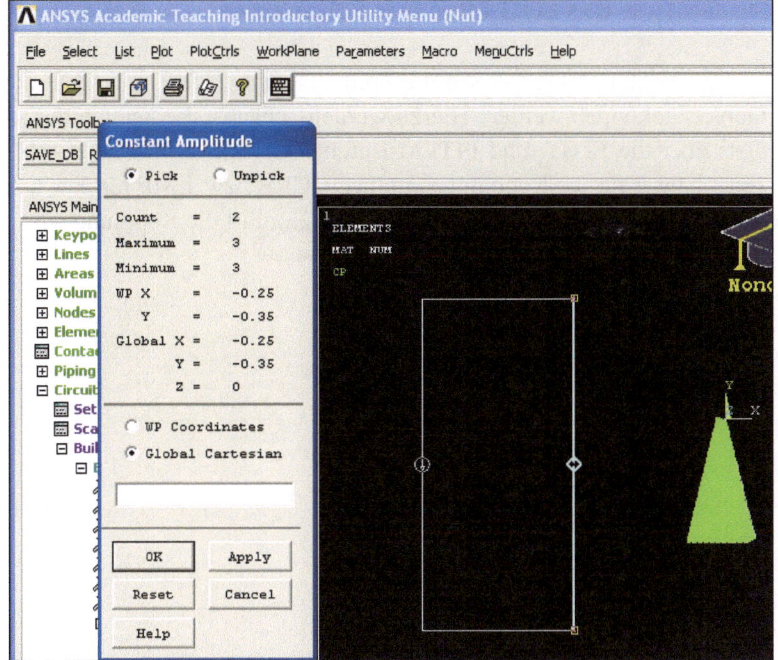

Abb. 7.22 Generierte Schaltung, bestehend aus Stab- und Stromquellenelement

Als Parameter der Stromquelle sind die Amplitude der Stromquelle und gegebenenfalls die Phasenlage des Stroms anzugeben.

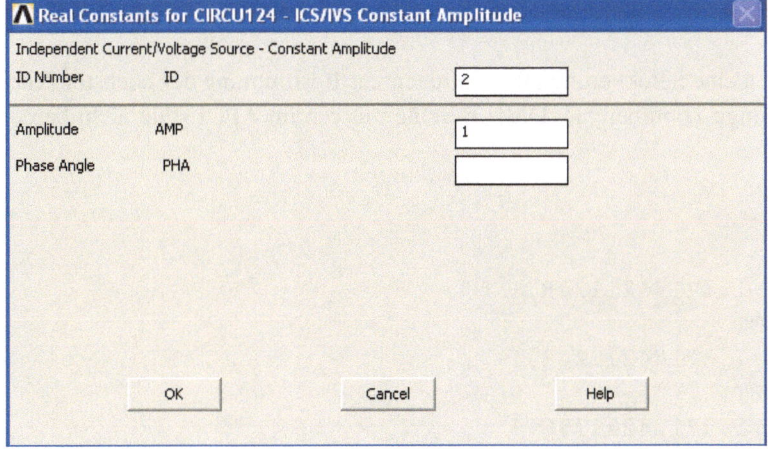

Abb. 7.23 Parametrierung der Stromquelle über die Amplitude und Phase der Stromquelle

Damit sind die erforderlichen beiden Schaltungselemente für das FEM-Modell angelegt.

7.3 Interpretation des LOG-Files mit Schaltung

Auf der Basis der Vermaschung müssen die Freiheitsgrade CURR und EMF des stromführenden Gebiets gekoppelt werden. Hierzu werden zunächst die Knoten des stromführenden Gebiets über die FLST- und FITEM-Befehle selektiert. Der CP-Befehl mit den Modifikatoren 1 bzw. 2 für die Kopplungsnummer, CURR bzw. EMF für den zu koppelnden Freiheitsgrad und P51X für die selektierten Knoten führt die Kopplung aus.

```
FLST,4,2235,1,ORDE,2
FITEM,4,1
FITEM,4,-2235
FLST,4,1495,1,ORDE,2
FITEM,4,1
FITEM,4,-1495
CP,1,CURR,P51X
FLST,4,1495,1,ORDE,2
FITEM,4,1
FITEM,4,-1495
CP,2,EMF,P51X
```

Für die Verschaltung dieses stromführenden Gebiets wird die Nummer der kleinsten Knotennummer benötigt. Diese kann über einen *GET-Befehl ermittelt werden. Die Knotennummer wird unter nutnode abgelegt.

```
!*
*GET,nutnode,NODE,,NUM,MIN, , , ,
```

Es folgen eine Selektierung aller Entitäten zur Bestimmung der höchsten Knotennummer und einige Zoombefehle. Diese Befehle müssen im APDL-File nicht berücksichtigt werden.

```
ALLSEL,ALL
!*
/DIST,1,1.37174211248,1
/REP,FAST
/DIST,1,1.37174211248,1
/REP,FAST
/DIST,1,1.37174211248,1
/REP,FAST
/REPLOT,RESIZE
/REPLOT,RESIZE
/REPLOT,RESIZE
```

Für die Generierung der Schaltungselemente ist zudem der Knoten mit der höchsten Nummer zu ermitteln und für die spätere Verwendung abzuspeichern. Dies erfolgt mit anderen Modifikatoren ebenfalls über einen *GET-Befehl.

```
*GET,maxnode,NODE,,NUM,MAX, , , ,
```

Auf dieser Basis wurden die Schaltungselemente weit links vom Finite-Elemente-Modell angelegt. ANSYS legt zunächst für das Stabelement, das das stromführende Gebiet referenziert, eine neue reale Konstante, dies ist die nächste freie, in diesem Falle 3, an. Der Modifikator für die reale Konstante 3, hier 1, ist nicht erforderlich.

Im nächsten Schritt speichert ANSYS das aktuelle Koordinatensystem, das vom kartesischen unterschiedlich sein kann, ab. Dies trifft auf das Modellierungskoordinatensystem CSYS und das DISPLAY-Koordinatensystem DSYS zu.

Da Schaltungen im kartesischen Koordinatensystem angelegt werden, werden als Koordinatensysteme kartesische ausgewählt.

In diesem Koordinatensystem legt ANSYS durch Digitalisierung mit der Maus 2 Knotenpunkte an, deren Knotennummer direkt über der höchsten aktuellen Knotennummer liegt. Anschließend wird das aktuelle Koordinatensystem wieder auf das abgespeicherte zurückgesetzt.

Die reale Konstante wird über RMOD, z. B. über eine Indexnummer, näher spezifiziert. Die Angaben sollten nicht verändert werden. Über einen Modifikator (hier 0) wird das zu generierende Schaltungselement relativ zu den ersten beiden Knoten verschoben.

Über den Elementtyp-Befehl ET wird das Schaltungselement vom Typ CIRCU124 ausgewählt. Als Modifikator wird eine 6 für einen massiven Leiter gewählt.

Vor der Anlage eines neuen Elements wird der Elementtyp des neuen Elements durch TYPE,3, die reale Konstante durch REAL,3 und die Materialeigenschaft (nicht wichtig, kann 1 bleiben) durch MAT,1 festgelegt. Schaltungselemente haben verständlicherweise keine Materialeigenschaft, aus diesem Grunde kann MAT,1 belassen werden.

Für das neue Schaltungselement müssen die beiden neuen Knoten des Schaltungselements und der Bezugsknoten im stromführenden Leiter angegeben werden.

```
R,3,1,
!*
!*
*GET,_zz2,active,,csys
*GET,_zz3,active,,dsys
CSYS,0
DSYS,0
N,2236,-0.25,0.2,0
N,2237,-0.25,-0.35,0
CSYS,_zz2
DSYS,_zz3
```

```
RMOD,3,15,0,1
ET,3,CIRCU124,6,0
TYPE,3
REAL,3
MAT,1
!*
E,2236,2237,350
!*
```

Ebenso wird das Schaltungselement der Stromquelle angelegt. Die reale Konstante und die Materialeigenschaft haben hier die Nummer 4. Der Modifikator für die reale Konstante 4 der Stromquelle ist 1 und entspricht damit einem A.

Als weiterer Unterschied ist zu erwähnen, dass der Modifikator −0,15 beim RMOD-Befehl dafür sorgt, dass das Element Stromquelle relativ zu den Bezugsknoten um 0,15 m nach links verschoben ist, damit die beiden Schaltungselement mit gleichen Bezugsknoten nicht direkt übereinander liegen.

Das Schaltungselement hat den Elementtyp 4 mit dem Modifikator 3 für unabhängige Stromquellen.

```
R,4,1, ,
!*
!*
*GET,_zz2,active,,csys
*GET,_zz3,active,,dsys
CSYS,0
DSYS,0
CSYS,_zz2
DSYS,_zz3
RMOD,4,15,-0.15,2
ET,4,CIRCU124,3,0
TYPE,4
REAL,4
MAT,1
!*
E,2236,2237
!*
```

7.4   Umarbeitung des APDL-Files mit Schaltung

Bei der Übertragung in das APDL-Skript sind einige Modifikationen notwendig, um das
Skript lesbarer zu gestalten und zudem unabhängig von der Vermaschung zu gestalten. Im
ersten Schritt wird die Kopplung der Knoten des stromführenden Gebiets dadurch verändert, dass direkt über den ASEL-Befehl die Fläche des stromführenden Leiters selektiert
wird und über ALLSEL,BELOW,AREA die zugehörigen Knoten selektiert werden. Beim
Kopplungsbefehl CP werden diese Knoten dann über ALL berücksichtigt.

```
ASEL,S, , ,            1
ALLSEL,BELOW,AREA
CP,1,CURR,ALL
CP,2,EMF,ALL
```

Die Ermittlung des Knotens mit der niedrigsten Nummer im stromführenden Gebiet
ändert sich nicht.

```
!*
*GET,nutnode,NODE,,NUM,MIN, , , ,
```

Vor der Ermittlung des Knotens mit der höchsten Nummer werden alle Entitäten selektiert.

```
ALLSEL,ALL
```

Der Knoten mit der höchsten Knotennummer wird unter maxnode abgespeichert.

```
*GET,maxnode,NODE,,NUM,MAX, , , ,
```

Bei der Generierung der Schaltungselemente sind einige Änderungen notwendig, bzw.
für die Übersicht sinnvoll.

Um Element- und Materialtypen vom Finiten Elemente-Modell zu unterscheiden, wird
mit der Nummerierung der Schaltungselemente bei 11 begonnen.

Die Knotennummern erhalten die Nummern maxnode + 1 und maxnode + 2, damit Änderungen am Modell, die für eine andere Diskretisierung mit anderen Knotenanzahlen
sorgen, nicht die Schaltung stören. Durch die Ermittlung von maxnode liegen die Knoten der Schaltung immer über der höchsten Knotennummer des Finite-Elemente-Modells.
Die feste Nummer des Knotens, die die Verbindung zwischen stromführenden Gebiet
und Schaltungselement herstellt, wird auf den abgespeicherten Knoten im stromführenden Leiter geändert.

```
R,11,1,
N,maxnode+1,-0.25,0.2,0
N,maxnode+2,-0.25,-0.35,0
RMOD,11,15,0,1
ET,11,CIRCU124,6,0
TYPE,11
REAL,11
MAT,1
!*
E,maxnode+1,maxnode+2,nutnode
```

Ähnliche Änderungen werden beim Schaltungselement Stromquelle durchgeführt.

```
R,12,1,  ,
RMOD,12,15,-0.15,2
ET,12,CIRCU124,3,0
TYPE,12
REAL,12
MAT,1
!*
E,maxnode+1,maxnode+2
```

7.4.1 Gesamtes Skript für die Modellgenerierung mit Schaltungselementen

Es ergibt sich folgendes neues Skript:

```
*SET,nutbreite,0.1
*SET,nuthoehe,0.2
*set,spaltbreite,0.003
*set,spalthoehe,0.003
/PREP7
K,1,-nutbreite/2,-nuthoehe,,
K,2,nutbreite/2,-nuthoehe,,
K,3,-spaltbreite/2,-spalthoehe,,
K,4,spaltbreite/2,-spalthoehe,,
K,5,-spaltbreite/2,,,
K,6,spaltbreite/2,,,
LSTR,          1,          2
LSTR,          2,          4
LSTR,          1,          3
```

```
LSTR,          3,         4
LSTR,          4,         6
LSTR,          6,         5
LSTR,          5,         3
lsel,s,,,1,4
AL,ALL   !! wahlweise haette hier auch al,1,2,3,4 stehen
koennen
lsel,s,,,4,7
AL,ALL   !! wahlweise haette hier auch al,4,5,6,7 stehen
koennen
ET,1,PLANE53
ET,2,PLANE53
MPTEMP,,,,,,,,
MPTEMP,1,0
MPDATA,MURX,1,,1
MPTEMP,,,,,,,,
MPTEMP,1,0
MPDATA,MURX,2,,1
MPTEMP,,,,,,,,
MPTEMP,1,0
MPDATA,RSVX,2,,1/56e6
ASEL,S, , ,          1
AATT,          2, ,   2,          0,
ASEL,S, , ,          2
AATT,          1, ,   1,          0,
MSHKEY,0
ESIZE,nutbreite/15,0,
ASEL,S, , ,          1
AMESH,ALL
ESIZE,spaltbreite/15,0,
ASEL,S, , ,          2
AMESH,ALL
LSEL,S, , ,          6
DL,ALL, ,AZ,0,
ASEL,S, , ,          1
ALLSEL,BELOW,AREA
CP,1,CURR,ALL
CP,2,EMF,ALL
!*
*GET,nutnode,NODE,,NUM,MIN, , , ,
ALLSEL,ALL
*GET,maxnode,NODE,,NUM,MAX, , , ,
```

```
R,11,1,
N,maxnode+1,-0.25,0.2,0
N,maxnode+2,-0.25,-0.35,0
RMOD,11,15,0,1
ET,11,CIRCU124,6,0
TYPE,11
REAL,11
MAT,1
!*
E,maxnode+1,maxnode+2,nutnode
R,12,1, ,
RMOD,12,15,-0.15,2
ET,12,CIRCU124,3,0
TYPE,12
REAL,12
MAT,1
!*
E,maxnode+1,maxnode+2
FINISH
/SOL
ANTYPE,0
/STATUS,SOLU
SOLVE
FINISH
/POST1
SET,LAST
PLF2D,27,0,10,1
```

7.5　Harmonische Berechnung für feste Frequenz

Das vorbereitete APDL-Skript kann nun bequem in ANSYS eingelesen und durch Benutzermenü und sukzessives Auslesen des LOG-Files erweitert werden. Zunächst wird als Parameter die Frequenz des stromführenden Leiters als FREQ mit Wert 50 Hertz festgelegt. Im Anschluss daran wird als Lösungsmethode harmonisch gewählt und die Frequenz über den Parameter FREQ vorgegeben. Die harmonische Rechnung wird wie bereits erläutert über SOLUTION und dort ANALYSIS TYPE mit Auswahl HARMONIC angewählt.

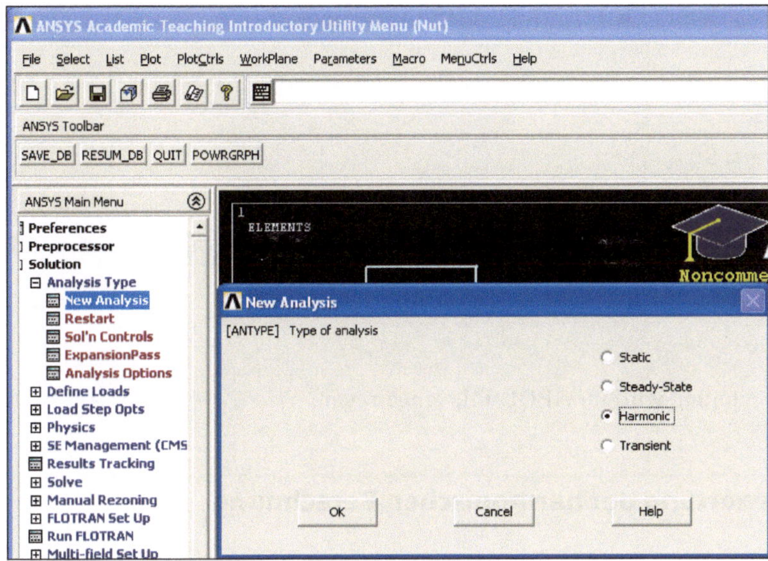

Abb. 7.24 Vorbereitung einer harmonischen Rechnung

Die Frequenz wird eingestellt über LOAD STEP OPTIONS und dort TIME/FREQUENCY. Über FREQ AND SUBSTEPS öffnet sich ein Menü, in dem ein Frequenzbereich oder eine feste Frequenz vorgegeben werden kann. In diesem Fall wird eine feste Frequenz über den Parameter FREQ eingestellt.

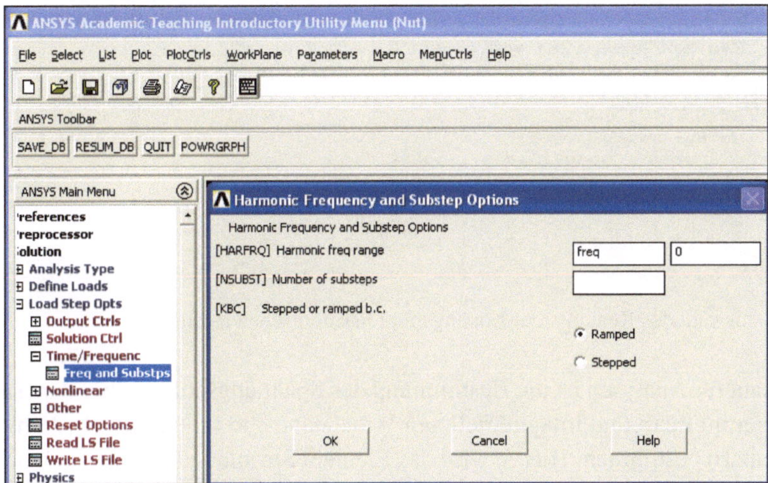

Abb. 7.25 Definition der Frequenz für die harmonische Rechnung

Die Rechnung wird wie üblich gestartet.

Es ergibt sich im LOGFILE folgende Erweiterung.

```
/SOL
ANTYPE,3
*SET,freq,50
HARFRQ,FREQ,0,
NSUBST,1,
KBC,0
/STATUS,SOLU
SOLVE
```

Die Erweiterung wird im APDL-File eingetragen.

7.6   Auswertung der harmonischen Berechnung

Zur Auswertung wird in den Postprocessor gewechselt, der letzte Lastschritt als Realteil eingelesen und ein Feldbild erzeugt. Hier ändert sich lediglich der Aufruf des Realteils.

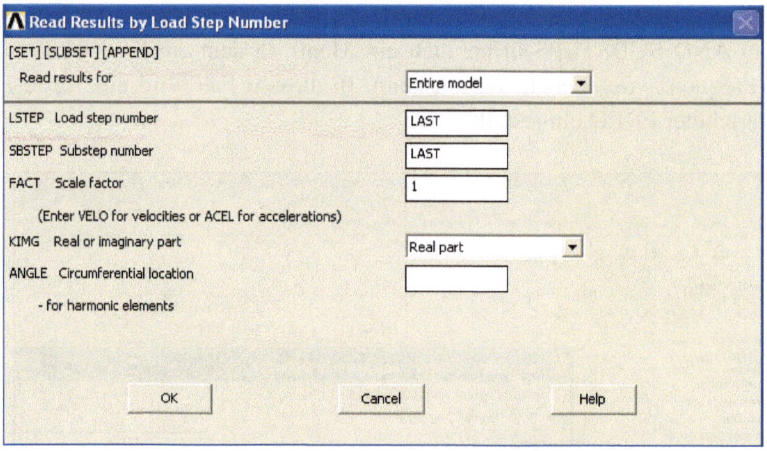

Abb. 7.26 Auswahl des Realteils der Lösung einer harmonischen Rechnung

Interessant für Analysen ist die Bestimmung des Spannungsabfalls über dem stromführenden Leiter im Real- und Imaginärteil, um Widerstand und Induktivität in Abhängigkeit der Frequenz zu bestimmen. Hierzu wird das Element Stromquelle ausgewählt und hierzu die Schaltungselemente-Ergebnisse ausgelesen.

Dies erfolgt zunächst durch Selektion des Elements mit der Maus (einfacher wäre die Selektion über die Elementnummer des Schaltungselements Stromquelle über den ESEL-Befehl mit gleicher Syntax wie LSEL oder ASEL).

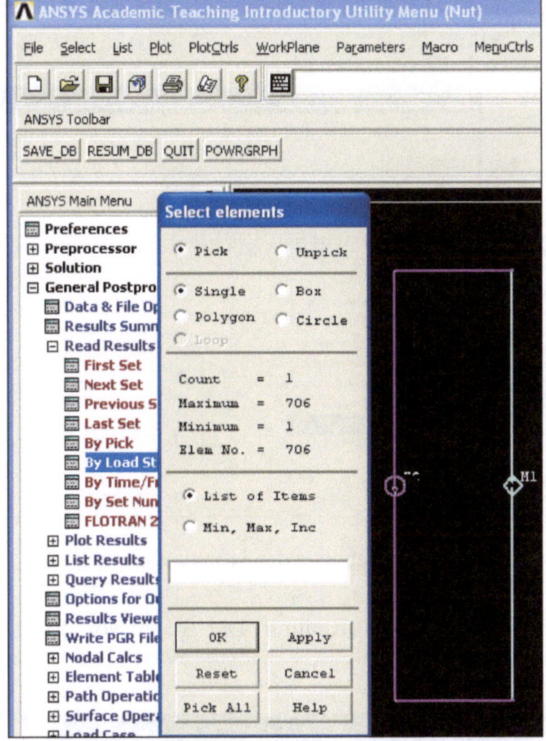

Abb. 7.27 Auswahl der Schaltungselemente zur Ermittlung der Ergebnisse

Von diesem Element werden dann über LIST RESULTS und dort ELEMENT SOLU-TION mit Auswahl von CIRCUIT RESULTS und ELEMENT RESULTS und Bestätigung von OK die Ergebnisse dieses Elements ausgegeben.

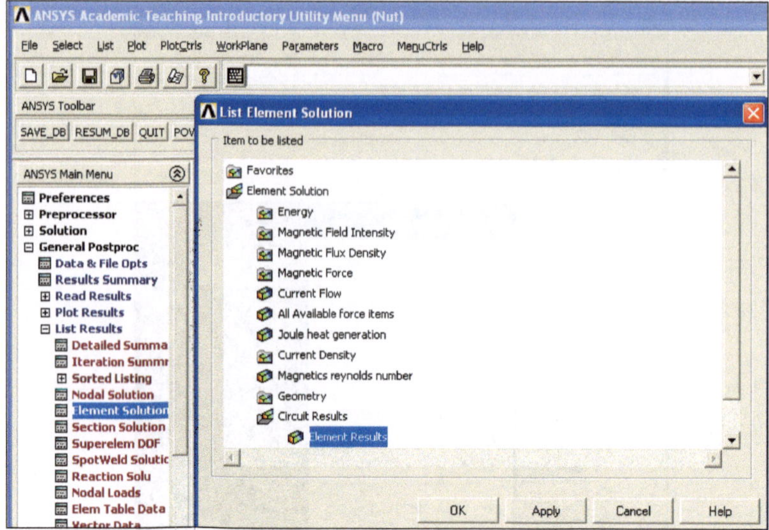

Abb. 7.28 Anzeige der numerischen Ergebnisse der Schaltungselemente

Dies liefert die Ergebnisse für den Realteil. Der Strom von 1 A erzeugt einen Spannungsabfall von $0{,}10619 \cdot 10^{-3}$ V.

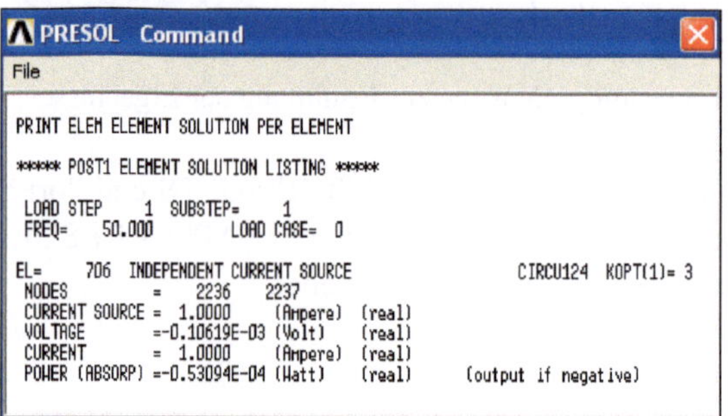

Abb. 7.29 Anzeige von Spannung, Strom und Leistung an der Stromquelle für den Realteil

Analog ergibt sich durch Einlesen des Imaginärteils und Auswertung der Stromquelle der Spannungsabfall im Imaginärteil mit $0{,}27585 \cdot 10^{-3}$ V.

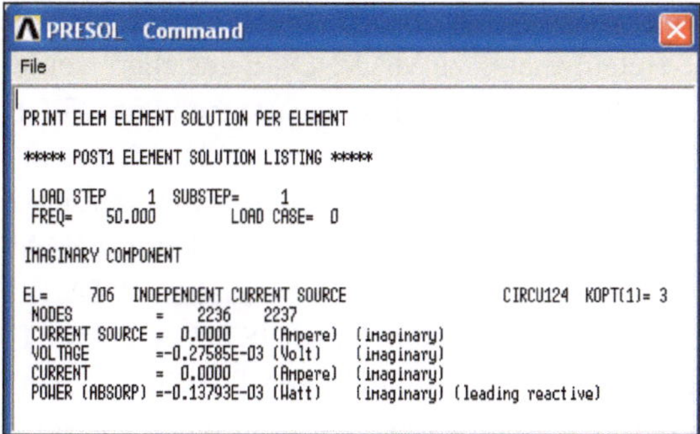

Abb. 7.30 Anzeige von Spannung, Strom und Leistung an der Stromquelle für den Imaginärteil

Das Auslesen des LOG-Files liefert die eingesetzten Befehle. Nach Wechsel in den Postprocessor wird mit dem SET-Befehl zunächst der letzte (LAST) Lastschritt eingelesen, der Modifikator 1,0 liest den Realteil ein.

Als nächstes wird das Element der Stromquelle über den ESEL-Befehl selektiert, es ist das Element 706.

Über PRESOL,ELEM wird in einem Fenster das Ergebnis des Elements ausgegeben.

Anschließend wird über den SET-Befehl mit dem Modifikator 1,1 der Imaginärteil eingelesen. Auch diese Ergebnisse werden mit PRESOL,ELEM in einem Fenster ausgegeben.

```
FINISH
/POST1
SET,LAST,LAST,1,0, , ,
ESEL,S, , ,        706
!*
PRESOL,ELEM
!*
SET,LAST,LAST,1,1, , ,
!*
PRESOL,ELEM
```

Auch diese Befehle werden in das APDL-Skript eingefügt.

Das Ausgeben von Ergebnissen in Fenster ist für automatische Ausgaben nicht sinnvoll, da im ANSYS-Batch-Betrieb diese Fenster ohnehin nicht angezeigt werden. Es empfiehlt sich also die Einführung einer Listenausgabe, in der die Ergebnisse automatisch eingetragen werden. Hierzu stellt ANSYS Formatierbefehle für die Ausgaben und die Ausgaben selbst zur Verfügung. Der Umgang mit dem ANSYS-Benutzermenü ist hier derart umständlich, dass ANSYS-Anwender mit genügend Know-how sich hier Beispieldateien erzeugen, die entsprechend geändert in das APDL-Skript eingefügt werden. Im folgenden wird eine derartige Beispieldatei bereits angepasst erläutert.

Zunächst muss nach der Erstellung des Stromquellen-Elements dessen Elementnummer durch einen *GET-Befehl analog zu MAXNODE gesichert werden. Dieser wird unter dem Namen EU abgespeichert. Der Befehl ist entsprechend im APDL-File einzufügen.

Zur gezielten Auswertung von Elementen bietet ANSYS Elementtabellen (ETABLEs) an. Nach dem Einlesen des Realteils der letzten Lösung werden zunächst die Schaltungselemente über den ESEL-Befehl mit dem Modifikator ENAM und 124 für CIRCU124 ausgewählt. Anschließend werden Elementtabellen (ETABLEs) für Spannungen (SPANNG), Ströme (STROM) und Leistungen (LEISTU) angelegt. Dies erfolgt über den ETABLE-Befehl über entsprechende Modifaktoren SMISC und NMISC. Nähere Informationen über die zu den Schaltungselementen ermittelten Ergebnisse erhält man über HELP,CIRCU124. Element-Tabellen (ETABLEs) sind nichts anderes als Auszüge aus der gesamten ANSYS-Ergebnis-Datenbank (RST-File) für bestimmte Elemente und deren Ergebnisausgaben.

Über den *GET-Befehl werden aus den Elementtabellen für das Element mit der Elementnummer EU Spannungen, Ströme und evtl. auch Leistungen in Variablen (hier U1R und I1R) abgelegt. Diese Befehle werden entsprechend unter PRESOL für den Realteil abgelegt.

```
/post1
SET,last,LAST,1,0, , ,
esel,s,enam,,124
etable,spanng,smisc,1
etable,strom,smisc,2
etable,leistu,nmisc,1
etable,ref1
*get,u1r,elem,eu,etab,spanng
*get,i1r,elem,eu,etab,strom
```

Entsprechend wird für den Imaginärteil verfahren, um über U1I und I1I die Spannungen und Ströme im Realteil zu bestimmen.

```
SET,last,LAST,1,1, , ,
esel,s,enam,,124
etable,spanng,smisc,1
etable,strom,smisc,2
etable,leistu,nmisc,1
etable,ref1
*get,u1i,elem,eu,etab,spanng
*get,i1i,elem,eu,etab,strom
```

Mit diesen Variablen für Ströme und Spannungen kann mathematisch gerechnet werden, um mit Hilfe der Wurzelfunktion (SQRT) den Betrag des Stromes zu bestimmen und durch Division von Spannung durch Strom die Reaktanzen im Real- und Imaginärteil zu bestimmen. Auch die Induktivität kann durch Division der imaginären Reaktanz durch die Kreisfrequenz bestimmt werden. Vorher ist der Parameter PI durch Direktvorgabe oder aus der ARCTAN-Funktion zu bestimmen.

```
i1b=sqrt(i1r*i1r+i1i*i1i)

rreak=-u1r/i1b
xreak=-u1i/i1b
lreak=xreak/(2*pi*freq)
```

Zur Ausgabe der Rechenergebnisse wird mit dem /OUTPUT-Befehl eine Ausgabedatei (STROMVERDRAENGUNG) mit Endung (LIS) geöffnet.

Über /COM können Kommentarzeilen in die Datei geschrieben werden.

Die Ausgabe erfolgt über den *VWRITE-Befehl mit Auflistung der Variablen. Das Format der Ausgabe wird mit der nächsten Zeile gewählt, in diesem Falle 5 Zahlen im Format G14.6 mit einem nachfolgenden Leerzeichen.

Die Ausgabe wird mit /OUTPUT,TERM wieder auf den Bildschirm gelenkt.

```
/output,Stromverdraengung,lis,,
/COM,-----------------------------------------------
/COM,    freq rreak xreak lreak l1
/COM,-----------------------------------------------
*VWrite,freq,rreak,xreak,lreak,i1b
(5(g14.6,' '))
/output,term
```

Auch diese Zeilen werden in das APDL-Skript ans Ende übertragen.

Nach Aufruf des geänderten Skripts wird die gewünschte Datei neu angelegt, die folgendes Aussehen hat.

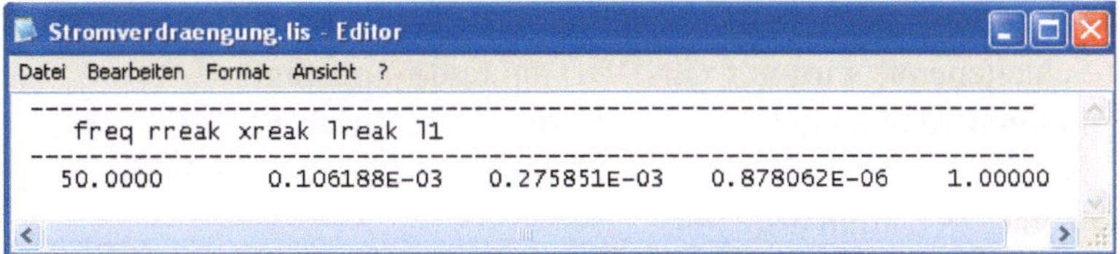

Abb. 7.31 Ausgabe der Ergebnisse einer Stromverdrängungsrechnung in einem Listing

7.7   Harmonische Berechnung und Auswertung in einer Schleife

Es ist erkennbar, dass ANSYS insbesondere über Dateiausgaben mit vorhergehenden Berechnungen ein hilfreiches Tool ist. Der Aufwand für Rechnungen mit verschiedenen Parametrierungen ist jedoch noch immer sehr groß, da jede Frequenzänderung ein Datenfile erzeugt, das manuell z. B. in einer Excel-Tabelle ausgewertet werden kann.

Hier helfen weitere Skript-Befehle, wie z. B. DO- oder IF-Schleifen. DO-Schleifen werden mit *DO eröffnet und *ENDDO beendet. Hinter *DO sind Modifikatoren für die Variable des Schritts und dessen Grenzen erforderlich. IF-Schleifen werden mit *IF eröffnet, mit *ELSE und *ELSEIF erweitert und *ENDIF beendet. Auch hier sind Modifikatoren erforderlich. Im Folgenden wird das neu erstellte APDL-Skript erweitert.

Zunächst wird die Beschreibung der Ausgabedatei vor den Aufruf der Solution verschoben, da dies nur einmal erforderlich ist.

```
/output,Stromverdraengung,lis,,
/COM,- - - - - - - - - - - - - - - - - - - - - - - - - - - - - - - - - - - - -
/COM,    freq rreak xreak lreak ll
/COM,- - - - - - - - - - - - - - - - - - - - - - - - - - - - - - - - - - - - -
```

Zur Eröffnung wird zunächst in den Preprocessor gewechselt, und alles selektiert, was innerhalb der Schleife als Selektion erfolgt ist.

```
/PREP7
ALLSEL
```

Als nächstes wird vor der Solution die Schrittanzahl (hier 21) festgelegt. Für die DO-Schleife wird der Schleifenzähler (hier IFREQ), der Startwert des Schleifenzählers (hier 1) und dessen Ende (hier SCHRITTANZAHL) angegeben.

```
SCHRITTANZAHL=21
*DO,IFREQ,1,SCHRITTANZAHL
```

Das DO-Schleifenende wird mit *ENDDO am Ende eingefügt.

In der Solution wird nun die Frequenz, die durch die Variable FREQ vorgegeben wird, aus dem Schleifenzähler bestimmt. Im Beispiel soll die Berechnung für die Frequenzen 3 bis 60 Hertz und Gleichstrom erfolgen.

Hierzu wird der *SET-Befehl für die Frequenzvorgabe entfernt und durch eine Berechnung ersetzt. Für den ersten Frequenzschritt wird über eine *IF-Schleife, die einfach nachvollziehbar ist, die Frequenz auf 10^{-6} Hz festgelegt, da Null bei harmonischen Rechnungen nicht eingesetzt werden darf.

```
FREQ=(IFREQ-1)*3
*IF,IFREQ,EQ,1,THEN
FREQ=1E-6
*ENDIF
```

Alle weiteren Arbeitsschritte bis auf die Ausgabe in eine Datei bleiben erhalten. Hier muss erneut eine /OUTPUT-Zeile eingefügt werden, wobei am Ende mit dem Modifikator APPEND an die bestehende Datei angehängt wird.

```
/output,Stromverdraengung,lis,,APPEND
```

Nach Aufruf des modifizierten APDL-Skripts ergibt sich folgender Inhalt der Ausgabedatei.

```
freq rreak xreak lreak l1
-----------------------------------------------------------------
0.100000E-05    0.528031E-06    0.158821E-10    0.252771E-05    1.00000
3.00000         0.997928E-05    0.318457E-04    0.168947E-05    1.00000
6.00000         0.186000E-04    0.549319E-04    0.145711E-05    1.00000
9.00000         0.264778E-04    0.751791E-04    0.132946E-05    1.00000
12.0000         0.338340E-04    0.937383E-04    0.124324E-05    1.00000
15.0000         0.407885E-04    0.111126E-03    0.117908E-05    1.00000
18.0000         0.474175E-04    0.127632E-03    0.112851E-05    1.00000
21.0000         0.537733E-04    0.143439E-03    0.108710E-05    1.00000
24.0000         0.598945E-04    0.158674E-03    0.105224E-05    1.00000
27.0000         0.658103E-04    0.173428E-03    0.102229E-05    1.00000
30.0000         0.715436E-04    0.187768E-03    0.996142E-06    1.00000
33.0000         0.771130E-04    0.201749E-03    0.973011E-06    1.00000
36.0000         0.825336E-04    0.215413E-03    0.952333E-06    1.00000
39.0000         0.878181E-04    0.228793E-03    0.933681E-06    1.00000
42.0000         0.929772E-04    0.241920E-03    0.916731E-06    1.00000
45.0000         0.980202E-04    0.254816E-03    0.901226E-06    1.00000
48.0000         0.102955E-03    0.267502E-03    0.886963E-06    1.00000
51.0000         0.107789E-03    0.279995E-03    0.873778E-06    1.00000
54.0000         0.112527E-03    0.292312E-03    0.861535E-06    1.00000
57.0000         0.117176E-03    0.304465E-03    0.850125E-06    1.00000
60.0000         0.121740E-03    0.316466E-03    0.839452E-06    1.00000
```

Abb. 7.32 Ausgabe der Ergebnisse einer Stromverdrängungsrechnung für verschiedene Frequenzen in einem Listing

Die Auswertung könnte nun mühsam durch Excel erfolgen, um k_r und k_i in Abhängigkeit der Frequenz zu ermitteln.

Einfach erfolgt dies durch Erzeugung einer weiteren Ausgabedatei, in der k_r und k_i in Abhängigkeit der Frequenz ermittelt werden. Hierzu wird zunächst eine neue Dateiausgabe entsprechend eingefügt.

```
/output,krki,lis,,
/COM,-------------------------------------------------------
/COM,    freq kr ki
/COM,-------------------------------------------------------
/output,term
```

Nach der Berechnung wird für den Gleichstromfall zunächst der zugehörige Widerstand und die Nutstreuinduktivität berechnet, hierzu sind mit einer *IF-Schleife zunächst diese Werte herauszufiltern. Anschließend können mit diesen Bezugswerten k_r und k_i ermittelt werden.

```
*IF,ifreq,eq,1,then
rgleich=rreak
lgleich=lreak
*ENDIF
kr=rreak/rgleich
ki=lreak/lgleich
```

Abschließend werden die Ergebnisse in der anderen Ausgabedatei ausgegeben.

```
/output,krki,lis,,APPEND
*VWrite,freq,kr,ki
(3(g14.6,' '))
/output,term
```

Als Ergebnis ergibt sich folgende Datei.

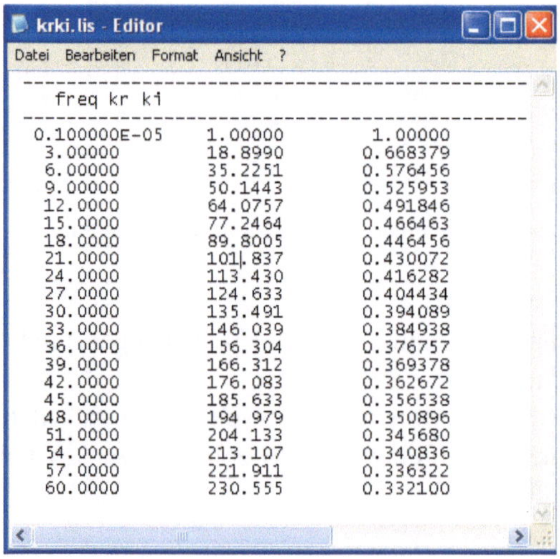


```
-----------------------------------------------
  freq kr ki
-----------------------------------------------
 0.100000E-05    1.00000          1.00000
  3.00000        18.8990         0.668379
  6.00000        35.2251         0.576456
  9.00000        50.1443         0.525953
  12.0000        64.0757         0.491846
  15.0000        77.2464         0.466463
  18.0000        89.8005         0.446456
  21.0000        101.837         0.430072
  24.0000        113.430         0.416282
  27.0000        124.633         0.404434
  30.0000        135.491         0.394089
  33.0000        146.039         0.384938
  36.0000        156.304         0.376757
  39.0000        166.312         0.369378
  42.0000        176.083         0.362672
  45.0000        185.633         0.356538
  48.0000        194.979         0.350896
  51.0000        204.133         0.345680
  54.0000        213.107         0.340836
  57.0000        221.911         0.336322
  60.0000        230.555         0.332100
```

Abb. 7.33 Ausgabe der kr- und ki-Faktoren für verschiedene Frequenzen in einem Listing

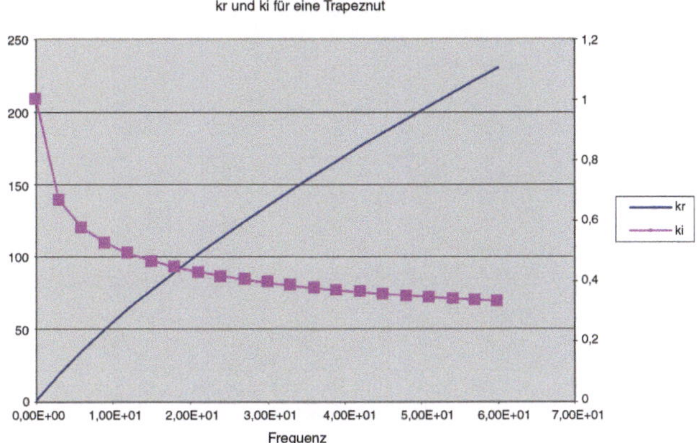

Abb. 7.34 Darstellung kr und ki über der Frequenz

Es ist auffällig, dass nach diesen Ergänzungen nur noch Ergebnisse interpretiert wurden, nicht jedoch die Feldlinien oder sonstige Auswertungen als Graphik. Es wird dringend empfohlen zumindest zur Kontrolle derartige Plots auszugeben, um qualitativ das Ergebnis zu überprüfen und insbesondere die Vermaschung relativ zum Ergebnis zu prüfen, da hier evtl. Anpassungen bei höheren Frequenzen erforderlich werden. Es wird daher im Folgenden erläutert, wie Plots automatisiert ausgegeben werden.

Die Plotausgaben werden vom Bildschirm in die Datei PLOTS.GRPH gelenkt, die später mit dem ANSYS-Display-Tool analysiert werden können. Anschließend wird dort ein Feldlinienplot erstellt und nach der Selektion aller Elemente der Flächen die Stromdichteverteilung ausgegeben. Die Befehl sind im Real- und Imaginärteil einzufügen.

```
allsel,below,area
/show,Plots,grph,,app
plf2d
PLESOL,JT,SUM,0,
allsel
```

ANSYS schreibt für jeden einzelnen Frequenzschritt in diese Datei hintereinander den Feldlinienplot und die Stromdichteverteilung im Realteil und danach für den Imaginärteil, also insgesamt 4 Plots für jeden Frequenzschritt.

Es wird leicht erkennbar, dass das APDL-Skript bereits bei diesem sehr einfachen Beispiel sehr lang und unübersichtlich wird. Insgesamt sind es bereits 250 Zeilen, wobei noch einige Kommentarzeilen fehlen. Das große Skript wird nun in mehrere kleine Dateien unterteilt, die wiederum über ein Skript zusammengeführt werden. Bei der Aufteilung kann die folgende Struktur angestrebt werden, bei der aufgeteilt wird in

- Parameterdefinition,
- Geometriepunktgenerierung,
- Liniengenerierung,
- Flächengenerierung,
- Elementdefinition,
- Materialdefinition,
- Definition realer Konstanten,
- Attributzuweisung,
- Vermaschung,
- Randbedingung,
- Kopplung,
- Schaltungsgenerierung,
- Ausgabevorbereitung,
- Berechnungsschleife,
  - Berechnung,
  - Plotgenerierung,
  - Listengenerierung.

Die Steuerdatei zum Aufruf der Unterprogramme hat den Namen STROMVER-DRAENGUNG.TXT und wird sehr übersichtlich, sie besteht bis auf Kommentarzeilen nur noch aus den Aufrufen der Unterprogramme über /INP-Befehlen, denen die Modifikatoren des Unterprogrammnamens und der Dateiendung folgen. Prinzipiell können

© Springer Fachmedien Wiesbaden 2014

B. Aschendorf, *FEM bei elektrischen Antrieben 1*, DOI 10.1007/978-3-8348-2033-4_8

Makros, bzw. Skripten, auch direkt über den Namen aufgerufen werden. Dies entspricht dem Aufruf einer Datei in der ANSYS-Kommandozeile.

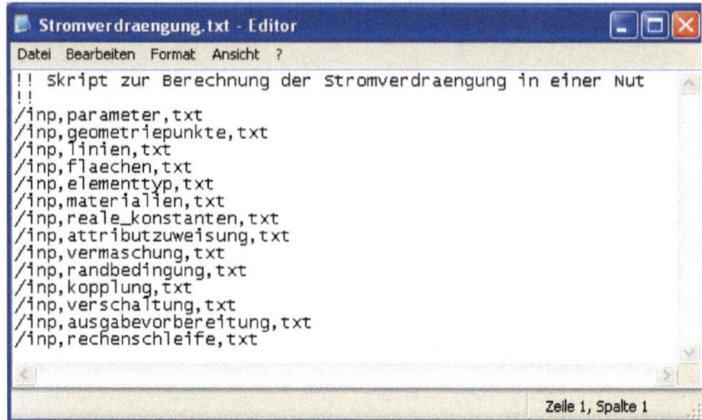

Abb. 8.1 Hauptprogramme zum Aufruf der einzelnen APDL-Skripten für die Stromverdrängung am Leiter

Dies betrifft auch die Rechenschleife, in der die Rechenschritte und das Postprocessing als Unterprogramme in einer *DO-Schleife aufgerufen werden.

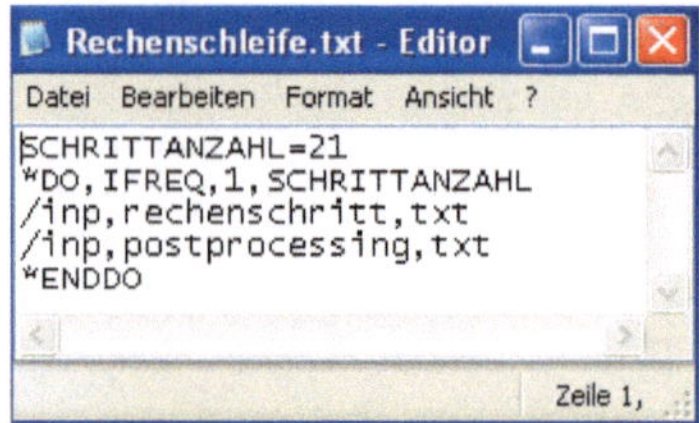

Abb. 8.2 Berechnung der Stromverdrängung für verschiedene Frequenzen

Die Übersichtlichkeit ist auch in den einzelnen Unterprogrammen vorhanden, in denen u. U. auch nur ein einzelner Befehl mit Kommentar oder auch kein Befehl stehen kann, wenn dieser Prozess-Schritt nicht erforderlich ist.

Als Beispiel wird hier die Geometriepunktgenerierung in der Datei GEOMETRIE-PUNKTE.TXT angeführt.

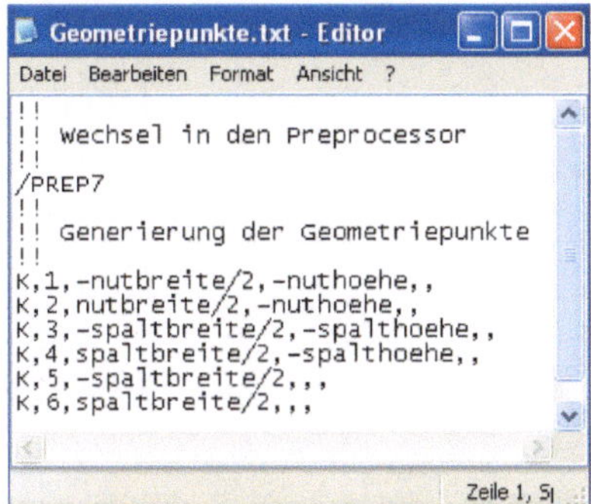

Abb. 8.3 Aufbau des Modellgenerierungsskripts für Geometriepunkte

Durch Einhaltung dieser Vorgehensweise können beliebige Modelle übersichtlich aufgebaut werden, wobei bei Modellen mit Stator und Rotor oder Primär- und Sekundärteil auch eine weitere Aufteilung Übersicht bringen kann.

Beim Aufbau eines neuen Modells sollten also zunächst alle Unterprogramme inklusive Steuerdatei in ein neues Dateiverzeichnis kopiert werden. Anschließend können die Dateien editiert und erweitert werden, wobei große Teile bereits weiterverwendet oder kopiert werden können.

Zum Austesten des neuen Modells ist das Dateiverzeichnis im ANSYS-Product Launcher als Arbeitsverzeichnis einzutragen. Sukzessive kann das Skript geprüft werden, indem an entsprechenden Stellen (Steuerdatei und/oder Unterprogramm) Zeilen mit /EOF (END OF FILE) eingefügt werden, um ANSYS an dieser Stelle zu stoppen.

Im Folgenden werden die Berechnungen einiger typischer Elektrischer Maschinen hinsichtlich Modellierung und Berechnungsmöglichkeit näher vorgestellt.

9.1 Transformatoren

Bei den Transformatoren wird ein Einphasentransformator näher betrachtet. Die Berechnungen erfolgen statisch zur Überprüfung des Modells, sowie harmonisch und transient. Im Übergang zum Dreiphasentransformator wird klar, dass die Modellierung ohne Nutzung von Symmetrien und damit der Anwendung von Spiegelung und Kopie sehr aufwändig und damit fehleranfällig wird. Auch der Dreiphasentransformator wird mit statischen, harmonischen und transienten Methoden berechnet. Durch geschickte Modellierung und Parametrierung kann aus dem vorgestellten Kern-Transformator ein Mantel-Transformator abgewandelt werden.

9.2 Gleichstrommotoren

Zu den Gleichstrommotoren zählen Ständer mit konzentrischer Erregerwicklung oder Schalen-Permanentmagneten. Der rotierende Anker kann als Rotor mit verteilter Wicklung oder mehrteiligem Anker ausgeführt werden. Auf alle Varianten wird näher eingegangen und beim gängigsten und größten Gleichstrommotor auf Zusatzwicklungen, wie z. B. Kompensations-, Kompound- und Wendepolwicklung eingegangen. Die Berechnungen erfolgen mit statischen und transienten Methoden. Die Kommutierung des Ankers wird über ein einfaches Verfahren berücksichtigt. Damit können induzierte Spannung und Kurzschlussstrom bei fester Drehzahl, Hochlauf und variable Belastung berechnet werden.

© Springer Fachmedien Wiesbaden 2014   157
B. Aschendorf, *FEM bei elektrischen Antrieben 1*, DOI 10.1007/978-3-8348-2033-4_9

9.3 Asynchronmaschinen

Bezüglich der Asynchronmaschinen wird auf Schleifring- und Käfigläufermaschinen mit veränderbarer Wicklung (verschiedene Nutenzahlen je Pol und Phase, Schrittverkürzung und Polpaarzahl) eingegangen. Die Berechnung der Asynchronmaschinen erfolgt statisch zur Kontrolle der Modellierung, sowie harmonisch zur Berechnung des Stillstandes und mit stromlosem Rotor zur Berechnung des Synchronismus ohne Oberstromeffekte. Die transiente Rechnung ermöglicht die Berechnung des Hochlaufs, des stufigen Hochlaufs und der schrittweisen Belastung. Die Berechnung von Asynchronmaschinen wird in Band 2 vorgestellt.

9.4 Synchronmaschinen

Hinsichtlich der Synchronmaschinen wird auf Schenkelpol- und Vollpolläufer eingegangen. Über eine variable Parametrierung kann beim Schenkelpolläufer die Breite des Schenkelpols und dessen Balligkeit variiert werden. Beim Vollpolläufer kann die Durchflutung des Rotors variiert werden und der Aufbau des Rotors verändert werden. Beide Synchronmaschinentypen werden statisch und transient berechnet, wobei induzierte Spannung inklusive Spannungskurvenform, Kurzschlussstrom und Belastung berechnet werden. Die Berechnung von Synchronmaschinen wird in Band 2 vorgestellt.

9.5 Linearmotoren

Bei den Linearmotoren erfolgt eine Beschränkung auf den asynchronen Kurzstator-Linearmotor mit Wirbelstromschiene, da alle übrigen Linearmotortypen aus Asynchron- und Synchronmaschinen abgeleitet werden können und lediglich die Modellierung transversal bewegter Modelle anders ist als diejenige unsegmentierter rotierender Modelle. Beim asynchronen Kurzstator-Liniearmotor erfolgt die Berechnung statisch zur Kontrolle, harmonisch im Stillstand und bei wirbelstromloser Schiene, sowie transient zur Berechnung des Hochlaufs und bei variabler Belastung. Die Berechnung von Linearmotoren wird in Band 2 vorgestellt.

Die Modellierung eines Einphasentransformators zählt zu den einfachsten Finite-Elemente-Modellen.

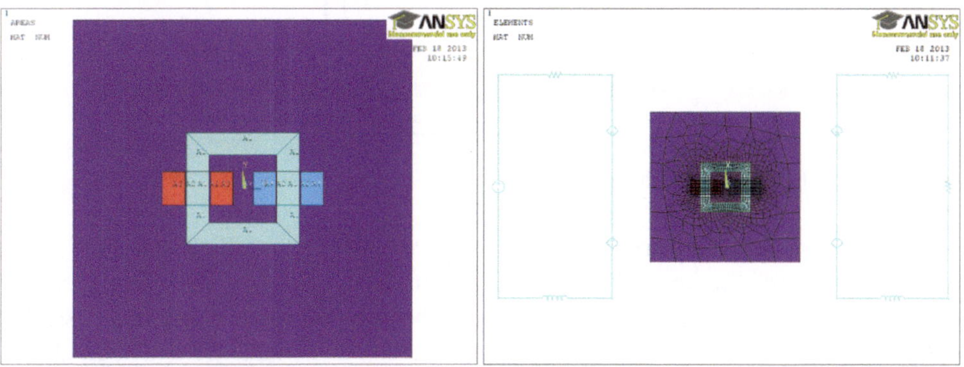

Abb. 10.1 Flächen und Finite Element des Einphasentransformators

Das Modell besteht aus jeweils 2 Flächen, die die Primär- und Sekundärseite wiedergeben, alle insgesamt 4 Flächen weisen einen gewissen Abstand zum Joch zur Berücksichtigung der Isolation auf. Das Joch ist als Kern ausgeführt. Ein genügend großer Außenraum schließt das Modell von der Umgebung ab. Zur Modellierung werden entsprechend der Bottom-up-Technik die einzelnen Flächen von Joch und Spulen aufgebaut und auf einem entsprechend großen Außenraum angeordnet. Beim Übergang zur Top-Down-Technik werden diese Grundkörper Boole'sch miteinander addiert, d. h. überlagert. Die Spulenflächen sind als Spulenkörper ausgeführt und in eine Verschaltung der Primär- und Sekundärseite eingebracht. Die Primärseite, wie auch die Sekundärseite werden vervollständigt durch die Widerstände und Streuinduktivitäten im Stirnraum der Spulen, sowie eine Spannungsquelle auf der Primärseite und einen Lastwiderstand auf der Sekundärseite.

© Springer Fachmedien Wiesbaden 2014

B. Aschendorf, *FEM bei elektrischen Antrieben 1*, DOI 10.1007/978-3-8348-2033-4_10

Die Modellierung des Modells wird beschrieben anhand einer immer wiederkehrenden ähnlichen Vorgehensweise, die sich in Preprocessing, Solution und Postprocessing aufteilt.

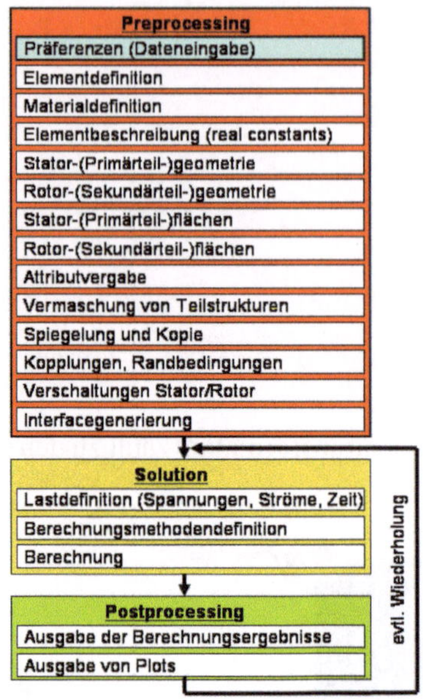

Abb. 10.2 Eingabe von Modell-Parametern

Zur Definition der Geometrie sind nur wenige Parameter erforderlich. Das Joch wird beschrieben durch die Breite und Höhe, sowie die rundherum gleiche Jochdicke. Es schließen sich an die Beschreibung der Spulenflächen über Wicklungsbreite und -höhe, sowie den jeweiligen zum Joch über den Wicklungsabstand. Das gesamte Modell wird abgeschlossen durch einen Außenraum, der über die Parameter breiteaussen und hoeheaussen definiert ist.

```
jochbreite=.1
jochhoehe=.1
jochdicke=.02

wickbreite1=.02
wickhoehe1=.03
wickabstand1=.001

wickbreite2=.02
wickhoehe2=.03
wickabstand2=.001
```

```
breiteaussen=.3
hoeheaussen=.3
```

Im Anschluß an die geometrische Parametrierung werden die Elementtypen der Finiten Elemente definiert.

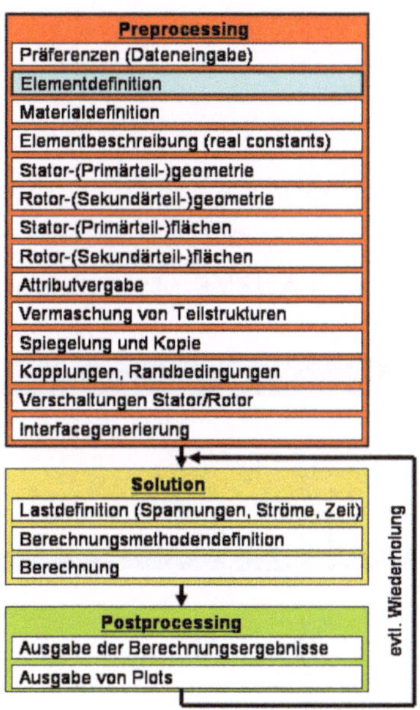

Abb. 10.3 Definition der Elementtypen

Da der Einphasentransformator feststehend ist, sind nur die Elementtypen für innere und äußere Luft (Nummer 2), Eisen (Nummer 1), Spulen Primärseite (Nummer 3) und Spulen Sekundärseite (Nummer 4) zu definieren. Sollen Luft innen und außen unterschieden werden, kann dies über den Elementtyp Nummer 5 erfolgen. Dieser wurde im Folgenden angelegt, jedoch nicht genutzt. Die Spulenflächen werden über einen Block von Keyoptionen näher beschrieben. Der Parameter 3 für die Option Nummer 1 steht hierbei für die Definition einer Fläche als Spule mit den zusätzlichen Freiheitsgraden CURR und EMF, da in den Spulen Spannungen induziert werden und dort Ströme fließen.

```
/prep7
ET,1,PLANE53
ET,2,PLANE53
ET,3,PLANE53
KEYOPT,3,1,3
KEYOPT,3,2,0
KEYOPT,3,3,0
```

```
KEYOPT,3,4,0
KEYOPT,3,5,0
KEYOPT,3,7,0
ET,4,PLANE53
KEYOPT,4,1,3
KEYOPT,4,2,0
KEYOPT,4,3,0
KEYOPT,4,4,0
KEYOPT,4,5,0
KEYOPT,4,7,0
ET,5,PLANE53
```

Die Elementtypen können über das ANSYS-Menü kontrolliert werden.

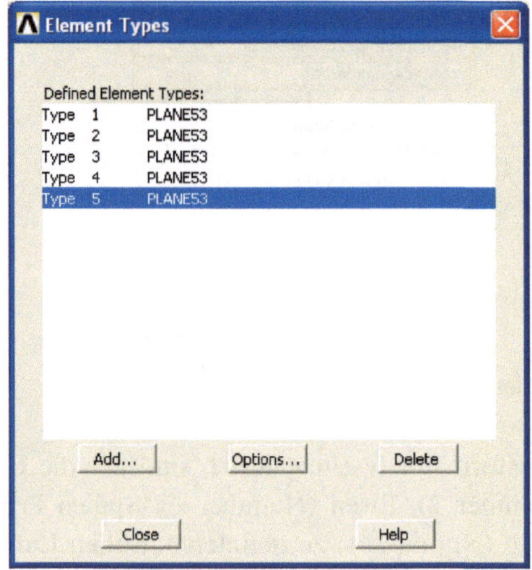

Abb. 10.4 Anzeige der angelegten Elementtypen

Aus Übersichtsgründen wurden separate Elementtypen für Luft und Eisen angelegt, obwohl dies prinzipiell nicht notwendig ist. Aus Übersichtsgründen, z. B. zur Interpretation von Flächen und Elementplots mit Attributen, werden jedoch ebenso viele Elementtypen wie Materialtypen angelegt.

Demnach sind die Materialeigenschaften für Luft, Eisen und Spuleneigenschaften der Primär- und Sekundärseite anzugeben.

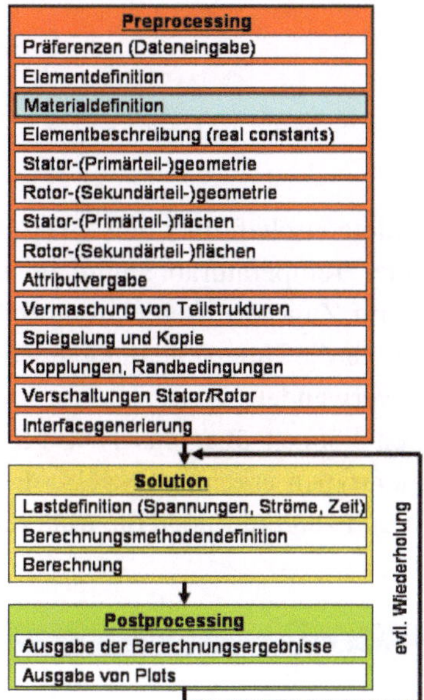

Abb. 10.5 Definition der verwendeten Materialien

Die mit Luft gefüllten Flächen werden mit Material der relativen Permeabilität 1 belegt, hierzu ist keine weitere Eingabe erforderlich. Dies betrifft auch die Permeabilität der Spulenflächen, die mi 1 abgeschätzt wird. Damit ist erforderlich die Eingabe der Leitfähigkeit des Spulenmaterials, prinzipiell hätte auch direkt der spezifische Widerstand eingegeben werden können. In fast allen bekannten FEM-Programme wird jedoch die Leitfähigkeit entsprechend der abgeleiteten Differentialgleichung erwartet. Desweiteren wird das Eisen als linear oder nichtlinear spezifiziert (nichtlin = 0 entspricht linearem Eisen). Das Eisen wird damit entweder über ein konstantes μ_r oder eine $B(H)$-Kennlinie, die in der Datei eisen2.txt abgelegt ist, parametriert.

```
leit1=56e6
leit2=56e6
nichtlin=0
muerfe=1000


*If,nichtlin,ne,1,then
MP,MURX,1,muerfe
*Else
eisen2.txt
*EndIf
MP,MURX,2,1
MP,MURX,3,1
```

```
MP,RSVX,3,1/leit1
MP,MURX,4,1
MP,RSVX,4,1/leit2
MP,MURX,5,1
```

Die Spezifikation der Materialeigenschaft über den MP-Befehl ermöglicht damit nicht direkt die Berücksichtigung einer Temperaturabhängigkeit. Im laufenden Betrieb kann jedoch die Materialeigenschaft im Zuge der Berechnung problemlos geändert werden. Die Materialeigenschaft 5 wurde für die Unterscheidung innerer und äußerer Luftbereiche vorsorglich angelegt, aber nicht verwendet.

Die definierten Materialtypen können über das ANSYS-Menü kontrolliert werden. Aufgrund der definierten Elementtypen erkennt ANSYS, dass es sich um eine elektromagnetische Rechnung handelt und zeigt nur noch die Material-Modelle ELECTROMAGNETICS an.

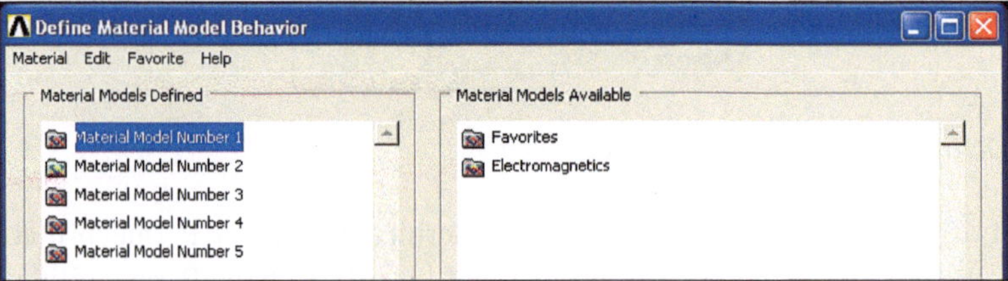

Abb. 10.6 Anzeige der definierten Materialtypen

Im nächsten Schritt werden die näheren Elementbeschreibungen, die sogenannten realen Konstanten definiert.

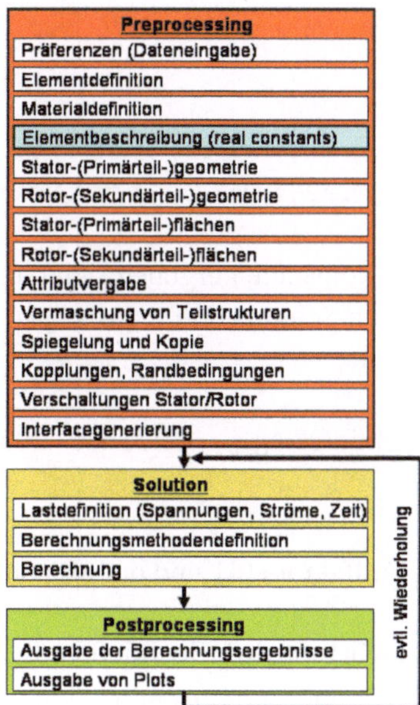

Abb. 10.7 Definition der realen Konstanten spezieller finiter Element

Beim Einphasentransformator sind die Windungszahlen und Füllfaktoren der Primär- und Sekundärseiten und die Tiefe der modellierten Anordnung (jochtiefe) zu definieren. Die Flächen der Spulenseiten können direkt aus den Abmessungen der Spulenflächen auf Primär- und Sekundärseite ermittelt werden, sie entsprechen WICKBREITE1 * WICKHOHE1 auf der Primärseite und WICKBREITE2 * WICKHOHE2 auf der Sekundärseite. Die Richtung der Stromrichtung wird generell mit 1 parametriert und direkt in den Schaltungselementen berücksichtigt.

Prinzipiell ergibt sich der Füllfaktor aus dem Produkt der Anzahl Windungen multipliziert mit der Drahtfläche, dividiert durch die gesamt zur Verfügung stehenden Fläche. Generell sollte also die Drahtstärke vorgegeben werden und anhand des berechneten Füllfaktors eine Kontrolle erfolgen, da der Füllfaktor grundsätzlich kleiner 1 sein muss.

Im vorliegenden Fall lässt sich die Drahtfläche rückrechnen. Für die Primärseite gilt:

Gesamte Drahtfläche: $\text{fill} \cdot \text{wickbreite1} \cdot \text{wickhoehe1} = 0{,}9 \cdot 0{,}02\,\text{m} \cdot 0{,}03\,\text{m} = 0{,}00054\,\text{m}^2$

Die Drahtfläche einer Windung ist damit gleich der gesamten Drahtfläche dividiert durch die Windungszahl und damit: $\text{fill} \cdot \text{wickbreite1} \cdot \text{wickhoehe1}/\text{nwin1} = 0{,}00054\,\text{m}^2 / 200 = 0{,}0000027\,\text{m}^2$

Dieser Wert ist für die Strombelastbarkeit und damit die Interpretation von Stromdichteplots wichtig.

```
nwin1=200
nwin2=100
jochtiefe=.04
```

```
fill=0.9
fil2=0.9

R,3,wickbreite1*wickhoehe1,nwin1,jochtiefe,1,fill,
R,4,wickbreite2*wickhoehe2,nwin2,jochtiefe,1,fil2,
```

Aus der Definition der realen Konstanten ergeben sich damit auch direkt Widerstände und Induktivitäten des modellierten Schnitts durch das zugrundeliegende Modell.

Es ergibt sich für die Primärseite:

$$R_{1,2D} = 1/\gamma \cdot \text{nwin1} \cdot 2 \cdot \text{jochtiefe}/A_{\text{Leiter}} = 1/56e6 \cdot 200 \cdot 2 \cdot 0{,}04/0{,}0000027\,\Omega$$
$$= 0{,}1058\,\Omega$$

oder bei Berücksichtigung des Füllfaktors fill und der gesamten Spulenfläche:

$$R_{1,2D} = 1/\gamma \cdot 2 \cdot \text{nwin1} \cdot \text{nwin1} \cdot \text{jochtiefe}/(A_{\text{Spule}} \cdot \text{fill})$$
$$= 1/56e6 \cdot 2 \cdot 200^2 \cdot 0{,}04/(0{,}0006 \cdot 0{,}9)\,\Omega = 0{,}1058\,\Omega,$$

sowie für die Sekundärseite:

$$R_{2,2D} = 1/\gamma \cdot 2 \cdot \text{nwin2} \cdot \text{nwin2} \cdot \text{jochtiefe}/(A_{\text{Spule}} \cdot \text{fil2})$$
$$= 1/56e6 \cdot 2 \cdot 100^2 \cdot 0{,}04/(0{,}0006 \cdot 0{,}9)\,\Omega = 0{,}0265\,\Omega.$$

Die realen Konstanten können über das ANSYS-Menü kontrolliert werden, hierzu ist die reale Konstante über die zugeordnete Nummer des verwendeten Elementtyps auszuwählen.

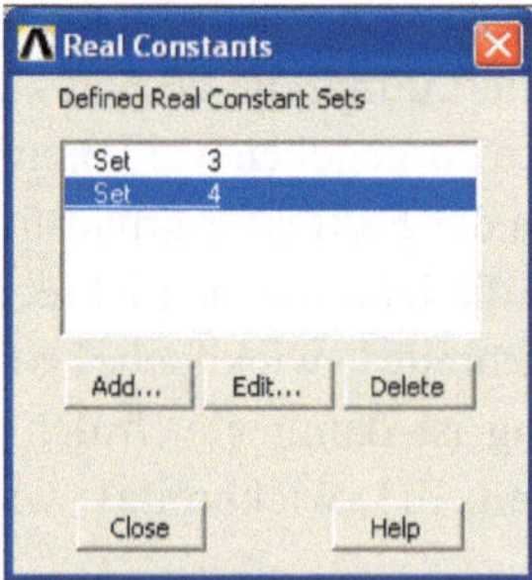

Abb. 10.8 Anzeige der definierten realen Konstanten

Die Modellierung der Geometrie erfolgt zunächst nach der Bottom-up-Methode, Primär- und Sekundärseite werden in einem Zug generiert.

10.1 Aufbau des Modells

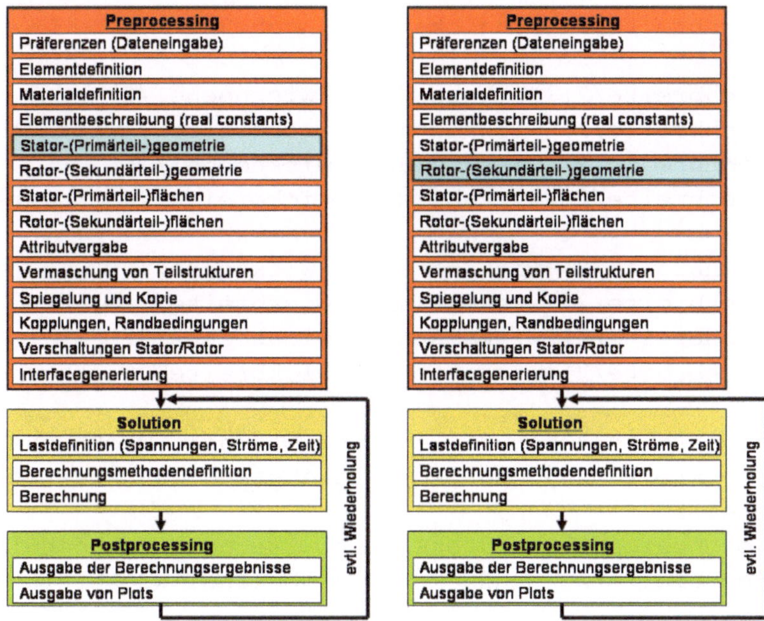

Abb. 10.9 Generierung der Primärteil- und Sekundärteil-Geometrie

Die Geometriepunkte (keypoints) können bei Verwendung der Parameter einfach generiert werden, das zugrundeliegende kartesische Koordinatensystem hat seinen Ursprung in der Mitte des Jochs.

```
/prep7
k,1,-(jochbreite/2),-(jochhoehe/2)
k,2,(jochbreite/2),-(jochhoehe/2)
k,3,(jochbreite/2),+(jochhoehe/2)
k,4,-(jochbreite/2),+(jochhoehe/2)

k,5,-(jochbreite/2-jochdicke),-(jochhoehe/2-jochdicke)
k,6,(jochbreite/2-jochdicke),-(jochhoehe/2-jochdicke)
k,7,(jochbreite/2-jochdicke),+(jochhoehe/2-jochdicke)
k,8,-(jochbreite/2-jochdicke),+(jochhoehe/2-jochdicke)

k,9,-(jochbreite/2),-wickhoehe1/2
k,10,-(jochbreite/2-jochdicke),-wickhoehe1/2
k,11,-(jochbreite/2),wickhoehe1/2
k,12,-(jochbreite/2-jochdicke),wickhoehe1/2
```

```
k,13,+(jochbreite/2),-wickhoehe2/2
k,14,+(jochbreite/2-jochdicke),-wickhoehe2/2
k,15,+(jochbreite/2),wickhoehe2/2
k,16,+(jochbreite/2-jochdicke),wickhoehe2/2

k,17,-(jochbreite/2)-wickabstand1,-wickhoehe1/2
k,18,-(jochbreite/2)-wickabstand1-wickbreite1,-wickhoehe1/2
k,19,-(jochbreite/2)-wickabstand1,wickhoehe1/2
k,20,-(jochbreite/2)-wickabstand1-wickbreite1,wickhoehe1/2

k,21,+(jochbreite/2)+wickabstand2,-wickhoehe2/2
k,22,+(jochbreite/2)+wickabstand2+wickbreite2,-wickhoehe2/2
k,23,+(jochbreite/2)+wickabstand2,wickhoehe2/2
k,24,+(jochbreite/2)+wickabstand2+wickbreite2,wickhoehe2/2

k,25,-(jochbreite/2-jochdicke)+wickabstand1,-wickhoehe1/2
k,26,-(jochbreite/2-jochdicke)+wickabstand1+wickbreite1,
-wickhoehe1/2
k,27,-(jochbreite/2-jochdicke)+wickabstand1,wickhoehe1/2
k,28,-(jochbreite/2-jochdicke)+wickabstand1+wickbreite1,
wickhoehe1/2

k,29,+(jochbreite/2-jochdicke)-wickabstand2,-wickhoehe2/2
k,30,+(jochbreite/2-jochdicke)-wickabstand2-wickbreite2,
-wickhoehe2/2
k,31,+(jochbreite/2-jochdicke)-wickabstand2,wickhoehe2/2
k,32,+(jochbreite/2-jochdicke)-wickabstand2-wickbreite2,
wickhoehe2/2

k,33,-breiteaussen/2,-hoeheaussen/2
k,34,breiteaussen/2,-hoeheaussen/2
k,35,breiteaussen/2,hoeheaussen/2
k,36,-breiteaussen/2,hoeheaussen/2
```

Insgesamt werden mit den Geometriepunkten für den Außenraum 36 Punkte generiert. Diese werden bei Aufruf des Skripts direkt im ANSYS-Graphik-Fenster inklusive der Nummerierung angezeigt.

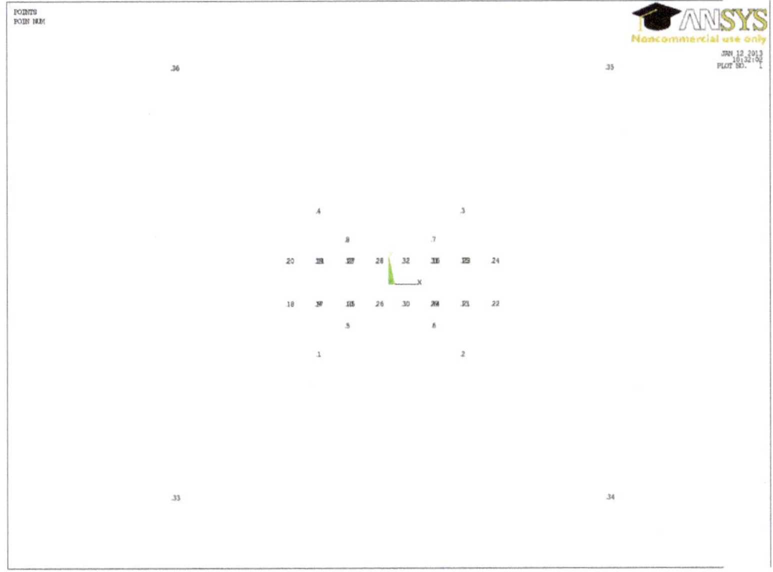

Abb. 10.10 Ergebnis der Anlage von Geometriepunkten (keypoints) im ANSY-Modellierungsfenster

Im nächsten Schritt werden entweder zunächst auf der Basis der Geometriepunkte Linien (lines) und darauf basierend Flächen generiert. Aufgrund der einfach überschaubaren Geometrie können die Flächen (areas) auch direkt aus den Geometriepunkten über die korrekte Reihenfolge dieser definiert werden.

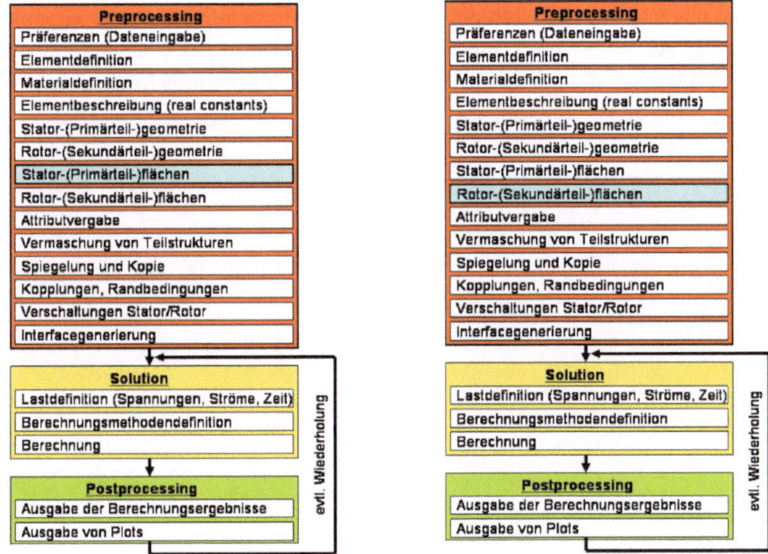

Abb. 10.11 Generierung der Primärteil- und Sekundärteil-Flächen-Geometrie

```
a,1,2,6,5
a,3,4,8,7

a,9,1,5,10
a,20,18,17,19
a,19,17,9,11
a,11,9,10,12
a,12,10,25,27
a,27,25,26,28
a,4,11,12,8

a,14,6,2,13
a,32,30,29,31
a,31,29,14,16
a,16,14,13,15
a,15,13,21,23
a,23,21,22,24
a,7,16,15,3

a,36,33,34,35
```

Abschließend werden alle Flächen boole'sch überlagert. Dies erfolgt über den AOV-LAP (area overlap) Befehl. Alle Flächen werden von allen Flächen abgezogen. Ergebnis sind direkt aneinandergrenzende Flächen mit häufig mehr als 4 Kanten und innen- und außenliegenden Begrenzungen. Bei der Interpretation der Flächen mit der Maus im ANSYS-Menü können Flächenschwerpunkte auch direkt übereinanderliegen. Die auszuwählende Fläche ist über das ANSYS-Menü mit der Maus im Schwerpunkt der Fläche anzuklicken. Sollten mehrere Flächen bei gleichem Schwerpunkt übereinanderliegen, so können die übereinanderliegenden Flächen nacheinander selektiert werden.

```
aovlap,all
```

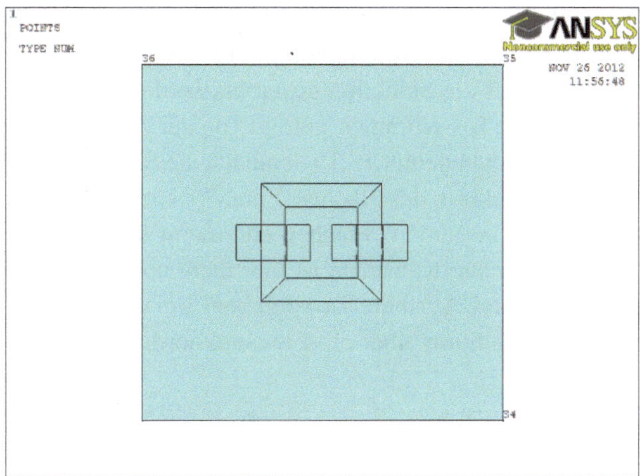

Abb. 10.12 Ergebnis der angelegten Einzelflächen des Transformatormodells

Im Anschluß an die Flächengenerierung werden die Attribute Elementtyp, Materialeigenschaft und reale Konstante über die jeweilige, bewusst gleich gehaltene Nummerierung den einzelnen Flächen zugewiesen.

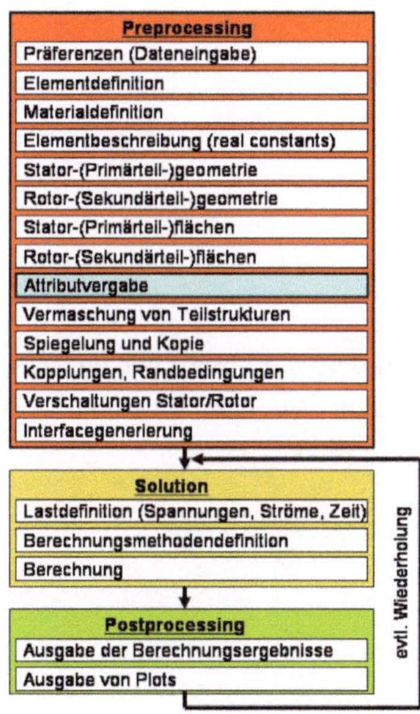

Abb. 10.13 Zuweisung der Attribute zu den Flächen des Geometrie-Modells

Hierzu werden die Flächen über den ASEL-Befehl (area select) ausgewählt. Hierbei bedeutet der Modifikator S den Neustart einer Selektion. Über einen weiteren Selektionsbefehl mit dem Modifikator A werden weitere Flächen selektiert. Dem Modifikator folgen zwei durch Kommata freigehaltene Modifikatoren, auf die später eingegangen wird mit nachfolgend der Start-Nummer die Selektion gestartet, werden weitere Flächen in einem Verband selektiert, so folgt die Bis-Nummer, gefolgt von der Zählfolge, dem sogenannten Inkrement. Im folgenden Skript bedeutet 18,19 demnach die Selektion der Flächen 18 und 19, während 5,7,2, für die Selektion der Flächen 5 und 7 steht.

Zu beachten ist, dass bei „normalen" Flächen und damit finiten Elementen nur 2 Attribute vergeben werden, die reale Konstante ist hier nicht notwendig, bei Spulenflächen oder massiven Leitern sind drei Attribute zu vergeben. Bei Permanentmagneten ist zusätzlich die Magnetisierungsrichtung über ein Elementkoordinatensystem als Attribut zu definieren.

```
asel,s,,,18,19
asel,a,,,5,7,2
asel,a,,,12,14,2
aatt,2, ,2

asel,s,,,1,3
asel,a,,,6,9,3
asel,a,,,10,16,3
aatt,1,,1

asel,s,,,4,8,4
aatt,3,3,3

asel,s,,,11,15,4
aatt,4,4,4
```

Nach abgeschlossener Attributvergabe kann über das ANSYS-Utility-Menü ein Flächenplot generiert werden, in dem die Flächen anhand ihrer Attribute durch Farbe und/oder Nummer ausgewiesen werden.

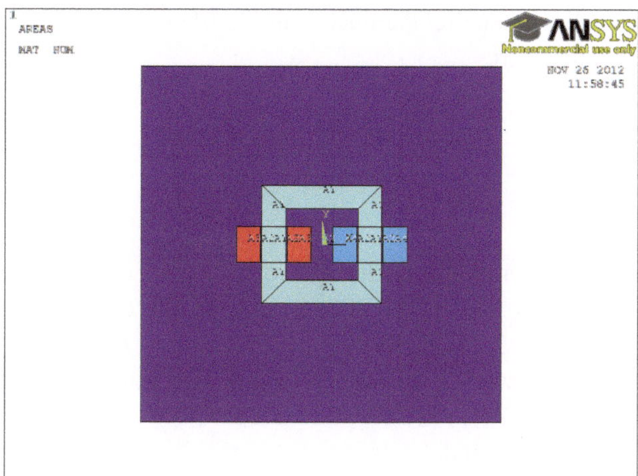

Abb. 10.14 Anzeige der mit Attributen belegten Flächen durch Farbzuordnung

Im Anschluß an die Attributvergabe an die Flächen erfolgt die Vermaschung.

Abb. 10.15 Vermaschung des Modells mit finiten Elementen

Hierzu können die der Vermaschung zugrundeliegenden Parameter für die mittlere Elementgröße entweder über die Geometrieparametrierung selbst oder neu einzugebende Parameter definiert werden.

Im vorliegenden Fall werden drei Parameter für die Elementgröße im Eisen, sowie der Luft innen und außen definiert.

```
meshaussen=.05
mesheisen=.005
meshinnen=.01
```

Begonnen wird mit der Vermaschung der Spulenflächen mit den angrenzenden Isolationen. Diese werden über den AREA SELECT-Befehl selektiert. Im nächsten Schritt wird die mittlere Elementgröße über den Befehl ESIZE definiert. Über den AMESH-Befehl mit dem Modifikator ALL werden alle ausgewählten (selektierten) Flächen vermascht. Begonnen wird in diesem Falle sinnvollerweise mit der Vermaschung der Spulenflächen, da Luftspalte nicht vorhanden sind.

```
asel,s,,,4,5
asel,a,,,7,8
asel,a,,,11,12
asel,a,,,14,15
esize,mesheisen/3
amesh,all
```

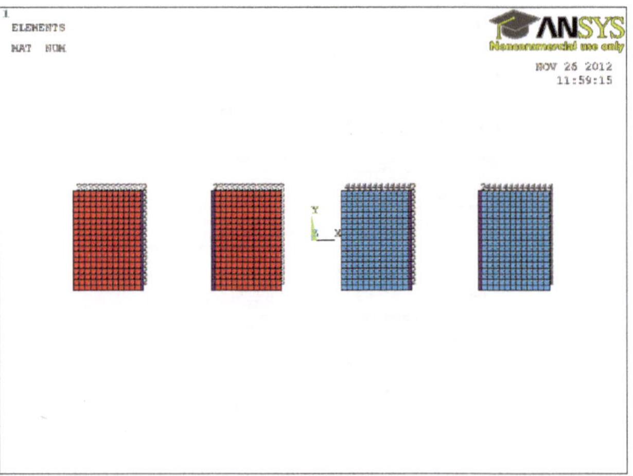

Abb. 10.16 Ergebnis der Vermaschung von Spulenflächen

Da es sich bei den Spulenflächen um reguläre Flächen mit 4 Kanten handelt, entstehen gleichmäßig strukturierte Maschen.

Im Anschluß an die Spulenflächen und Isolationen wird das gesamte Joch vermascht, die Vorgehensweise ist entsprechend.

```
asel,s,,,1,3
asel,a,,,6,9,3
asel,a,,,10,16,3
esize,mesheisen
amesh,all
```

Aufgrund des Vermaschungsalgorithmus von ANSYS ergeben sich nicht mehr überall symmetrische Vermaschungsstrukturen. Dies könnte durch gezieltere Abfolge der Vermaschung im Joch noch optimiert werden.

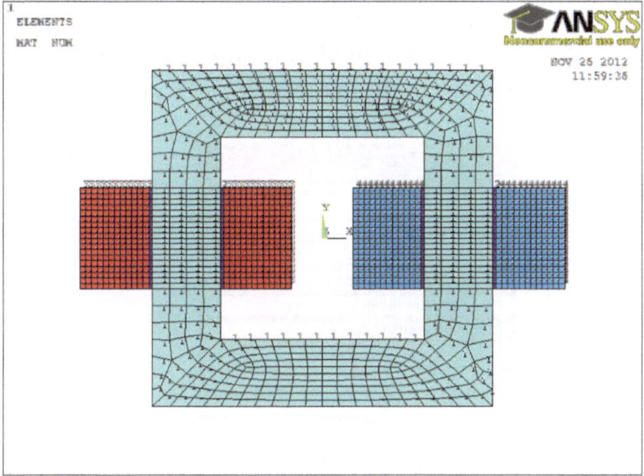

Abb. 10.17 Ergebnis der Vermaschung des Jochs

Abgeschlossen wird die Vermaschung mit zunächst dem Innenraum und abschließend dem Außenraum, den weiteren Luftbereichen neben den Isolationsflächen. Angestrebt wird eine nach außen und weit innen vergröberte Vermaschung.

```
asel,s,,,18
esize,meshinnen
amesh,all
```

```
asel,s,,,19
esize,meshaussen
amesh,all
```

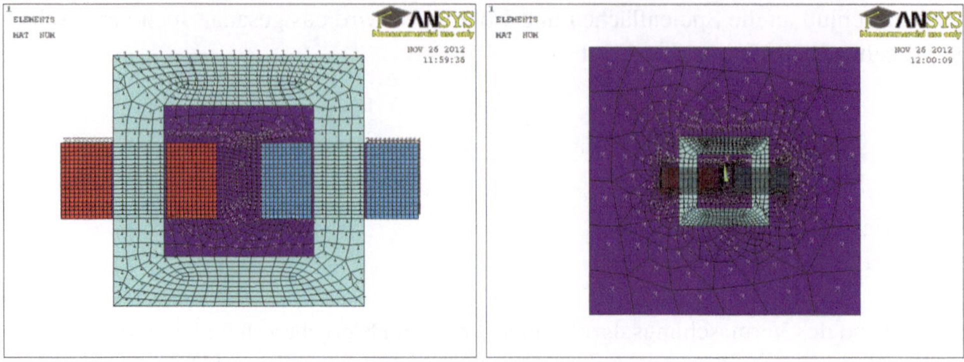

Abb. 10.18 Ergebnis der Vermaschung des Innenraums (*links*) und Außenraums (*rechts*)

Spiegelung und Kopie sind bei diesem einfachen Modell nicht notwendig, prinzipiell hätte das gesamte Modell horizontal durchgeschnitten und damit nur halb modelliert werden müssen. Diese Vorgehensweise bringt jedoch hier kaum einen Vorteil.

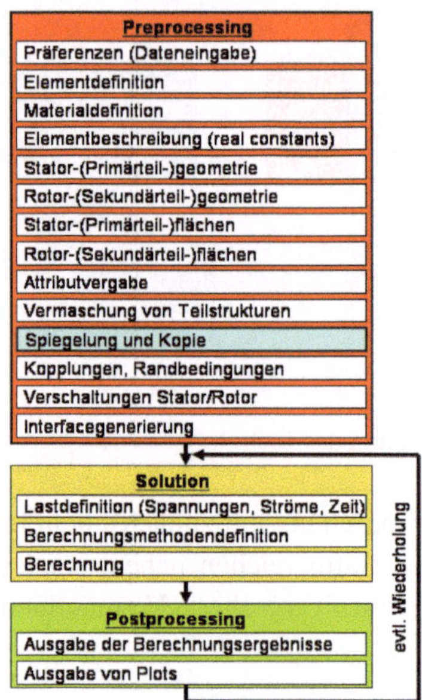

Abb. 10.19 Spiegelung und Kopie der Teilstrukturen

Im nächsten Schritt sind die Kopplungen und Randbedingungen des Modells anzubringen.

Abb. 10.20 Kopplung und Randbedingung am FEM-Modell

Kopplungen fassen Freiheitsgrade in bestimmten Flächen zusammen. Im vorliegenden Fall besitzen die Knoten in den Elementen der Spulenflächen die Freiheitsgrade Vektorpotential AZ, CURR und EMF. Da in einer Spule an jeder Stelle die gleiche Stromdichte vorausgesetzt wird, werden die Freiheitsgrade CURR und EMF zusammengefasst und über einen einzigen Masterknoten repräsentiert, der die Verbindung zwischen dem Finite-Elemente-Modelle und der elektrischen Schaltung herstellt. Für alle insgesamt 4 Spulenflächen sind damit einzelne Kopplungen in CURR und EMF erforderlich, die unterschiedliche Nummerierung aufweisen.

Die betreffende Fläche wird über den ASEL-Befehl ausgewählt. Da für die Kopplung die Knoten der Fläche benötigt werden, werden über den ALLSEL-Befehl mit den Modifikatoren BELOW und AREA die hierarchisch zu der Fläche gehörigen Entitäten, d. h. Linien, Geometriepunkte, Elemente und Knoten hinzuselektiert.

Die damit vorhandenen Knoten werden anschließend über die Kopplungsnummer 3 hinsichtlich des Freiheitsgrades CURR zusammengefasst (gekoppelt) und über die Kopplungsnummer 4 hinsichtlich des Freiheitsgrades EMF gekoppelt. Die Nummer des Masterknotens wird über einen Zugriff auf die ANSYS-Datenbank per *GET-Befehl ermittelt. Über das Menü gelangt man zu diesem Befehl über das ANSYS-Utility-Menü und dort unter PARAMETERS und „GET SCALAR DATA". Die Syntax zum Zugriff auf die ANSYS-Datenbank sehr umfangreich und komplex. Im Folgenden werden die wichtigsten und notwendigsten Datenbankzugriffe einzeln erläutert. Von Fall zu Fall sollte diese Syntax angepasst übernommen werden oder der Umgang mit dem Befehl „GET SCALAR DATA" geübt werden.

```
asel,s,,,4
allsel,below,area

cp,3,curr,all
cp,4,emf,all
*GET,wicknode1, NODE, 0,num,min
```

Im vorliegenden Fall wird die niedrigste Knotennummer (NODE,0,num,min) aus einem SET bestehender Knoten (der selektierten) ermittelt und unter dem Parameternamen „wicknode1" abgespeichert.

Auf ähnliche Art und Weise können neben Knoten (NODES) auch Geometriepunkte (KEYPOINTS), Linien (LINES), Flächen (AREAS) und Elemente (ELEMENTS) behandelt werden. Neben der niedrigsten Nummer kann über „num,max" auch die höchste entsprechende gesuchte Nummer ermittelt werden.

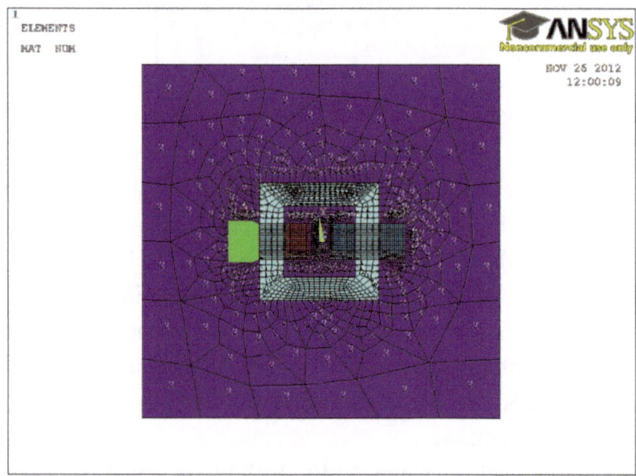

Abb. 10.21 Ergebnis der Kopplung der linken Primärspulenseite

Erfolgreiche Kopplungen warden durch eine große Menge von grünen Bezugspfeilen vom jeweiligen Knoten zum Masterknoten angezeigt.

Entsprechend werden auch alle Knoten der übrigen Flächen der Spulenseite gekoppelt. Für die rechte Primärspulenseite werden die Kopplungsnummern 5 und 6 verwendet und der Masterknoten unter „wicknode2" abgespeichert.

```
asel,s,,,8
allsel,below,area

cp,5,curr,all
cp,6,emf,all
*GET,wicknode2, NODE, 0,num,min
```

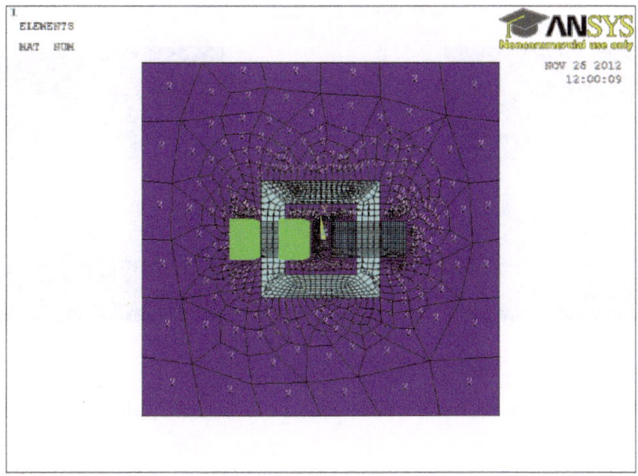

Abb. 10.22 Ergebnis der Kopplung der rechten Primärspulenseite

Entsprechend wird mit den übrigen Kopplungen verfahren.

```
asel,s,,,11
allsel,below,area

cp,7,curr,all
cp,8,emf,all
*GET,wicknode3, NODE, 0,num,min

asel,s,,,15
allsel,below,area

cp,9,curr,all
cp,10,emf,all
*GET,wicknode4, NODE, 0,num,min
```

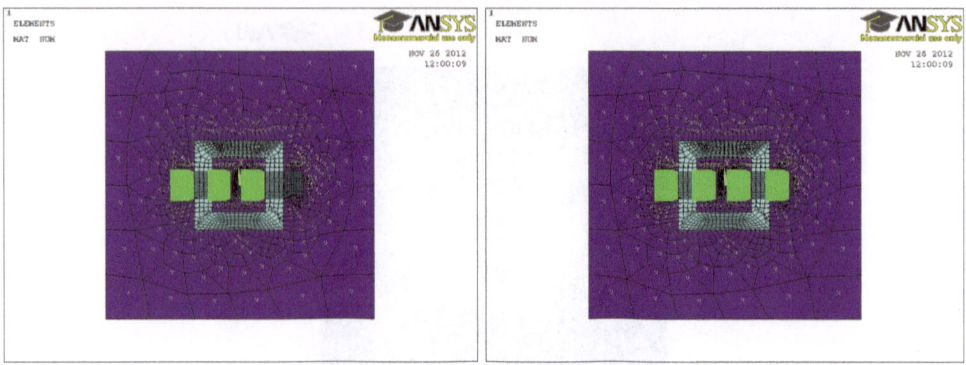

Abb. 10.23 Anzeige der Kopplung an den Knoten der einzelnen Spulenseiten und der Randbedingungen

Im nächsten Schritt sind die Randbedingungen des Modells (Dirichlet, Neumann) zu definieren. Im vorliegenden Fall wurde dem Modell ein Außenraum zugewiesen. Zur Erfüllung der 3. Maxwell'schen Gleichung müssen die Feldlinien parallel zum Außenraum verlaufen. Dies wird über den D-Befehl erzielt, der sich auf alle betreffenden Freiheitsgrade der Knoten bezieht, in diesem Fall das Vektorpotential AZ.

```
nsel,s,ext
d,all,az,0
```

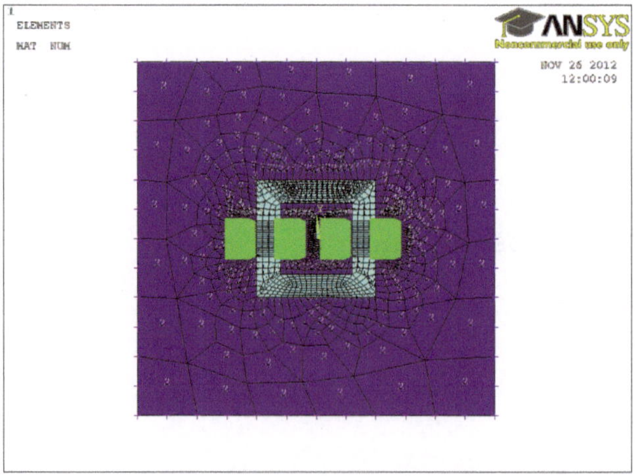

Abb. 10.24 Ergebnis der Kopplung der linken Sekundärspulenseite (*links*) und der rechten Sekundärspulenseite (*rechts*)

Das Ergebnis des Anbringens der Randbedingung am Modell sind rosa-farbene Kreuze auf allen die Randbedingung betreffenden Knoten.

10.2 Generierung der Verschaltung

Neben dem Finite-Elemente-Modell ist die elektrische Schaltung der elektrischen Anordnung zu generieren. Sie besteht aus der primär- und sekundärseitigen Schaltung. Die Kopplung zwischen Primär- und Sekundärseite erfolgt über das Finite-Elemente-Modell.

Abb. 10.25 Verschaltung von Primär- und Sekundärteil

Zur Definition der primär- und sekundärseitigen Schaltung sind die Schaltungselemente anzugeben, die die Stirnbereiche auf beiden Seiten des Einphasentransformators ausmachen. Im Beispiel wurden Widerstände von 0,1 Ω und Stirninduktivitäten von 1 mH angenommen. Für korrekte Abschätzungen ist der Widerstand beispielsweise über Widerstand und Induktivität einer Luftspule in den Grenzen der links- und rechtsseitigen Primär- und Sekundärspule abzuschätzen. Dazu ist der mittlere Durchmesser entsprechend dem Wickelraum abzuschätzen. Die Verhältnisse der Induktivität entsprechen einer Luftspule, da die Spule sich im Streubereich im Luftraum befindet. Für Nachrechnungen gegebener Anordnungen kann der Stirnwiderstand als Differenz aus gemessenem und im 2D-Modell enthaltenem Widerstand ermittelt werden. Zu den anzugebenden Parametern gehören ebenfalls die Amplitude der Spannungsversorgung der Primärseite und der Lastwiderstand.

```
rwickstirn1=.1
lwickstirn1=1e-3
rwickstirn2=.1
```

```
lwickstirn2=1e-3
u1=500
rlast=.0001
```

10.2.1 Primärteil-Verschaltung

Zur Definition der primärseitigen Schaltung ist zunächst die aktuell höchste Knotennummer zu ermitteln, damit die weiteren, die Schaltung betreffenden Knoten bündig an den Knoten des geometrischen Finite-Elemente-Modells anschließen. Nach Selektion aller Knoten über den Befehl ALLSEL wird durch ANSYS-Datenbankabfrage über den *GET-Befehl die aktuell höchste Knotennummer unter dem Parameter MAXNODE ermittelt.

```
allsel
*GET,maxnode, NODE, 0,num,max
```

Die Definition der Schaltungselemente besteht generell aus einem Paket aufeinander-folgender Befehle. Zunächst wird eine neue reale Konstante für das betreffende Schaltungselement in Verbindung mit einem Modifikator über RMOD definiert. Die Modifikatoren des RMOD-Befehls beinhalten zum einen eine Nummerierung des Elements (in gewissen Grenzen, nicht zwangsläufig fortlaufend) und die Verschiebung des Elements aus der Flucht zwischen zwei Knotenpunkten des Schaltungselements. Desweiteren ist ein Schaltungselementetyp für den Elementtyp zu definieren. Der Elementtyp für Schaltungselemente ist CIRCU124 und wird näher beschrieben durch einen angehängten Modifikator, hierbei steht 5 für Spulenseite, 0 für Widerstand, 1 für Induktivität, 4 für Spannungsquelle.

Neben der Definition von realer Konstante und Elementtyp sind die Knoten des Schaltungselements möglichst weit entfernt vom Finite-Elemente-Modell anzulegen. Ein Knoten wird angelegt wie ein Geometriepunkt über den Befehl N, gefolgt von der Knotennummer, die auf der ermittelten höchsten Knotennummer basiert, und den x- und y-Koordinaten des Knotens. Es wird davon ausgegangen, dass grundsätzlich in kartesischen Koordinaten die Schaltung modelliert wird.

Nach diesen notwendigen Definitionen werden Elementtyp (gewählt über TYPE), reale Konstante (gewählt über REAL) und Materialnummer (gewählt über MAT) ausgewählt. Als Materialnummer kann eine beliebige bereits vorhandene Materialnummer (i.a. ist die Nummer 1 vergeben) gewählt werden, da Schaltungselemente keine Materialnummer benötigen. Elementtypen und reale Konstanten der Schaltungselemente sollten mit gleicher Nummer versehen werden, um Übersicht zu wahren.

Im Anschluß wird das Schaltungselement über 2, 3 oder mehr Knoten über den E-Befehl angelegt. Dem E-Befehl folgen die beiden Knoten, die geometrisch das Schaltungselement festlegen und bei einer Spulenseite der Masterknoten im Finite-Elemente-Modell, der bereits bei der Kopplung ermittelt und als Parameter wicknode1 abgelegt wurde

```
R,10,,
N,maxnode+1,-0.75*breiteaussen,0.75*hoeheaussen,0
N,maxnode+2,-0.75*breiteaussen,0,0
RMOD,10,15,0,1
ET,10,CIRCU124,5,0
TYPE,10
REAL,10
MAT,1
!*
E,maxnode+1,maxnode+2,wicknode1
```

Entsprechend ergibt sich das 2. Schaltungselement darunter für die zweite, rechte Spulenseite, wobei hier nur ein weiterer Knoten angelegt werden musste, da ein Anschlussknoten bereits festlag. Im Beispiel wurden reale Konstante und Elementtyp mit einer Folgenummer 11 festgelegt, Da jedoch bei Schaltungselemente auf exakt gleiche Ursprünge verweisen, hätte man diese nicht neu definieren müssen, sondern hätte die Festlegung auf 10 belassen können und lediglich einen weiteren Knoten und ein weiteres Element anlegen müssen. Durch diese vorausschauende Vorgehensweise kann die Übersicht im Gesamtmodell weiter gesteigert werden.

```
R,11,,
N,maxnode+3,-0.75*breiteaussen,-0.75*hoeheaussen,0
RMOD,11,15,0,1
ET,11,CIRCU124,5,0
TYPE,11
REAL,11
MAT,1
!*
E,maxnode+3,maxnode+2,wicknode2
```

Im Unterschied zum ersten Schaltungselement ist die Richtung des Schaltungselements umgekehrt (von maxnode + 3 nach maxnode + 2), da der Strom die rechte Spulenseite in umgekehrter Richtung durchflutet. Desweiteren ist der Zuordnungsknoten im Finite-Elemente-Modell nun wicknode2 für die rechte primäre Spulenseite.

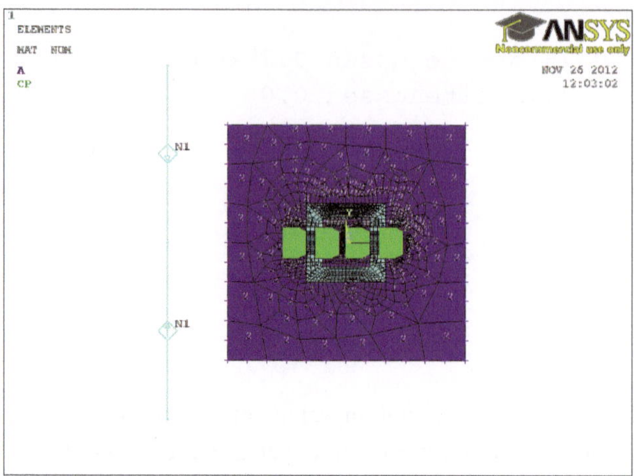

Abb. 10.26 Spulenseiten-Schaltungselemente der Primärseite

Zur Vervollständigung wird oben links ein Stirnwiderstand eingebaut, der beide Stirnräume (vorn und hinten) abbildet. Die Nummerierung von realer Konstante und Elementtyp wird mit 12 fortgeführt. Als Elementtyp wird ein Widerstand (Modifikator 0) verwendet. Zur Definition des Widerstandes ist nur ein zusätzlicher Knoten erforderlich.

```
R,12,rwickstirn1, ,
N,maxnode+4,-1.5*breiteaussen,0.75*hoeheaussen,0
RMOD,12,15,0,1
ET,12,CIRCU124,0,0
TYPE,12
REAL,12
MAT,1
!*
E,maxnode+4,maxnode+1
*GET,er1,elem,0,num,max
```

Nach Anlage des neuen Schaltungselements wird per ANSYS-Datenbankabfrage die aktuell höchste Elementnummer als Parameter ER1 ermittelt und abgelegt, um darauf basierend im Rahmen des Postprocessings Spannungen oder Ströme zu ermitteln.

Entsprechend wird unten links eine Stirninduktivität eingebaut. Die Nummerierung von R und ET wird als 13 fortgeführt. Als Elementtyp wird eine Induktivität (Modifikator 1) verwendet. Wie beim Widerstand ist nur ein zusätzlicher Knoten erforderlich.

```
R,13,lwickstirn1, ,
!*
N,maxnode+5,-1.5*breiteaussen,-0.75*hoeheaussen,0
```

```
RMOD,13,15,0,11
ET,13,CIRCU124,1,0
TYPE,13
REAL,13
MAT,1
!*
E,maxnode+3,maxnode+5
```

Abschließend wird eine Spannungsquelle als speisendes Element an Widerstand und Induktivität angeschlossen. Prinzipiell ist kein weiterer Knoten anzulegen. Eine Spannungsquelle erfordert jedoch einen zusätzlichen eigenen Knoten zur Definition. Es wird empfohlen grundsätzlich Spannungsquellen mit 3 Knoten gegenüber Stromquellen mit nur 2 Knoten zu definieren, da es zwar möglich ist aus Spannungsquellen durch Änderung eines Modifikators Stromquellen zu machen, nicht jedoch aus Stromquellen ohne 3. Knoten Spannungsquellen. Der Modifikator für Spannungsquellen ist 4.

```
R,14,u1,0,
!*
RMOD,14,15,0,33
ET,14,CIRCU124,4,0
TYPE,14
REAL,14
MAT,1
!*
N,maxnode+6,-1.5*breiteaussen,0,0
E,maxnode+4,maxnode+5,maxnode+6
*GET,eu1,elem,0,num,max
!*
```

Abgeschlossen wird die Definition der Primärseitenschaltung durch die Ermittlung der Elementnummer der Spannungsquelle über eine ANSYS-Datenbankanfrage und Abspeicherung unter dem Parameter EU1.

Damit ist die Schaltungsdefinition der Primärseite abgeschlossen.

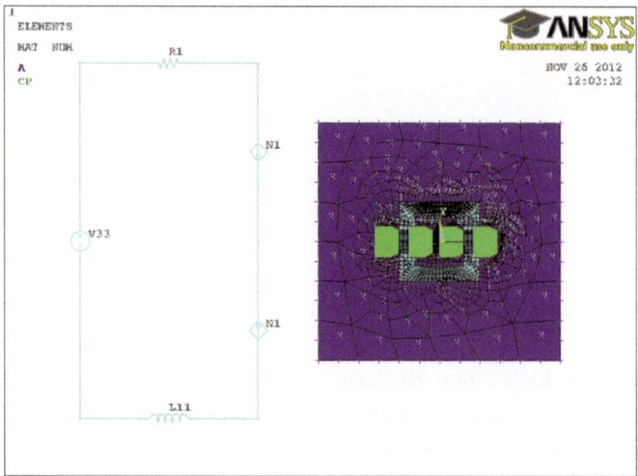

Abb. 10.27 Generierte Schaltung der Primärseite

10.2.2 Sekundärteil-Verschaltung

Entsprechend wird die Verschaltung der Sekundärseite vorgenommen. Die Nummerierung der realen Konstanten und Elementtypen wird fortgesetzt. Prinzipiell hätte die maximale Knotennummer erneut bestimmt werden werden können und auf der Primärseite basierend die Sekundärseiten-Verschaltung durch geringfügige Modifikation erzeugt werden können.

```
R,15,1,
N,maxnode+7,0.75*breiteaussen,0.75*hoeheaussen,0
N,maxnode+8,0.75*breiteaussen,0,0
RMOD,15,15,0,1
ET,15,CIRCU124,5,0
TYPE,15
REAL,15
MAT,1
!*
E,maxnode+7,maxnode+8,wicknode3
!*
R,16,1,
N,maxnode+9,0.75*breiteaussen,-0.75*hoeheaussen,0
RMOD,16,15,0,1
ET,16,CIRCU124,5,0
TYPE,16
REAL,16
```

```
MAT,1
!*
E,maxnode+9,maxnode+8,wicknode4
```

Über die Masterknoten-Nummern wicknode3 und wicknode4 werden zunächst rechts die beiden Spulenseiten der Sekundärseite angelegt. Deutlich ist erkennbar, dass die jeweils unteren Spulenseiten-Schaltungselemente vom Strom entgegengesetzt durchflossen werden (Pfeil in der Raute!).

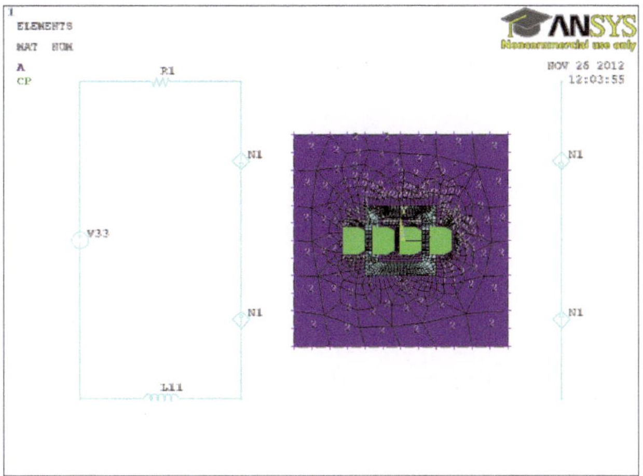

Abb. 10.28 Spulenseiten-Schaltungselemente der Sekundärseite (vollständige Primärseiten-Verschaltung)

Ergänzt wird die Schaltung durch Stirnwiderstand und -induktivität der Sekundärseite und den sekundärseitigen Lastwiderstand.

```
R,17,rwickstirn2, ,
N,maxnode+10,1.5*breiteaussen,0.75*hoeheaussen,0
RMOD,17,17,0,1
ET,17,CIRCU124,0,0
TYPE,17
REAL,17
MAT,1
!*
E,maxnode+7,maxnode+10
*GET,er2,elem,0,num,max
!*
R,18,lwickstirn2, ,
!*
```

```
!*
N,maxnode+11,1.5*breiteaussen,-0.75*hoeheaussen,0
RMOD,18,18,0,11
ET,18,CIRCU124,1,0
TYPE,18
REAL,18
MAT,1
!*
E,maxnode+11,maxnode+9
!*
R,19,rlast,0,
!*
RMOD,19,19,0,33
ET,19,CIRCU124,0,0
TYPE,19
REAL,19
MAT,1
!*
N,maxnode+12,1.5*breiteaussen,0,0
E,maxnode+10,maxnode+11,maxnode+12
*GET,eu2,elem,0,num,max
```

Durch Bestimmung der Elementnummer des Widerstandes ER2 und des Lastwiderstandes EU2 können an diesen Elementen im Rahmen des Postprocessings elektrische Größen ermittelt werden.

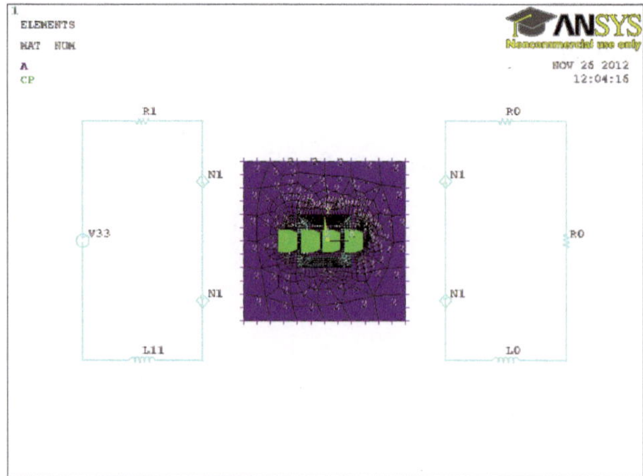

Abb. 10.29 Verschaltung der Sekundärseite mit Belastungswiderstand (vollständige Primärseiten-Verschaltung)

Im Rahmen von Änderungen des Elementtyps können als sekundärseitige Belastung auch Kondensatoren oder Induktivitäten eingebaut werden. Eine Änderung des Lastwiderstandes in eine Spannungsquelle ist aufgrund des fehlenden 3. Knotens nicht mehr möglich.

Die gesamte Finite-Elemente-Modell-Generierung des Einphasentransformators befindet sich in der Datei „einphasentrafo_geometrie.txt" und hat folgenden Inhalt.

```
!!
!! Geometrieerstellung eines Einphasen-Kerntransformators
!!
/prep7
!! Parameter für die Geometrie
*SET,JOCHBREITE,  0.1000000000000
*SET,JOCHHOEHE,  0.1000000000000
*SET,JOCHDICKE,  0.2000000000000E-01
*SET,JOCHTIEFE,  0.4000000000000E-01

*SET,WICKBREITE1,  0.2000000000000E-01
*SET,WICKHOEHE1,  0.3000000000000E-01
*SET,WICKABSTAND1,  0.1000000000000E-02
*SET,NWIN1    ,  200.0000000000

*SET,WICKBREITE2,  0.2000000000000E-01
*SET,WICKHOEHE2,  0.3000000000000E-01
*SET,WICKABSTAND2,  0.1000000000000E-02
*SET,NWIN2    ,  100.0000000000

*SET,BREITEAUSSEN,  0.3000000000000
*SET,HOEHEAUSSEN,  0.3000000000000

trafo1p-elemente.txt
*SET,MUER    ,  1000.00000000
*SET,NICHTLIN,  0.000000000000
*SET,LEIT1    ,  56000000.00000
*SET,LEIT2    ,  56000000.00000
*SET,FIL1    ,  0.9000000000000
*SET,FIL2    ,  0.9000000000000
trafo1p-material.txt
trafo1p-geometrie.txt
trafo1p-flaechen.txt
```

```
*SET,MESHAUSSEN,  0.5000000000000E-01
*SET,MESHEISEN,  0.5000000000000E-02
*SET,MESHINNEN,  0.1000000000000E-01


trafo1p-netz.txt
trafo1p-kopplung.txt


!! Schaltungsparameter Primärseite
*SET,RWICKSTIRN1,  0.1000000000000
*SET,LWICKSTIRN1,  0.1000000000000E-02
*SET,U1       ,  500.0000000000
*SET,FREQ     ,  50.00000000000


!! Schaltungsparameter Sekundärseite
*SET,RWICKSTIRN2,  0.1000000000000
*SET,LWICKSTIRN2,  0.1000000000000E-02
*SET,RLAST    ,  0.1000000000000E-03


trafo1p-schalt.txt
```

10.3 Rechnungsvorbereitung

Zur Rechnungsvorbereitung sind bestimmte Größen als Parameter festzulegen. Für harmonische und transiente Berechnungen ist die Frequenz als Parameter FREQ festzulegen. Weitere Parameter betreffen z. B. die Definition einer transienten Rechnung.

```
freq=50
i1=1
itst=30
jsteps=100
einschwin=0
```

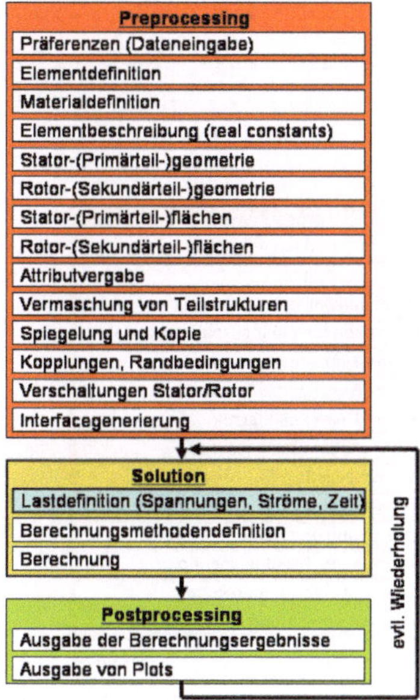

Abb. 10.30 Vorbereitung der Rechnung

Zur Vorbereitung der Ausgabe von Rechenergebnissen in vorbereitete Ausgabedateien sind diese vorher anzulegen und können mit Beschriftungsköpfen versehen werden. Hierzu ist im Postprocessor, der über den Befehl /POST1 angesteuert wird, die Ausgabedatei über den Befehl /OUTPUT anzulegen. Hinter dem Befehl folgen die Modifikatoren für den Ausgabedateinamen und die Ausgabedateinamenendung, soweit, falls notwendig, die Angabe eines anderen Ausgabeverzeichnisses, voreingestellt ist das Arbeitsverzeichnis.

Hilfreich bei der Benennung der Ausgabedatei ist eine Nummerierung über einen Parameter AUSGABE, der zwischen Prozentzeichen eingerahmt durch ANSYS entsprechend umgewandelt wird.

Die Beschriftungsköpfe werden durch einfache Kommentarzeilen, beginnend mit /COM, generiert.

Nach Abschluss der Ausgabe muss der Datenstrom durch /OUTPUT mit Modifikator TERM wieder auf das Terminal, die Standardausgabe zurückgelenkt werden, sonst würde alle weiteren ANSYS-Ausgaben in der betreffend geöffneten Datei ausgegeben.

```
/post1
/output,Transfo%ausgabe%,lis,,
/COM,-------------------------------------------------
/COM, Schritt Zeit U1 I1 U2 I2 Rechenzeit
/COM,-------------------------------------------------
/output,term
/output,Transfol%ausgabe%,lis,,
```

```
/COM,-----------------------------------------------
/COM, Schritt Zeit Pauf Pab PR1 PR2 Rechenzeit
/COM,-----------------------------------------------
/output,term
```

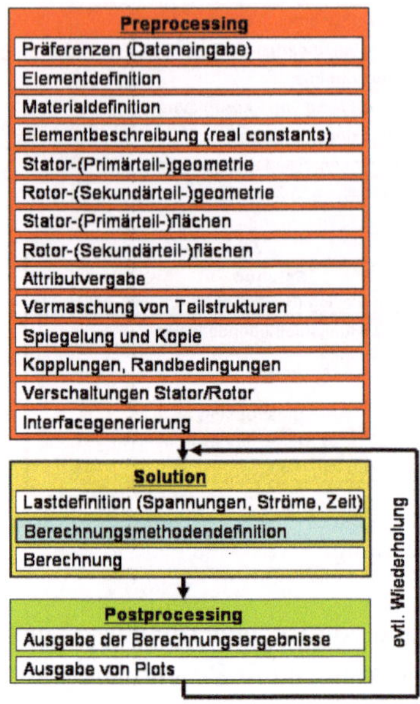

Abb. 10.31 Definition der Berechnungsmethode (statisch, harmonisch, transient)

Es folgt die Initialisierung einer Berechnung. Soweit Änderungen an der Schaltung vorgenommen werden müssen, ist erneut der Preprocessor aufzurufen. Um Winkel im Gradmaß verarbeiten zu können, ist mit dem Befehl *AFUN mit Modifikator DEG auf Gradmaß umzustellen.

Desweiteren können Spannungsquellen in Stromquellen oder anderes umgewandelt werden, hierzu ist der Modifikator des Elementtyps entsprechend zu ändern (im Beispiel von 4, Spannungsquelle, in 3, Stromquelle).

Soweit Spannungs- oder Stromamplitude geändert werden müssen, ist die entsprechende reale Konstante zu ändern. Im Beispiel wurde die Spannungsquelle auf der Primärseite in eine Stromquelle gewandelt und die Amplitude des Stromes auf den Wert I1, der vorher deklariert werden muss, festgelegt. Auch der Lastwiderstand der Sekundärseite wurde in eine Stromquelle umgewandelt und mit einer Amplitude von 0 A belegt.

```
/prep7


*afun,deg
```

```
ET,14,CIRCU124,3,0
R,14,i1,0,
et,19,circu124,3,0
r,19,0,0
```

10.4 Statische Rechnung

Es folgt die eigentliche Berechnungsvorbereitung im Abschnitt SOLUTION durch den
Befehl /SOL.

Die Berechnungsdefinition startet mit der Festlegung eines Berechnungsindexzählers I,
der auf 0 festgesetzt wird. Als Rechenzeit wird pauschal 1e-6 s. festgelegt, um 0 zu vermeiden.

```
/SOL
!*
i=0
zeit=1e-6
```

Die Berechnungsversion, d. h. Selektion zwischen statisch, harmonisch und transient
wird über den Befehl ANTYP vorgenommen. Durch Wahl des Modifikators STATIC wird
eine statische Berechnung durchgeführt. Über den Befehl TIME mit dem Modifikator wird
der Berechnungszeitpunkt vorgewählt. Er ist bei statischer Berechnung unerheblich, es sei
denn die Spannung oder der Strom soll zu einem bestimmten Zeitpunkt vorab berechnet
werden.

```
antyp,static
time,zeit
```

Die Auswahl des Gleichungssystems-Solvers erfolgt über den Befehl EQSLV mit
den Modifikatoren FRONTAL für eine Art Gauss-Algorithmus oder SPARSE für den
SPARSE-Matrix-Solver. Bis zur ANSYS-Version 10 war nur der Frontal-Solver problemlos einsetzbar. Er zeigte das Verhalten, dass in Abhängigkeit der Verdrehung zwischen
Rotor zum Stator bei rotierenden Maschinen oder Verschiebungen zwischen Läufer und
Ständer bei Linearmotoren periodisch die Rechenzeit extrem anstieg und wieder fiel, im
Gegenzug lieferte der Frontal-Solver fast immer verlässliche Ergebnisse. Demgegenüber
ist der Sparse-Matrix-Solver erst seit der ANSYS-Version 11.0 sinnvoll einsetzbar, er
zeigt nicht die periodische Abhängigkeit von der Verdrehung oder Verschiebung, kann
jedoch völlig falsche Ergebnisse erzeugen, die sich insbesondere bei transienten Berechnungen auf die nachfolgenden Berechnungsschritte durchschlagen. Eine Interpretation
und Begutachtung der Rechenergebnisse ist zwingend erforderlich. Die Wahl zwischen FRONTAL oder SPARSE erfolgt über einen Parameter fronspar, die Gleichungs-

systemslösungsmethode sollte im Laufe einer transienten Berechnung nicht geändert werden.

```
*if,fronspar,eq,0,then
eqslv,frontal
*else
eqslve,sparse,stoler,-1
*endif
```

Die Auswahl zwischen linearen Magnetisierungsverhältnissen oder Verwendung von $B(H)$-Kurven wird bereits bei der Definition der Materialien getroffen. Ist eines der Materialien nichtlinear definiert, erfolgt eine nichtlineare Berechnung. Zur Steuerung der nichtlinearen Berechnung sind jedoch die Konvergenzkriterien zu definieren, da ANSYS bei fehlender Angabe Standardvorgaben trifft, die nicht zur Konvergenz des Ergebnisses führen. Es hat sich herausgestellt, dass die Konvergenzkriterien für Vektorpotential A (AZ) und CSG mit den Standardvorgaben gute Ergebnisse liefern. Die standardmäßige Anzahl der Iterationen beträgt 25 und sollte aus Sicherheitsgründen auf 250 erhöht werden, da sonst eine nicht ausiterierte transiente Rechnung eine transiente Rechnung völlig unbrauchbar machen können. Über den Befehl LNSRCH wird die iterative Lösung weiter optimiert.

```
cnvt,a,
cnvt,csg,
lnsrch,on

neqit,250
```

Damit sind alle Vorbereitungen für die Lösung des Gleichungssystems vorbereitet. Die Lösung des Rechenschritts erfolgt im Abschnitt Solution nach dem Aufruf dieses Abschnitts über den Befehl /SOL durch den Befehl SOLVE.

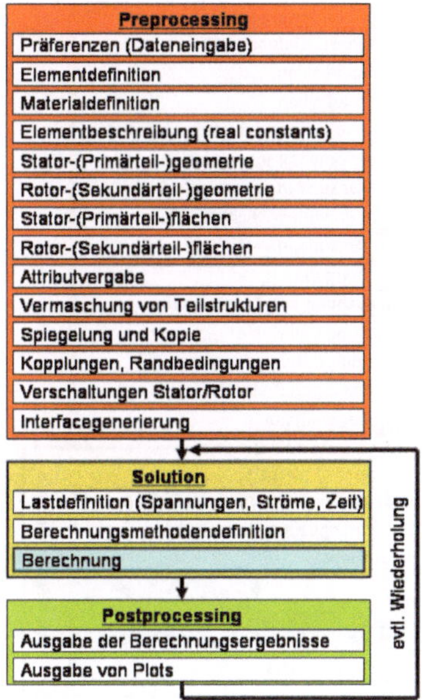

Abb. 10.32 Durchführung der Berechnung

Um Überblick über die Rechenzeiten zu erhalten bietet es sich an, die CPU-Zeiten vor und nach dem Aufruf des Solvers abzuspeichern und daraus die Rechenzeit zu ermitteln. Dazu dient das Skript, in dem die Zeit vor (TIMEA) und nach (TIMEE) über eine ANSYS-Datenbankabfrage zu bestimmen und durch Subtraktion die Rechenzeit für den Rechenschritt unter dem Parameter RECHZEIT abzulegen.

```
*get,timea,active,0,time,cpu
SOLVE
*get,timee,active,0,time,cpu
rechzeit=timee-timea
```

Die eigentliche Berechnung dauert je nach Modellgröße (festzumachen an den Freiheitsgraden DOF) und möglicher Verdrehung oder Verschiebung zwischen Stator und Rotor Bruchteile von Sekunden bis zu mehreren Minuten. Damit wird klar, dass statische und harmonische Berechnungen schnell und transiente Berechnungen mit 100 oder mehreren 1000 Rechenschritten mehrere Stunden bis Tage dauern können, insbesondere, wenn Nichtlinearität berücksichtigt wird.

Die tabellarische oder graphische Auswertung der Ergebnisse erfolgt im Abschnitt des Postprocessings, der durch den Befehl /POST1 eingeleitet wird.

Abb. 10.33 Ausgabe numerischer Berechnungsergebnisse

Die zahlenmäßige, tabellenorientierte Auswertung erfolgt bei ANSYS entweder direkt über das ANSYS-Menü und liefert damit Ergebnisse in kleinen Ergebnisfenstern, die manuell ausgewertet werden müssen, oder durch Zugriff auf sogenannte Elementtabellen (ETABLE), die spezifische Auszüge aus der ANSYS-Ergebnisdatenbank darstellen.

Interessant für Auswertungen können magnetische Feldstärken, Flußdichten oder Stromdichten an spezifischen Stellen im Finite-Elemente-Modell sein, die über Knoten- oder Elementnummern spezifiziert werden, oder direkt die Ausgabe von Spannung, Strom oder Leistung in Schaltungselementen. Die exakte Element-Beschreibung von Schaltungselementen ist über die Hilfefunktion über den Befehl HELP,124 abrufbar, in der Beschreibung enthalten sind notwendige Eingabe und verfügbare Ausgabe. So sind Spannungen an Schaltungselementen aus der Elementtabelle über den Modifikator SMISC mit Angabe von 1, Ströme über den Modifikator SMISC mit Angabe von 2 und Leistungen über den Modifikator NMISC mit Angabe von 1 auslesbar.

Im Postprocessor werden zunächst für schnellen Zugriff über den Element-Select-Befehl ESEL über den Modifaktor ENAM mit Angabe von 124 nur die Schaltungselemente selektiert. Die Selektion hätte auch über die aus der Schaltungsgenerierung bekannten Elementtyp- oder reale Konstanten-Nummern erfolgen können. Anschließend werden Elementtabellen für Spannungen, Ströme und Leistungen über den ETABLE-Befehl angelegt. SPANNG, STROM und LEISTU stehen hierbei für die Namen der Elementtabellen, in denen mit Referenz zu den Elementnummern Spannungen, Ströme oder Leistungen aufgeführt sind.

```
/post1
esel,s,enam,,124
etable,spanng,smisc,1
etable,strom,smisc,2
etable,leistu,nmisc,1
```

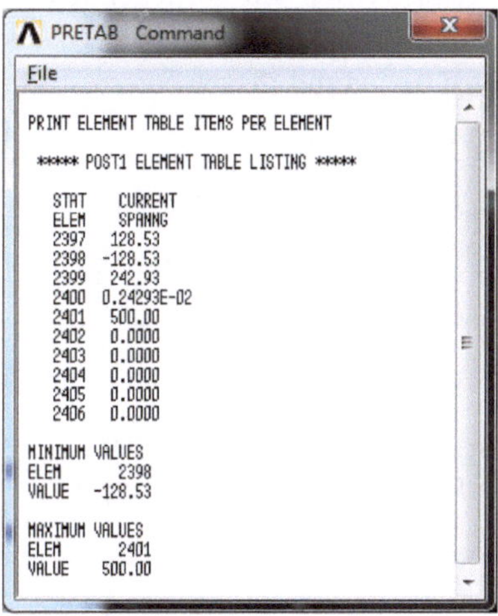

Abb. 10.34 Ausgabe von Werten an Schaltungselementen

Werden die generierten Schaltungselemente im Zuge der Schaltungsgenerierung
über Parameter zugeordnet, kann über diese Elementnummern über einen ANSYS-
Datenbankzugriff auf die Elementtabellen (ETABLE) gezielt zugegriffen werden. Der
erste Modifikator hinter dem *GET-Befehl ist dabei der Parameter, unter dem die Spannungen, Ströme, Leistungen, etc. abgespeichert werden. Es bietet sich an für Spannungen
U, Ströme I, Leistungen P mit weiteren klaren Kennungen zu verwenden.

```
etable,refl
*get,u1e,elem,eu1,etab,spanng
*get,u2e,elem,eu2,etab,spanng
*get,i1e,elem,er1,etab,strom
*get,i2e,elem,er2,etab,strom
*get,Pauf,elem,eu1,etab,leistu
*get,Pab,elem,eu2,etab,leistu
*get,PR1,elem,er1,etab,leistu
*get,PR2,elem,er2,etab,leistu
```

Nach dem Auslesen der Datentabellen können die Berechnungsergebnisse weiter auf-
bereitet werden (Summationen, Mittelwertbildung, etc.) und anschließend in den vorberei-

teten Ausgabedateien ausgegeben werden. Als letzter Modifikator wird beim /OUTPUT-Befehl APPEND angehängt, um die Datei nicht zu überschreiben, sondern Ergebnisse an vorhergehende oder den Dateikopf anzuhängen. Die Ausgabe in die Datei selbst erfolgt über den Befehl *VWRITE mit durch Kommata abgetrennten einzelnen Parameterausgabe und einer direkt nachfolgenden Format-Zeile, die der Fortran-Syntax entspricht. Die Anzahl ausgegebener Parameter und Formateinträge muss korrespondieren, da sonst mehrere Datenzeilen geschrieben werden. Im vorliegenden Fall werden 7 Parameter im Floating-Point-Format mit insgesamt 14 Zeichen bei 6 Nachkommastellen ausgegeben, denen jeweils ein Blank folgt. Dateien mit dieser Formatstruktur können von Excel problemlos eingelesen werden.

```
/output,Transfo%ausgabe%,lis,,append
*VWrite,i,zeit,U1e,i1e,u2e,i2e,rechzeit
(7(g14.6,' '))
/output,term

/output,Transfo1%ausgabe%,lis,,append
*VWrite,i,zeit,Pauf,Pab,PR1,PR2,rechzeit
(7(g14.6,' '))
!
```

Abb. 10.35 Ausgabe von Rechenergebnissen als Plots

Graphische Darstellungen können direkt über das ANSYS-Menü erzeugt werden und mit ANSYS-Mitteln per Hardcopy in weiterverwendbare Dateien umgewandelt werden oder automatisiert auf dem Monitor zur Kontrolle oder in Ausgabe-Dateien abgelegt werden. Sehr einfach ist dies über den /SHOW-Befehl mit nachfolgender Angabe von Dateiname, Endung, Verzeichnis und APPEND möglich. Die Endung GRPH sollte beibehalten werden. GRPH-Dateien können mit dem ANSYS-Utitlity-Programm DISPLAY weiterverarbeitet werden. Im folgenden Beispiel werden einige Plots nacheinander in der GRPH-Datei ausgegeben. PLF2D erzeugt hierbei einen Feldlinienplot mit Skalierung über 27 Feldlinien bei Berücksichtigung von 10 Materialeigenschaften zur Darstellung der Modellkontur, die Anzahl 10 ist hier entsprechend anzupassen, meist reicht 20.

```
/post1
PLF2D,27,0,10,1
/auto,1
allsel
/show,plots%ausgabe%,grph,,append
PLF2D,27,0,10,1
ASEL,S,MAT,,1
ALLSEL,BELOW,AREA
/show,plots%ausgabe%,grph,,append
PLESOL,B,SUM,0,
/show,plots%ausgabe%,grph,,append
PLESOL,H,SUM,0,
/show,term
allsel
/output,term
/gropts,view,1
allsel
```

Der gesamte Ablauf der statischen Berechnung des Einphasentransformators bei Primärteilspeisung befindet sich in der Datei „einphasentrafo_rechnung_statisch_1.txt" und hat folgenden Aufbau.

```
!!
!! Statische Berechnung des Einphasentransformators bei
Primärspeisung mit 10 A
!!
/prep7
einphasentrafo_geometrie.txt

ausgabe=1
trafo1p-aus.txt
```

```
fronspar=1
i1=10
trafo1p-loes1.txt
```

Durch den Parameter fronspar wird die Auswahl des Gleichungssystemssolvers FRONTAL-Solver (= 0) oder SPARSE-Matrix-Solver (= 1) getroffen. Über den Parameter „i1" wird der Strom in der Primärwicklung definiert. Das Lösungsskript für statische Rechnung bei Primärteilspeisung befindet sich in der Datei „trafo1p-loes1.txt".

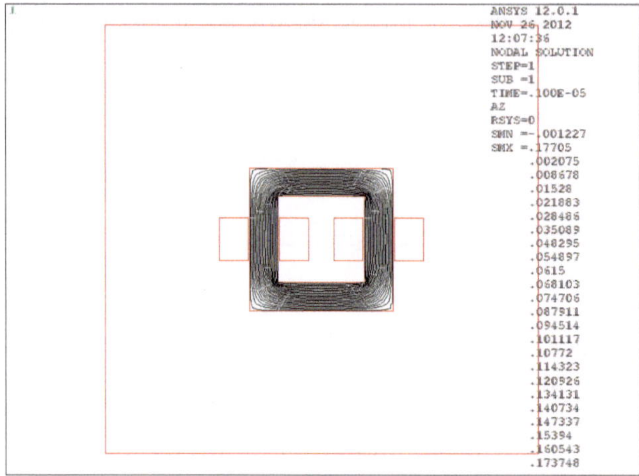

Abb. 10.36 Anzeige des Feldlinienplots bei statischer Rechnung

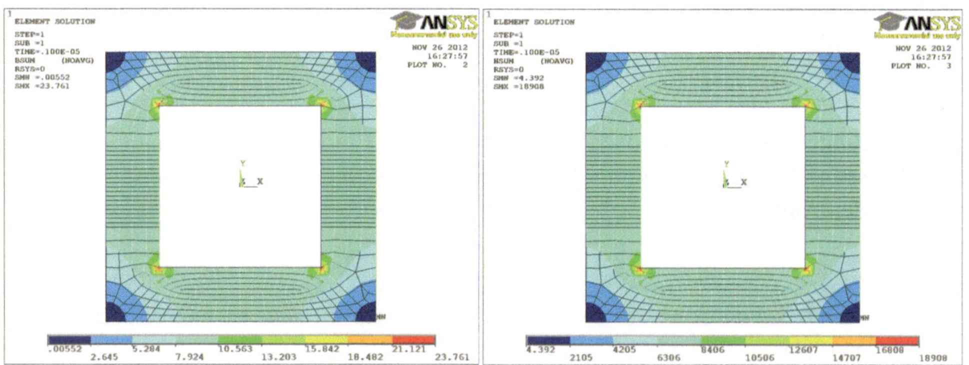

Abb. 10.37 Magnetische Flußdichte und Feldstärke im Joch

Zum Abschluss der Berechnung sollten wieder die ursprünglichen Schaltungen aufgebaut werden.

```
/prep7
ET,14,CIRCU124,4,0
R,14,u1,0,
et,19,circu124,0,0
r,19,rlast,0
```

Mit der statischen Berechnung können lediglich Überprüfungen des Modells erfolgen. Hierzu zählt der Verlauf der Feldlinien ohne Rückwirkung, die Wirkungsweise der Kopplung zwischen elektrischer Schaltung und Finite-Elemente-Modell und die Vermaschung. Desweiteren können die primär- und sekundärseitigen Widerstände, die prinzipiell über die reale Konstante definiert werden.

Bei Speisung der Primärseite mit 1 A ergibt sich primärseitig an der Stromquelle ein Spannungsabfall von 0,2058 V, dies entspricht dem Widerstand der primärseitigen Spule im Blechpaket von 0,1058 Ω und einem abgeschätzten Widerstand im Streubereich von 0,1 Ω in Serie.

Für die Sekundärseite ergibt sich entsprechend:

$$R_{2,2D} = 1/\gamma \cdot 2 \cdot \text{nwin2} \cdot \text{nwin2} \cdot \text{jochtiefe}/(A_{\text{Spule}} \cdot \text{fil2})$$
$$= 1/56e6 \cdot 2 \cdot 100^2 \cdot 0{,}04/(0{,}0006 \cdot 0{,}9)\,\Omega = 0{,}0265\,\Omega.$$

```
Transfo999.lis - Editor
Datei  Bearbeiten  Format  Ansicht  ?
----------------------------------------------------------------------------
   schritt     zeit      U1        I1       U2    I2        Rechenzeit
----------------------------------------------------------------------------
   0.00000     0.100000E-05  -0.205821    -1.00000     0.00000     0.00000     1.31041
```

Abb. 10.38 Ergebnisse der statischen Rechnung für das gespeiste Primärteil

Bei Speisung der Sekundärseite mit 1 A ergibt sich sekundärseitig an der Stromquelle ein Spannungsabfall von 0,1265 V, dies entspricht dem Widerstand der sekundärseitigen Spule im Blechpaket von 0,0265 Ω und einem abgeschätzten Widerstand im Streubereich von 0,1 Ω in Serie.

```
Transfo1000.lis - Editor
Datei  Bearbeiten  Format  Ansicht  ?
----------------------------------------------------------------------------
   schritt     zeit      U1        I1       U2    I2        Rechenzeit
----------------------------------------------------------------------------
   0.00000     0.100000E-05   0.00000      0.00000    -0.126456    1.00000     1.31041
```

Abb. 10.39 Ergebnisse der statischen Rechnung für das gespeiste Sekundärteil

Die Rechenzeit beträgt bei beiden abschlägigen Rechnungen 1,3 Sekunden bei insgesamt 7173 zu berechnenden Freiheitsgraden auf einem Intel Core I5-Rechner mit 8 GB Speicher.

10.5   Harmonische Rechnung

Im Gegensatz zur statischen Rechnung müssen für die harmonische Rechnung nur wenige Änderungen vorgenommen werden. Zunächst sind über Parameter gesteuert (Parameter LEERLAUF) im Preprocessor die Belastungswiderstände einzuschalten. Für eine Leerlaufrechnung wird der Lastwiderstand hochohmig (1E6 Ω), für eine Kurzschlussrechnung niederohmig (1E-6 Ω) eingestellt, während für eine echte Lastrechnung der Lastwiderstand mit einem Vorgabewert RLAST belegt wird.

```
/prep7
et,19,circu124,0,0
*If,leerlauf,eq,1,then
r,19,1e6,0
*EndIf
*If,leerlauf,eq,0,then
r,19,1e-6,0
*EndIf
*If,leerlauf,eq,2,then
r,19,rlast,0
*EndIf
```

Die primärseitige Spannungsquelle wird über den ET-Befehl erneut als Spannungsquelle mit Modifikator 4 bestätigt. Als reale Konstanten der harmonischen Spannungsquelle wird die Amplitude der Spannung als erster Modifikator und die Phasenlage als zweiter Modifikator definiert. Im Beispiel ist die Amplitude über den Parameter U1 und die Phasenlage über PHASE festgelegt.

```
allsel
ET,14,CIRCU124,4,0
R,14,u1,phase,
```

Zur Vorbereitung einer harmonischen Rechnung werden Rechenschritt I und Zeit festgelegt und daraus erneut die der Zeit entsprechende Phase in Verbindung mit der Frequenz ermittelt. Diese Phase kann als 2. Modifikator der Spannungsquelle neu vergeben werden, die Eingabe erfolgt im Gradmaß (zuvor über *AFUN,DEG einzustellen).

```
/SOL
!*
i=0
zeit=zeita
phase=freq*zeit*360
```

Vor dem Start der Berechnung ist der Berechnungstyp auf HARMONIC festzulegen. Die aktuelle Rechenzeit wird über TIME zugewiesen, die Frequenz über den Befehl HARFREQ zugewiesen, wobei im 1. Modifikator die Frequenz abgelegt wird. Theoretisch hätte an dieser Stelle auch eine frequenzabhängige Berechnung gestartet werden können, dies erscheint für die Berechnung eines Transformators als ungeeignet, daher werden auch keine Zwischenschritt eines Frequenzbereichs über NSUBST definiert.

```
antyp,harmonic
time,zeit
HARFRQ,freq,0,
NSUBST, ,
KBC,0
```

Damit ist die harmonische Berechnung vorbereitet und kann vergleichbar mit der statischen Rechnung durchgeführt werden. Hinsichtlich der Auswertung ist zu berücksichtigen, dass bei einer harmonischen Rechnung Real- und Imaginärteil berechnet werden und diese einzeln im Postprocessor verarbeitet werden müssen.

Der Realteil wird über

```
SET,last,LAST,1,0, , ,
```

der Imaginärteil über

```
SET,last,LAST,1,1, , ,
```

abgerufen. Real- und Imaginärteil müssen für auswertbare Ergebnisse (Betrag, Phase von Spannung und Strom) entweder innerhalb von ANSYS oder nach Einlesen in Excel bestimmt werden.

10.5.1   Rechnung bei sekundärseitigem Leerlauf und $f = 50\,\mathrm{Hz}$

Der gesamte Ablauf der harmonischen Berechnung des Einphasentransformators bei Primärteilspeisung und sekundärseitigem Leerlauf befindet sich in der Datei „einphasentrafo_rechnung_harmonisch_1.txt" und hat folgenden Aufbau.

```
!!
!! Harmonische Berechnung des Einphasentransformators bei
Primärspeisung und Sekundärteil im Leerlauf
!!
/prep7
einphasentrafo_geometrie.txt

ausgabe=11
trafo1p-aus.txt

fronspar=1
U1=500
zeita=1e-6
tstep=.005
jsteps=1
leerlauf=1
trafo1p-loes4.txt
```

Über den Parameter „U1" wird die Spannung in der Primärwicklung definiert. Die fehlende Rückwirkung durch das Sekundärteil wird über den Parameter „leerlauf" definiert. Die Wahl 1 steht hier für fehlende Rückwirkung. Das Lösungsskript für harmonische Rechnung bei Primärteilspeisung ohne Sekundärteilrückwirkung befindet sich in der Datei „trafo1p-loes4.txt".

Im vorliegenden Fall werden die Ergebnisse für Realteil in der ersten und Imaginärteil in der zweiten Zeile ausgegeben. Die harmonische Rechnung im Leerlauf ergibt verschwindend kleine Ströme auf der Sekundärseite. Die Spannung wird aufgrund des Windungszahlenverhältnisses von 200 : 100 mit einem Übertragungsfaktor von ca. 2 : 1 übersetzt. Als primärseitiger Leerlaufstrom ergibt sich aufgrund der Hauptinduktivität ein großer induktiver Strom. Die Rechenzeit liegt mit 1,59 Sekunden etwas höher als die statische Berechnung, dies ist auf die Berechnung der Real- und Imaginärteile zurückzuführen.

Transfo201.lis - Editor

Schritt	Zeit	U1	I1	U2	I2	Rechenzeit
1.00000	0.100010E-05	500.000	0.537884E-01	-243.927	-0.243927E-03	1.59121
1.00000	0.100010E-05	0.157095	-11.0430	-1.18532	-0.118532E-05	1.59121

Abb. 10.40 Ausgabe von Werten bei harmonischer Rechnung

Infolge des großen induktiven Stroms ergeben sich kleine Vektorpotentiale im Realteil zugunsten großer im Imaginärteil.

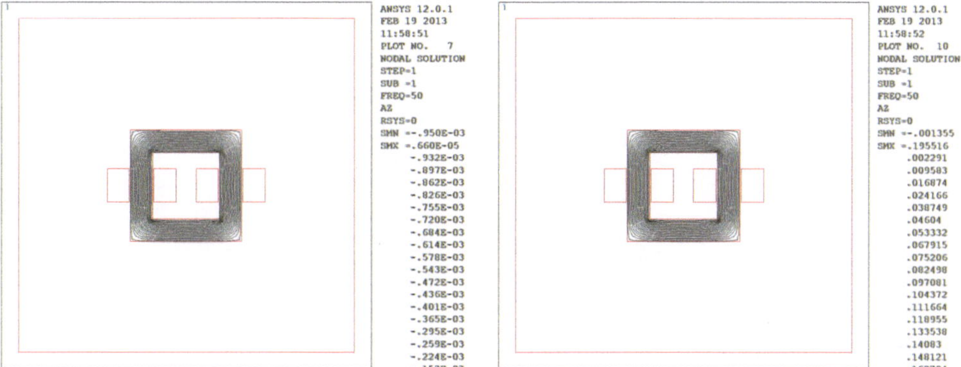

Abb. 10.41 Feldbild im Leerlauf bei 50 Hz, Realteil (*links*), Imaginärteil (*rechts*)

Die magnetische Flußdichte ist demnach im Imaginärteil am größten, aufgrund der zu hoch bemessenen Spannung auf der Primärseite ist der Magnetisierungsstrom zu hoch und sättigt das Joch erheblich, was eine nichtlineare Berechnung oder die Skalierung der Rechnung auf niedrigere Spannung erfordert.

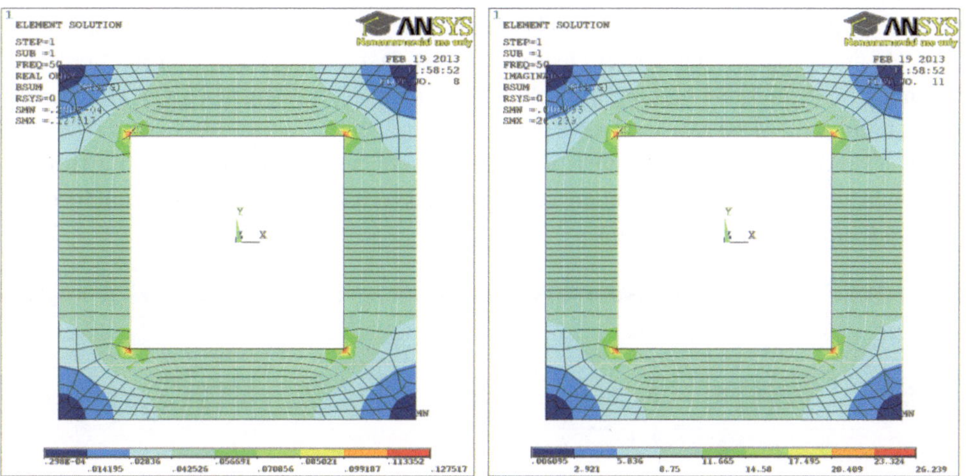

Abb. 10.42 Magnetische Flußdichte B im Leerlauf im Joch, Realteil (*links*), Imaginärteil (*rechts*)

Aufgrund der linearen Materialeigenschaften sind magnetische Flußdichte- und Feldstärke-Plot vergleichbar. Durch direkten Vergleich kann auf die vorgegebene Permeabilität des Eisens von 1000 geschlossen werden.

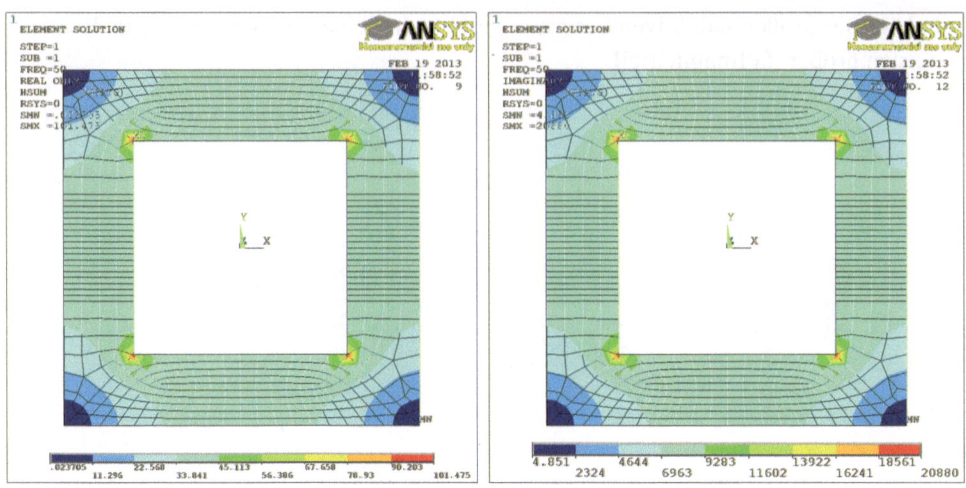

Abb. 10.43 Magnetische Feldstärke H im Leerlauf im Joch, Realteil (*links*), Imaginärteil (*rechts*)

10.5.2   Rechnung bei sekundärseitigem Kurzschluss und $f = 50\,\text{Hz}$

Der gesamte Ablauf der harmonischen Berechnung des Einphasentransformators bei Primärteilspeisung und sekundärseitigem Kurzschluss befindet sich in der Datei „einphasentrafo_rechnung_harmonisch_2.txt" und hat nahezu gleichen Aufbau wie die Leerlaufrechnung. Zu ändern ist der Parameter „leerlauf" auf 0. Das Lösungsskript für harmonische Rechnung bei Primärteilspeisung mit sekundärseitigem Kurzschluss befindet sich in der Datei „trafo1p-loes4.txt".

Bei sekundärseitigem Kurzschluss wird die sekundärseitige Spannung am Lastwiderstand nahezu 0 V. Statt des Spannungsübersetzungsverhältnisses tritt das Stromübersetzungsverhältnis 1 : 2 in Erscheinung.

```
Transfo202.lis - Editor
Datei  Bearbeiten  Format  Ansicht  ?
--------------------------------------------------------------------------------
  Schritt    Zeit        U1        I1      U2    I2         Rechenzeit
--------------------------------------------------------------------------------
  1.00000   0.100010E-05  500.000  |  39.2523  -0.789020E-04  -78.9020   1.87201
  1.00000   0.100010E-05  0.157095    -166.160  0.318316E-03   318.316   1.87201
```

Abb. 10.44 Ergebnis der harmonischen Rechnung bei sekundärseitigem Kurzschluss

Die Feldbilder für Real- und Imaginärteil zeigen das typische Kurzschlussverhalten. Aufgrund der induktiven und realen Anteile weisen beide Feldbilder vergleichbare Vektorpotenziale auf. Im Realteil wird durch die Rückwirkung des Sekundärteils kaum magnetische Energieübertragung statt, die Streuflüsse der Primär- und Sekundärseite sind nahezu trennbar, während im Imaginärteil kaum Streufeldlinien erkennbar sind, fast sämtlich magnetische Energie wird von der Primär- zur Sekundärseite übertragen.

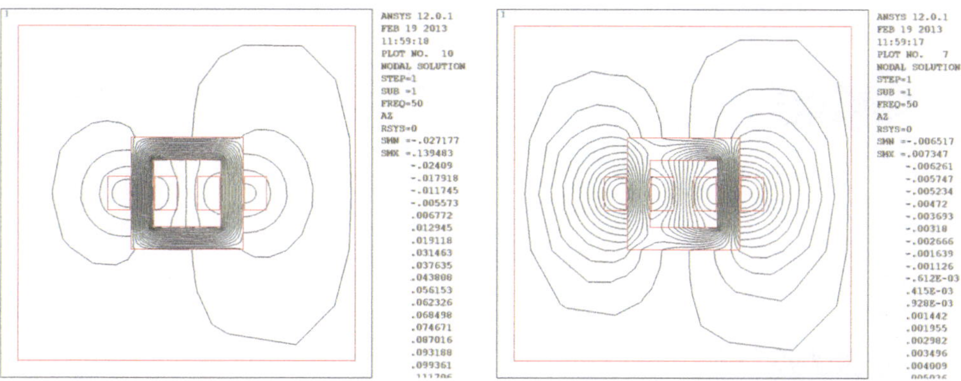

Abb. 10.45 Feldbild bei Kurzschluss bei 50 Hz, Realteil (*links*), Imaginärteil (*rechts*)

Aufgrund der starken Abdämpfung der magnetischen Felder des Primärteils durch die Rückwirkung der Sekundärseite ist die Flußdichte im Joch vergleichbar mit den Leerlaufverhältnissen. Eine nichtlineare Rechnung oder die Absenkung der primärseitigen Spannung ist erforderlich.

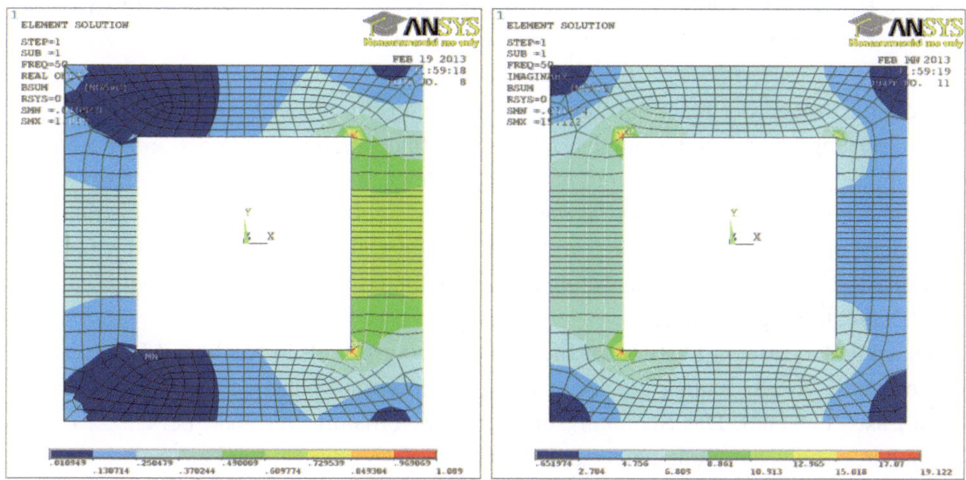

Abb. 10.46 Magnetische Flußdichte B im Kurzschluss im Joch, Realteil (*links*), Imaginärteil (*rechts*)

Aufgrund der linearen Materialeigenschaften sind magnetische Flußdichte- und Feldstärke-Plot direkt miteinander vergleichbar.

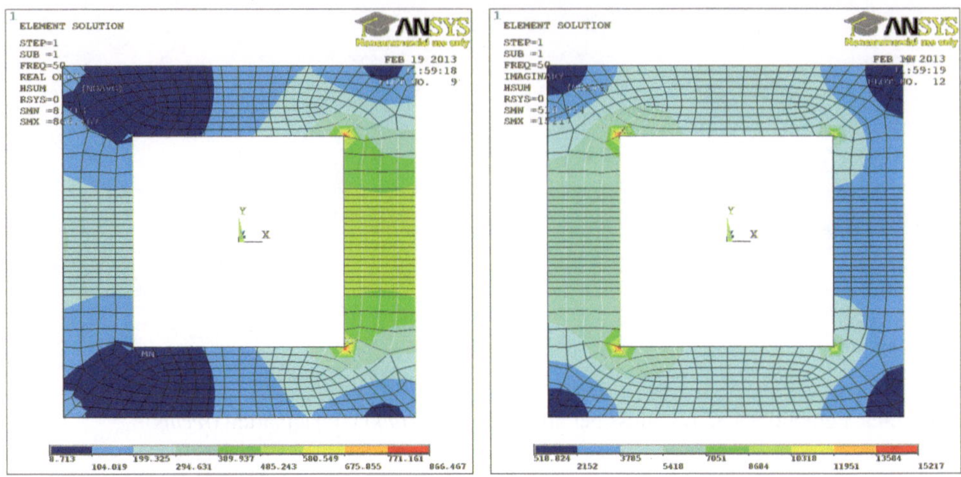

Abb. 10.47 Magnetische Feldstärke *H* im Kurzschluss im Joch, Realteil (*links*), Imaginärteil (*rechts*)

10.5.3   Rechnung bei sekundärseitigem Lastwiderstand von 10 Ω und $f = 50$ Hz

Der gesamte Ablauf der harmonischen Berechnung des Einphasentransformators bei Primärteilspeisung und sekundärseitiger Belastung befindet sich in der Datei „einphasentrafo_rechnung_harmonisch_3.txt" und hat nahezu gleichen Aufbau wie die Leerlauf- oder Kurzschlussrechnung. Zu ändern ist der Parameter „leerlauf" auf 2 und zusätzlich der Lastwiderstand als Parameter „rlast" mit Wert 10 Ω definiert. Das Lösungsskript für harmonische Rechnung bei Primärteilspeisung mit sekundärseitiger Belastung befindet sich in der Datei „trafo1p-loes4.txt".

Bei sekundärseitigem Lastwiderstand von 10 Ω ergibt sich in Real- und Imaginärteil ein Verhältnis von Spannung zu Strom am Lastwiderstand entsprechend dem vorgegebenen Lastwiderstand. Das Spannungsübersetzungsverhältnis verbleibt bei ca. 2 : 1, das Stromübersetzungsverhältnis bei 1 : 2. Leistung wird von der Primär- zur Sekundärseite übertragen.

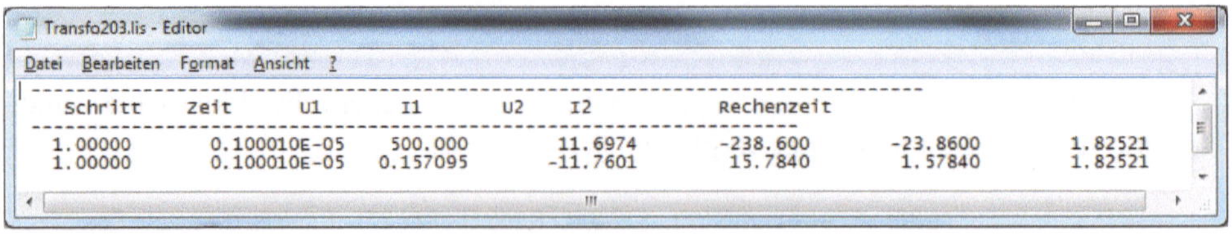

Abb. 10.48 Ergebnis der harmonischen Rechnung bei sekundärseitiger Belastung

Die Feldbilder von Real- und Imaginärteil bestätigen die Rechenergebnisse. Entgegen dem sekundärseitigen Kurzschluss wird auch im Realteil Energie übertragen, im Imaginärteil treten keine Streufeldlinien mehr in Erscheinung.

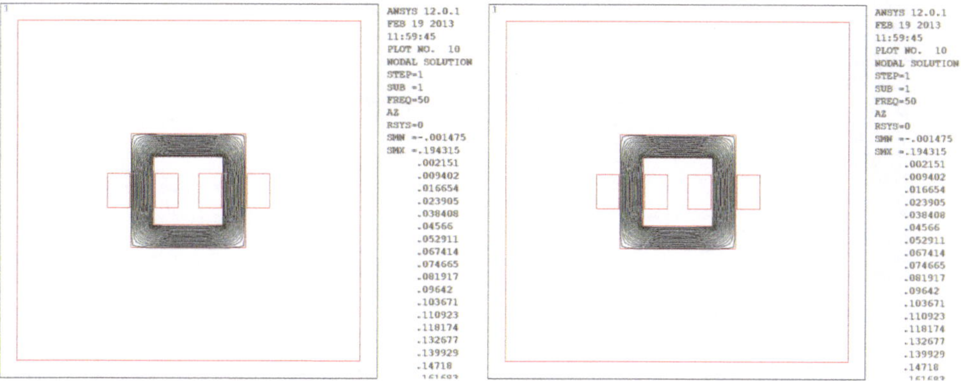

Abb. 10.49 Feldbild bei Ohm'scher Belastung mit $10\,\Omega$ bei $50\,\mathrm{Hz}$, Realteil (*links*), Imaginärteil (*rechts*)

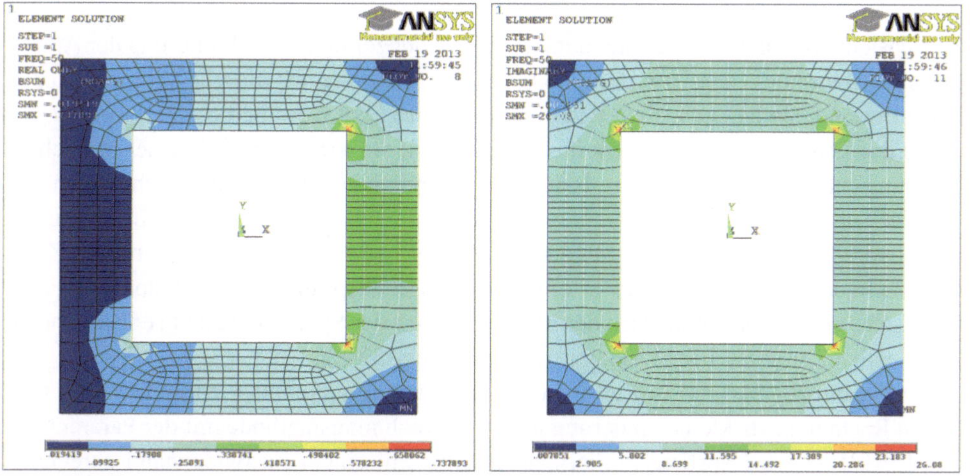

Abb. 10.50 Magnetische Flußdichte B bei Ohm'scher Belastung mit $10\,\Omega$ im Joch, Realteil (*links*), Imaginärteil (*rechts*)

Die Höhe der magnetischen Flußdichte im Imaginärteil ist vergleichbar mit Leerlauf und Kurzschluss, erneut ist eine nichtlineare Rechnung oder Rechnung mit niedrigerer Spannung erforderlich.

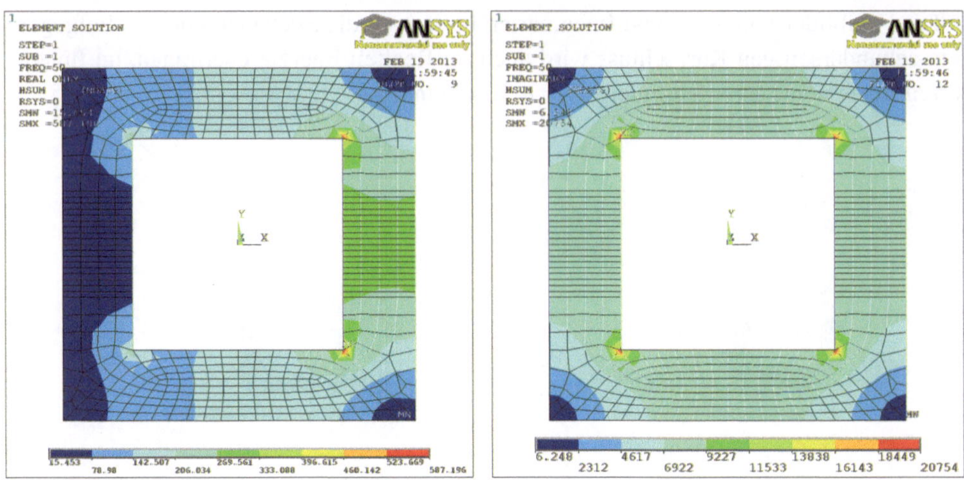

Abb. 10.51 Magnetische Feldstärke *H* bei Ohm'scher Belastung mit 10 Ω im Joch, Realteil (*links*), Imaginärteil (*rechts*)

10.6 Transiente Rechnung

Die transiente Rechnung beruht auf dem Verfahren der zeitlichen Diskretierung der Ableitung des Vektorpotenzials, bzw. der Flußdichte nach der Zeit ohne örtliche Veränderungen. Große Bestandteile der statischen Berechnung können komplett übernommen werden.

Die transiente Rechnung besteht aus der Initialisierungsrechnung, die einer statischen Rechnung entspricht, und den jeweils aufeinander aufbauenden Zeitschrittrechnungen. Es bietet sich an die Initialisierungsrechnung ohne Spannungs- oder Stromvorgabe zu starten und zeitverzögert oder bereits mit der ersten auf einer anderen Rechnung basierenden Zeitschrittrechnung Spannungen und Ströme über Einschaltsprünge zuzuschalten. Im Falle des Einphasentransformators wird der Momentanwert der Spannungsquelle entsprechend der aktuellen Zeit, bzw. der Phase, mit jedem Zeitschritt geändert.

Der Beginn des Skripts der transienten Zeitschrittrechnung entspricht in etwa der statischen Rechnung, als kleine Änderung ist eine Berechnungsmethode mit der Parametrierung LEERLAUF = 3 vorhanden, bei der zunächst mit einem Lastwiderstand gerechnet wird und nach einer bestimmten Zeit der Lastwiderstand kurzgeschlossen wird.

Damit beinhalten die ersten Zeilen des Skripts „trafo1p-loes7.txt":

1. Definition der Primärspannungsquelle (Elementtyp ET und reale Konstante R),
2. Definition des Lastwiderstandes je nach Belastungsmethode.

Es folgt die Definition der Berechnungsmethode.

```
/SOL
!*
i=0
zeit=1e-6

antyp,trans
timinit,off,mag
timinit,off,elec
time,zeit
```

Über den Befehl TIMINIT mit den Modifikatoren OFF betreffend MAG und ELEC wird die Zeitintegration bei der ersten transienten Rechnung ausgeschaltet.

Danach folgen:

3. Festlegung auf einen Lösungsalgorithmus (FRONTAL oder SPARSE),
4. Festlegungen für eine mögliche nichtlineare Rechnung,
5. Erste Rechnung als Initialisierungsrechnung,
6. Auswertung des ersten Rechenschritts durch Auswahl über SET,LAST,LAST und Anlegen und Auslesen der Elementtabellen,
7. Ausgabe von Spannungen und Strömen und graphischen Darstellungen in Ausgabedateien.

Es folgt eine Schleife über alle weiteren transienten Rechnungen mit Schleifenzähler jj bis zur vorher definierten Rechenschrittanzahl über den Parameter JSTEPS.

```
*Do,jj,1,jsteps,1
```

Innerhalb der Schleife wird die aktuelle Zeit entsprechend dem gewählten Zeitschritt inkrementiert.

```
zeit=zeit+tstep
```

Es folgen einige Zeilen, die in Preprocessing, Solution und Postprocessing aufgeteilt sind.

Zusätzlich wird bei der Rechenoption LEERLAUF = 3 nach einer vorgegebenen Zeit ZEITK der Lastwiderstand in einen Kurzschluss umgewandelt.

Der Rechenschritt I wird um 1 inkrementiert und stellt den Rechnungszähler dar. Entsprechend der Zeit wird die aktuelle Phase aus aktueller und zeitlicher Verzögerung der Phase ermittelt. Damit wird die akutelle Spannung an der Spannungsquelle als Parameter U1 T ermittelt und über die reale Konstante der Spannungsquelle in Modell geändert.

```
!
/prep7

*if,zeit,gt,zeitk,then
*If,leerlauf,eq,3,then
      r,19,1e-6
*endif
*endif

i=i+1
/prep7
!
phase=freq*(zeit-zeita)*360
!
!  Aenderung von Leitwerten fuer Einschwingvorgang
!
!  Spannungsvektor
!
u1t=u1*cos(phase)
r,14,u1t
```

Es folgt die Selektion aller vorhandenen Entitäten im Modell, da im Zuge eines vorhergehenden Postprocessings Selektionen vorgenommen sein könnten. Das Koordinatensystem wird sicherheitshalber erneut auf kartesisch umgestellt und über die Befehlskette SAVE mit zwei folgenden RESUMES die aktuelle Datenbank gesichert (SICHER), durch eine andere ersetzt (LEER) und anschließend durch die gesicherte wieder ersetzt. Grund für diese Befehlsfolge ist die Unsicherheit bei vorhergehenden ANSYS-Versionen, dass die bestehende Datenbank unnötig aufgebläht wird.

```
!
alls
!
dsys,0
csys
save,sicher,db
resume,leer,db
resume,sicher,db
```

Im nächsten Schritt wird im Abschnitt SOLUTION die transiente Zeitschrittrechnung in den Arbeitsbetrieb versetzt. Dazu wird der Berechnungstyp durch den Befehl ANTYP auf transient (TRAN) mit der Option REST neu definiert. Ab dieser Festlegung basieren transiente Berechnungen auf den jeweils vorhergegangenen Rechnungen. Damit wird auch vorausgesetzt, dass in der zugrundeliegenden Ergebnisdatei (Endung *.RST) die Ergebnisse des letzten Rechenschritts enthalten sind. Zusätzlich wird die Zeitintegration durch den Befehl TIMINIT mit dem Modifikator ON betreffend MAG und ELEC freigeschaltet. In Verbindung mit dem Befehl TINTP ist damit die transiente Rechnung mit Bezug auf andere Zeitschritte freigeschaltet.

```
/solu
```

```
antyp,tran,rest
timinit,on,mag
timinit,on,elec
tintp,,,,1
```

Es folgen wie bereits bei der Initialisierungsrechnung die Standardabschnitte

8. Festlegung auf einen Lösungsalgorithmus (FRONTAL oder SPARSE),
9. Festlegungen für eine mögliche nichtlineare Rechnung,
10. Transiente Zeitschrittrechnung (SOLVE),
11. Auswertung des ersten Rechenschritts durch Auswahl über SET,LAST,LAST und Anlegen und Auslesen der Elementtabellen (Postprocessing),
12. Ausgabe von Spannungen und Strömen und graphischen Darstellungen in Ausgabedateien (Postprocessing).

Die Schleife wird abgeschlossen mit der Endung

```
*EndDo
```

Nach Abarbeitung der Schleife aller transienten Rechenschritte werden die Schaltungselemente wieder auf den Urzustand zurückgesetzt.

10.6.1   Transiente Rechnung bei Leerlauf und cosinusförmiger Primärspannung

Der gesamte Ablauf der transienten Berechnung des Einphasentransformators bei Primärteilspeisung und sekundärseitigem Leerlauf befindet sich in der Datei „einphasentrafo_rechnung_transient_1.txt" und hat folgenden Aufbau.

```
!!
!! Transiente Berechnung des Einphasentransformators bei
Primärspeisung und Sekundärteil im Leerlauf
!! Phasenverschiebung 0 Grad
```

```
!!
/prep7
einphasentrafo_geometrie.txt

ausgabe=21
trafo1p-aus.txt

fronspar=0
U1=500
rlast=10
zeita=1e-6
phasea=0
tstep=.001
jsteps=100
leerlauf=1
trafo1p-loes7.txt
```

Über den Parameter „U1" wird die Spannung in der Primärwicklung definiert. Die fehlende Rückwirkung durch das Sekundärteil wird über den Parameter „leerlauf" definiert. Die Wahl 1 steht hier für fehlende Rückwirkung. Die Anfangsphasenlage wird über den Parameter „phasea", hier 0 Grad, definiert. Der Zeitschritt der transienten Rechnung wird über „tstep", hier 0,001 Sekunden, und die gesamte Anzahl zu berechnenden Zeitschritte über den Parameter „jsteps", hier 100, definiert. Das Lösungsskript für transiente Rechnung bei Primärteilspeisung ohne Sekundärteilrückwirkung befindet sich in der Datei „trafo1p-loes7.txt".

Das Skript der transienten Berechnung wurde mit dem Steuerparameter LEERLAUF = 1 zunächst für eine Leerlaufberechnung angewandt. Dabei wurde mit einer cosinusförmigen primären Spannung gestartet, die nach der Initialisierungsrechnung spontan zugeschaltet wurde.

Auf graphische Darstellungen wird im Folgenden nicht näher eingegangen, da bereits bei den harmonischen Rechnungen festgestellt wurde, dass aufgrund der hohen Ströme eine nichtlineare Rechnung erforderlich ist oder die Spannung und damit alle anderen Größen herunterskaliert werden. Dies ist im Falle einer linearen Rechnung problemlos möglich.

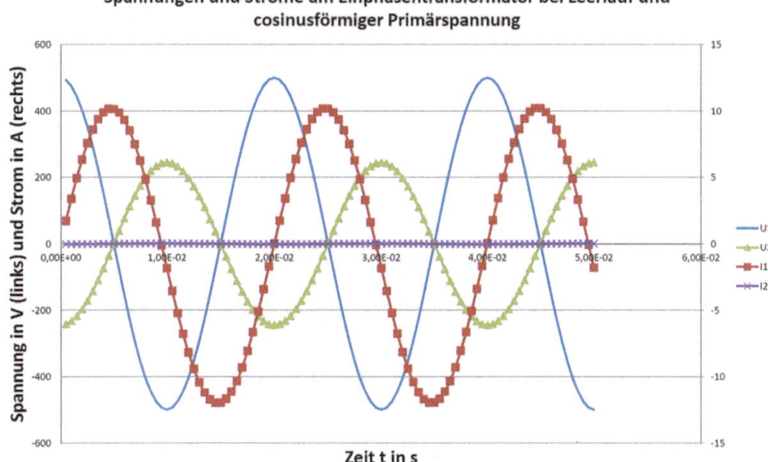

Abb. 10.52 Ergebnis einer transienten Rechnung bei sekundärseitigem Leerlauf

Es ist erkennbar, dass durch den transienten Prozess der Primärstrom phasenverschoben zur Spannung startet und bereits nach sehr kurzer Rechenzeit fast das Endergebnis des Einschwingvorgangs erkennbar wird. Der Primärstrom zeigt einen Gleichstromanteil von ca. -40 A, der erst sehr langsam nach vielen Rechenschritten abgebaut wird. Demgegenüber ist die sekundärseitige Spannung nahezu umgehend eingeschwungen.

10.6.2 Transiente Rechnung bei Leerlauf und sinusförmiger Primärspannung

Der gesamte Ablauf der transienten Berechnung des Einphasentransformators bei Primärteilspeisung und sekundärseitigem Leerlauf, aber sinusförmiger Primärteilspeisung befindet sich in der Datei „einphasentrafo_rechnung_transient_2.txt" und beinhaltet lediglich die Änderung des Parameters „phasea" in 90 Grad für sinusförmige Speisung. Das Lösungsskript für transiente Rechnung bei Primärteilspeisung ohne Sekundärteilrückwirkung befindet sich in der Datei „trafo1p-loes7.txt".

Bei sinusförmiger Primärspannungsvorgabe müsste der Strom mit einem großen Startwert beginnen. Da von ungeladenen Induktivitäten ausgegangen wird, wächst der Strom nur sehr langsam und erhält einen großen Gleichstromanteil von ca. 260 A, der erst sehr spät abgebaut wird.

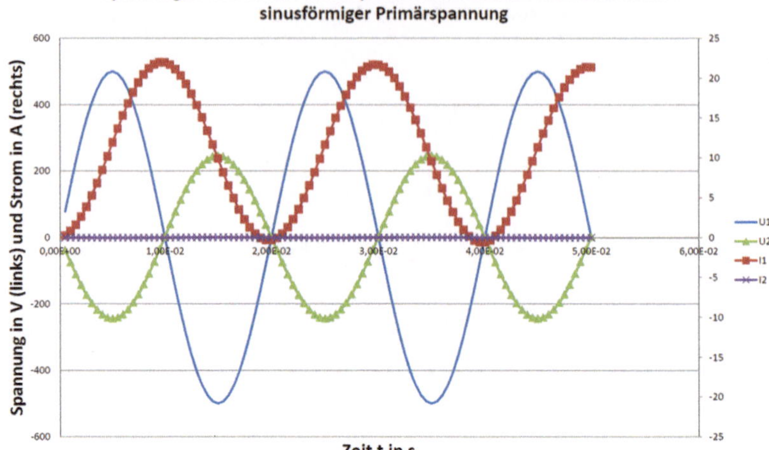

Abb. 10.53 Ergebnis einer transienten Rechnung bei sekundärseitigem Leerlauf

Bei Leerlaufprozessen hat die Wahl des Startwerts der Spannung erheblichen Einfluss auf die Rechenergebnisse. Werden die Ergebnisses des Einschwingvorgangs benötigt, ist der Startwert entsprechend zu wählen, soweit dies möglich ist.

10.6.3   Transiente Rechnung bei sekundärseitigem Kurzschluss und cosinusförmiger Primärspannung

Der gesamte Ablauf der transienten Berechnung des Einphasentransformators bei Primärteilspeisung und sekundärseitigem Kurzschluss befindet sich in der Datei „einphasentrafo_rechnung_transient_3.txt" und beinhaltet lediglich die Änderung des Parameters „leerlauf" in 0 für sekundärseitigen Kurzschluss. Das Lösungsskript für transiente Rechnung bei Primärteilspeisung ohne Sekundärteilrückwirkung befindet sich in der Datei „trafo1p-loes7.txt".

Bei sekundärseitigem Kurzschluss entsteht eine sehr große Rückwirkung der Sekundärseite auf die Primärseite. Bei cosinusförmiger Primärspannung steigt der Primärstrom 90 Grad phasenverschoben an und weist bereits nach nur wenigen Rechenschritten einen eingeschwungenen Verlauf auf. Dies betrifft auch den sekundärseitigen Strom.

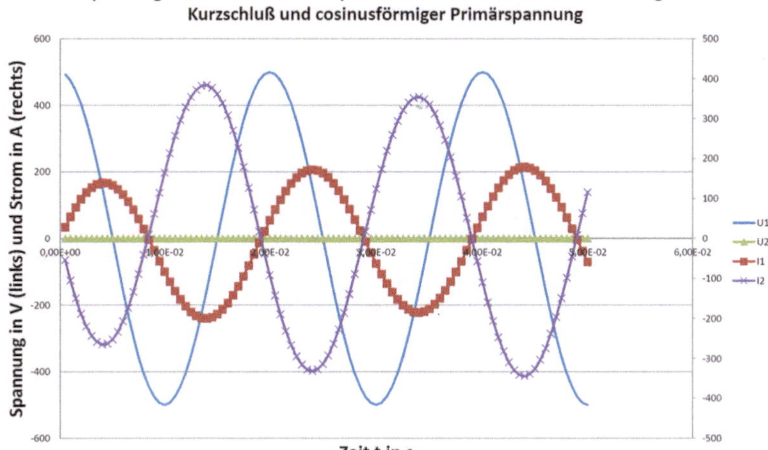

Abb. 10.54 Ergebnis einer transienten Rechnung bei sekundärseitigem Kurzschluss

Demnach haben Rückwirkungen einen guten Einfluss auf die Ermittlung von Ergebnissen eingeschwungener Prozesse.

10.6.4   Transiente Rechnung bei sekundärseitigem Kurzschluss und sinusförmiger Primärspannung

Der gesamte Ablauf der transienten Berechnung des Einphasentransformators bei Primärteilspeisung und sekundärseitigem Kurzschluss befindet sich in der Datei „einphasentrafo_rechnung_transient_3a.txt" und beinhaltet lediglich die Änderung des Parameters „phasea" in 90 Grad für sinusförmige Primärteilspannung. Das Lösungsskript für transiente Rechnung bei Primärteilspeisung mit sekundärseitigem Widerstand befindet sich in der Datei „trafo1p-loes7.txt".

Selbst bei sinusförmiger Primärspannung ergibt sich ein sehr schneller Einschwingprozess, der bereits nach wenigen Zeitperioden einen nahezu eingeschwungenen Verlauf aufweist. Dies betrifft auch den sekundärseitigen Strom.

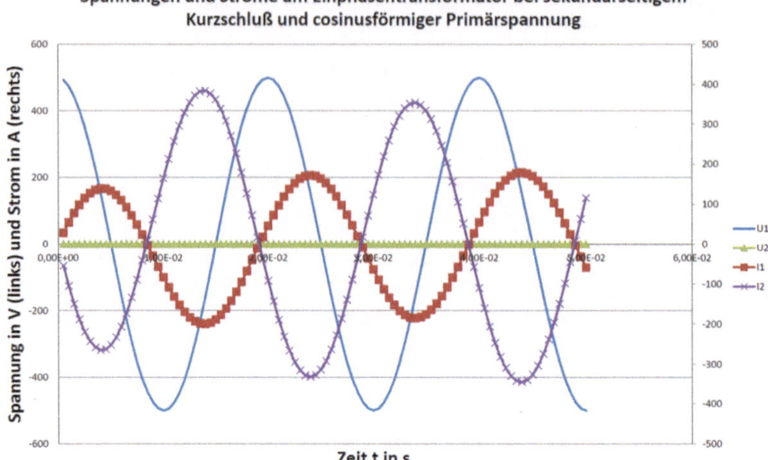

Abb. 10.55 Ergebnis einer transienten Rechnung bei sekundärseitigem Kurzschluss

10.6.5   Transiente Rechnung bei sekundärseitiger Belastung mit 10 Ω und cosinusförmiger Primärspannung

Der gesamte Ablauf der transienten Berechnung des Einphasentransformators bei Primärteilspeisung und sekundärseitiger Belastung befindet sich in der Datei „einphasentrafo_rechnung_transient_4.txt" und beinhaltet lediglich die Änderung des Parameters „leerlauf" in 2 für sekundärseitige Belastung und die Definition des Lastwiderstands über den Parameter „rlast" mit 10 Ω. Das Lösungsskript für transiente Rechnung bei Primärteilspeisung mit sekundärseitigem Widerstand befindet sich in der Datei „trafo1p-loes7.txt".

Bei geringer sekundärseitiger Belastung, in diesem Falle über einen Lastwiderstand mit 10 Ω, wird erkennbar, dass der Einschwingprozess einige Perioden benötigt und damit transiente Rechnungen zwar zum einen die physikalischen Effekte von Einschwingprozessen gut wiedergeben, zur Ermittlung exakter Arbeitspunkte jedoch grundsätzlich der Einschwingprozess für extreme Rechenzeiten sorgt.

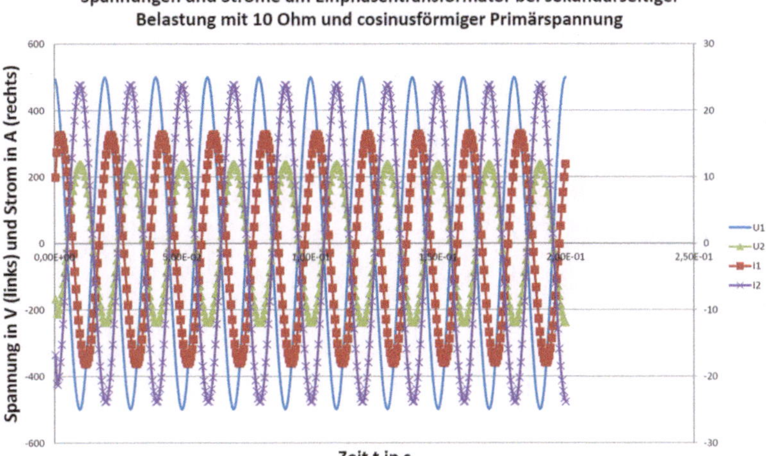

Abb. 10.56 Ergebnis einer transienten Rechnung bei sekundärseitiger Belastung mit $10\,\Omega$

10.6.6   Transiente Rechnung bei sekundärseitigem Leerlauf und cosinusförmiger Primärspannung und sekundärseitigem Kurzschluss zum Zeitpunkt $t = 0{,}05$ s

Als weitere Variante zur Berechnung existiert das Skript „einphasentrafo_rechnung_ transient_5.txt". Der Parameter „leerlauf" wird auf 3 gesetzt und zusätzlich über den Parameter „zeitk", hier 0.05 Sekunden, der Zeitpunkt des Kurzschlusses definiert.

Wird nach einer nicht abgeschlossenen Lastrechnung ein Kurzschluss geschaltet, wird erkennbar, dass extreme Belastungen zu schnell verlaufenden Einschwingvorgängen führen.

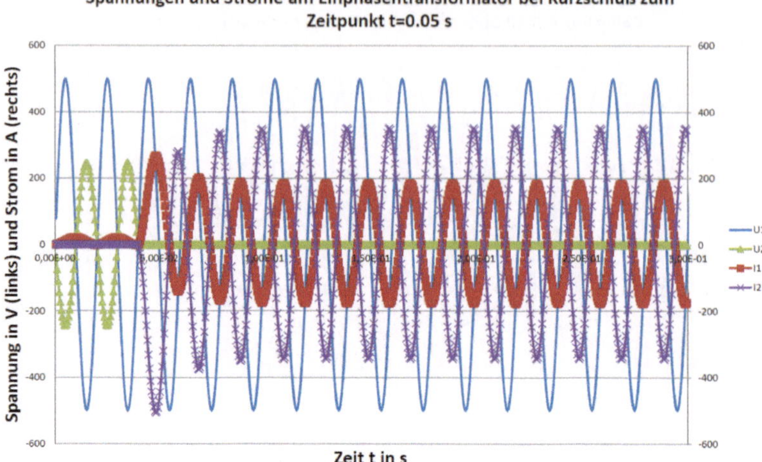

Abb. 10.57 Ergebnis einer transienten Rechnung bei sekundärseitigem Kurzschluss nach bestimmter Zeit

10.7 Berücksichtigung der Nichtlinearität des Eisens

Bei näherer Betrachtung der Rechenergebnisse wird klar, dass eine Berücksichtigung der Magnetisierungskennlinie des Eisens und damit eine nichtlineare Rechnung zwingend erforderlich wird. Dies kann durch Änderung der Parametrierung der Materialeigenschaften erfolgen. Der Rechenaufwand steigt insbesondere bei transienter Berechnung erheblich.

Aufgrund der vielen Flächen gestaltet sich die Modellierung eines Dreiphasentransformators wesentlich aufwändiger, wenn Symmetrien nicht als Basis für Spiegelungen und Kopien Verwendung finden. Im vorliegenden Beispiel soll ein Dreiphasentransformator modelliert und berechnet werden, der über eine Parametervariation vom Kern- zum Manteltransformator gewandelt werden kann.

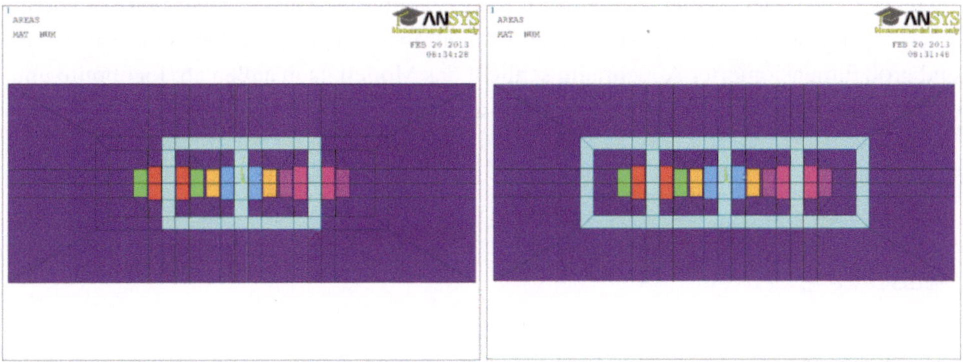

Abb. 11.1 Dreiphasentransformator als Kern- (*links*) und Manteltransformator (*rechts*)

Die Beschreibung der Modellierung und Berechnung erfolgt vergleichbar mit dem Einphasentransformator in den bereits bekannten Schritten.

© Springer Fachmedien Wiesbaden 2014
B. Aschendorf, *FEM bei elektrischen Antrieben 1*, DOI 10.1007/978-3-8348-2033-4_11

Abb. 11.2 Parametrierung des Modells

Zur Definition der Geometrie genügen einige wenige Parameter. Über den Parameter
KERN wird gesteuert, ob ein Kern- oder Manteltransformator generiert wird. Ein genü-
gend groß dimensionierter Außenraum schließt das Modell nach außen ab. Jochbreite und
Jochhöhe beziehen sich auf Breite und Höhe abzüglich der Jochdicken.

```
kern=1
jochbreite=.2
jochhoehe=.1
jochdicke=.02

wickbreite1=.02
wickhoehe1=.05
wickabstand1=.001

wickbreite2=.02
wickhoehe2=.042
wickabstand2=.002

breiteaussen=.7
hoeheaussen=.3
```

11.1 Aufbau des Modells

Die Modellierung beginnt mit der Definition der Elementtypen.

Abb. 11.3 Elementdefinition

Im vorliegenden Beispiel sind dies Joch, Luft, sowie die Primär- und Sekundärwicklungen der 3 Phasen, d. h. 6 weitere Elementtypen. Die Elementtypen werden werden je Strang einzeln verwendet, um ggf. unsymmetrische Transformatoren rechnen zu können.

```
/prep7
ET,1,PLANE53
ET,2,PLANE53
ET,3,PLANE53
KEYOPT,3,1,3
KEYOPT,3,2,0
KEYOPT,3,3,0
KEYOPT,3,4,0
KEYOPT,3,5,0
KEYOPT,3,7,0
ET,4,PLANE53
KEYOPT,4,1,3
KEYOPT,4,2,0
KEYOPT,4,3,0
```

```
KEYOPT,4,4,0
KEYOPT,4,5,0
KEYOPT,4,7,0
ET,5,PLANE53
KEYOPT,5,1,3
KEYOPT,5,2,0
KEYOPT,5,3,0
KEYOPT,5,4,0
KEYOPT,5,5,0
KEYOPT,5,7,0
ET,6,PLANE53
KEYOPT,6,1,3
KEYOPT,6,2,0
KEYOPT,6,3,0
KEYOPT,6,4,0
KEYOPT,6,5,0
KEYOPT,6,7,0
ET,7,PLANE53
KEYOPT,7,1,3
KEYOPT,7,2,0
KEYOPT,7,3,0
KEYOPT,7,4,0
KEYOPT,7,5,0
KEYOPT,7,7,0
ET,8,PLANE53
KEYOPT,8,1,3
KEYOPT,8,2,0
KEYOPT,8,3,0
KEYOPT,8,4,0
KEYOPT,8,5,0
KEYOPT,8,7,0
```

Im nächsten Zug werden die Materialeigenschaften definiert. Die Eingabe ist vom Einphasentransformator übernommen und auf die insgesamt 6 Spulen erweitert. Sollen unsymmetrische Effekte des Transformators berechnet werden, sind hier Änderungen vorzunehmen.

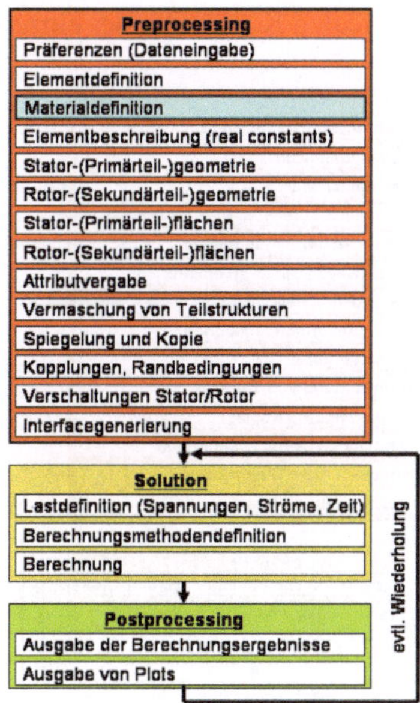

Abb. 11.4 Materialdefinition

```
leit1=56e6
leit2=56e6
nichtlin=0

*If,nichtlin,ne,1,then
MP,MURX,1,1000
*Else
eisen2.txt
*EndIf
MP,MURX,2,1
MP,MURX,3,1
MP,RSVX,3,1/56e6
MP,MURX,4,1
MP,RSVX,4,1/56e6
MP,MURX,5,1
MP,RSVX,5,1/56e6
MP,MURX,6,1
MP,RSVX,6,1/56e6
MP,MURX,7,1
MP,RSVX,7,1/56e6
MP,MURX,8,1
MP,RSVX,8,1/56e6
```

Es folgt die Beschreibung der realen Konstanten der einzelnen Spulen.

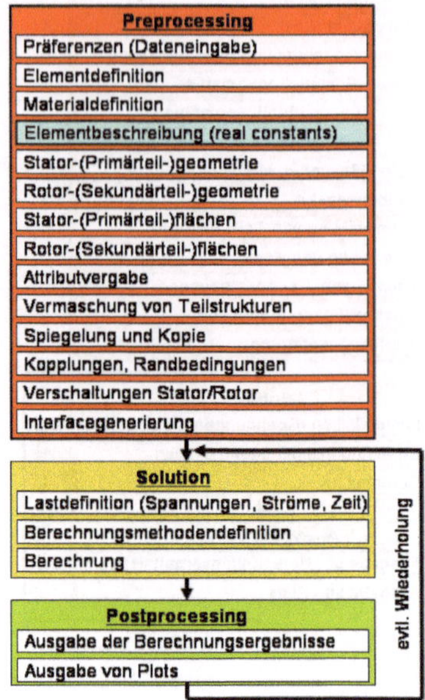

Abb. 11.5 Definition realer Konstanten

Die Eingabe entspricht dem Einphasentransformator, jedoch mit 6 unterschiedlichen Spulen für die 3 Stränge.

```
jochtiefe=.04
nwin1=200
nwin2=100
fil1=1
fil2=1


R,3,wickbreite1*wickhoehe1,nwin1,jochtiefe,1,fil1,
R,4,wickbreite1*wickhoehe1,nwin1,jochtiefe,1,fil1,
R,5,wickbreite1*wickhoehe1,nwin1,jochtiefe,1,fil1,
R,6,wickbreite2*wickhoehe2,nwin2,jochtiefe,1,fil2,
R,7,wickbreite2*wickhoehe2,nwin2,jochtiefe,1,fil2,
R,8,wickbreite2*wickhoehe2,nwin2,jochtiefe,1,fil2,
```

Abb. 11.6 Erstellung der Primärteilgeometrie

Die Modellierung beginnt mit der Generierung der Geometriepunkte. Im Gegensatz zum Einphasentransformator ergeben sich ohne Nutzung von Spiegelung und Kopie sehr viele Geometriepunkte aufgrund der 3 Phasen. Es zeigt sich, dass Spiegelung und Kopie große Vereinfachung mit sich bringen.

```
k,1,-(jochbreite/2),-(jochhoehe/2+jochdicke)
k,2,-(jochbreite/2+jochdicke),-(jochhoehe/2+jochdicke)
k,3,(jochbreite/2),-(jochhoehe/2+jochdicke)
k,4,(jochbreite/2+jochdicke),-(jochhoehe/2+jochdicke)
k,5,(jochbreite/2),+(jochhoehe/2+jochdicke)
k,6,(jochbreite/2+jochdicke),+(jochhoehe/2+jochdicke)
k,7,-(jochbreite/2),+(jochhoehe/2+jochdicke)
k,8,-(jochbreite/2+jochdicke),+(jochhoehe/2+jochdicke)
k,9,-(jochbreite/2),-(jochhoehe/2)
k,10,-(jochbreite/2+jochdicke),-(jochhoehe/2)
k,11,(jochbreite/2),-(jochhoehe/2)
k,12,(jochbreite/2+jochdicke),-(jochhoehe/2)
k,13,(jochbreite/2),+(jochhoehe/2)
k,14,(jochbreite/2+jochdicke),+(jochhoehe/2)
k,15,-(jochbreite/2),+(jochhoehe/2)
k,16,-(jochbreite/2+jochdicke),+(jochhoehe/2)
```

```
k,17,-(jochdicke/2),-(jochhoehe/2+jochdicke)
k,18,(jochdicke/2),-(jochhoehe/2+jochdicke)
k,19,-(jochdicke/2),+(jochhoehe/2+jochdicke)
k,20,(jochdicke/2),+(jochhoehe/2+jochdicke)
k,21,-(jochdicke/2),-(jochhoehe/2)
k,22,(jochdicke/2),-(jochhoehe/2)
k,23,-(jochdicke/2),+(jochhoehe/2)
k,24,(jochdicke/2),+(jochhoehe/2)

k,25,-(jochbreite/2+jochdicke),0
k,26,-(jochbreite/2),0
k,27,-(jochbreite/2+jochdicke),-wickhoehe1/2
k,28,-(jochbreite/2),-wickhoehe1/2
k,29,-(jochbreite/2+jochdicke),wickhoehe1/2
k,30,-(jochbreite/2),wickhoehe1/2

k,31,+(jochbreite/2+jochdicke),0
k,32,+(jochbreite/2),0
k,33,+(jochbreite/2+jochdicke),-wickhoehe1/2
k,34,+(jochbreite/2),-wickhoehe1/2
k,35,+(jochbreite/2+jochdicke),wickhoehe1/2
k,36,+(jochbreite/2),wickhoehe1/2

k,37,-(jochdicke/2),0
k,38,+(jochdicke/2),0
k,39,-(jochdicke/2),-wickhoehe1/2
k,40,+(jochdicke/2),-wickhoehe1/2
k,41,-(jochdicke/2),wickhoehe1/2
k,42,+(jochdicke/2),wickhoehe1/2

k,43,-(jochbreite/2+jochbreite/2+jochdicke),-(jochhoehe/
2+jochdicke)
k,44,(jochbreite/2+jochbreite/2+jochdicke),-(jochhoehe/
2+jochdicke)
k,45,(jochbreite/2+jochbreite/2+jochdicke),+(jochhoehe/
2+jochdicke)
k,46,-(jochbreite/2+jochbreite/2+jochdicke),+(jochhoehe/
2+jochdicke)
k,47,-(jochbreite/2+jochbreite/2),-(jochhoehe/2)
k,48,(jochbreite/2+jochbreite/2),-(jochhoehe/2)
k,49,(jochbreite/2+jochbreite/2),+(jochhoehe/2)
```

```
k,50,-(jochbreite/2+jochbreite/2),+(jochhoehe/2)

k,51,-(jochbreite/2+jochbreite/2+jochdicke),0
k,52,-(jochbreite/2+jochbreite/2),0
k,53,-(jochbreite/2+jochbreite/2+jochdicke),-wickhoehe2/2
k,54,-(jochbreite/2+jochbreite/2),-wickhoehe2/2
k,55,-(jochbreite/2+jochbreite/2+jochdicke),wickhoehe2/2
k,56,-(jochbreite/2+jochbreite/2),wickhoehe2/2

k,57,+(jochbreite/2+jochbreite/2+jochdicke),0
k,58,+(jochbreite/2)+jochbreite/2,0
k,59,+(jochbreite/2+jochbreite/2+jochdicke),-wickhoehe2/2
k,60,+(jochbreite/2+jochbreite/2),-wickhoehe2/2
k,61,+(jochbreite/2+jochbreite/2+jochdicke),wickhoehe2/2
k,62,+(jochbreite/2+jochbreite/2),wickhoehe2/2

k,63,-(jochbreite/2+jochdicke)-wickabstand1,0
k,64,-(jochbreite/2+jochdicke)-wickabstand1-wickbreite1,0
k,65,-(jochbreite/2+jochdicke)-wickabstand1,-wickhoehe1/2
k,66,-(jochbreite/2+jochdicke)-wickabstand1-wickbreite1,
-wickhoehe1/2
k,67,-(jochbreite/2+jochdicke)-wickabstand1,wickhoehe1/2
k,68,-(jochbreite/2+jochdicke)-wickabstand1-wickbreite1,
wickhoehe1/2

k,69,+(jochbreite/2+jochdicke)+wickabstand1,0
k,70,+(jochbreite/2+jochdicke)+wickabstand1+wickbreite1,0
k,71,+(jochbreite/2+jochdicke)+wickabstand1,-wickhoehe1/2
k,72,+(jochbreite/2+jochdicke)+wickabstand1+wickbreite1,
-wickhoehe1/2
k,73,+(jochbreite/2+jochdicke)+wickabstand1,wickhoehe1/2
k,74,+(jochbreite/2+jochdicke)+wickabstand1+wickbreite1,
wickhoehe1/2

k,75,-(jochbreite/2)+wickabstand1,0
k,76,-(jochbreite/2)+wickabstand1+wickbreite1,0
k,77,-(jochbreite/2)+wickabstand1,-wickhoehe1/2
k,78,-(jochbreite/2)+wickabstand1+wickbreite1,-wickhoehe1/2
k,79,-(jochbreite/2)+wickabstand1,wickhoehe1/2
k,80,-(jochbreite/2)+wickabstand1+wickbreite1,wickhoehe1/2
```

```
k,81,(jochbreite/2)-wickabstand1,0
k,82,(jochbreite/2)-wickabstand1-wickbreite1,0
k,83,(jochbreite/2)-wickabstand1,-wickhoehe1/2
k,84,(jochbreite/2)-wickabstand1-wickbreite1,-wickhoehe1/2
k,85,(jochbreite/2)-wickabstand1,wickhoehe1/2
k,86,(jochbreite/2)-wickabstand1-wickbreite1,wickhoehe1/2

k,87,+(jochdicke/2)+wickabstand1,0
k,88,+(jochdicke/2)+wickabstand1+wickbreite1,0
k,89,+(jochdicke/2)+wickabstand1,-wickhoehe1/2
k,90,+(jochdicke/2)+wickabstand1+wickbreite1,-wickhoehe1/2
k,91,+(jochdicke/2)+wickabstand1,wickhoehe1/2
k,92,+(jochdicke/2)+wickabstand1+wickbreite1,wickhoehe1/2

k,93,-(jochdicke/2)-wickabstand1,0
k,94,-(jochdicke/2)-wickabstand1-wickbreite1,0
k,95,-(jochdicke/2)-wickabstand1,-wickhoehe1/2
k,96,-(jochdicke/2)-wickabstand1-wickbreite1,-wickhoehe1/2
k,97,-(jochdicke/2)-wickabstand1,wickhoehe1/2
k,98,-(jochdicke/2)-wickabstand1-wickbreite1,wickhoehe1/2

k,99,-(jochbreite/2+jochdicke)-wickabstand1-wickbreite1-
wickabstand2,0
k,100,-(jochbreite/2+jochdicke)-wickabstand1-wickbreite1-
wickabstand2-wickbreite2,0
k,101,-(jochbreite/2+jochdicke)-wickabstand1-wickbreite1-
wickabstand2,-wickhoehe2/2
k,102,-(jochbreite/2+jochdicke)-wickabstand1-wickbreite1-
wickabstand2-wickbreite2,-wickhoehe2/2
k,103,-(jochbreite/2+jochdicke)-wickabstand1-wickbreite1-
wickabstand2,wickhoehe2/2
k,104,-(jochbreite/2+jochdicke)-wickabstand1-wickbreite1-
wickabstand2-wickbreite2,wickhoehe2/2

k,105,+(jochbreite/2+jochdicke+wickabstand1+wickbreite1+
wickabstand2),0
k,106,+(jochbreite/2+jochdicke+wickabstand1+wickbreite1+
wickabstand2+wickbreite2),0
k,107,+(jochbreite/2+jochdicke+wickabstand1+wickbreite1+
wickabstand2),-wickhoehe2/2
k,108,+(jochbreite/2+jochdicke+wickabstand1+wickbreite1+
wickabstand2+wickbreite2),-wickhoehe2/2
```

```
k,109,+(jochbreite/2+jochdicke+wickabstand1+wickbreite1+
wickabstand2),wickhoehe2/2
k,110,+(jochbreite/2+jochdicke+wickabstand1+wickbreite1+
wickabstand2+wickbreite2),wickhoehe2/2

k,111,-(jochbreite/2)+wickabstand1+wickbreite1+wickabstand2,0
k,112,-(jochbreite/2)+wickabstand1+wickbreite1+wickabstand2+
wickbreite2,0
k,113,-(jochbreite/2)+wickabstand1+wickbreite1+wickabstand2,-
wickhoehe2/2
k,114,-(jochbreite/2)+wickabstand1+wickbreite1+wickabstand2+
wickbreite2,-wickhoehe2/2
k,115,-(jochbreite/2)+wickabstand1+wickbreite1+wickabstand2,
wickhoehe2/2
k,116,-(jochbreite/2)+wickabstand1+wickbreite1+wickabstand2+
wickbreite2,wickhoehe2/2

k,117,(jochbreite/2)-wickabstand1-wickbreite1-wickabstand2,0
k,118,(jochbreite/2)-wickabstand1-wickbreite1-wickabstand2-
wickbreite2,0
k,119,(jochbreite/2)-wickabstand1-wickbreite1-wickabstand2,-
wickhoehe2/2
k,120,(jochbreite/2)-wickabstand1-wickbreite1-wickabstand2-
wickbreite2,-wickhoehe2/2
k,121,(jochbreite/2)-wickabstand1-wickbreite1-wickabstand2,
wickhoehe2/2
k,122,(jochbreite/2)-wickabstand1-wickbreite1-wickabstand2-
wickbreite2,wickhoehe2/2

k,123,+(jochdicke/2)+wickabstand1+wickbreite1+wickabstand2,0
k,124,+(jochdicke/2)+wickabstand1+wickbreite1+wickabstand2+
wickbreite2,0
k,125,+(jochdicke/2)+wickabstand1+wickbreite1+wickabstand2,-
wickhoehe2/2
k,126,+(jochdicke/2)+wickabstand1+wickbreite1+wickabstand2+
wickbreite2,-wickhoehe2/2
k,127,+(jochdicke/2)+wickabstand1+wickbreite1+wickabstand2,
wickhoehe2/2
k,128,+(jochdicke/2)+wickabstand1+wickbreite1+wickabstand2+
wickbreite2,wickhoehe2/2
```

```
k,129,-(jochdicke/2)-wickabstand1-wickbreite1-wickabstand2,0
k,130,-(jochdicke/2)-wickabstand1-wickbreite1-wickabstand2-
wickbreite2,0
k,131,-(jochdicke/2)-wickabstand1-wickbreite1-wickabstand2,-
wickhoehe2/2
k,132,-(jochdicke/2)-wickabstand1-wickbreite1-wickabstand2-
wickbreite2,-wickhoehe2/2
k,133,-(jochdicke/2)-wickabstand1-wickbreite1-wickabstand2,
wickhoehe2/2
k,134,-(jochdicke/2)-wickabstand1-wickbreite1-wickabstand2-
wickbreite2,wickhoehe2/2

k,135,-breiteaussen/2,-hoeheaussen/2
k,136,breiteaussen/2,-hoeheaussen/2
k,137,breiteaussen/2,hoeheaussen/2
k,138,-breiteaussen/2,hoeheaussen/2

k,139,-breiteaussen/2,0
k,140,-breiteaussen/2,-wickhoehe2/2
k,141,-breiteaussen/2,+wickhoehe2/2
k,142,+breiteaussen/2,0
k,143,+breiteaussen/2,-wickhoehe2/2
k,144,+breiteaussen/2,+wickhoehe2/2

k,145,-(jochbreite/2-wickbreite1-wickabstand1),-(jochhoehe/2)
k,146,-(jochbreite/2+wickbreite1+wickabstand1+jochdicke),-
(jochhoehe/2)
k,147,(jochbreite/2-wickbreite1-wickabstand1),-(jochhoehe/2)
k,148,(jochbreite/2+wickbreite1+wickabstand1+jochdicke),-
(jochhoehe/2)
k,149,(jochbreite/2-wickbreite1-wickabstand1),+(jochhoehe/2)
k,150,(jochbreite/2+wickbreite1+wickabstand1+jochdicke),+
(jochhoehe/2)
k,151,-(jochbreite/2-wickbreite1-wickabstand1),+(jochhoehe/2)
k,152,-(jochbreite/2+wickbreite1+wickabstand1+jochdicke),+
(jochhoehe/2)
k,153,-(jochdicke/2+wickbreite1+wickabstand1),-(jochhoehe/2)
k,154,(jochdicke/2+wickbreite1+wickabstand1),-(jochhoehe/2)
k,155,-(jochdicke/2+wickbreite1+wickabstand1),+(jochhoehe/2)
k,156,(jochdicke/2+wickbreite1+wickabstand1),+(jochhoehe/2)
```

```
k,157,-(jochbreite/2-wickbreite1-wickabstand1),-(jochhoehe/
2+jochdicke)
k,158,-(jochbreite/2+wickbreite1+wickabstand1+jochdicke),-
(jochhoehe/2+jochdicke)
k,159,(jochbreite/2-wickbreite1-wickabstand1),-(jochhoehe/
2+jochdicke)
k,160,(jochbreite/2+wickbreite1+wickabstand1+jochdicke),-
(jochhoehe/2+jochdicke)
k,161,(jochbreite/2-wickbreite1-wickabstand1),+(jochhoehe/
2+jochdicke)
k,162,(jochbreite/2+wickbreite1+wickabstand1+jochdicke),+
(jochhoehe/2+jochdicke)
k,163,-(jochbreite/2-wickbreite1-wickabstand1),+(jochhoehe/
2+jochdicke)
k,164,-(jochbreite/2+wickbreite1+wickabstand1+jochdicke),+
(jochhoehe/2+jochdicke)
k,165,-(jochdicke/2+wickbreite1+wickabstand1),-(jochhoehe/
2+jochdicke)
k,166,(jochdicke/2+wickbreite1+wickabstand1),-(jochhoehe/
2+jochdicke)
k,167,-(jochdicke/2+wickbreite1+wickabstand1),+(jochhoehe/
2+jochdicke)
k,168,(jochdicke/2+wickbreite1+wickabstand1),+(jochhoehe/
2+jochdicke)

k,169,-(jochbreite/2),-(hoeheaussen/2)
k,170,-(jochbreite/2+jochdicke),-(hoeheaussen/2)
k,171,(jochbreite/2),-(hoeheaussen/2)
k,172,(jochbreite/2+jochdicke),-(hoeheaussen/2)
k,173,(jochbreite/2),+(hoeheaussen/2)
k,174,(jochbreite/2+jochdicke),+(hoeheaussen/2)
k,175,-(jochbreite/2),+(hoeheaussen/2)
k,176,-(jochbreite/2+jochdicke),+(hoeheaussen/2)

k,177,-(jochdicke/2),-(hoeheaussen/2)
k,178,(jochdicke/2),-(hoeheaussen/2)
k,179,-(jochdicke/2),+(hoeheaussen/2)
k,180,(jochdicke/2),+(hoeheaussen/2)

k,181,-(jochbreite/2-wickbreite1-wickabstand1),-
(hoeheaussen/2)
```

```
k,182,-(jochbreite/2+wickbreite1+wickabstand1+jochdicke),-
(hoeheaussen/2)
k,183,(jochbreite/2-wickbreite1-wickabstand1),-
(hoeheaussen/2)
k,184,(jochbreite/2+wickbreite1+wickabstand1+jochdicke),-
(hoeheaussen/2)
k,185,(jochbreite/2-wickbreite1-wickabstand1),+
(hoeheaussen/2)
k,186,(jochbreite/2+wickbreite1+wickabstand1+jochdicke),+
(hoeheaussen/2)
k,183,-(jochbreite/2-wickbreite1-wickabstand1),+
(hoeheaussen/2)
k,184,-(jochbreite/2+wickbreite1+wickabstand1+jochdicke),+
(hoeheaussen/2)
k,185,-(jochdicke/2+wickbreite1+wickabstand1),-
(hoeheaussen/2)
k,186,(jochdicke/2+wickbreite1+wickabstand1),-
(hoeheaussen/2)
k,187,-(jochdicke/2+wickbreite1+wickabstand1),+
(hoeheaussen/2)
k,188,(jochdicke/2+wickbreite1+wickabstand1),+
(hoeheaussen/2)


k,189,(jochbreite/2-wickbreite1-wickabstand1),-
(hoeheaussen/2)
k,190,(jochbreite/2+wickbreite1+wickabstand1+jochdicke),-
(hoeheaussen/2)
k,191,(jochbreite/2-wickbreite1-wickabstand1),+
(hoeheaussen/2)
k,192,(jochbreite/2+wickbreite1+wickabstand1+jochdicke),+
(hoeheaussen/2)
```

Im Gegensatz zum Einphasentransformator, der mit 36 Geometriepunkten auskam, sind für die Modellierung des Dreiphasentransformators bei vergleichbarem Modellierungsverfahren 192 Geometriepunkte notwendig.

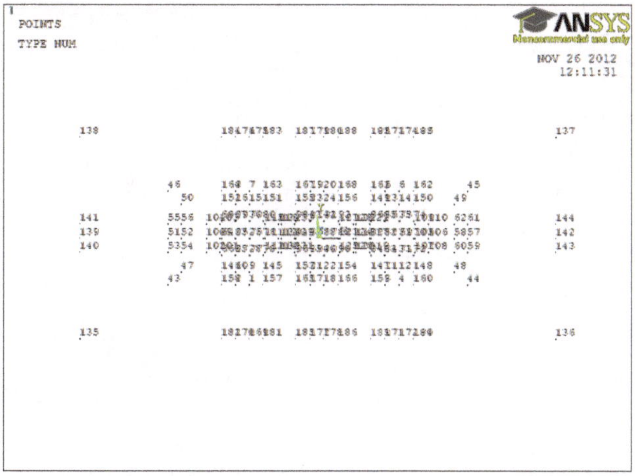

Abb. 11.7 Anzeige der generierten Geometrie-Punkte

Abb. 11.8 Geometrieerstellung der Sekundärseite

Es folgt, vergleichbar mit dem Einphasentransformator die direkte Generierung von Flächen über Geometriepunkte, mit denen im gleichen Zuge die Linien generiert werden. Stator- und Rotorseite, bzw. Primär- und Sekundärseite, werden nicht nacheinander, sondern in einem Zuge abgearbeitet.

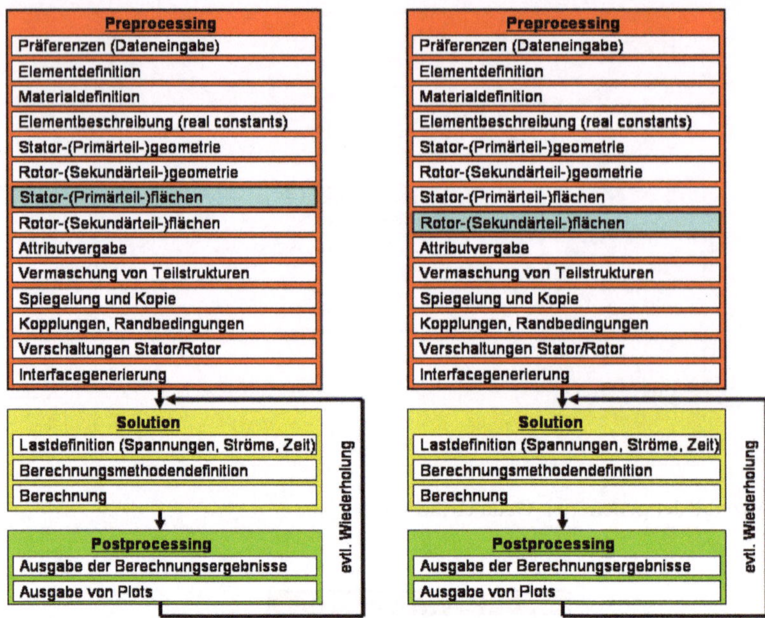

Abb. 11.9 Erstellung der Flächen des Primär- und Sekundärteils

```
a,9,1,157,145
a,145,157,165,153
a,153,165,17,21
a,17,18,22,21
a,22,18,166,154
a,154,166,159,147
a,147,159,3,11
a,2,1,9,10
a,3,4,12,11
a,47,43,158,146
a,146,158,2,10
a,12,4,160,148
a,148,160,44,48
a,7,15,151,163
a,163,151,155,167
a,167,155,23,19

a,23,24,20,19
a,20,24,156,168
a,168,156,149,161
```

```
a,161,149,13,5
a,16,15,7,8
a,13,14,6,5
a,46,50,152,164
a,164,152,16,8
a,6,14,150,162
a,162,150,49,45
a,21,22,40,39
a,10,9,28,27
a,11,12,33,34
a,43,47,54,53
a,48,44,59,60

a,24,23,41,42
a,15,16,29,30
a,14,13,36,35
a,46,55,56,50
a,49,62,61,45

a,37,39,40,38
a,25,27,28,26
a,32,34,33,31

a,41,37,38,42
a,29,25,26,30
a,36,32,31,35

a,51,53,54,52
a,55,51,52,56

a,58,60,59,57
a,62,58,57,61

a,94,96,95,93
a,87,89,90,88
a,98,94,93,97
a,91,87,88,92

a,64,66,65,63
a,75,77,78,76
a,68,64,63,67
a,79,75,76,80
```

a,82,84,83,81
a,69,71,72,70
a,86,82,81,85
a,73,69,70,74

a,130,132,131,129
a,123,125,126,124
a,134,130,129,133
a,127,123,124,128

a,100,102,101,99
a,111,113,114,112
a,104,100,99,103
a,115,111,112,116

a,118,120,119,117
a,105,107,108,106
a,122,118,117,121
a,109,105,106,110

a,93,95,39,37
a,38,40,89,87
a,97,93,37,41
a,42,38,87,91

a,129,131,96,94
a,88,90,125,123
a,133,129,94,98
a,92,88,123,127

a,63,65,27,25
a,26,28,77,75
a,67,63,25,29
a,30,26,75,79

a,99,101,66,64
a,76,78,113,111
a,103,99,64,68
a,80,76,111,115

a,81,83,34,32
a,31,33,71,69

```
a,85,81,32,36
a,35,31,69,73

a,117,119,84,82
a,70,72,107,105
a,121,117,82,86
a,74,70,105,109

a,112,114,132,130
a,124,126,120,118
a,116,112,130,134
a,128,124,118,122

a,52,54,102,100
a,106,108,60,58
a,56,52,100,104
a,110,106,58,62

a,95,21,21,39
a,40,22,22,89
a,65,10,10,27
a,28,9,9,77
a,83,11,11,34
a,33,12,12,71

a,96,153,21,95
a,89,22,154,90
a,66,146,10,65
a,77,9,145,78
a,84,147,11,83
a,71,12,148,72

a,131,153,153,96
a,90,154,154,125
a,101,146,146,66
a,78,145,145,113
a,119,147,147,84
a,72,148,148,107

a,41,23,23,97
a,91,24,24,42
a,29,16,16,67
```

```
a,79,15,15,30
a,36,13,13,85
a,73,14,14,35

a,97,23,155,98
a,92,156,24,91
a,67,16,152,68
a,80,151,15,79
a,85,13,149,86
a,74,150,14,73

a,98,155,155,133
a,127,156,156,92
a,68,152,152,103
a,115,151,151,80
a,86,149,149,121
a,109,150,150,74

a,113,145,145,114
a,114,145,153,132
a,132,153,153,131

a,125,154,154,126
a,126,154,147,120
a,120,147,147,119

a,133,155,155,134
a,134,155,151,116
a,116,151,151,115

a,121,149,149,122
a,122,149,156,128
a,128,156,156,127

a,54,47,146,102
a,102,146,146,101

a,108,148,48,60
a,107,148,148,108

a,103,152,152,104
a,104,152,50,56
```

```
a,110,150,150,109
a,62,49,150,110

a,140,135,43,53
a,139,140,53,51
a,141,139,51,55
a,138,141,55,46

a,59,44,136,143
a,57,59,143,142
a,61,57,142,144
a,45,61,144,137

a,43,135,182,158
a,158,182,170,2
a,2,170,169,1
a,1,169,181,157
a,157,181,185,165
a,165,185,177,17
a,17,177,178,18
a,18,178,186,166
a,166,186,189,159
a,159,189,171,3
a,3,171,172,4
a,4,172,190,160
a,160,190,136,44

a,138,46,164,184
a,184,164,8,176
a,176,8,7,175
a,175,7,163,183
a,183,163,167,187
a,187,167,19,179
a,179,19,20,180
a,180,20,168,188
a,188,168,161,191
a,191,161,5,173
a,173,5,6,174
a,174,6,162,192
a,192,162,45,137
```

Es ergibt sich die Modellierung des gesamten Dreiphasentransformators noch ohne Attributvergabe.

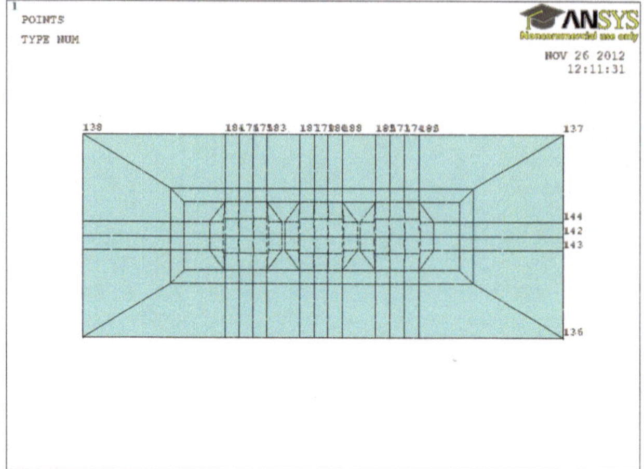

Abb. 11.10 Anzeige der generierten Statorflächen

Es folgt die Attributvergabe zu den einzelnen Flächen.

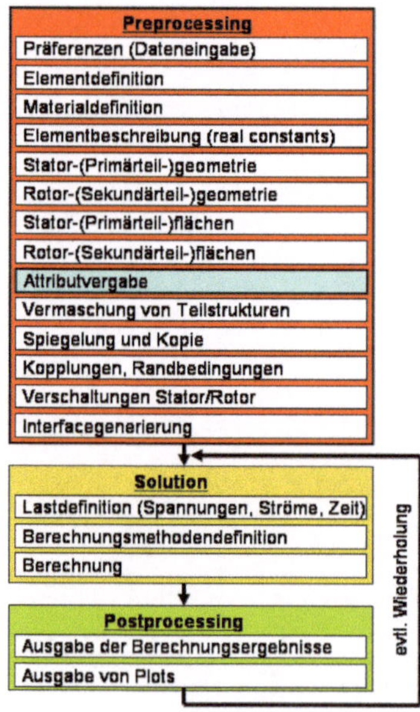

Abb. 11.11 Attributzuweisung

```
asel,s,,,1,46
aatt,1,,1
```

```
asel,s,,,71,192
aatt,2,,2

asel,s,,,51,54
aatt,3,3,3

asel,s,,,47,50
aatt,4,4,4

asel,s,,,55,58
aatt,5,5,5

asel,s,,,63,66
aatt,6,6,6

asel,s,,,59,62
aatt,7,7,7

asel,s,,,67,70
aatt,8,8,8

*If,kern,eq,1,then
asel,s,,,10,13,3
asel,a,,,23,26,3
asel,a,,,30,31
asel,a,,,35,36
asel,a,,,43,46
asel,a,,,11,12
asel,a,,,24,25
aatt,2,,2
*EndIf
```

Zum Abschluss wird bei Berücksichtigung des Parameters KERN das Joch entsprechend eines Kern- oder Manteltransformators mit Attributen belegt.

Damit sind die wesentlichen Modellierungsarbeiten abgeschlossen.

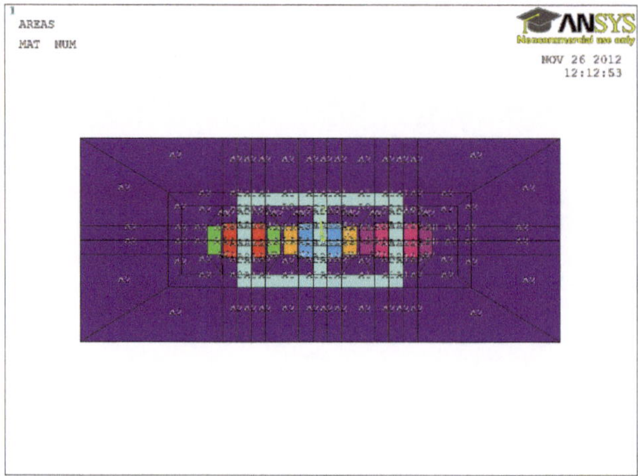

Abb. 11.12 Anzeige der Statorflächen nach Attributzuordnung

Es folgt die Vermaschung des Transformators.

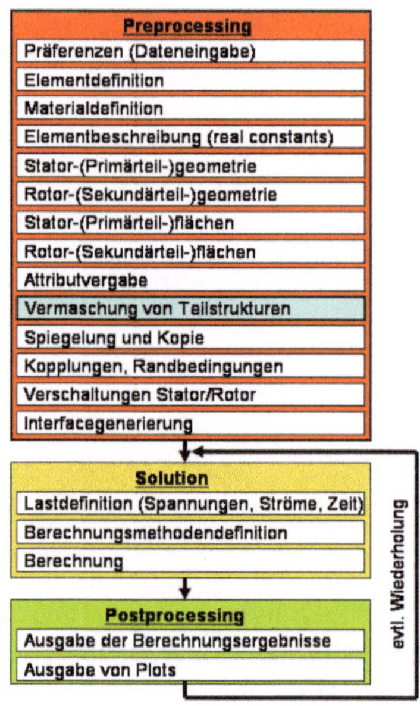

Abb. 11.13 Vermaschung

Hierzu werden wie beim Einphasentransformator Parameter für die Vermaschung festgelegt, um die Vermaschung der Verteilung der magnetischen Energie im Transformator
anzupassen.

```
meshaussen=.05
mesheisen=.005
meshinnen=.01
```

Im vorliegenden Fall erfolgt die Vermaschung nicht über globale Elementgrößen und damit den ESIZE-Befehl, sondern wesentlich gezielter über die Definition der Elementanzahl auf den einzelnen Kanten der zu vermaschenden Flächen. Zunächst werden über den Befehl LSEL die zu definierenden Flächen ausgewählt und anhand einer gewählten Bezugslinie (im ersten Päckchen 334) die Länge der Linie per ANSYS-Datenbankzugriff über den *GET-Befehl ermittelt. Durch Division der Linienlänge durch die beabsichtigte Elementkantenlänge auf den betreffenden Kanten ergibt sich die Anzahl notwendige Elementkanten auf der Flächenseite. Diese REAL-Zahl muss durch Abschneiden der Nachkommastellen in eine Ganzzahlvariable (INTEGER) umgewandelt werden. Es ergibt sich die Elementkantenanzahl als Parameter ISTUE1. Um sicherzustellen, dass die Elementkantenanzahl minimal 1 wird, erfolgt eine IF-Abfrage mit entsprechender Korrektur. Abschließend wird über den LESIZE-Befehl (abgekürzt mit LESI) den ausgewählten Linien die Anzahl gewünschter Elementkanten zugewiesen. Bei genauerer Betrachtung des LESIZE-Befehls über die Hilfefunktion (HELP,LESI) kann zusätzlich ein Zulauf der Elementkantenanzahl von einer Seite der Linie zur anderen berücksichtigt werden. Damit können z. B. Ecken um Nuten besser nachgebildet werden.

```
lsel,s,,,334,358,24
lsel,a,,,360,383,23
*get,laeng,line,334,leng
istue1=nint(laeng/meshaussen)
*if,istue1,lt,1,then
istue1=1
*endif
lesi,all,,,istue1

lsel,s,,,316,323,7
lsel,a,,,326,332,6
*get,laeng,line,316,leng
istue1=nint(laeng/meshaussen)
*if,istue1,lt,1,then
istue1=1
*endif
lesi,all,,,istue1

lsel,s,,,319,321,2
lsel,a,,,328,330,2
*get,laeng,line,319,leng
```

```
istue1=nint(laeng/meshaussen)
*if,istue1,lt,1,then
istue1=1
*endif
lesi,all,,,istue1

lsel,s,,,342,350,8
lsel,a,,,368,376,8
*get,laeng,line,342,leng
istue1=nint(laeng/meshaussen)
*if,istue1,lt,1,then
istue1=1
*endif
lesi,all,,,istue1

lsel,s,,,338,354,8
lsel,a,,,364,380,8
*get,laeng,line,338,leng
istue1=nint(laeng/meshaussen)
*if,istue1,lt,1,then
istue1=1
*endif
lesi,all,,,istue1

lsel,s,,,336,356,4
lsel,a,,,362,382,4
*get,laeng,line,336,leng
istue1=nint(laeng/meshaussen)
*if,istue1,lt,1,then
istue1=1
*endif
lesi,all,,,istue1

lsel,s,,,317,318
lsel,a,,,320,324,2
lsel,a,,,325,381,2
*get,laeng,line,324,leng
istue1=nint(laeng/meshaussen*2)
*if,istue1,lt,1,then
istue1=1
*endif
lesi,all,,,istue1,.25,1
```

```
lsel,s,,,318,324,2
lsel,a,,,325
lsel,a,,,359,381,2
lesi,all,,,istue1,4,1

lsel,s,,,90,92,2
lsel,a,,,93,95,2
lsel,a,,,105,107,2
lsel,a,,,108,110,2
*get,laeng,line,90,leng
istue1=nint(laeng/mesheisen)
*if,istue1,lt,1,then
istue1=1
*endif
lesi,all,,,istue1,

lsel,s,,,30,32,2
lsel,a,,,38,40,2
lsel,a,,,70,72,2
lsel,a,,,78,80,2
*get,laeng,line,32,leng
istue1=nint(laeng/mesheisen)
*if,istue1,lt,1,then
istue1=1
*endif
lesi,all,,,istue1,

lsel,s,,,1
lsel,a,,,3,21,3
lsel,a,,,25,31,2
lsel,a,,,36,39,3
lsel,a,,,41,43,2
lsel,a,,,46,61,3
lsel,a,,,65,71,2
lsel,a,,,76,79,3
lsel,a,,,91,94,3
lsel,a,,,106,109,3
lsel,a,,,128,133,5
*get,laeng,line,31,leng
istue1=nint(laeng/mesheisen)
*if,istue1,lt,1,then
istue1=1
```

```
*endif
lesi,all,,,istue1,

lsel,s,,,2,4,2
lsel,a,,,8,10,2
lsel,a,,,14,16,2
lsel,a,,,20,22,2
lsel,a,,,33,35
lsel,a,,,37,42,5
lsel,a,,,44,48,4
lsel,a,,,50,54,4
lsel,a,,,56,60,4
lsel,a,,,62
lsel,a,,,73,75
lsel,a,,,77
*get,laeng,line,2,leng
istue1=nint(laeng/mesheisen)
*if,istue1,lt,1,then
istue1=1
*endif
lesi,all,,,istue1,

lsel,s,,,11,13,2
lsel,a,,,23,24
lsel,a,,,26,28,2
lsel,a,,,51,53,2
lsel,a,,,63,64
lsel,a,,,66,68,2
lsel,a,,,82,88,3
lsel,a,,,97,103,3
lsel,a,,,113,119,3
*get,laeng,line,11,leng
istue1=nint(laeng/mesheisen)
*if,istue1,lt,1,then
istue1=1
*endif
lesi,all,,,istue1,

lsel,s,,,5,7,2
lsel,a,,,17,19,2
lsel,a,,,45,47,2
lsel,a,,,57,59,2
```

```
*get,laeng,line,5,leng
istue1=nint(laeng/mesheisen)
*if,istue1,lt,1,then
istue1=1
*endif
lesi,all,,,istue1,

lsel,s,,,304,315
*get,laeng,line,304,leng
istue1=nint(laeng/mesheisen)
*if,istue1,lt,1,then
istue1=1
*endif
lesi,all,,,istue1

lsel,s,,,226,231
lsel,a,,,238,240
lsel,a,,,241,243
lsel,a,,,250,255
*get,laeng,line,226,leng
istue1=nint(laeng/meshinnen)
*if,istue1,lt,1,then
istue1=1
*endif
lesi,all,,,istue1,

lsel,s,,,220,225
lsel,a,,,232,234
lsel,a,,,236,237
lsel,a,,,244,249
*get,laeng,line,220,leng
istue1=nint(laeng/meshinnen)
*if,istue1,lt,1,then
istue1=1
*endif
lesi,all,,,istue1,

lsel,s,,,137,139,2
lsel,a,,,141,143,2
lsel,a,,,146,149,3
lsel,a,,,151,157,2
lsel,a,,,160,163,3
```

```
lsel,a,,,165,171,2
lsel,a,,,174,177,3
*get,laeng,line,137,leng
istue1=nint(laeng/meshinnen)
*if,istue1,lt,1,then
istue1=1
*endif
lesi,all,,,istue1,

lsel,s,,,256,261
*get,laeng,line,256,leng
istue1=nint(laeng/meshinnen)
*if,istue1,lt,1,then
istue1=1
*endif
lesi,all,,,istue1,

lsel,s,,,126,127
lsel,a,,,129,132
lsel,a,,,134,135
*get,laeng,line,126,leng
istue1=nint(laeng/mesheisen)
*if,istue1,lt,1,then
istue1=1
*endif
lesi,all,,,istue1,

lsel,s,,,178,186,2
lsel,a,,,187,189,2
lsel,a,,,190,200,2
lsel,a,,,201,203,2
lsel,a,,,204,214,2
lsel,a,,,215,217,2
lsel,a,,,218
*get,laeng,line,126,leng
istue1=nint(laeng/meshinnen)
*if,istue1,lt,1,then
istue1=1
*endif
lesi,all,,,istue1,
```

```
lsel,s,,,179,185,2
lsel,a,,,188
lsel,a,,,191,199,2
lsel,a,,,202
lsel,a,,,205,213,2
lsel,a,,,216,219,3
*get,laeng,line,179,leng
istue1=nint(laeng/meshinnen)
*if,istue1,lt,1,then
istue1=1
*endif
lesi,all,,,istue1,

lsel,s,,,111,112
lsel,a,,,114,115
lsel,a,,,117,118
lsel,a,,,118,120,2
lsel,a,,,121,125
lsel,a,,,138,140,2
lsel,a,,,145,147,2
lsel,a,,,152,154,2
lsel,a,,,159,161,2
lsel,a,,,166,168,2
lsel,a,,,173,175,2
*get,laeng,line,111,leng
istue1=nint(laeng/meshinnen)
*if,istue1,lt,1,then
istue1=1
*endif
lesi,all,,,istue1,

lsel,s,,,262,267
*get,laeng,line,262,leng
istue1=nint(laeng/meshinnen)
*if,istue1,lt,1,then
istue1=1
*endif
lesi,all,,,istue1,

lsel,s,,,81,83,2
lsel,a,,,84,86,2
lsel,a,,,87,89,2
```

```
lsel,a,,,96,98,2
lsel,a,,,99,101,2
lsel,a,,,102,104,2
lsel,a,,,268,303
*get,laeng,line,81,leng
istue1=nint(laeng/meshinnen)
*if,istue1,lt,1,then
istue1=1
*endif
lesi,all,,,istue1,

lsel,s,,,136,142,6
lsel,a,,,144,148,4
lsel,a,,,150,156,6
lsel,a,,,158,162,4
lsel,a,,,164,170,6
lsel,a,,,172,176,4
*get,laeng,line,136,leng
istue1=nint(laeng/meshinnen)
*if,istue1,lt,1,then
istue1=1
*endif
lesi,all,,,istue1,
```

Es wird schnell ersichtlich, dass dieses Verfahren der Vermaschung sehr aufwändig ist. Insbesondere beim Dreiphasentransformator mit seinen vielen Linien können viele Fehler entstehen. Von Fall zu Fall sollte bei der Modellierung entschieden werden, ob die Modellierung über den ESIZE-Befehl reicht oder eine Kombination aus nur wenigen LESIZE-Befehl-Anwendungen in Verbindung mit dem ESIZE-Befehl eher anzuwenden ist.

Abschließend müssen alle zu vermaschenden Flächen selektiert werden und können über den AMESH-Befehl vermascht werden. Bei Kombination von ESIZE und LESIZE müssen die Flächen sukzessive wie beim Einphasentransformator vermascht werden.

```
allsel
amesh,all
```

Es ergibt sich das vermaschte Modell des Kerntransformators, wobei die Attribute der Elemente von den Flächen assoziativ übertragen wurden.

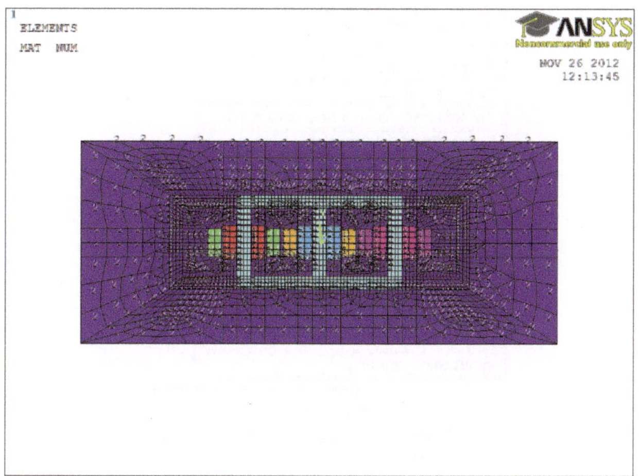

Abb. 11.14 Anzeige der vermaschten Flächen

Die Spiegelung und Kopie von Teilstrukturen entfällt an dieser Stelle. Der Unterschied zur vollständigen Methode wird in einem weiteren Kapitel gegenübergestellt.

Abb. 11.15 Spiegelung und Kopie

Es folgt vergleichbar mit dem Einphasentransformator die Kopplung der einzelnen Spulenseiten der Primär- und Sekundärwicklung der drei Phasen, d. h. im vorliegenden Falle 24 Kopplungen.

Abb. 11.16 Kopplungen und Randbedingungen

Die Flächen werden über den ASEL-Befehl selektiert und dazu die hierarchisch untergeordneten Elemente hinzuselektiert. Es folgt die Kopplung der Freiheitsgrade CURR und EMF über einzelnen Kopplungsnummern und die Bestimmung des jeweiligen Masterknotens.

```
asel,s,,,51,53,2
allsel,below,area
cp,3,curr,all
cp,4,emf,all
*GET,wicknode1, NODE, 0,num,min
```

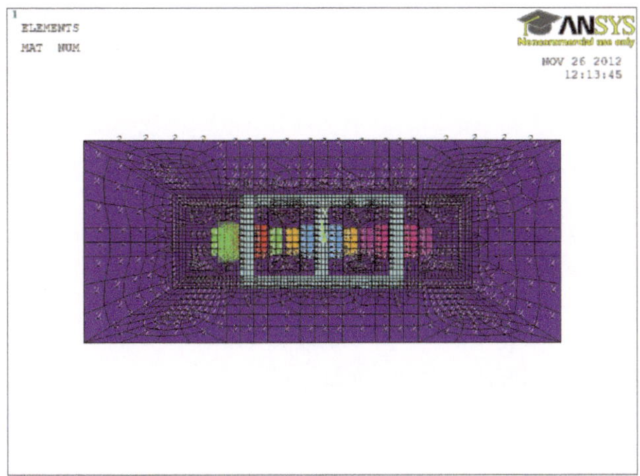

Abb. 11.17 Kopplung der Freiheitsgrade CURR und EMF in den Flächen der ersten Spulenseite

Diese Vorgehensweise wird auf alle weiteren Spulenflächenseiten angewandt. Prinzipiell hätte eine entsprechende DO-Schleife Übersicht erzeugt, was jedoch beim Dreiphasentransformator nur wenige Vorteile mit sich bringt.

```
asel,s,,,52,54,2
allsel,below,area
cp,5,curr,all
cp,6,emf,all
*GET,wicknode2, NODE, 0,num,min

asel,s,,,47,49,2
allsel,below,area
cp,7,curr,all
cp,8,emf,all
*GET,wicknode3, NODE, 0,num,min

asel,s,,,48,50,2
allsel,below,area
cp,9,curr,all
cp,10,emf,all
*GET,wicknode4, NODE, 0,num,min

asel,s,,,55,57,2
allsel,below,area
cp,11,curr,all
cp,12,emf,all
*GET,wicknode5, NODE, 0,num,min
```

```
asel,s,,,56,58,2
allsel,below,area
cp,13,curr,all
cp,14,emf,all
*GET,wicknode6, NODE, 0,num,min

asel,s,,,63,65,2
allsel,below,area
cp,15,curr,all
cp,16,emf,all
*GET,wicknode7, NODE, 0,num,min

asel,s,,,64,66,2
allsel,below,area
cp,17,curr,all
cp,18,emf,all
*GET,wicknode8, NODE, 0,num,min

asel,s,,,59,61,2
allsel,below,area
cp,19,curr,all
cp,20,emf,all
*GET,wicknode9, NODE, 0,num,min

asel,s,,,60,62,2
allsel,below,area
cp,21,curr,all
cp,22,emf,all
*GET,wicknode10, NODE, 0,num,min

asel,s,,,67,69,2
allsel,below,area
cp,23,curr,all
cp,24,emf,all
*GET,wicknode11, NODE, 0,num,min

asel,s,,,68,70,2
allsel,below,area
cp,25,curr,all
cp,26,emf,all
*GET,wicknode12, NODE, 0,num,min
```

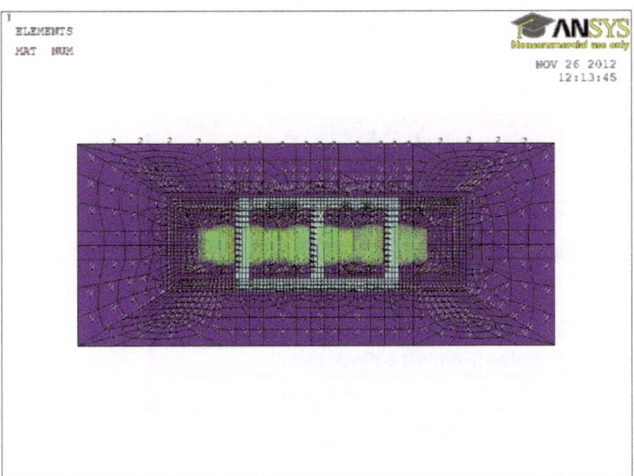

Abb. 11.18 Anzeige der Kopplungen an allen Spulenseiten des dreiphasigen Transformators

Im Anschluss wird die Randbedingung zur Erfüllung der 3. Maxwell'schen Gleichung auf den Rand der Anordnung aufgebracht. Dazu wird der NSEL-Befehl mit dem Modifikator für die externen Knoten zur Anwendung gebracht. Auf die selektierten Knoten wird die Randbedingung des gleichen Vektorpotenzials AZ mit Wert 0 aufgebracht.

```
nsel,s,ext
d,all,az,0
```

Damit ist das vollständige geometrische Modell erzeugt und kann durch den Befehl ALLSEL vollständig aufgerufen und damit dargestellt werden.

```
Allsel
```

11.2   Generierung der Verschaltung

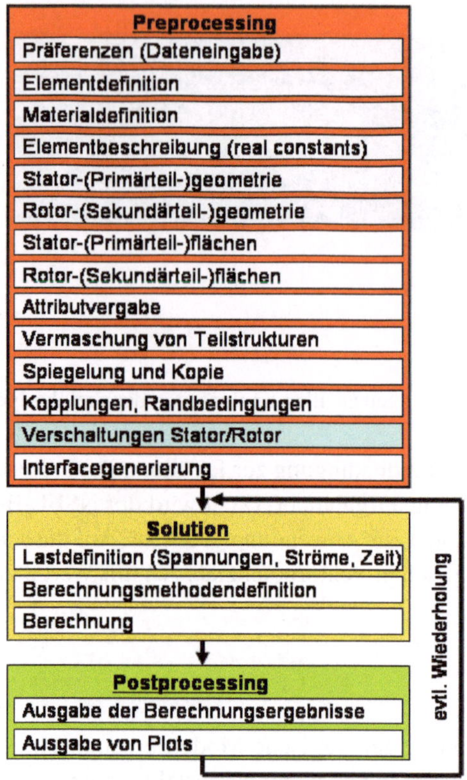

Abb. 11.19 Verschaltung des Primär- und Sekundärteils

Es folgt die Generierung der Verschaltung, unterteilt in Primär- und Sekundärteilverschaltung. Wie beim Einphasentransformator sind nur wenige Angaben erforderlich. Soll der Dreiphasentransformator hinsichtlich der Schaltung unsymmetrisch modelliert werden, sind Anpassungen erforderlich. Die Nutzung der DO-Schleifen ist dann abzuwandeln.

```
rwickstirn1=.1
lwickstirn1=1e-3
rwickstirn2=.1
lwickstirn2=1e-3
u1=250
rlast=10
```

11.2.1 Primärteil-Verschaltung

Es folgt die Verschaltung der Primärteilverschaltung in einer DO-Schleife. Der Reihe nach werden Strang für Strang die Spulenseiten links und rechts, der Stirnwiderstand, die Stirninduktivität und die Spannungsquelle jedes Stranges modelliert.

```
allsel

m=3        ! Die Strangzahl ist 3 ! immer

*GET,maxnode, NODE, 0,num,max
inode=maxnode

*Do,im,1,3

R,10,1,
inode=inode+1
n1=inode
N,inode,-0.75*breiteaussen,+0.35*hoeheaussen+(im-2)*
hoeheaussen,0
inode=inode+1
n2=inode
N,inode,-0.75*breiteaussen,+(im-2)*hoeheaussen,0
RMOD,10,15,0,1
ET,10,CIRCU124,5,0
TYPE,10
REAL,10
MAT,1
!*
E,n1,n2,wicknode%(im-1)*2+1%
!*
R,11,1,
inode=inode+1
n3=inode
N,inode,-0.75*breiteaussen,-0.35*hoeheaussen+(im-2)*
hoeheaussen,0
RMOD,11,15,0,1
ET,11,CIRCU124,5,0
TYPE,11
REAL,11
MAT,1
!*
```

```
E,n3,n2,wicknode%(im-1)*2+2%
!*
R,12,rwickstirn1, ,
inode=inode+1
n4=inode
ewp%im%=n4
N,inode,-1.4*breiteaussen,+0.35*hoeheaussen+(im-2)*
hoeheaussen,0
RMOD,12,15,0,1
ET,12,CIRCU124,0,0
TYPE,12
REAL,12
MAT,1
!*
E,n4,n1
*GET,er1%im%,elem,0,num,max
!*
R,13,lwickstirn1, ,
!*
!*
inode=inode+1
n5=inode
ewm%im%=n5
N,inode,-1.2*breiteaussen,-0.35*hoeheaussen+(im-2)*
hoeheaussen,0
RMOD,13,15,0,11
ET,13,CIRCU124,1,0
TYPE,13
REAL,13
MAT,1
!*
E,n5,n3
!*
R,14+im-1,u1*cos(-(im-1)*120),0,
!*
!*
RMOD,14+im-1,15,0,33
ET,14+im-1,CIRCU124,4,0
TYPE,14+im-1
REAL,14+im-1
MAT,1
!*
```

```
inode=inode+1
n6=inode
N,inode,-2*breiteaussen,im*hoeheaussen/2,0
esstp%im%=n6
inode=inode+1
n7=inode
esstm%im%=n7
N,inode,-1.6*breiteaussen,im*hoeheaussen/2,0
inode=inode+1
n8=inode
N,inode,-1.8*breiteaussen,im*hoeheaussen/2,0
E,n6,n7,n8
*GET,eu1%im%,elem,0,num,max
!*


*EndDo
```

Es folgt die Anlage des Sternpunkts des speisenden Drehstrom-Spannungssystems.
Hierzu wurden die entsprechenden Knoten der Spannungsquellen per ANSYS-Datenbankabfrage über den *GET-Befehl unter den Parametern ESSTP1, ESSTP2 und ESSTP3
abgespeichert. Nach Anlage eines Schaltelements über einen niederohmigen Widerstand
können die Schaltwiderstände des Sternpunkts bequem über drei E-Befehle angelegt werden.

```
R,17,1e-6, ,
RMOD,17,17,0,1
ET,17,CIRCU124,0,0
TYPE,17
REAL,17
MAT,1
!*
!
!  Sternpunkt Spannungssystem Primaerseite
!
e,esstp1,esstp2
e,esstp2,esstp3
e,esstp3,esstp1
```

Entsprechend wird das Drehstromsystem mit den 3 Strängen der Primärseite über einen
niederohmigen Widerstand verbunden und ein Sternpunkt der Primärwicklung gebildet.
Durch einfache Änderungen kann hier statt der Stern- auch eine Dreiecksschaltung geniert
werden.

```
*Do,im,1,3
E,esstm%im%,ewp%im%
*EndDo

e,ewm1,ewm2
e,ewm2,ewm3
e,ewm3,ewm1
```

Abschließend werden Sternpunkt des Drehstromsystems und der Primärwicklung miteinander verschaltet.

```
e,ewm1,esstp1
```

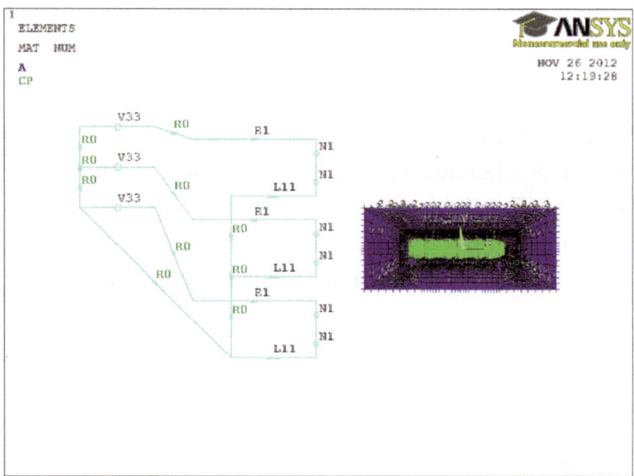

Abb. 11.20   Verschaltung der Primärseite als Sternschaltung

11.2.2   Sekundärteil-Verschaltung

Entsprechend wird die Verschaltung der Sekundärseite über eine DO-Schleife aufgebaut.

```
*Do,im,1,3

R,18,1,
inode=inode+1
n1=inode
N,inode,0.75*breiteaussen,+0.35*hoeheaussen+(im-2)*
hoeheaussen,0
```

```
inode=inode+1
n2=inode
N,inode,0.75*breiteaussen,+(im-2)*hoeheaussen,0
RMOD,18,18,0,1
ET,18,CIRCU124,5,0
TYPE,18
REAL,18
MAT,1
!*
E,n1,n2,wicknode%(im-1)*2+1+6%
!*
R,19,1,
inode=inode+1
n3=inode
N,inode,0.75*breiteaussen,-0.35*hoeheaussen+(im-2)*
hoeheaussen,0
RMOD,19,19,0,1
ET,19,CIRCU124,5,0
TYPE,19
REAL,19
MAT,1
!*
E,n3,n2,wicknode%(im-1)*2+2+6%

R,20,rwickstirn2, ,
inode=inode+1
n4=inode
ewp%im%=n4
N,inode,1.4*breiteaussen,+0.35*hoeheaussen+(im-2)*
hoeheaussen,0
RMOD,20,20,0,1
ET,20,CIRCU124,0,0
TYPE,20
REAL,20
MAT,1
!*
E,n4,n1
*GET,er2%im%,elem,0,num,max
!*
R,21,lwickstirn2, ,
!*
!*
```

```
inode=inode+1
n5=inode
ewm%im%=n5
N,inode,1.2*breiteaussen,-0.35*hoeheaussen+(im-2)*
hoeheaussen,0
RMOD,21,21,0,11
ET,21,CIRCU124,1,0
TYPE,21
REAL,21
MAT,1
!*
E,n5,n3
!*

*EndDo

TYPE,17
REAL,17
MAT,1
e,ewm1,ewm2
e,ewm2,ewm3
e,ewm3,ewm1

*Do,im,1,m

R,22+im-1,u2*cos(-(im-1)*120),0,
!*
!*
RMOD,22+im-1,15,0,33
ET,22+im-1,CIRCU124,4,0
TYPE,22+im-1
REAL,22+im-1
MAT,1
!*
inode=inode+1
n6=inode
N,inode,2*breiteaussen,im*hoeheaussen/2,0
esstp2%im%=n6
inode=inode+1
n7=inode
esstm2%im%=n7
N,inode,1.6*breiteaussen,im*hoeheaussen/2,0
```

```
inode=inode+1
n8=inode
N,inode,1.8*breiteaussen,im*hoeheaussen/2,0
E,n6,n7,n8
*GET,eu2%im%,elem,0,num,max

*EndDo

TYPE,17
REAL,17
MAT,1
!*
```

Auch die Sekundärseite wird zu einer Sternschaltung zusammengeführt und kann leicht in eine Dreieckschaltung umgewandelt werden.

```
!   Sternpunkt Spannungssystem Sekundaerseite
!
e,esstp21,esstp22
e,esstp22,esstp23
e,esstp23,esstp21

*Do,im,1,m
e,esstm2%im%,ewp%im%
*EndDo
e,esstp21,ewm1
```

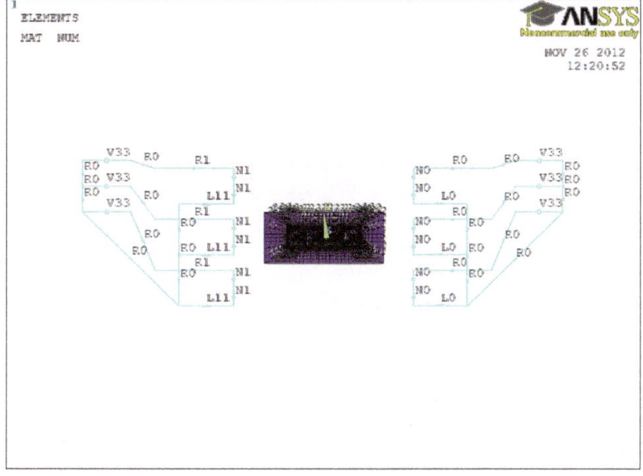

Abb. 11.21 Darstellung der Verschaltung von Primär- und Sekundärseite

Die gesamte Finite-Elemente-Modell-Generierung des Dreiphasentransformators befindet sich in der Datei „dreiphasentrafo_geometrie.txt" und hat folgenden Inhalt.

```
!!
!! Geometrieerstellung eines Dreiphasen-Transformators als
Kerntransformator
!!
/prep7
!! Parameter für die Geometrie

jochbreite=.2
jochhoehe=.1
jochdicke=.02
jochtiefe=.04
kern=1

wickbreite1=.02
wickhoehe1=.05
wickabstand1=.001
nwin1=200

wickbreite2=.02
wickhoehe2=.042
wickabstand2=.002
nwin2=100

breiteaussen=.7
hoeheaussen=.3

trafo3p-elemente.txt
muer=10000        !! im Skript fest vorgegeben mit 1000
leit1=56e6        !! im Skript fest vorgegeben mit 56000
leit2=56e6        !! im Skript fest vorgegeben mit 56000
nichtlin=0
*SET,FIL1     , 0.9000000000000
*SET,FIL2     , 0.9000000000000
trafo3p-material.txt
trafo3p-geometrie.txt
trafo3p-flaechen.txt
meshaussen=.05
mesheisen=.005
meshinnen=.01
```

```
trafo3p-netz.txt

trafo3p-kopplung.txt

!! Schaltungsparameter Primärseite
rwickstirn1=.1
lwickstirn1=1e-3
u1=250
freq=50

!! Schaltungsparameter Sekundärseite
rwickstirn2=.1
lwickstirn2=1e-3
rlast=10

trafo3p-schalt.txt

allsel
```

11.3 Rechnungsvorbereitung

Zur Vorbereitung der Berechnung werden wie beim Einphasentransformator einige Eingaben vorgenommen.

```
freq=50
itst=30
jsteps=600
einschwin=0
```

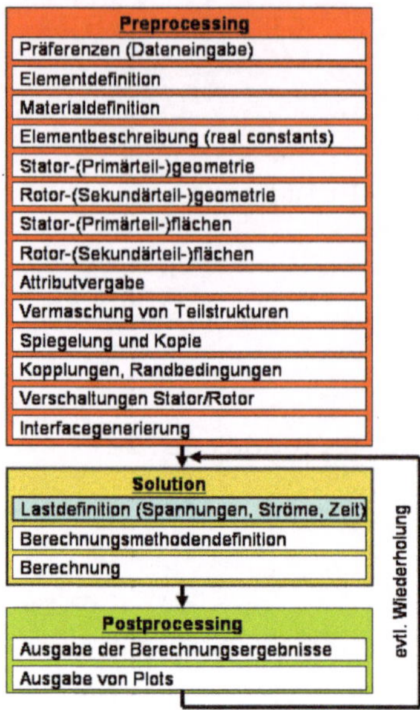

Abb. 11.22 Lastdefinition

Vergleichbar mit dem Einphasentransformator werden die Ausgabedateien bei Dreiphasentransformator für drei Phasen vorbereitet.

```
!*
/post1
/output,Transfo1%ausgabe%,lis,,
/COM,-------------------------------------------------------------
/COM, Schritt  Zeit  U11  U12  U13  I11  I12  I13  Rechenzeit
/COM,-------------------------------------------------------------
/output,term
/output,Transfo2%ausgabe%,lis,,
/COM,-------------------------------------------------------------
/COM, Schritt  Zeit  U21  U22  U23  I21  I22  I23  Rechenzeit
/COM,-------------------------------------------------------------
/output,term
/output,Transfo11%ausgabe%,lis,,
/COM,-------------------------------------------------------------
/COM,Schritt Zeit Pauf1 Pauf2 Pauf3 Pab1 Pab2 Pab3 Rechenzeit
/COM,-------------------------------------------------------------
/output,term
/output,Transfo12%ausgabe%,lis,,
/COM,-------------------------------------------------------------
```

```
/COM, Schritt Zeit PR11 PR12 PR13 PR21 PR22 PR23 Rechenzeit
/COM,-----------------------------------------------------------
/output,term
```

Abb. 11.23 Berechnungsmethodendefinition

Zur Vorbereitung einer Berechnung, in diesem Falle einer statischen zur Kontrolle des Modells, wird die Amplitude des Primärstroms auf 10 A festgelegt. Die Spannungsquellen der Primärseite werden in Stromquellen umgewandelt und über reale Konstanten die Momentanwerte der Ströme der einzelnen Phasen bei Berücksichtigung der Phasenverschiebung von 120 Grad neu definiert.

```
I1=10

Zeit=0

/prep7
*afun,deg

allsel

phase=freq*zeit*360
*Do,im,1,m
```

```
!
!   Spannungsvektoren
!
i1t=i1*cos(phase-(im-1)*360/m)
et,14+im-1,CIRCU124,3,0
r,14+im-1,i1t

et,22+im-1,circu124,3,0
r,22+im-1,0

*EndDo

allsel
```

11.4   Statische Rechnung

Für die statische Rechnung sind die vom Einphasentransformator bereits bekannten Befehle zur Berechnungsmethode, Gleichungssystemslöserauswahl und Definition der nichtlinearen Rechnung einzulesen.

```
/SOL
!*
i=0

antyp,static
time,zeit

*if,fronspar,eq,0,then
eqslv,frontal
*else
eqslve,sparse,stoler,-1
*endif

cnvt,a,
cnvt,csg,
lnsrch,on

neqit,250
```

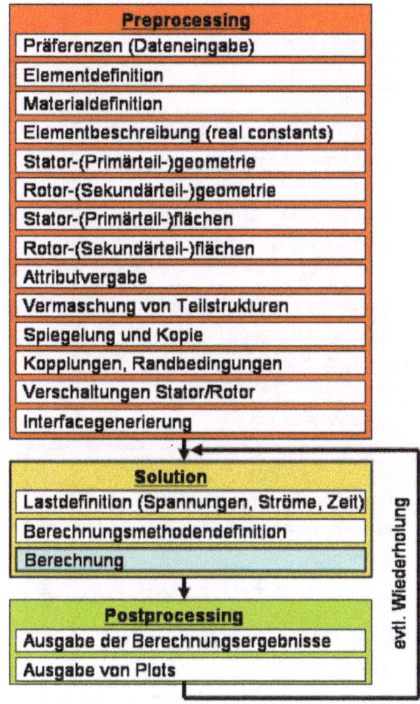

Abb. 11.24 Berechnung

Anschließend kann die statische Berechnung erfolgen.

```
*get,timea,active,0,time,cpu
SOLVE
*get,timee,active,0,time,cpu
rechzeit=timee-timea
```

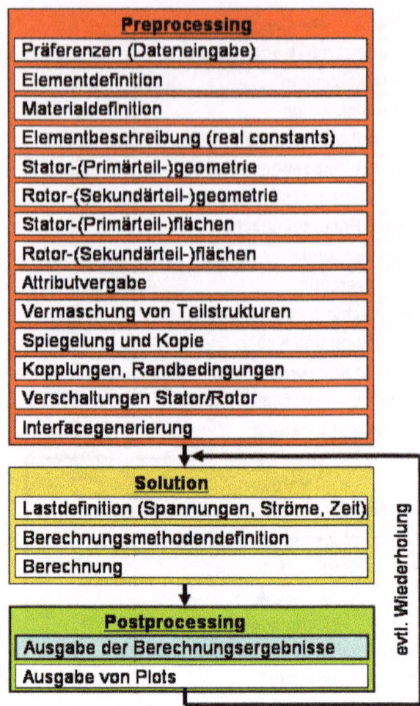

Abb. 11.25 Ergebnisausgabe in Tabellen

Auch die Auswertung ist vergleichbar mit dem Einphasentransformator. Zu berücksichtigen sind jedoch die nun vorhandenen 3 Phasen.

```
/post1
SET,last,LAST,

esel,s,enam,,124
etable,spanng,smisc,1
etable,strom,smisc,2
etable,leistu,nmisc,1

etable,refl
*get,u11,elem,eu11,etab,spanng
*get,u12,elem,eu12,etab,spanng
*get,u13,elem,eu13,etab,spanng
*get,u21,elem,eu21,etab,spanng
*get,u22,elem,eu22,etab,spanng
*get,u23,elem,eu23,etab,spanng


*get,i11,elem,er11,etab,strom
*get,i12,elem,er12,etab,strom
*get,i13,elem,er13,etab,strom
```

```
*get,i21,elem,er21,etab,strom
*get,i22,elem,er22,etab,strom
*get,i23,elem,er23,etab,strom

*get,Pauf1,elem,eu11,etab,leistu
*get,Pauf2,elem,eu12,etab,leistu
*get,Pauf3,elem,eu13,etab,leistu
*get,Pab1,elem,eu21,etab,leistu
*get,Pab2,elem,eu22,etab,leistu
*get,Pab3,elem,eu23,etab,leistu

*get,PR11,elem,er11,etab,leistu
*get,PR12,elem,er12,etab,leistu
*get,PR13,elem,er13,etab,leistu
*get,PR21,elem,er21,etab,leistu
*get,PR22,elem,er22,etab,leistu
*get,PR23,elem,er23,etab,leistu
```

Die Ausgabe erfolgt wie üblich in die Ausgabedateien, getrennt nach Primär- und Sekundärseite, da sonst die Ausgabezeilen zu lang würden.

```
/output,Transfo1%ausgabe%,lis,,append
*VWrite,i,zeit,U11,u12,u13,i11,i12,i13,rechzeit
(9(g14.6,' '))
/output,term
/output,Transfo2%ausgabe%,lis,,append
*VWrite,i,zeit,U21,u22,u23,i21,i22,i23,rechzeit
(9(g14.6,' '))
/output,term

/output,Transfol1%ausgabe%,lis,,append
*VWrite,i,zeit,Pauf1,Pauf2,Pauf3,Pab1,Pab2,Pab3,rechzeit
(9(g14.6,' '))
/output,term
/output,Transfol2%ausgabe%,lis,,append
*VWrite,i,zeit,PR11,PR12,PR13,PR21,PR22,PR23,rechzeit
(9(g14.6,' '))
/output,term
```

Abb. 11.26 Ergebnisausgabe als Plots

```
/post1
SET,last,LAST,

PLF2D,27,0,10,1
/auto,1
/show,plots%ausgabe%,grph,,append
PLF2D,27,0,10,1
ASEL,S,MAT,,1
ALLSEL,BELOW,AREA
/show,plots%ausgabe%,grph,,append
PLESOL,B,SUM,0,
/show,plots%ausgabe%,grph,,append
PLESOL,H,SUM,0,
/show,term
allsel

/output,term
/gropts,view,1
allsel
!
!
```

```
!
/post1
set,last,last,,0,,,              ! real part to be written out
plf2d,51,0,20,1
/post1


!


!!
!! Statische Berechnung des Dreiphasentransformators bei
Primärspeisung und Sekundärteil im Leerlauf
!! Phasenverschiebung 0 Grad
!!
/prep7
dreiphasentrafo_geometrie.txt

ausgabe=1
trafo3p-aus.txt

fronspar=0
zeit=1e-6
i1=10
trafo3p-loes1.txt
```

Durch den Parameter fronspar wird die Auswahl des Gleichungssystemssolvers FRONTAL-Solver (= 0) oder SPARSE-Matrix-Solver (= 1) getroffen. Über den Parameter „i1" wird der Strom in der Primärwicklung definiert. Das Lösungsskript für statische Rechnung bei Primärteilspeisung befindet sich in der Datei „trafo3p-loes1.txt".

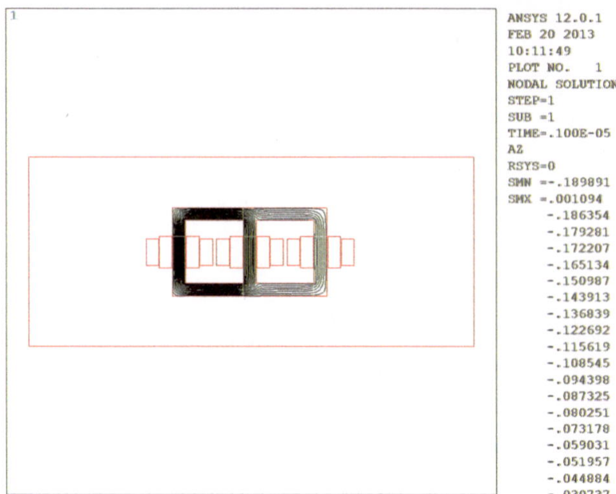

Abb. 11.27 Ausgabe der Rechenergebnisse in Feldliniendarstellung für statische Rechnung eines Zeitpunkts

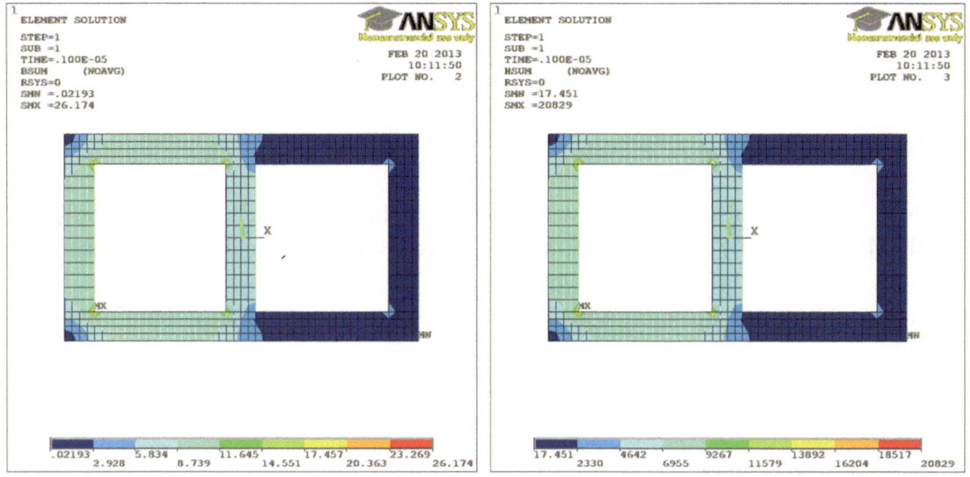

Abb. 11.28 Magnetische Flußdichte und Feldstärke bei statischer Rechnung

Mit normalen Postprocessing-Methoden kann zusätzlich die Stromdichteverteilung angezeigt werden.

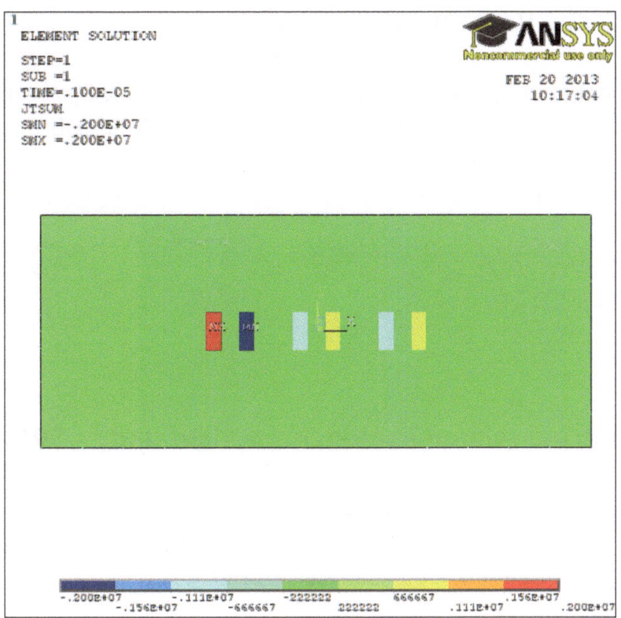

Abb. 11.29 Stromdichteverteilung bei statischer Rechnung

Die Stromdichteverteilung zeigt, dass die Primärseite im betrachteten Beispiel entgegen technisch sinnvoller Vorgehensweisen nahe zum Kern angebracht wurde. Dies kann durch Schaltungs- oder Parameteränderung für die realen Konstanten angepasst werden.

Als Abschluss der statischen Rechnung wird wie üblich die Schaltung wieder auf Grundzustand reorganisiert.

```
/prep7

*Do,im,1,m
!
!   Spannungsvektoren
!
u1t=u1*cos(phase-(im-1)*360/m)
et,14+im-1,CIRCU124,4,0
r,14+im-1,u1t

u2t=u2*cos(phase-(im-1)*360/m)
et,22+im-1,circu124,4,0
r,22+im-1,u2t
*EndDo
```

Die statische Rechnung zeigt, dass das Modell funktionsfähig ist.

11.5 Harmonische Rechnung

Zur Definition einer harmonischen Rechnung ist die primärseitige Spannungsvorgabe über Amplitude und Phase vorzunehmen. Die Angabe erfolgt im Gradmaß.

```
!   Spannungsvektoren
!
u1t=u1*cos(phase-(im-1)*360/m)
et,14+im-1,CIRCU124,4,0
r,14+im-1,u1,phase-(im-1)*360/m
```

11.5.1 Rechnung bei sekundärseitigem Leerlauf und $f = 50\,\text{Hz}$

Der gesamte Ablauf der harmonischen Berechnung des Dreiphasentransformators bei Primärteilspeisung und sekundärseitigem Leerlauf befindet sich in der Datei „dreiphasentrafo_rechnung_harmonisch_1.txt" und hat folgenden Aufbau.

```
!!
!! Harmonische Berechnung des Dreiphasentransformators bei
Primärspeisung und Sekundärteil im Leerlauf
!!
/prep7
dreiphasentrafo_geometrie.txt

ausgabe=11
trafo3p-aus.txt

fronspar=0
U1=250
zeita=1e-6
tstep=.005
jsteps=1
leerlauf=1
trafo3p-loes4.txt
```

Über den Parameter „U1" wird die Amplitude der Spannung in der Primärwicklung definiert. Die fehlende Rückwirkung durch das Sekundärteil wird über den Parameter „leerlauf" definiert. Die Wahl 1 steht hier für fehlende Rückwirkung. Das Lösungsskript für harmonische Rechnung bei Primärteilspeisung ohne Sekundärteilrückwirkung befindet sich in der Datei „trafo3p-loes4.txt".

Bei sekundärseitigem Leerlauf ergibt sich folgendes Ergebnis, aufgeteilt auf die Primär- und Sekundärseite. Aufgeführt sind gut erkennbar die Spannungen und Ströme in den einzelnen Phasen, geteilt nach Real- und Imaginärteil in der 1. und 2. Datenzeile. Der sekundärseitige Strom ist nahezu 0.

```
Transfo1101.lis - Editor
Datei  Bearbeiten  Format  Ansicht  ?
-------------------------------------------------------------------------
  schritt    zeit    U11 U12 U13   I11    I12    I13         Rechenzeit
-------------------------------------------------------------------------
  0.00000    0.100000E-05    250.000      -124.932    -125.068    1.23699    3.06862    -4.10344    1.15441
  0.00000    0.100000E-05    0.785398E-01 -216.546     216.467    5.50745    -1.74711   -3.83346    1.15441
```

Abb. 11.30 Ergebnisausgabe der Primärseiten im Leerlauf

```
Transfo2101.lis - Editor
Datei  Bearbeiten  Format  Ansicht  ?
-------------------------------------------------------------------------
  Schritt    Zeit    U21 U22 U23   I21    I22    I23         Rechenzeit
-------------------------------------------------------------------------
  0.00000    0.100000E-05    123.899      -61.8895    -61.9594    0.123889E-03   -0.618788E-04   -0.619594E-04   1.15441
  0.00000    0.100000E-05    0.815487     -107.818     107.078    0.813257E-06   -0.107804E-03    0.107078E-03   1.15441
```

Abb. 11.31 Ergebnisausgabe der Sekundärseite im Leerlauf

Es ergibt sich infolge der Windungszahlverhältnisse ein Spannungsübersetzungsfaktor von ca. $2 : 1$.

Entsprechend der Ströme ergeben sich die graphischen Darstellungen für Real- und Imaginärteil des Feldbilds und der magnetischen Flußdichte im Joch.

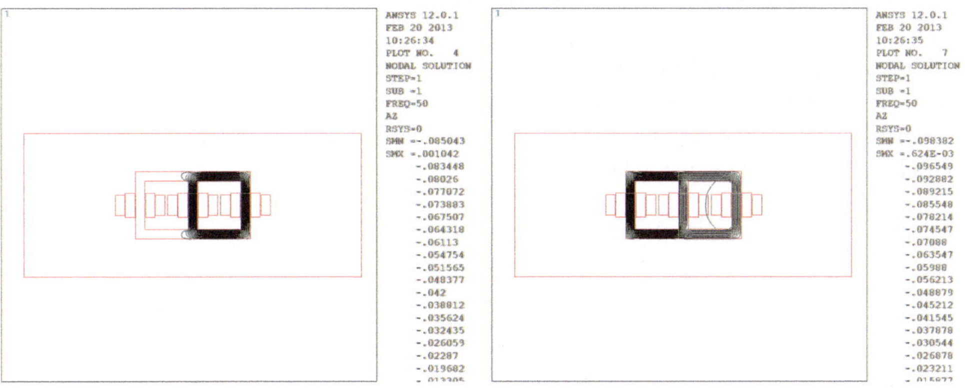

Abb. 11.32 Feldbild bei Leerlauf, Realteil (*links*) und Imaginärteil (*rechts*)

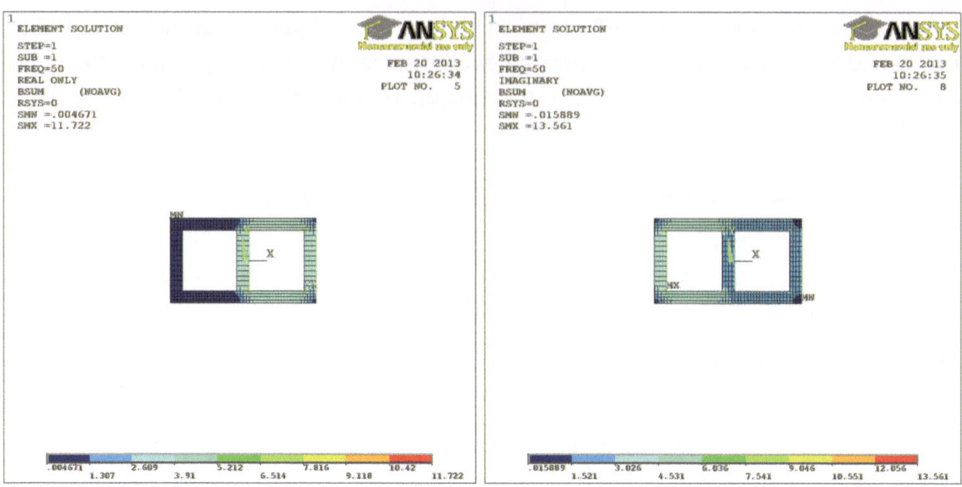

Abb. 11.33 Magnetische Flußdichte im Joch bei Leerlauf, Realteil (*links*) und Imaginärteil (*rechts*)

11.5.2 Rechnung bei sekundärseitigem Kurzschluss und $f = 50$ Hz

Der gesamte Ablauf der harmonischen Berechnung des Dreiphasentransformators bei Primärteilspeisung und sekundärseitigem Kurzschluss befindet sich in der Datei „dreiphasentrafo_rechnung_harmonisch_2.txt" und hat nahezu gleichen Aufbau wie die Leerlaufrechnung. Zu ändern ist der Parameter „leerlauf" auf 0. Das Lösungsskript für harmonische Rechnung bei Primärteilspeisung mit sekundärseitigem Kurzschluss befindet sich in der Datei „trafo3p-loes4.txt".

Bei sekundärseitigem Kurzschluss ergibt sich folgendes Ergebnis, aufgeteilt auf die Primär- und Sekundärseite. Aufgeführt sind gut erkennbar die Spannungen und Ströme in den einzelnen Phasen, geteilt nach Real- und Imaginärteil in der 1. und 2. Datenzeile. Die sekundärseitige Spannung ist nahezu 0.

```
Transfo1102.lis - Editor
Datei  Bearbeiten  Format  Ansicht  ?

  Schritt    Zeit     U11   U12   U13    I11     I12     I13           Rechenzeit
  0.00000   0.100000E-05   250.000   -124.932   -125.068   -42.1797    126.178    -88.4648    1.40401
  0.00000   0.100000E-05   0.785398E-01   -216.546   216.467   125.376   -26.0156   -99.1450    1.40401
```

Abb. 11.34 Ergebnisausgabe der Primärseite im Kurzschluss

```
Transfo2102.lis - Editor
Datei  Bearbeiten  Format  Ansicht  ?

  Schritt    Zeit     U21   U22   U23    I21     I22     I23           Rechenzeit
  0.00000   0.100000E-05   0.816759E-04   -0.251864E-03   0.166187E-03    81.6759    -251.864    166.187    1.40401
  0.00000   0.100000E-05   -0.242266E-03   0.494728E-04   0.192623E-03    -242.266    49.4728    192.623    1.40401
```

Abb. 11.35 Ergebnisausgabe der Sekundärseite im Kurzschluss

Es ergibt sich infolge der Windungszahlverhältnisse ein Stromübersetzungsfaktor von ca. $1:2$.

Entsprechend der Ströme ergeben sich die graphischen Darstellung für Real- und Imaginärteil des Feldbilds und der magnetischen Flußdichte im Joch.

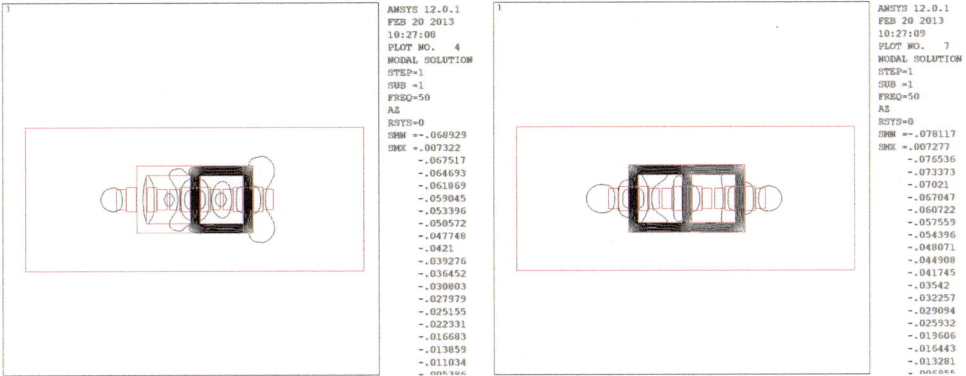

Abb. 11.36 Feldbild bei sekundärseitigem Kurzschluss, Realteil (*links*) und Imaginärteil (*rechts*)

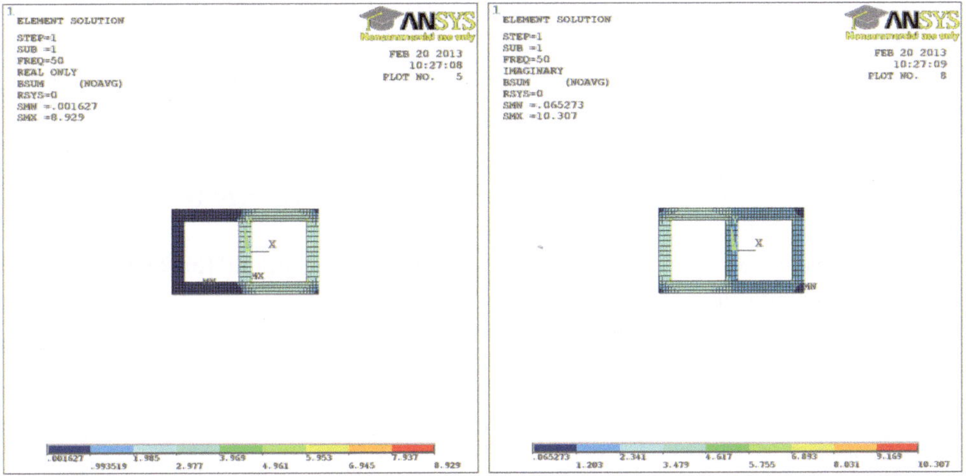

Abb. 11.37 Magnetische Flußdichte im Joch bei sekundärseitigem Kurzschluss, Realteil (*links*) und Imaginärteil (*rechts*)

11.5.3   Rechnung bei sekundärseitiger Belastung mit 10 Ω und $f = 50$ Hz

Der gesamte Ablauf der harmonischen Berechnung des Dreiphasentransformators bei Primärteilspeisung und sekundärseitiger Belastung befindet sich in der Datei „dreiphasentrafo_rechnung_harmonisch_3.txt" und hat nahezu gleichen Aufbau wie die Leerlauf-

oder Kurzschlussrechnung. Zu ändern ist der Parameter „leerlauf" auf 2 und zusätzlich der Lastwiderstand als Parameter „rlast" mit Wert 10 Ω definiert. Das Lösungsskript für harmonische Rechnung bei Primärteilspeisung mit sekundärseitiger Belastung befindet sich in der Datei „trafo1p-loes4.txt".

Bei sekundärseitiger Belastung mit einem Lastwiderstand von 10 Ω ergibt sich folgendes Ergebnis, aufgeteilt auf die Primär- und Sekundärseite. Aufgeführt sind gut erkennbar die Spannungen und Ströme in den einzelnen Phasen, geteilt nach Real- und Imaginärteil in der 1. und 2. Datenzeile. Die sekundärseitige Spannung und der zugehörige Strom sind nicht 0 und bestätigen bei Division den Lastwiderstand von 10 Ω.

```
Transfo1103.lis - Editor
Datei  Bearbeiten  Format  Ansicht  ?
 --------------------------------------------------------------
  Schritt    Zeit     U11  U12  U13   I11   I12    I13            Rechenzeit
 --------------------------------------------------------------
  0.00000    0.100000E-05    250.000       -124.932      -125.068      -4.83340      6.28871      -1.35455      1.20121
  0.00000    0.100000E-05    0.785398E-01  -216.546       216.467       5.62530      3.31373      -9.25102      1.20121
```

Abb. 11.38 Ergebnisausgabe der Primärseite bei Belastung

```
Transfo2103.lis - Editor
Datei  Bearbeiten  Format  Ansicht  ?
 --------------------------------------------------------------
  Schritt    Zeit     U21  U22  U23   I21   I22    I23            Rechenzeit
 --------------------------------------------------------------
  0.00000    0.100000E-05    121.828       -65.6065      -56.1100      12.1828      -6.56065      -5.61100      1.20121
  0.00000    0.100000E-05    -4.71630      -103.199       107.937      -0.471630    -10.3199       10.7937      1.20121
```

Abb. 11.39 Ergebnisausgabe der Sekundärseite bei Belastung

Es ergibt sich infolge der Windungszahlverhältnisse ein Spannungsübersetzungsfaktor von ca. 2 : 1 und ein Stromübersetzungsfaktor von ca. 1 : 2.

Entsprechend der Ströme ergeben sich die graphischen Darstellung für Real- und Imaginärteil des Feldbilds und der magnetischen Flußdichte im Joch.

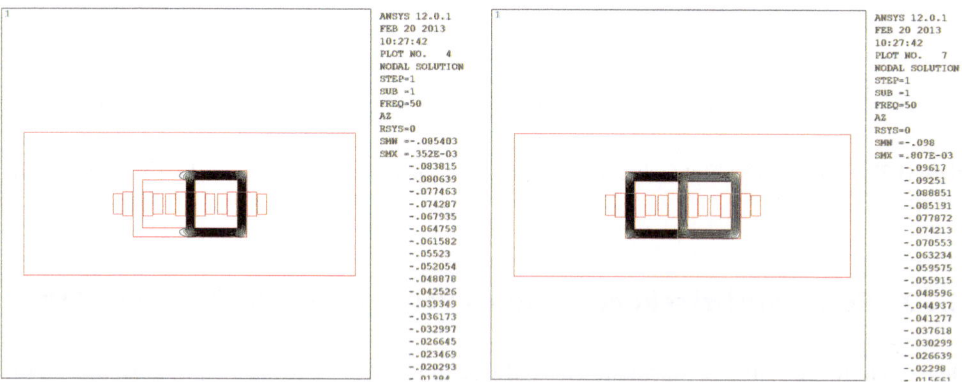

Abb. 11.40 Feldbild bei sekundärseitiger Ohm'scher Belastung mit 10 Ω, Realteil (*links*) und Imaginärteil (*rechts*)

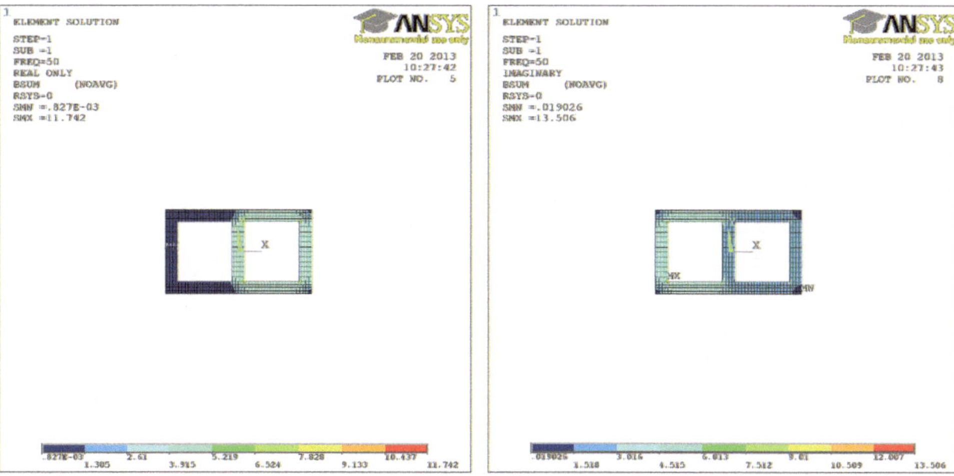

Abb. 11.41 Magnetische Flußdichte im Joch bei sekundärseitiger Ohm'scher Belastung mit $10\,\Omega$, Realteil (*links*) und Imaginärteil (*rechts*)

Es wird erkennbar, dass wie bei Einphasentransformator die ständerseitige Spannung zu hoch gewählt wurde und eine nichtlineare Rechnung oder Reduktion der Auslastung des Transformators erfordert.

11.6 Transiente Rechnung

Die Möglichkeiten der transienten Rechnung des Dreiphasentransformators sind vergleichbar mit dem Einphasentransformator. Im Unterschied zum Einphasentransformator müssen insgesamt 3 Spannungsquellen in Abhängigkeit der Zeit und damit Phase über reale Konstanten festgelegt werden. Demgegenüber sind auf der Sekundärseite drei Lastwiderstände der drei belasteten Phasen festzulegen. Damit ist es bei geringfügiger Änderung auch möglich Schieflasten zu ändern.

Der gesamte Rechengang der transienten Rechnung entspricht mit geänderten Ausgaben dem Einphasentransformator und kann dem Skript TRAFO3P-LOES7.TXT entnommen werden.

```
zeit=zeita
phase=freq*zeita*360
!
!  Spannungsvektoren
!
*Do,im,1,m
u1t=u1*cos(phase-(im-1)*360/m)
et,14+im-1,CIRCU124,4,0
```

```
r,14+im-1,1e-6
*If,leerlauf,eq,1,then
et,22+im-1,circu124,0,0
r,22+im-1,1e6
*EndIf
*If,leerlauf,eq,0,then
et,22+im-1,circu124,0,0
r,22+im-1,1e-6
*EndIf
*If,leerlauf,eq,2,then
et,22+im-1,circu124,0,0
r,22+im-1,rlast
*EndIf
*If,leerlauf,eq,3,then
et,22+im-1,circu124,0,0
r,22+im-1,rlast
*EndIf

*EndDo
```

11.6.1 Transiente Rechnung bei sekundärseitigem Leerlauf

Der gesamte Ablauf der transienten Berechnung des Dreiphasentransformators bei Primärteilspeisung und sekundärseitigem Leerlauf befindet sich in der Datei „dreiphasentrafo_rechnung_transient_1.txt" und hat folgenden Aufbau.

```
!!
!! Transiente Berechnung des Dreiphasentransformators bei
Primärspeisung und Sekundärteil im Leerlauf
!!
/prep7
dreiphasentrafo_geometrie.txt

ausgabe=21
trafo3p-aus.txt

fronspar=0
U1=250
rlast=10
zeita=1e-6
tstep=.001
```

```
jsteps=100
leerlauf=1
trafo3p-loes7.txt
```

Über den Parameter „U1" wird die Amplitude der Spannung in der Primärwicklung
definiert. Die fehlende Rückwirkung durch das Sekundärteil wird über den Parameter
„leerlauf" definiert. Die Wahl 1 steht hier für fehlende Rückwirkung. Der Zeitschritt
der transienten Rechnung wird über „tstep", hier 0,001 Sekunden, und die gesamte Anzahl zu berechnenden Zeitschritte über den Parameter „jsteps", hier 100, definiert. Das
Lösungsskript für transiente Rechnung bei Primärteilspeisung ohne Sekundärteilrückwirkung befindet sich in der Datei „trafo3p-loes7.txt".

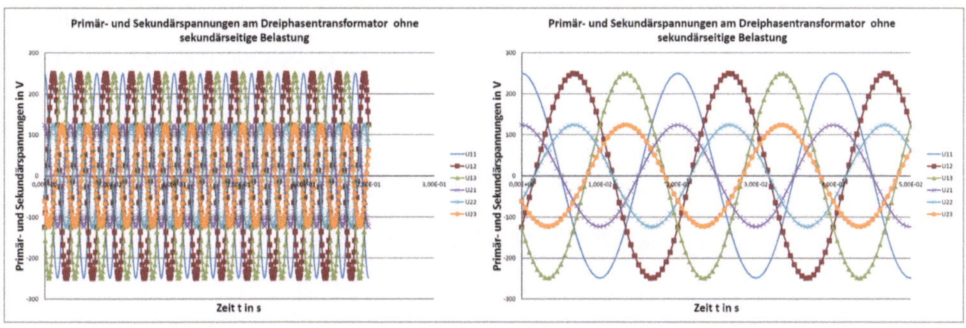

Abb. 11.42 Ergebnis einer transienten Rechnung bei sekundärseitigem Leerlauf (Spannungen)

Dem Ergebnis der transienten Rechnung ist zu entnehmen, dass die sekundärseitige
Spannung umgehend der primärseitigen Spannung folgt.

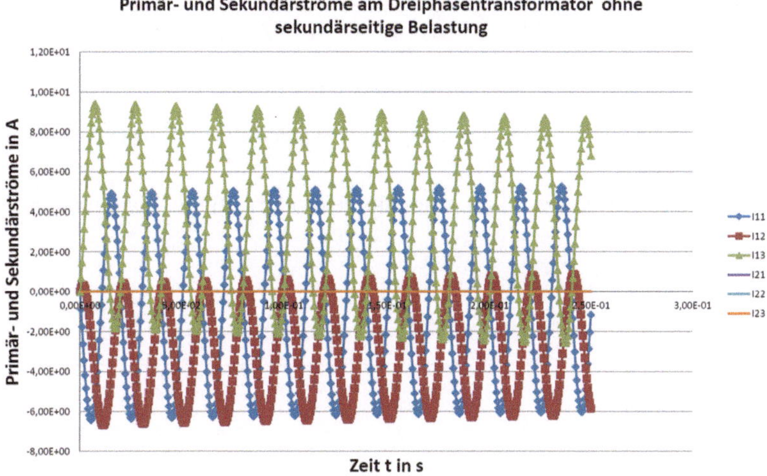

Abb. 11.43 Ergebnis einer transienten Rechnung bei sekundärseitigem Leerlauf (Ströme)

Vergleichbar mit dem Einphasentransformator entstehen statorseitig Ströme mit Gleichanteilen, die nur sehr langsam abgebaut werden. Eine Beeinflussung über den Einschaltzeitpunkt ist hier nicht möglich, da die einzelnen Phasen zueinander eine Phasenverschiebung von 120 Grad haben. Einschwingvorgänge können damit nur wenig beeinflusst werden.

11.6.2   Transiente Rechnung bei sekundärseitigem Kurzschluss

Der gesamte Ablauf der transienten Berechnung des Dreiphasentransformators bei Primärteilspeisung und sekundärseitigem Kurzschluss befindet sich in der Datei „dreiphasentrafo_rechnung_transient_3.txt" und beinhaltet lediglich die Änderung des Parameters „leerlauf" in 0 für sekundärseitigen Kurzschluss. Das Lösungsskript für transiente Rechnung bei Primärteilspeisung ohne Sekundärteilrückwirkung befindet sich in der Datei „trafo3p-loes7.txt".

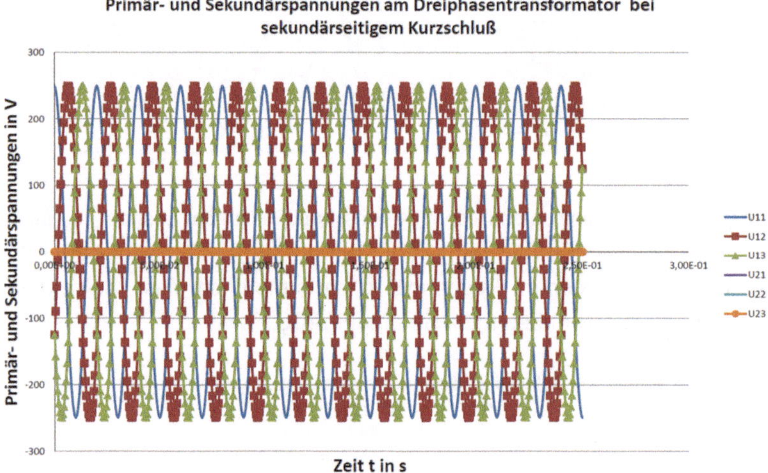

Abb. 11.44 Ergebnis einer transienten Rechnung bei sekundärseitigem Kurzschluss (Spannungen)

Bei sekundärseitigem Kurzschluss sind die sekundärseitigen Spannungen zu jedem Zeitpunkt 0.

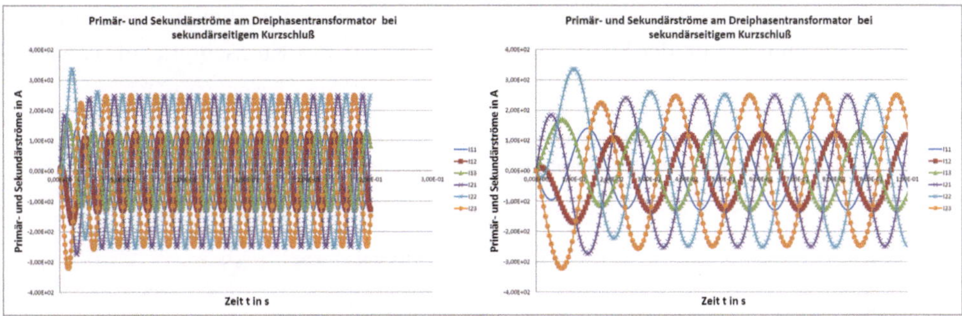

Abb. 11.45 Ergebnis einer transienten Rechnung bei sekundärseitigem Kurzschluss (Ströme)

Aufgrund der starken sekundärseitigen Belastung erfolgt wie beim Einphasentransformator eine direkte Rückwirkung der Sekundär- auf die Primärseite. Die primär- und sekundärseitigen Ströme in allen drei Phasen sind sehr schnell im eingeschwungenen Zustand.

11.6.3 Transiente Rechnung bei Leerlauf und sekundärseitigem Kurzschluss nach 0,1 s

Als weitere Variante zur Berechnung existiert das Skript „dreiphasentrafo_rechnung_transient_3.txt". Der Parameter „leerlauf" wird auf 3 gesetzt und zusätzlich über den Parameter „zeitk", hier 0,1 Sekunden, der Zeitpunkt des Kurzschlusses definiert.

Bei dieser transienten Rechnung wird ein Dreiphasentransformator sekundärseitig mit $10\,\Omega$ belastet. Nach $t = 0,1$ s wird sekundärseitig ein dreiphasiger Kurzschluss eingeleitet.

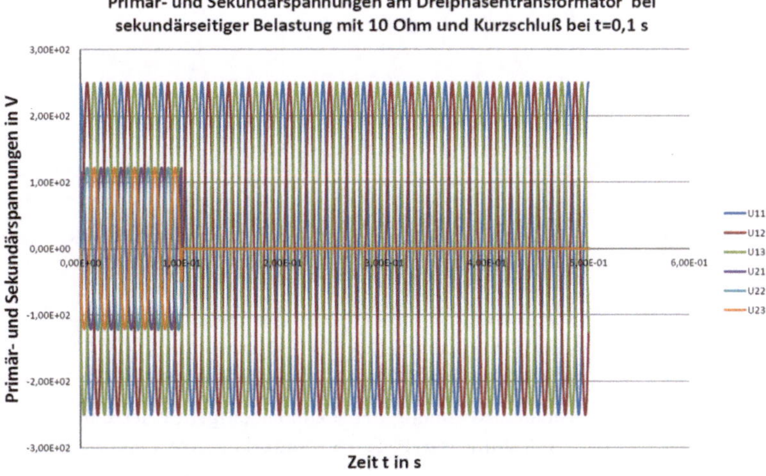

Abb. 11.46 Ergebnis einer transienten Rechnung bei sekundärseitigem Kurzschluss nach $t = 0,1$ s bei vorheriger sekundärseitiger Belastung mit $10\,\Omega$ (Spannungen)

Deutlich ist der graphischen Darstellung der Spannungen zu entnehmen, dass die symmetrischen Spannungen auf der Sekundärseite nach Eintritt des Kurzschluss auf 0 abnehmen.

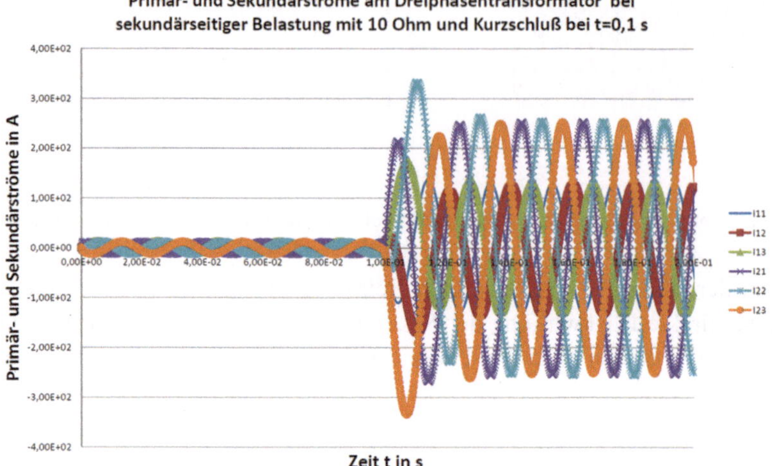

Abb. 11.47 Ergebnis einer transienten Rechnung bei sekundärseitigem Kurzschluss nach $t = 0{,}1$ s bei vorheriger sekundärseitiger Belastung mit $10\,\Omega$ (Ströme)

Entsprechend treten Primär- und Sekundärströme in den drei Phasen auf, die zum Zeitpunkt des Eintreffens noch nicht vollständig eingeschwungen sind.

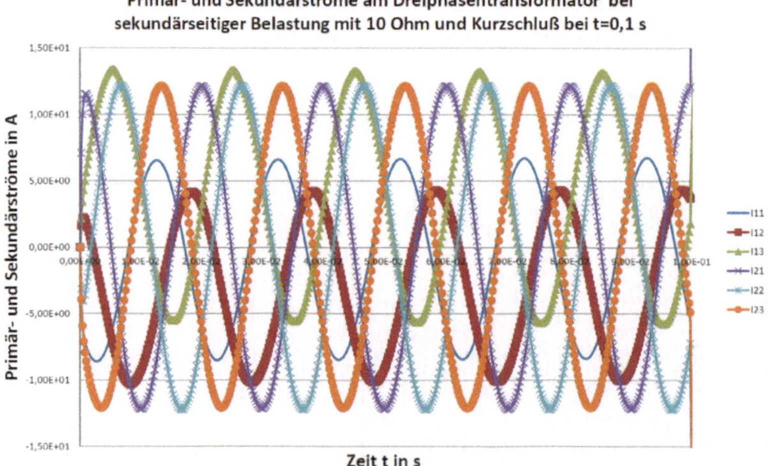

Abb. 11.48 Ergebnis einer transienten Rechnung bei sekundärseitigem Kurzschluss nach $t = 0{,}1$ s bei vorheriger sekundärseitiger Belastung mit $10\,\Omega$ (Ströme), kurz vor dem dreiphasigen Kurzschluss

Dies wird verdeutlicht durch eine höher aufgelöste graphische Darstellung der Ströme kurz vor dem Eintreten des dreiphasigen Kurzschlusses.

```
Transfo2103.lis - Editor
Datei  Bearbeiten  Format  Ansicht  ?
------------------------------------------------+---------
  Schritt    Zeit     U21 U22 U23  I21   I22   I23           Rechenzeit
------------------------------------------------------------
  0.00000   0.100000E-05    121.828      -65.6065     -56.1100      12.1828      -6.56065      -5.61100     1.20121
  0.00000   0.100000E-05    -4.71630     -103.199     107.937      -0.471630    -10.3199       10.7937      1.20121
```

Abb. 11.49 Ergebnis einer transienten Rechnung bei sekundärseitigem Kurzschluss nach $t = 0,1$ s bei vorheriger sekundärseitiger Belastung mit $10\,\Omega$ (Ströme), nach eingetretenem dreiphasigem Kurzschluss

Nach dem Eintreten des Kurzschlusses tritt ein heftiger Ausgleichsvorgang auf, der nach kurzer Zeit vollständig abgeklungen ist und zu einer schnellen Erreichung des Einschwingvorgangs führt.

11.7 Modellierung des Dreiphasentransformators über Spiegelung und Kopie

Die Modellierung des Dreiphasentransformators bei Verwendung von Spiegelung und Kopie beruht direkt auf der Modellierung des Dreiphasentransformators ohne Spiegelung und Kopie. Aus den Geometriepunkten des gesamten Modells wurden im Bereich des ersten Quadranten des Koordinatensystems diejenigen Geometriepunkte entnommen, die zum Aufbau eines Viertels eines Schenkels notwendig sind. Davon mussten einige Geometriepunkte derart korrigiert werden, dass diese auf der Spiegelachse in y-Richtung in der Mitte des Jochschenkels und in der Kopierachse zum nächsten Schenkel liegen. Damit ergibt sich eine sehr übersichtliche Liste von Geometriepunkten. Um vergleichbar zum ursprünglichen Modell zu bleiben, wurden die Original-Geometriepunktnummern beibehalten.

```
/prep7

k,19,0,+(jochhoehe/2+jochdicke)
k,20,jochdicke/2,+(jochhoehe/2+jochdicke)
k,23,0,+(jochhoehe/2)
k,24,jochdicke/2,+(jochhoehe/2)
k,37,0,0
k,38,jochdicke/2,0
k,41,0,wickhoehe1/2
k,42,jochdicke/2,wickhoehe1/2
k,87,jochdicke/2+wickabstand1,0
k,88,jochdicke/2+wickabstand1+wickbreite1,0
```

```
k,91,jochdicke/2+wickabstand1,wickhoehe1/2
k,92,jochdicke/2+wickabstand1+wickbreite1,wickhoehe1/2
k,118,jochbreite/4+jochdicke/2,0
k,122, jochbreite/4+jochdicke/2,wickhoehe2/2
k,123,jochdicke/2+wickabstand1+wickbreite1+wickabstand2,0
k,124,jochdicke/2+wickabstand1+wickbreite1+wickabstand2+
wickbreite2,0
k,127,jochdicke/2+wickabstand1+wickbreite1+wickabstand2,
wickhoehe2/2
k,128,jochdicke/2+wickabstand1+wickbreite1+wickabstand2+
wickbreite2,wickhoehe2/2
k,149,jochbreite/4+jochdicke/2,+(jochhoehe/2)
k,156,jochdicke/2+wickbreite1+wickabstand1,+(jochhoehe/2)
k,161,jochbreite/4+jochdicke/2,+(jochhoehe/2+jochdicke)
k,168,jochdicke/2+wickbreite1+wickabstand1,+(jochhoehe/2+
jochdicke)
k,179,0,+(hoeheaussen/2)
k,180,jochdicke/2,+(hoeheaussen/2)
k,188, jochdicke/2+wickbreite1+wickabstand1,+(hoeheaussen/2)
k,191,jochbreite/4+jochdicke/2,+(hoeheaussen/2)
```

Es ergibt sich eine sehr übersichtliche Geometriepunktliste.

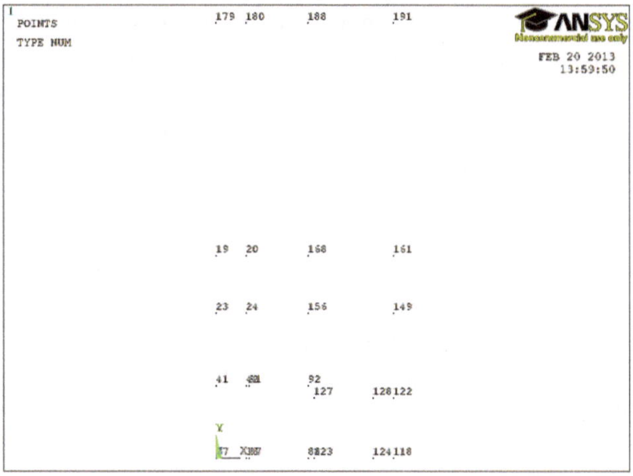

Abb. 11.50 Geometriepunkte des Dreiphasentransformators bei Berücksichtigung von Spiegelung und Kopie

Auf der Basis der Geometriepunkte werden vergleichbar zum ursprünglichen Modell die Flächen generiert, auch diese Liste wird wesentlich übersichtlicher als die ursprüngliche.

```
A,41,37,38,42
A,41,42,24,23
A,23,24,20,19
A,19,20,180,179
A,20,168,188,180
A,168,161,191,188
A,156,149,161,168
A,128,122,149,156
A,124,118,122,128
A,38,87,91,42
A,42,91,24
A,24,156,168,20
A,87,88,92,91
A,88,123,127,92
A,123,124,128,127
A,127,128,156
A,92,127,156
A,91,92,156,24
```

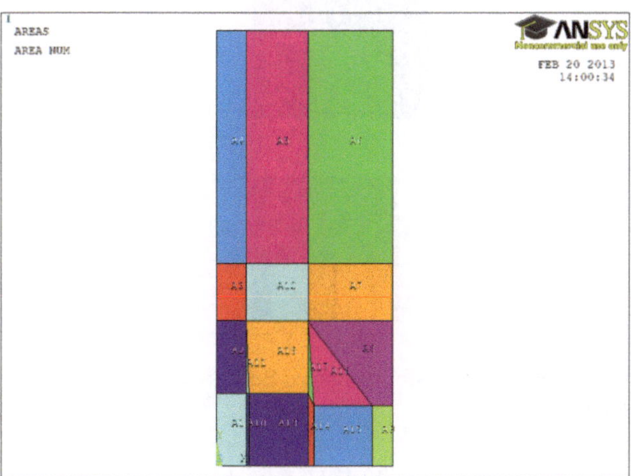

Abb. 11.51 Flächen des Dreiphasentransformators bei Berücksichtigung von Spiegelung und Kopie

Es ergibt sich ein übersichtlicher, leicht zu überschauender Flächenverband, in dem Fehler leicht verifiziert und korrigiert werden können.

Im nächsten Zug werden den einzelnen Flächen die Attribute zugewiesen. Zu beachten ist, dass nur Elementtypen und reale Konstanten für eine Phase stellvertretend für die beiden anderen Phasen zugewiesen werden können.

```
Asel,s,,,4,11
Asel,a,,,14,18
Aatt,2,,2

Asel,s,,,1,3
Asel,a,,,7
Asel,a,,,12
Aatt,1,,1

Asel,s,,,13
Aatt,3,3,3

Asel,s,,,15
Aatt,6,6,6
```

Abb. 11.52 Flächen des Dreiphasentransformators bei Berücksichtigung von Spiegelung und Kopie nach Attributzuweisung

Die Vermaschung erfolgt im Beispiel bei Verwendung des ESIZE-Befehls. Prinzipiell hätten auch alle einzelnen Linien des Modells per LESIZE-Befehl parametriert werden können, wobei nur ein Bruchteil der Linien des gesamten Modells hätte bearbeitet werden müssen.

```
Asel,s,,,10
Asel,a,,,13
Asel,a,,,14,15
Esize,mesheisen/3
Amesh,all

Asel,s,,,1,3
Asel,a,,,7
Asel,a,,,12
Esize,mesheisen
Amesh,all

Asel,s,,,4,6
Esize,meshaussen
Amesh,all

Asel,s,,,8,9
Asel,a,,,11
Asel,a,,,16,18
Esize,meshinnen
Amesh,all

Allsel
```

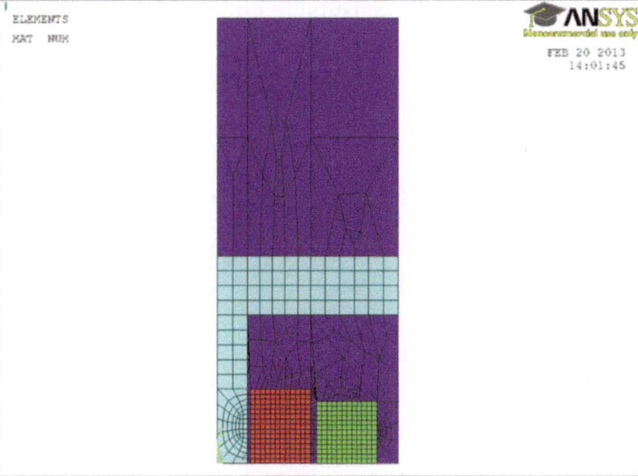

Abb. 11.53 Vermaschte Flächen des Dreiphasentransformators bei Berücksichtigung von Spiegelung und Kopie

Anschließend werden alle Flächen inklusive der Vermaschung nach links und unten zum Koordinatensystem gespiegelt.

```
Arsym,x,all
Arsym,y,all
```

Abb. 11.54 Gespiegelte Flächen des Dreiphasentransformators bei Berücksichtigung von Spiegelung und Kopie führen zu einem gesamten Jochschenkel

Anschließend wird der vollständige Jochschenkel zweifach nach rechts kopiert (ANSYS erwartet als Eingabe insgesamt 3 Kopien inklusive der schon vorhandenen Ursprungskopie). Dabei werden alle Flächen und damit Elemente und Knoten kopiert. Die Kopierweite ergibt sich aus der aktuellen Breite des gesamten Modells, bzw. der zugrundeliegenden Geometrie.

```
AGEN,3,all, , ,jochbreite/2+jochdicke, , , ,0
```

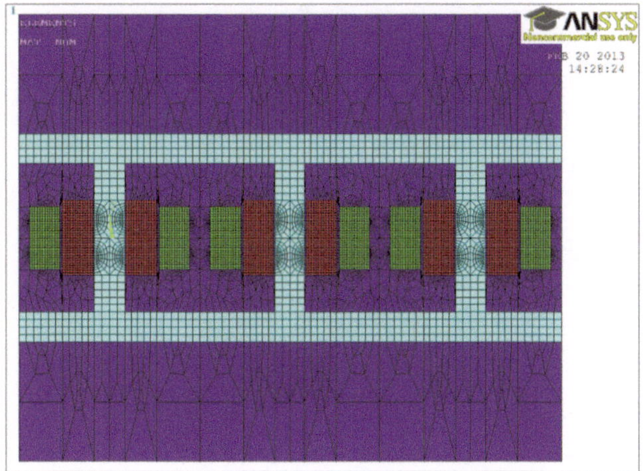

Abb. 11.55 Kopierte Flächen des Dreiphasentransformators bei Berücksichtigung von Spiegelung und Kopie

In diesem gespiegelten und kopierten Modell fehlen noch die Anbauten für den magnetischen Rückschluss des Manteltransformators, bzw. der Außenraum links und rechts. Dieser kann auf der Basis der vorhandenen Geometriepunkte leicht erstellt werden. Prinzipiell genügt wieder nur eine Seite, die entsprechend gespiegelt und teils nach links, teils nach rechts verschoben werden muss. Durch die Ansteuerung der Flächennummern ist dies leicht möglich. Zusätzlich müssen die Jochschenkel links und rechts, die zum Manteltransformator als Variante gehören, hinsichtlich des Materials in Luft umgewandelt werden. Dies kann entweder durch Löschen der Vermaschung in diesen Flächen, neue Attributzuweisung und erneute Vermaschung oder durch Veränderung der Attribute der Elemente über den Befehl EMODIF erfolgen. Hierbei ist zu beachten, dass zwar die Attribute der Elemente, nicht jedoch der Flächen geändert werden.

Bei genauer Betrachtung der Knoten im Modell wird erkennbar, dass an den Spiegel- und Kopierkanten doppelte Geometriepunkte, Linien und Knoten vorhanden sind. Dies ist auf den Spiegel- und Kopierprozess zurückzuführen, der gesamte Strukturen ohne Berücksichtigung der Kanten kopiert. Korrigiert wird dies bezüglich der Knoten über den Befehl NUMMRG, der bei den rotierenden Maschinen näher erläutert wird.

Als erstes Beispiel für eine rotierende elektrische Maschinen wird in diesem Kapitel eine Gleichstrommaschine mit Erregerwicklung und Anker mit verteilter Wicklung behandelt. Die beispielhafte Kontur ist Abb. 12.1 zu entnehmen. Das vorgestellte Modell ist parametrisch aufgebaut. Durch Parametervariation kann die Polpaarigkeit, wie auch die Ankernutenzahl in Verbindung mit der Ankerschaltung verändert werden.

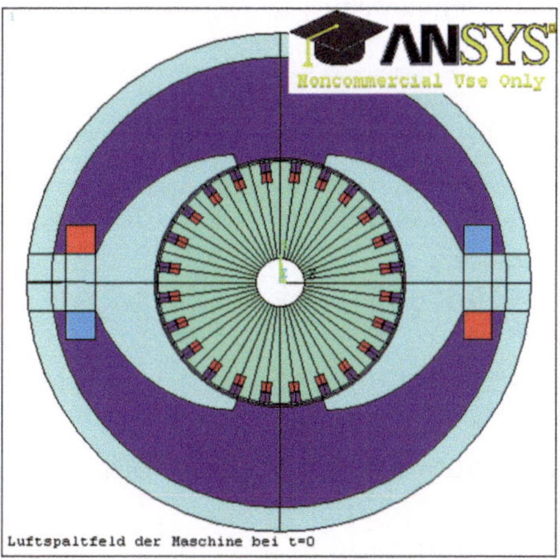

Abb. 12.1 Beispielmodell einer zweipoligen Gleichstrommaschine mit verteilter Ankerwicklung

© Springer Fachmedien Wiesbaden 2014
B. Aschendorf, *FEM bei elektrischen Antrieben 1*, DOI 10.1007/978-3-8348-2033-4_12

Abb. 12.2 Parametrierung des Modells

Zur Definition der Gleichstrommaschine müssen folgende Geometriedefinitionen parametriert sein.

```
*SET,RAUSSEN , 0.2500000000000      ! RAUSSEN ist der
Außenradius des Ständers
*SET,JOCHDICKE, 0.1200000000000      ! JOCHDICKE ist die
gesamt Statorausdehnung
*SET,JOCH1    , 0.1500000000000E-01 ! JOCH1 ist die
Statorjochstärke
*SET,JOCHTIEFE, 0.3000000000000      ! JOCHTIEFE ist die
axiale Ausdehnung des Blechpakets
*SET,DELTA    , 0.4000000000000E-02 ! DELTA ist der Luftspalt
der Maschine
*SET,P        , 1.000000000000      ! P ist die Polpaarzahl
der Maschine

*SET,RINNEN   , 0.2500000000000E-01 ! RINNEN ist der
Innenradius des Rotors
*SET,Z2       , 24.00000000000       ! Z2 ist die Rotornutenzahl
*set,zweischicht2,1                  ! Die Ankerwicklung ist
grundsätzlich als Zweischichtwicklung ausgelegt
```

```
*SET,POLSCHHOEHE, 0.6000000000000E-01   ! POLSCHHOEHE ist die
größte Polschuhhöhe
*SET,POLBREITE, 0.6000000000000E-01     ! POLBREITE ist die
Breite des Erregerpols
*SET,POLSCHRAEG, 0.1200000000000E-01    ! POLSCHRAEG ist die
Polschuhhöhe an der Außenkante des Polschuhs
*SET,POLWINKEL,  140.0000000000         ! POLWINKEL ist der
Winkel del Polschuhs in Grad
*SET,WICKBREITE1, 0.3000000000000E-01   ! WICKBREITE1 ist die
Wicklungsbreite der Erregerwicklung
*SET,WICKHOEHE1, 0.3000000000000E-01    ! WICKHOEHE1 ist die
Wicklungshöher der Erregerwicklung
*SET,NWIN1    ,  100.0000000000             ! NWIN1 ist die
Windungszahl der Erregerspulen eines Erregerpols


*SET,WICKBREITE2, 0.8000000000000E-02   ! WICKBREITE2 ist die
Wicklungsbreite der Ankerspulen
*SET,WICKHOEHE2, 0.1200000000000E-01    ! WICKHOHE2 ist die
gesamte Wicklungshöhe der beiden Spulenseiten der
Zweischichtwicklung
*SET,WICKISOL2, 0.1000000000000E-02     ! WICKISOL2 ist der
Wicklungsabstand zwischen Ober- und Unterlage
*SET,NWIN2    ,  50.00000000000             ! NWIN2 ist die
Windungszahl jeder Ankerspule
```

Der Modellaufbau kann nach Installation der ANSYS-Erweiterung EM-PRAKTIKUM bequem über ein intelligentes Menü aufgebaut werden. Die betreffende Gleichstrommaschine ohne Zusatzwicklungen wird unter EM GSM1 behandelt.

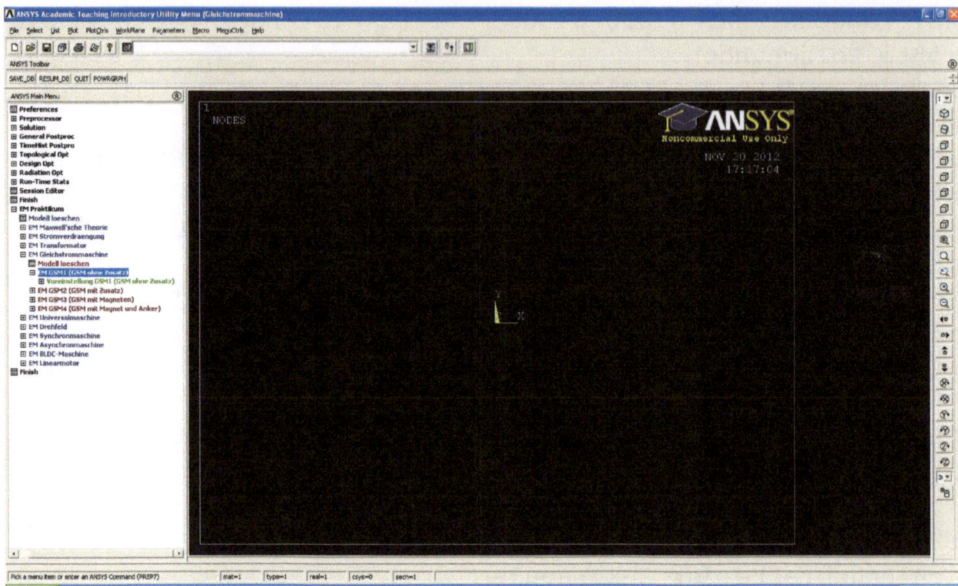

Abb. 12.3 Generierung des Gleichstrommaschinenmodells über ein ANSYS-Menü

12.1   Aufbau des Finite-Element-Modells

Der Aufbau des Finite-Elemente-Modells erfolgt wie bereits der Ein- und Dreiphasentransformator über eine fest vorgegebene, aufeinander aufbauende Vorgehensweise. Zunächst sind die Elementtypen zu definieren.

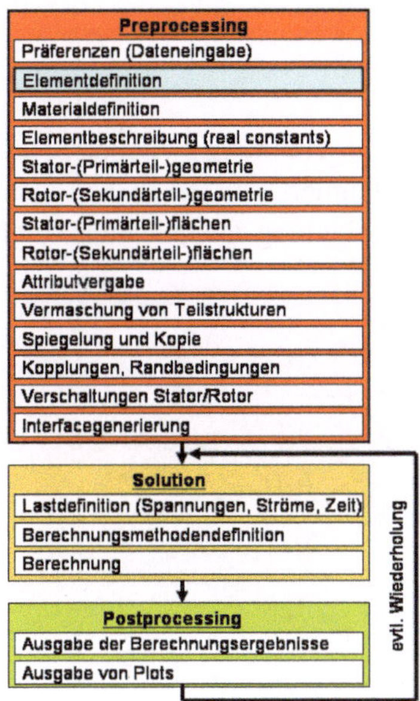

Abb. 12.4 Elementdefinition

Im Beispiel der Gleichstrommaschine wird der Stator durch insgesamt 4 Elementtypen beschrieben, von denen die Nummern 3 die hin- und rückführenden Spulenseiten der Erregerspulen darstellen und daher als „stranded coil" mit dem Modifikator 3 bei den Keyoptionen definiert werden.

```
/prep7
ET,1,PLANE53 ! Eisen Stator
ET,2,PLANE53 ! Luft Stator
ET,3,PLANE53 ! Leiter Wicklungsseite 1 Stator ist ein
stranded coil
KEYOPT,3,1,3
KEYOPT,3,2,0
KEYOPT,3,3,0
KEYOPT,3,4,0
KEYOPT,3,5,0
KEYOPT,3,7,0
ET,4,PLANE53 ! Leiter Wicklungsseite 2 Stator ist ein
stranded coil
KEYOPT,4,1,3
KEYOPT,4,2,0
KEYOPT,4,3,0
KEYOPT,4,4,0
```

```
KEYOPT,4,5,0
KEYOPT,4,7,0
```

Für den Rotor werden zur klaren Trennung zwischen Ständer und Läufer ab der Nummer 11 4 weitere Elementtypen definiert, von denen die Elementtypen 13 und 14 die oberen und unteren Lagen der Ankerwicklung darstellen und somit die Keyoption 3 „stranded coil" tragen.

```
ET,11,PLANE53 ! Eisen Rotor
ET,12,PLANE53 ! Luft Rotor
ET,13,PLANE53 ! Leiter Lage 1 Rotor ist ein stranded coil
KEYOPT,13,1,3
KEYOPT,13,2,0
KEYOPT,13,3,0
KEYOPT,13,4,0
KEYOPT,13,5,0
KEYOPT,13,7,0
ET,14,PLANE53 ! Leiter Lage 2 Rotor ist ein stranded coil
KEYOPT,14,1,3
KEYOPT,14,2,0
KEYOPT,14,3,0
KEYOPT,14,4,0
KEYOPT,14,5,0
KEYOPT,14,7,0
```

Für den Fall massiver Stäbe als Spulen mit nur einer Windung wird die Keyoption der betreffenden leitenden Materialien auf 4 „massive conductor" geändert.

```
*If,nwin1,eq,1,then ! Korrektur Leitertyp Stator, falls
Staebe vorliegen
keyopt,3,1,4
keyopt,4,1,4
*EndIf
```

```
*If,nwin2,eq,1,then ! Korrektur Leitertyp Rotor, falls
Staebe vorliegen
keyopt,13,1,4
keyopt,14,1,4
*EndIf
```

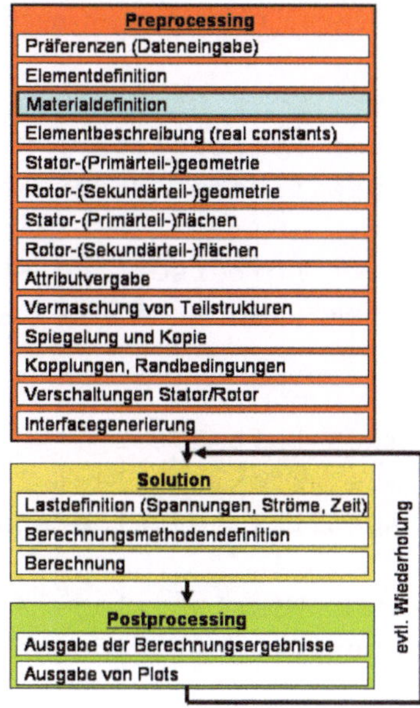

Abb. 12.5 Materialdefinition

Unter dem Schritt Materialdefinition werden die Materialeigenschaften des Stators und
Rotors definiert. Dies sind im Falle ungesättigten Eisens die Permeabilitäten des Eisens in
Stator und Rotor und die Leitfähigkeit des Spulenmaterials in Stator und Rotor.

```
*SET,MURXA    ,   10000.00000000
*SET,MURXI    ,   10000.00000000
*SET,NICHTLIN,   0.000000000000
*SET,LEITA    ,   56000000.00000
*SET,LEITI    ,   56000000.00000
```

Im Falle von nichtlinearen Materialien werden $B(H)$-Kurven des betreffenden Materials eingelesen.

```
*If,nichtlin,ne,1,then
MP,MURX,1,murxa   ! muer Stator bei linearem Eisen
MP,MURX,11,murxi  ! muer Rotor bei linearem Eisen
*Else
eisen2.txt    ! B(H)-Kurve des Stators bei nichtlinearem Eisen
eisen2i.txt   ! B(H)-Kurve des Rotors bei nichtlinearem Eisen
*EndIf
```

Sollte eine andere $B(H)$-Kurve benötigt werden, ist diese durch andere

Dateien eisen2.txt (Stator) und eisen2i.txt (Rotor) einzugeben.

```
MP,MURX,2,1          ! muer Luft Stator
MP,MURX,3,1          ! muer Leiterseite 1 Stator
MP,RSVX,3,1/leita    ! spezifischer Widerstand Leiterseite
1 Stator
MP,MURX,4,1          ! muer Leiterseite 2 Stator
MP,RSVX,4,1/leita    ! spezifischer Widerstand Leiterseite
1 Stator


MP,MURX,12,1         ! muer Luft Rotor
MP,MURX,13,1         ! muer Wicklungslage 1 Rotor
MP,RSVX,13,1/leiti   ! spezifischer Widerstand Wicklungslage
1 Rotor
MP,MURX,14,1         ! muer Wicklungslage 2 Rotor
MP,RSVX,14,1/leiti   ! spezifischer Widerstand Wicklungslage
2 Rotor
```

Abb. 12.6   Definition realer Konstanten

Im nächsten Abschnitt werden die realen Konstanten der Spulen im Stator und Rotor definiert. Die Flächen können direkt aus den Eingabedaten ermittelt werden, die Windungszahlen sind bereits definiert, es fehlen lediglich die Füllfaktoren der Ständer- und Läuferspulen, die hier vereinfachend als 1 angenommen werden. Tatsächlich müssen die

Füllfaktoren aus der wirksamen leitenden Spulenfläche dividiert durch die verfügbare Nut-
fläche ermittelt werden.

```
*SET,FILA    ,   1.000000000000
*SET,FILI    ,   1.000000000000
```

Die Zuweisung der realen Konstanten ergibt sich wie folgt, wobei die Fläche der An-
keroberlage aufgrund der Krümmung nicht exakt ermittelt wird und tatsächlich aus der
Rotorgeometrie ermittelt werden muss.

```
R,3,wickbreite1*wickhoehe1,nwin1,jochtiefe,1,fila ! reale
Konstante Statorleiter 1
R,4,wickbreite1*wickhoehe1,nwin1,jochtiefe,1,fila ! reale
Konstante Statorleiter 2

R,13,wickbreite2*wickhoehe2/2,nwin2,jochtiefe,1,fili ! reale
Konstante Rotorlage 1
R,14,wickbreite2*wickhoehe2/2,nwin2,jochtiefe,1,fili ! reale
Konstante Rotorlage 2
```

Bei einer Windungszahl von 1 wird aufgrund der geänderten Keyoption automatisch
die reale Konstante für einen massiven Leiter geändert.

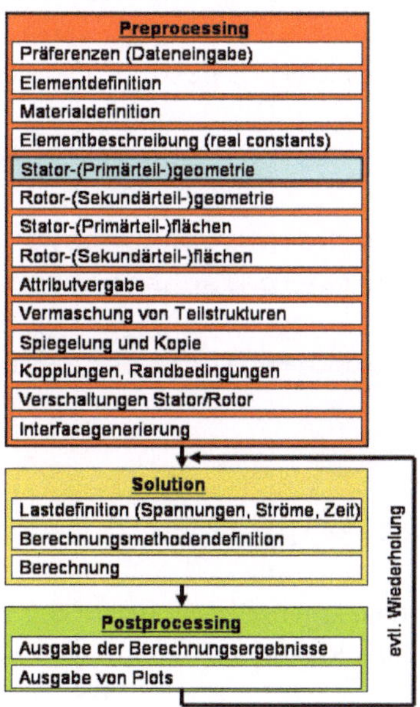

Abb. 12.7 Erstellung der Statorgeometrie

Im nächsten Schritt erfolgt die Erstellung der Statorgeometrie bei Verwendung der Bottom-up-Methode und wechselweiser Verwendung des kartesischen (CSYS = 0) und polaren Koordinatensystems (CSYS = 1). Die Winkelangaben erfolgen im Gradmaß.

```
rschenkel=rinnen+jochdicke2-deltaer
statorstaerke=jochdicke

*afun,deg

csys,1

k,1,raussen,0
k,2,raussen,360/(4*p)

k,3,raussen-statorstaerke,0
k,4,raussen-statorstaerke,360/(4*p)

k,5,raussen-statorstaerke-delta/2,0
k,6,raussen-statorstaerke-delta/2,360/(4*p)
csys,0
k,7,raussen,polbreite/2
k,8,raussen-statorstaerke+polschhoehe,polbreite/2
k,9,raussen-statorstaerke+polschhoehe+wickhoehe1,polbreite/2
csys,1
k,10,raussen-statorstaerke+polschraeg,polwinkel/2
csys,0
k,11,raussen-statorstaerke+polschhoehe+wickhoehe1,0
k,12,0,0
k,13,raussen-statorstaerke+polschhoehe,0
k,14,raussen-statorstaerke+polschhoehe,polbreite/
2+wickbreite1
k,15,raussen-statorstaerke+polschhoehe+wickhoehe1,polbreite/
2+wickbreite1
csys,1
k,16,raussen-joch1,0
k,17,raussen-joch1,360/(4*p)
```

Das Ergebnis der Geometriepunktgenerierung ist auf der Basis des einen Polpaars ein Viertel des Gleichstrommaschinen-Ständers.

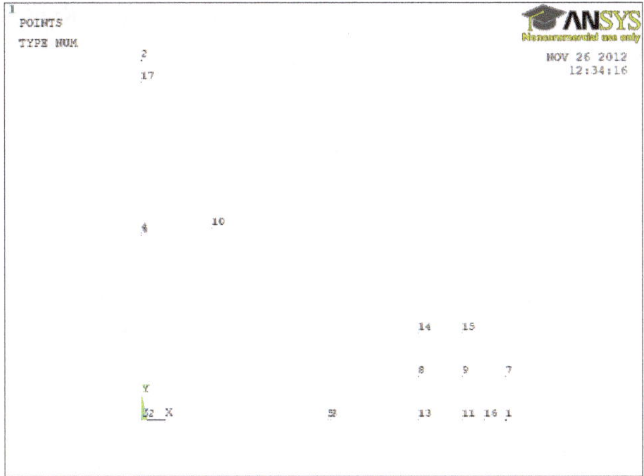

Abb. 12.8 Darstellung der Geometriepunkte des Ständers

Im nächsten Schritt werden im polaren Koordinatensystem die Kreisbögen des Innen-
und Außenradius und des halben Luftspalts auf der Ständerseite generiert. Hierbei wird
ausgenutzt, dass ANSYS standardmäßig im Polarkoordinatensystem relativ zum Koordi-
natenursprung Kreisbögen zieht. Die Modellierung erfolgt zur Ermöglichung einer Drehung des Rotors im Stator durch zwei halbe Luftspaltanteile jeweils auf der Stator- und
Rotorseite. Es wird angestrebt, dass als Rotorflächen regelmäßige Vierecke einstehen.

```
csys,1
1,1,2
1,3,4
1,5,6
```

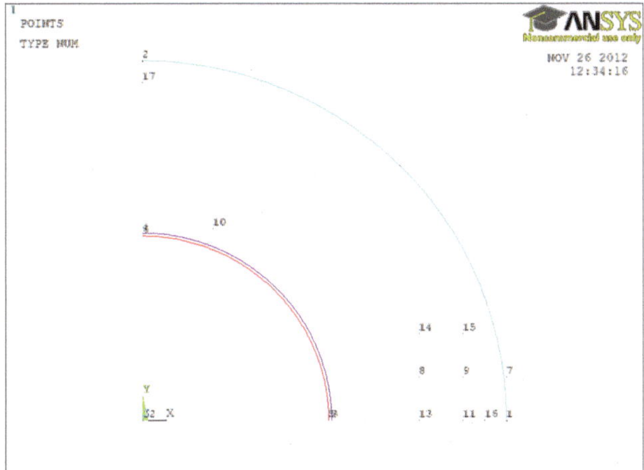

Abb. 12.9 Kreisbögen als Linien am Stator

Im nächsten Schritt werden im kartesischen Koordinatensystem Kanten zur Definition der Erregerwicklung generiert.

```
csys,0
1,8,9
1,9,15
1,14,15
```

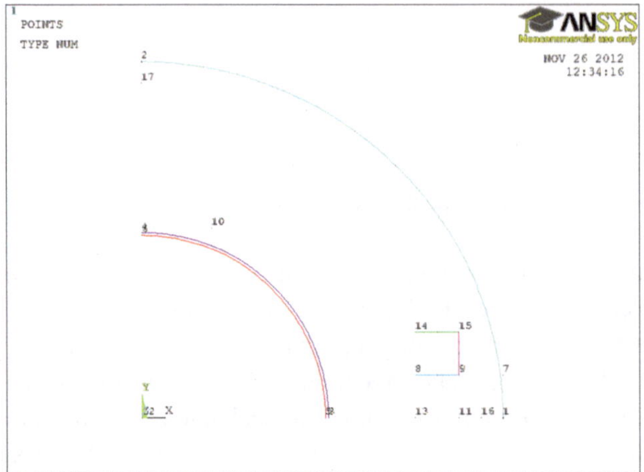

Abb. 12.10 Statorgeometrie mit Erregerspulenseiten

Es folgt die Generierung der Polschuhoberkante als gekrümmte Linie im polaren Koordinatensystem mit dem Standardursprung als Bezugspunkt.

```
csys,1
1,8,10
```

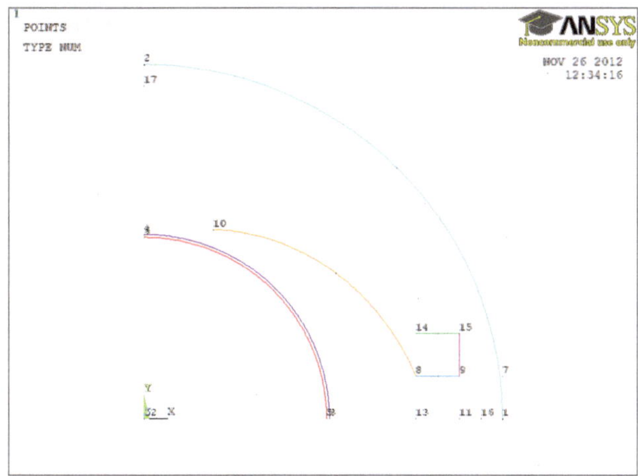

Abb. 12.11 Generierung der gekrümmten Polschuhoberkante

Es folgen weitere Linien im kartesischen Koordinatensystem, mit dem die Polschuh-
geometrie näher definiert wird. Die Hilfslinie zwischen den Geometriepunkten 10 und 12
wird im Folgenden als Schnittlinie für die Linien am Luftspalt verwendet. Abgeschlossen
wird mit weiteren runden Linien und Hilfslinien als Schnittlinien.

```
csys,0
1,7,9
1,10,12
1,8,14
1,8,13
1,9,11
1,11,13
1,3,13
1,3,5
1,11,16
1,4,17
1,4,6

csys,1
1,16,17
1,2,17
1,1,16
```

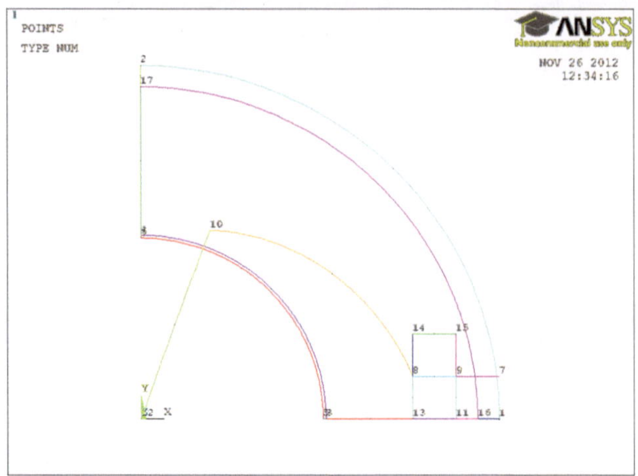

Abb. 12.12 Rohkonstruktion des Ständers

Die Rohkonstruktion des Ständers wird im nächsten Schritt durch die Hilfslinien bearbeitet. Durch Selektion der Linien am Luftspalt mit der Schnittlinie der Polschuhaußenkante und Anwendung des Überlagerungsbefehls für Linien (LOVLAP) werden die Linien am Luftspalt aufgetrennt.

```
lsel,s,,,2,3
lsel,a,,,9
lovlap,all
```

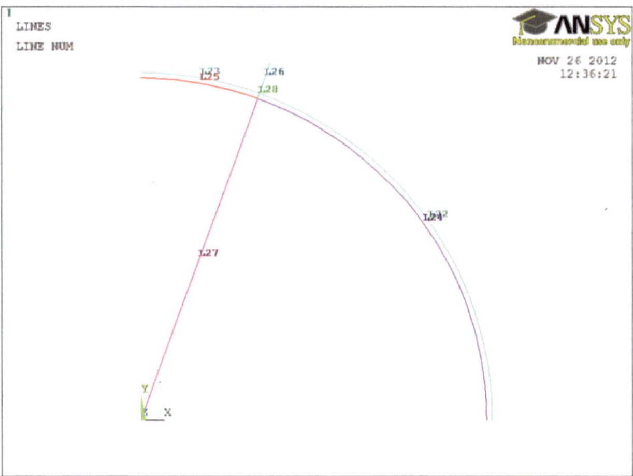

Abb. 12.13 Ergebnis des Schnitts durch die Luftspaltlinien durch die Polschuhkantenhilfslinie

Entsprechend wird das Joch, vertreten durch die Linien 1 und 8, durch eine Polschuh-kantenhilfslinie aufgetrennt.

```
lsel,s,,,1,8,7
lsel,a,,,19
lovlap,all
```

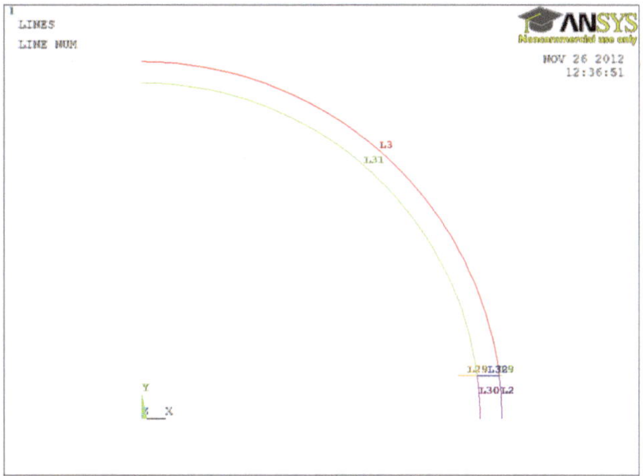

Abb. 12.14 Ergebnis der Jochauftrennung durch die Polkantenhilfslinie

Abschließend werden diejenigen Linien selektiert, die nicht mehr für eine Flächenge-nerierung benötigt werden und durch den Linien-Lösch-Befehl LDEL entfernt. Grund-sätzlich sollten stator- und rotorseitig nur diejenige Geometrieelemente verbleiben, die zur Erzeugung der Flächen benötigt werden.

```
lsel,s,,,9
lsel,a,,,27
ldel,all
```

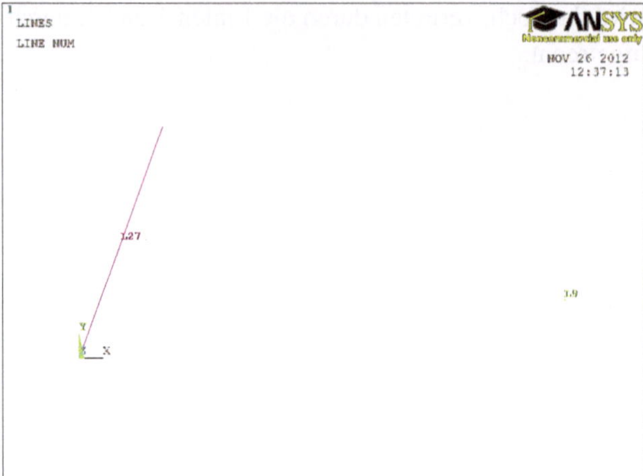

Abb. 12.15   Ansicht der zu löschenden Linien

Nach einer neuen Selektion aller Geometriepunkte und Linien kann das Modell näher untersucht werden. Hierzu wird über den Befehl das gesamte Modell selektiert.

```
allsel
```

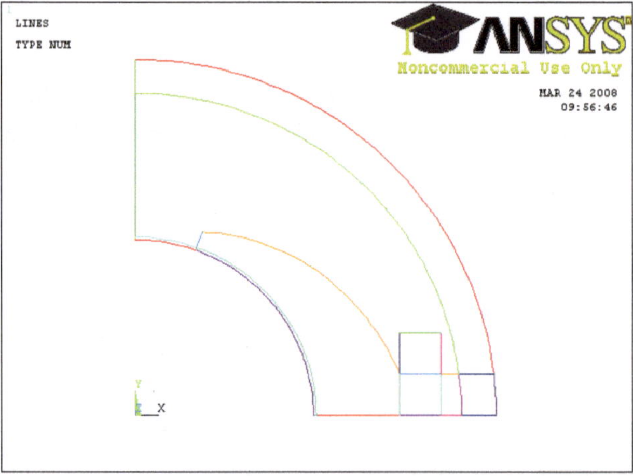

Abb. 12.16   Generierte Stator-Geometrie (keypoints und lines)

Deutlich ist die strukturierte Aufteilung des Ständerviertels in möglichst viele Vierecke erkennbar. Lediglich der Luftbereich hinter dem Polschuh verbleibt als komplexe Struktur.

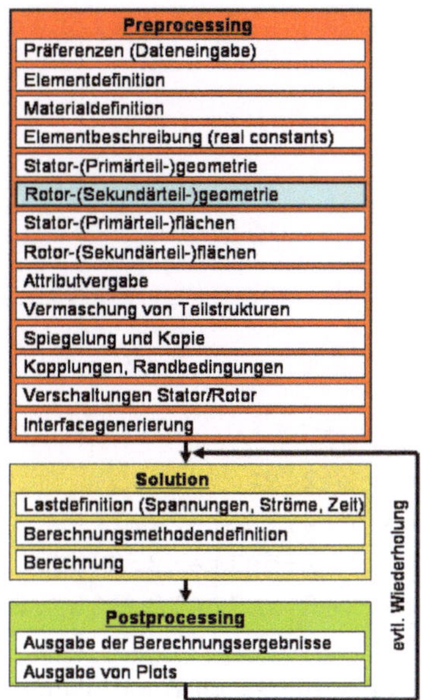

Abb. 12.17 Erstellung der Rotorgeometrie

Im nächsten Schritt wird die Kontur des Rotors durch Geometriepunkte beschrieben. Da bereits der Stator, bestehend aus Geometriepunkten und Linien modelliert wurde, sind bereits Geomeriepunkte und Linien vorhanden. Vor der Definition des Rotors wird zunächst das gesamte Modell über ALLSEL selektiert und durch eine ANSYS-Datenbankabfrage über den *GET-Befehl die maximale Nummer von Geometriepunkten abgefragt und unter KMAX abgespeichert. Darauf basierend werden weitere Geometriepunkte des Rotors mit KMAX + x nummeriert, um fortlaufend Geometriepunkte zu generieren und keine Geometriepunkte zu überschreiben. Sollte fälschlicherweise (z. B. durch Schreibfehler) ein Geometriepunkt überschrieben werden, lässt ANSYS dies dennoch nicht zu, da bisher aller Geometriepunkte mit Linien assoziiert sind und damit nicht mehr geändert werden können. Für die Definition der reinen Rotorkontur ohne eingebrachte Nuten reichen 6 weitere Geometriepunkte, wobei lediglich eine halbe Nutteilung generiert wird. Über den Befehl AFUN wird mit anhängender Option entweder in das Grad- oder Radiansmaß gewechselt. Aus Anschauungsgrünen wird das Gradmaß verwendet.

```
jochdicke2=raussen-jochdicke-delta-rinnen

*afun,deg

allsel

*GET,kmax,kp,0,num,max

csys,1
k,kmax+1,rinnen,0
k,kmax+2,rinnen,360/(2*z2)
k,kmax+3,rinnen+jochdicke2,0
k,kmax+4,rinnen+jochdicke2,360/(2*z2)
k,kmax+5,rinnen+jochdicke2+delta/2,0
k,kmax+6,rinnen+jochdicke2+delta/2,360/(2*z2)
```

Im nächsten Schritt werden im kartesischen Koordinatensystem die Geometriepunkte der Rotornut mit Ober- und Unterlage und Isolation als Zwischenlage generiert. Unterschieden wird nach Einschicht- und Zweischichtwicklung, um dieses Teilmodell auch für Asynchronmaschinen nutzen zu können.

```
csys,0
k,kmax+7,rinnen+jochdicke2+delta,wickbreite2/2
k,kmax+8,rinnen+jochdicke2-wickhoehe2/2,-wickbreite2/2
k,kmax+9,rinnen+jochdicke2-wickhoehe2/2,wickbreite2/2
*If,zweischicht2,eq,1,then
k,kmax+10,rinnen+jochdicke2-wickhoehe2/2-wickisol2,-
wickbreite2/2
k,kmax+11,rinnen+jochdicke2-wickhoehe2/2-wickisol2,
wickbreite2/2
k,kmax+12,rinnen+jochdicke2-wickhoehe2-wickisol2,-
wickbreite2/2
k,kmax+13,rinnen+jochdicke2-wickhoehe2-wickisol2,
wickbreite2/2
*Else
k,kmax+10,rinnen+jochdicke2-wickhoehe2,-wickbreite2/2
k,kmax+11,rinnen+jochdicke2-wickhoehe2,wickbreite2/2
k,kmax+12,rinnen+jochdicke2-wickhoehe2-wickisol2,-
wickbreite2/2
k,kmax+13,rinnen+jochdicke2-wickhoehe2-wickisol2,
wickbreite2/2
*EndIf
```

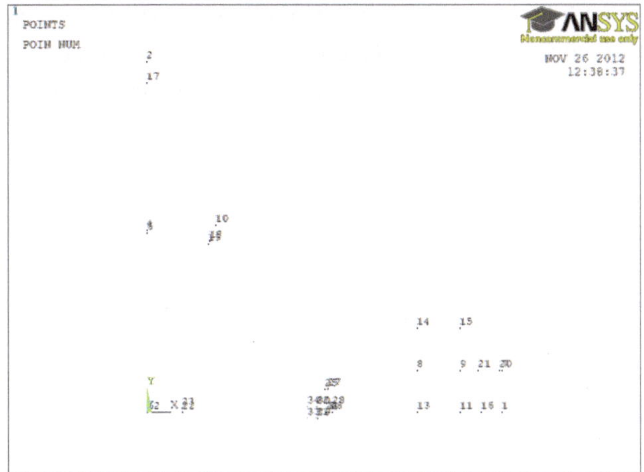

Abb. 12.18 Geometriepunkte von Stator (halber Pol) und Rotor (halbe Nutteilung)

Es folgen die Linien zur Beschreibung der Luftspaltkontur des Rotors und der Außen-
kante der Welle im polaren Koordinatensystem. Die Linien werden über Geometriepunkte
in Verbindung mit dem Parameter KMAX beschrieben, da bei Veränderung des Statormo-
dells auch die Geometriepunktenummern verändert würden.

```
csys,1
l,kmax+1,kmax+2
l,kmax+3,kmax+4
l,kmax+5,kmax+6
```

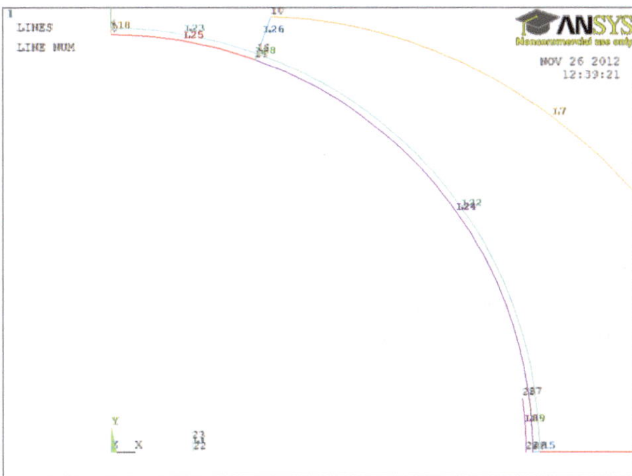

Abb. 12.19 Generierte Bögen der Rotorkontur in der Statorkontur

Es folgen weitere Linien im kartesischen Koordinatensystem zur weiteren Beschreibung der halben Rotonutteilung. Einige Geometriepunkte wurden bewusst in die Statorkontur oder in den 4. Quadranten verlegt, um über Schneideoperationen die Kontur in saubere Vierecke zu unterteilen.

```
csys,0
l,kmax+7,kmax+9
l,kmax+8,kmax+9
l,kmax+10,kmax+11
l,kmax+12,kmax+13
l,kmax+9,kmax+11
l,kmax+11,kmax+13
l,kmax+3,kmax+5
l,kmax+4,kmax+6
l,kmax+1,kmax+3
l,kmax+2,kmax+4
```

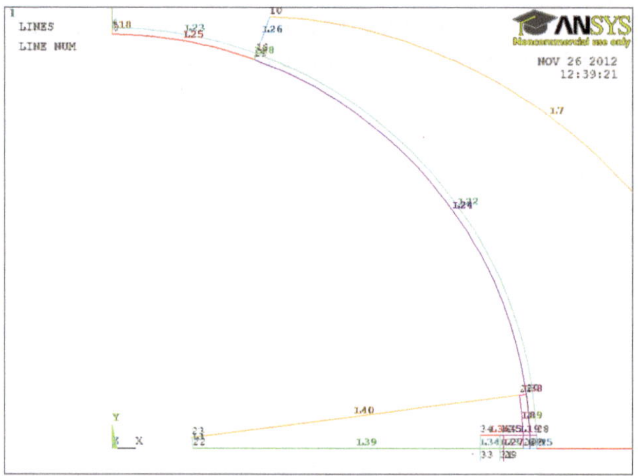

Abb. 12.20 Rotorkontur mit Schneidelinien

Im nächsten Schritt wird über eine Schneidelinie die Kontur des Luftspalts durch eine Überlagerung der Linien bei Verwendung des Befehls LOVLAP aufgetrennt.

```
lsel,s,,,8,9
lsel,a,,,19
lovlap,all
```

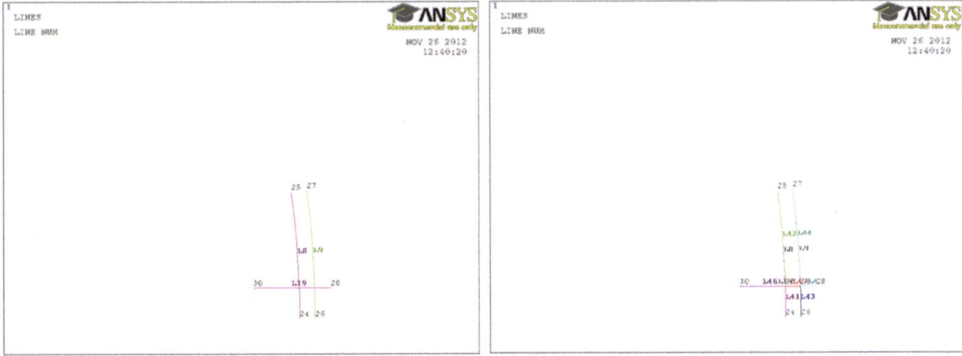

Abb. 12.21 Zuschneiden der Linien am Luftspalt vor und nach dem Schnitt

Entsprechend werden die Linien der Ober- und Unterlage aufgetrennt.

```
lsel,s,,,27
lsel,a,,,33,34
lsel,a,,,39
lovlap,all
```

Abschließend werden alle unnötigen Linien, die sich aufgrund der Schnitte an Hilfslinien ergeben, selektiert und gelöscht.

```
lsel,s,,,19
lsel,a,,,45,49,4
lsel,a,,,51
ldel,all
allsel
```

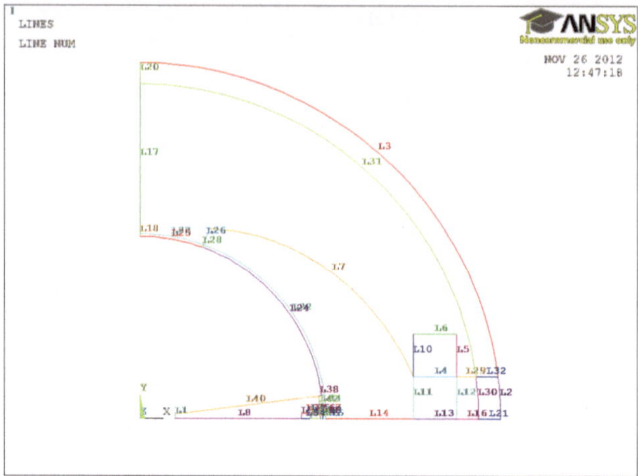

Abb. 12.22 Durch Linien beschriebene Stator- und Rotorkontur

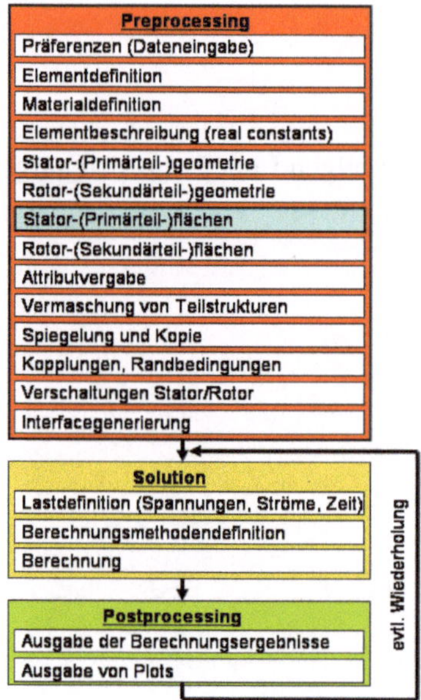

Abb. 12.23 Erstellung der Flächen der Statorseite

Auf der Basis der Geometrie- und Linienmodellierung werden die Flächen zunächst im Stator und anschließend im Rotor generiert. Verwendet wird die ANSYS-Syntax der Flächengenerierung über Linien, da insbesondere die Luftkontur am Polschuh des Stators durch eine große Anzahl von Linien beschrieben wird.

```
allsel
!!
!!Stator
!!
al,32,3,20,31
al,21,2,32,30
al,16,30,29,12
al,13,12,4,11
al,4,5,6,10
al,14,11,7,26,22
al,15,22,28,24
al,28,23,18,25
al,29,31,17,23,26,7,10,6,5
```

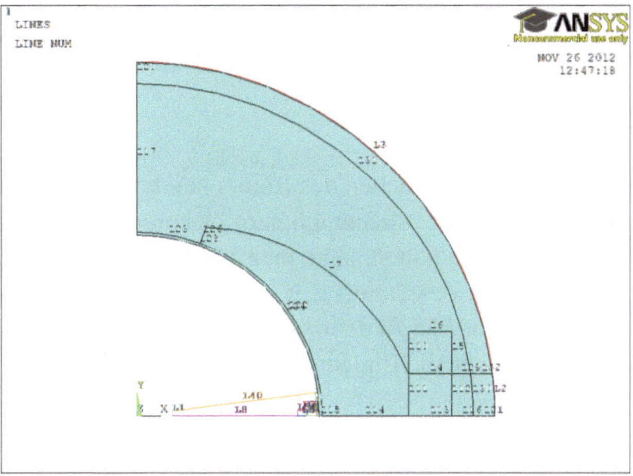

Abb. 12.24 Generierte Flächen des Stators

Abb. 12.25 Erstellung der Flächen der Rotorseite

Im nächsten Schritt werden die Flächen des Rotors beschrieben. Bei Änderungen des Stator- oder Rotormodells sind die Liniennummern entsprechend abzuändern. Um die Geometrie des Stators variabel zu halten, hätte man vergleichbar zum Parameter KMAX auch die höchste Liniennummer des Stators z. B. als Parameter LMAX bestimmen müssen, um darauf basierend die Flächen zu definieren. Bei Änderungen an der Statorgeometrie (nicht Parameter) ändern sich alle Liniennummern der Rotorteilstruktur.

```
allsel
!!
!!Rotor
!!
al,37,43,47,41
al,9,41,46,48
al,53,48,35,50
al,54,50,36,52
al,8,52,36,35,46,42,40,1
al,47,44,38,42

allsel
```

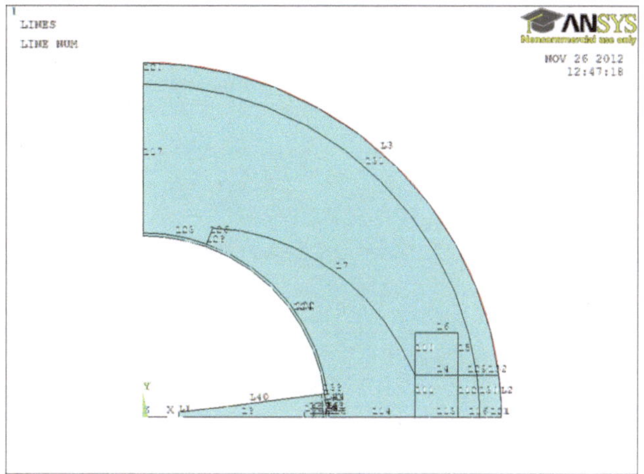

Abb. 12.26 Generierte Flächen des Stators und Rotors

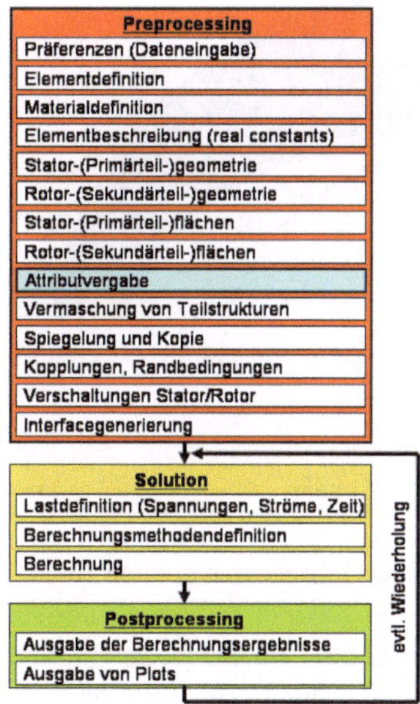

Abb. 12.27 Attributzuweisung

Im nächsten Schritt werden die Attribute Elementtyp, Material und reale Konstante den einzelnen Flächen zugewiesen. Beim Stator kann nur die Materialeigenschaft 3 der Spulenseite zugewiesen werden, da die rückführende Spulenseite erst nach der Spiegelung entsteht.

```
!!
!!Stator
!!
asel,s,,,7,9
aatt,2,,2

asel,s,,,1,4
asel,a,,,6
aatt,1,,1

asel,s,,,5
aatt,3,3,3
```

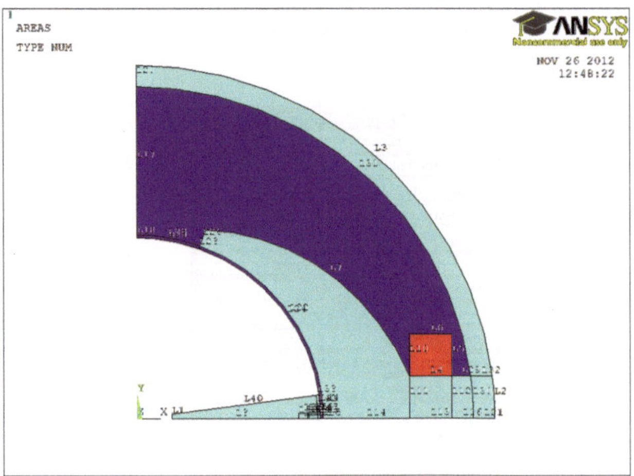

Abb. 12.28 Flächen mit Attributen (Stator)

Ebenso wird mit dem Rotor verfahren, wobei nach Einschicht- und Zweischichtwicklung unterschieden wird. Um ein flexibel änderbares Modell zu erhalten, hätte auf die bereits generierten Flächen des Stators Rücksicht genommen werden und über einen Parameter AMAX selektiert werden müssen. Im Rotor ändern sich bei Statorgeometrieänderung auch die Flächennummern.

```
!!
!!Rotor
!!
asel,s,,,10,15,5
aatt,12,12,12
```

```
asel,s,,,14
aatt,11,11,11

asel,s,,,11
aatt,13,13,13

*If,zweischicht2,eq,1,then
asel,s,,,12
aatt,12,12,12
asel,s,,,13
aatt,14,14,14
*Else
asel,s,,,12
aatt,13,13,13
asel,s,,,13
aatt,11,11,11
*EndIf
```

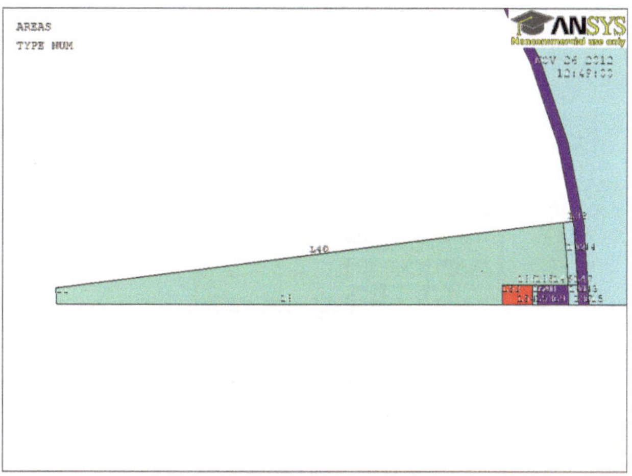

Abb. 12.29 Flächen mit Attributen (Rotor)

Damit ist das Modell der Gleichstrommaschine über seine Teilstrukturen generiert.

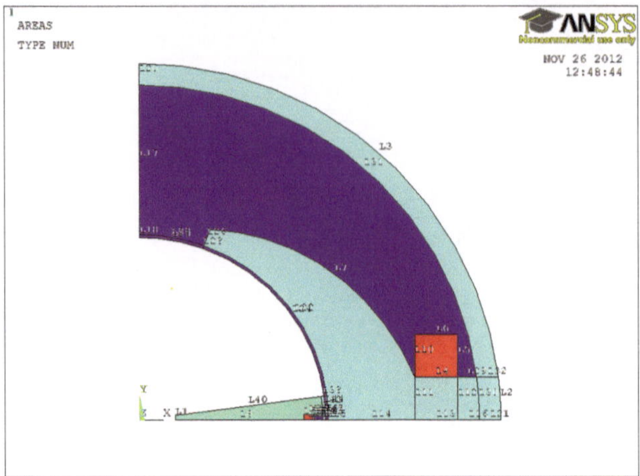

Abb. 12.30 Flächendarstellung von Stator und Rotor nach Attributzuweisung

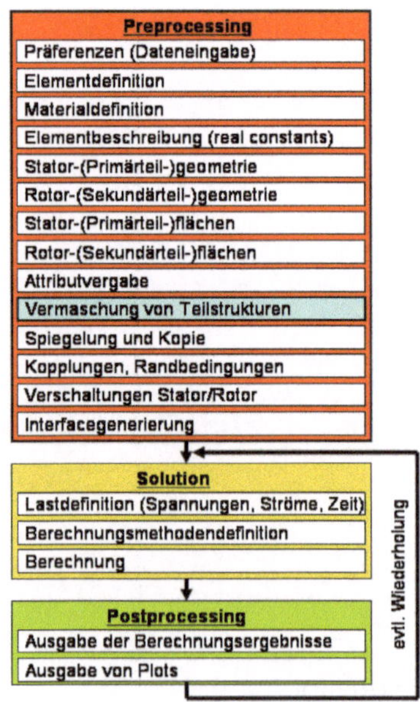

Abb. 12.31 Vermaschung der Teilstrukturen von Stator und Rotor

Es folgt die Vermaschung der Teilstrukturen des Stators und Rotors. Hierzu werden zwei Vermaschungsparameter für die Feinheit der Vermaschung im Eisen und in der Luft definiert.

```
*SET,MESHEISEN, 0.1000000000000E-01
*SET,MESHLUFT, 0.6000000000000E-02
```

Zur Anwendung kommt das bereits beim Dreiphasentransformator angewandte Verfahren der Festlegung der Feinheit der Vermaschung über die Definition der Anzahl von Elementkanten auf einzelnen Linien bei Nutzung des Befehls LESIZE.

```
!!
!!Stator
!!

lsel,s,,,14
*get,laeng,line,14,leng
istue1=nint(laeng/mesheisen)
*if,istue1,lt,1,then
istue1=1
*endif
lesi,all,,,istue1
```

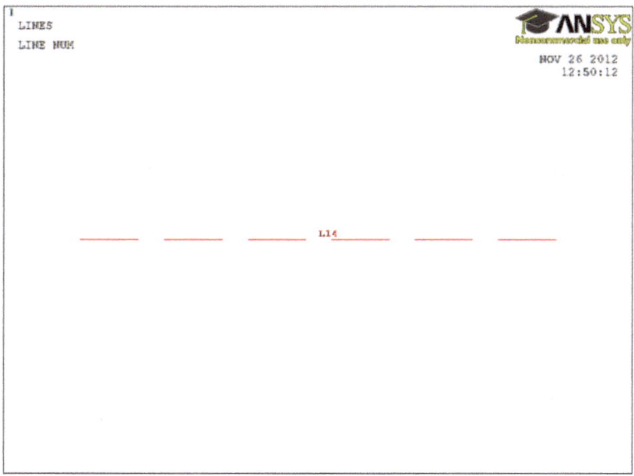

Abb. 12.32 Anwendung des Befehls LESIZE auf die Linie 14

Entsprechend wird mit allen anderen Linien verfahren.

```
lsel,s,,,26
*get,laeng,line,26,leng
istue2=nint(laeng/mesheisen)
*if,istue2,lt,1,then
istue2=1
*endif
lesi,all,,,istue2
```

```
lsel,s,,,7
*get,laeng,line,7,leng
istue3=nint(laeng/mesheisen)
*if,istue3,lt,2,then
istue3=2
*endif
lesi,all,,,istue3

lsel,s,,,11,12
lsel,a,,,2
lsel,a,,,30
*get,laeng,line,11,leng
istue4=nint(laeng/mesheisen)
*if,istue4,lt,1,then
istue4=1
*endif
lesi,all,,,istue4

lsel,s,,,4,6,2
lsel,a,,,13
*get,laeng,line,4,leng
istue1=nint(laeng/mesheisen)
*if,istue1,lt,2,then
istue1=2
*endif
lesi,all,,,istue1

lsel,s,,,5,10,5
*get,laeng,line,5,leng
istue2=nint(laeng/mesheisen*2)
*if,istue2,lt,2,then
istue2=2
*endif
lesi,all,,,istue2

lsel,s,,,16,29,13
*get,laeng,line,16,leng
istue1=nint(laeng/mesheisen)
*if,istue1,lt,1,then
istue1=1
*endif
lesi,all,,,istue1
```

```
lsel,s,,,3
lsel,a,,,31
*get,laeng,line,3,leng
istue1=nint(laeng/mesheisen)
*if,istue1,lt,1,then
istue1=1
*endif
lesi,all,,,istue1

lsel,s,,,17
*get,laeng,line,17,leng
istue1=nint(laeng/mesheisen)
*if,istue1,lt,1,then
istue1=1
*endif
lesi,all,,,istue1

lsel,s,,,15,18,3
lsel,a,,,28
*get,laeng,line,15,leng
istue1=nint(laeng/meshluft)
*if,istue1,lt,1,then
istue1=1
*endif
lesi,all,,,istue1

lsel,s,,,22,24,2
*get,laeng,line,22,leng
istue1=nint(laeng/meshluft)
*if,istue1,lt,1,then
istue1=1
*endif
lesi,all,,,istue1

lsel,s,,,23,25,2
*get,laeng,line,23,leng
istue1=nint(laeng/meshluft)
*if,istue1,lt,1,then
istue1=1
*endif
lesi,all,,,istue1
```

Es ergibt sich die Vorbereitung der Vermaschung als Linienplot.

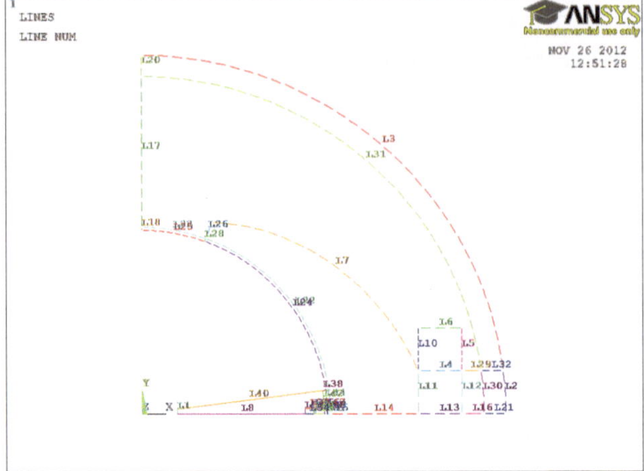

Abb. 12.33   Vorbereitete Statorvermaschung

Als nächstes werden die insgesamt nur 9 Flächen des Stators selektiert und vermascht.

```
asel,s,,,1,9
amesh,all
```

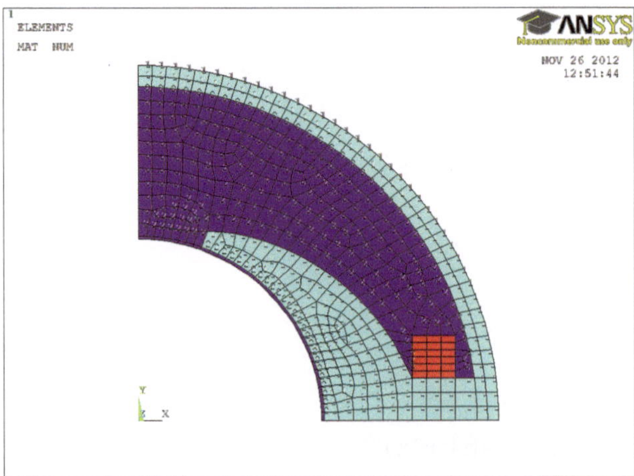

Abb. 12.34   Vermaschter Stator

Die Flächen des Stators werden als Teilkomponente zusammengefasst und mit den Namen KSTATOR und _STATOR versehen. Eine Komponente ist in ANSYS eine Teilmenge des gesamten Modells, die aus beliebigen Entitäten (Geometriepunkte, Linien, Flächen, Elemente, Knoten) bestehen kann und mit einem Namen belegt wird. Damit können Teilstrukturen sehr einfach und direkt selektiert werden. Die Komponentendefinition erfolgt über den Befehl CM mit den nachfolgenden Modifikatoren des Komponentennamens und der zugrundeliegenden Entität.

```
ASEL,S,MAT,,1,9
cm,kstator,area
cm,_stator,area
```

Entsprechend wird die Vermaschung des Rotors vorbereitet. Auch hier hätte die Liniennummer in Verbindung mit der Linienanzahl des Stators über LMAX definiert werden müssen, um dieses Modell flexibel ändern zu können. Es wird schnell ersichtlich, dass bei entsprechendem Fleiß hinsichtlich der Geometriepunkt-, Linien- und Flächennummernverwendung im Rotor die Statorgeometrie geändert werden könnte, ohne dass die Definition des Rotors geändert werden müsste.

```
!!
!!Rotor
!!
lsel,s,,,42,44,2
*get,laeng,line,44,leng
istue1=nint(laeng/meshluft)
*if,istue1,lt,1,then
istue1=1
*endif
lesi,all,,,istue1

lsel,s,,,41,43,2
*get,laeng,line,43,leng
istue1=nint(laeng/meshluft)
*if,istue1,lt,1,then
istue1=1
*endif
lesi,all,,,istue1

lsel,s,,,37,38
lsel,a,,,47
*get,laeng,line,37,leng
istue1=nint(laeng/meshluft)
*if,istue1,lt,1,then
istue1=1
```

```
*endif
lesi,all,,,istue1

lsel,s,,,9
lsel,a,,,46
*get,laeng,line,9,leng
istue1=nint(laeng/mesheisen)
*if,istue1,lt,1,then
istue1=1
*endif
lesi,all,,,istue1

lsel,s,,,35
lsel,a,,,53
*get,laeng,line,35,leng
istue1=nint(laeng/mesheisen)
*if,istue1,lt,1,then
istue1=1
*endif
lesi,all,,,istue1

lsel,s,,,36
lsel,a,,,54
*get,laeng,line,36,leng
istue1=nint(laeng/mesheisen)
*if,istue1,lt,1,then
istue1=1
*endif
lesi,all,,,istue1

lsel,s,,,48,52,2
*get,laeng,line,48,leng
istue1=nint(laeng/mesheisen)
*if,istue1,lt,1,then
istue1=1
*endif
lesi,all,,,istue1

lsel,s,,,40
*get,laeng,line,40,leng
istue1=nint(laeng/mesheisen)
*if,istue1,lt,1,then
```

```
istue1=1
*endif
lesi,all,,,istue1

lsel,s,,,8
*get,laeng,line,8,leng
istue1=nint(laeng/mesheisen)
*if,istue1,lt,1,then
istue1=1
*endif
lesi,all,,,istue1

lsel,s,,,1
*get,laeng,line,1,leng
istue1=nint(laeng/mesheisen)
*if,istue1,lt,1,then
istue1=1
*endif
lesi,all,,,istue1
```

Nach Definition der Vermaschung auf allen Linien des Rotors ist der Rotor zur Vermaschung vorbereitet.

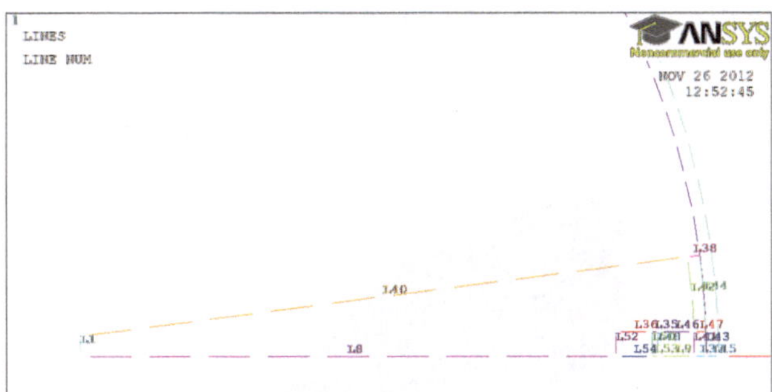

Abb. 12.35 Vorbereitete Rotorvermaschung

Nach Selektion der Flächen des Rotors erfolgt die Vermaschung. Um ein flexibel änderbares Modell zu erhalten, hätte auch an dieser Stelle auf die bereits generierten Flächen des Stators über einen Parameter AMAX selektiert werden müssen.

```
asel,s,mat,,11,15
amesh,all
```

Damit ist die Vermaschung des Rotors als Teilstruktur abgeschlossen. Das Netz ist relativ grob, aber dennoch ausreichend, da Elemente mit Seitenmittenknoten verwendet wurden.

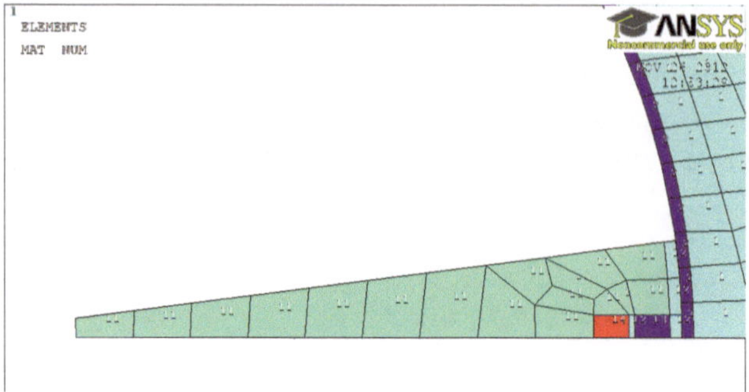

Abb. 12.36 Vermaschte Teilstruktur des Rotors

Auch der Rotor wird für eine einfache Selektierbarkeit als Komponente mit dem Namen KROTOR festgelegt.

```
asel,s,mat,,11,15
cm,krotor,area
```

Damit liegt das Finite-Elemente-Modell der Teilstrukturen von Stator und Rotor vor und kann auch über den zugehörigen Komponentennamen angesprochen werden.

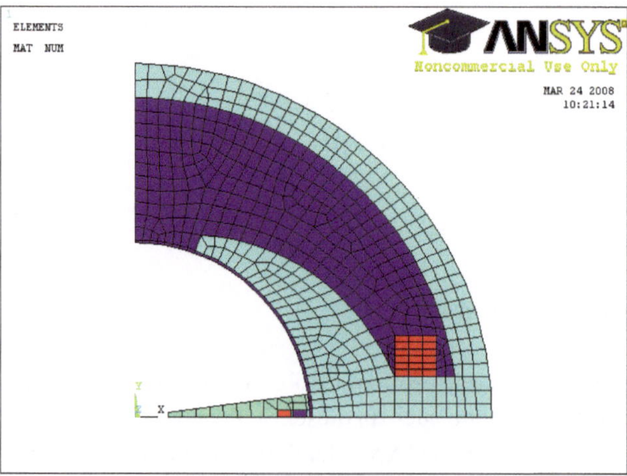

Abb. 12.37 Vermaschung von Stator und Rotor

Abb. 12.38 Spiegelung und Kopie von Stator und Rotor

Im nächsten Schritt werden durch Spiegelung und anschließende Kopie aus den Teilstrukturen von Stator und Rotor vollständige Strukturen von Stator und Rotor generiert. Bei der ersten Vervollständigung einer Teilstruktur ist zunächst nichts zu beachten.

Die Komponente des Stators wird über den Befehl CMSEL mit Modifikator S für eine neue Selektion und den Namen der Komponente selektiert. Da Spiegelungen nur im kartesischen Koordinatensystem möglich sind, wird das kartesische Koordinatensystem selektiert. Anschließend wird über den Befehl ARSYM mit dem Modifikator Y und ALL der gesamte Teilflächenverband des Stators an der x-Achse gespiegelt. Die Syntax des ARSYM-Befehls ist widersprüchlich und sollte im Zweifelsfalle über die ANSYS-Hilfe eingesehen werden (HELP,ARSYM).

```
!!
!!Stator
!!
cmsel,s,kstator
csys,0
arsym,y,all,
```

Nach der Spiegelung wird die Ursprungsfläche der Spulenfläche, in diesem Falle die Fläche 5 selektiert, um die Attribute entsprechend einer hin- und rückgewickelten Spule zu vergeben. Die Vermaschung wird über den Befehl ACLEAR mit Modifikator ALL in der betreffenden Spulenfläche gelöscht. Andererseits hätten über den Befehl EMODIF die betreffenden Elemente hinsichtlich ihrer Attribute geändert werden können. Dies hätte jedoch den Nachteil, dass zwar die finiten Elemente, nicht jedoch die zugehörigen Flächen hinsichtlich der Attribute geändert wären, was bei Plotausgaben zu Missverständnissen sorgen könnte.

```
asel,s,,,5
aclear,all
```

Es ergibt sich ein Loch in der Vermaschung der Stator-Teilstruktur.

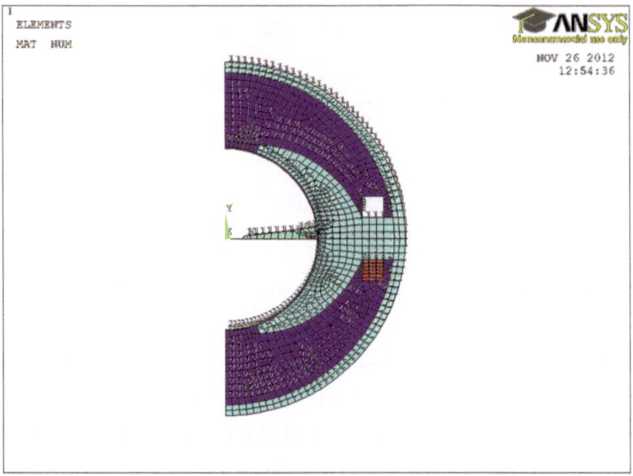

Abb. 12.39   Eliminiertes Netz in einer Spulenseite

Die Attribute der betreffenden Flächen werden entsprechend einer rückführenden Spule als Nummer 4 neu zugewiesen und anschließend die selektierte Fläche neu vermascht.

```
aatt,4,4,4
amesh,all
allsel
```

Dabei ist die Netzfeinheit noch über die mit LESIZE definierten Seiten definiert. Bei einem anderen Vermaschungskonzept müsste die Netzfeinheit zusätzlich definiert werden.

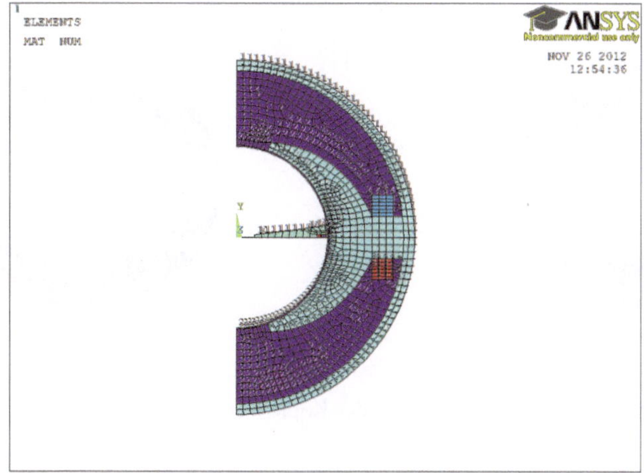

Abb. 12.40 Vollständiger Pol der Gleichstrommaschine mit hin- und rückführender Spule

Für die folgende Kopie zur Erstellung aller Pole der Gleichstrommaschine werden die Flächen des Stators über den ASEL-Befehl mit Modifikator MAT neu selektiert. Da die Materialien des Stators mit Nummern kleiner 10 belegt sind und diejenigen des Rotors bei 11 beginnen, kann großzügig über die Materialeigenschaft von 1 bis 9 selektiert werden. Danach wird in das polare Koordinatensystem gewechselt, um über einen bestimmten Winkel das Modell zu drehen. Zur Anwendung kommt der AGEN-Befehl mit dem Modifikator $2 \cdot P$ für die Anzahl der insgesamt geforderten Kopien (inklusive Original), der Angabe der zu kopierenden Flächen (in diesem Falle alle, d. h. ALL) und dem Drehwinkel, der sich aus dem Winkel eines Pols ergibt.

```
asel,s,mat,,1,9
cm,kstator,area

csys,1
agen,2*p,all,,,,360/(2*p)
cm,kstator,area
```

Anschließend ist der gesamte Stator fertiggestellt und liegt als Komponente mit dem Namen KSTATOR vor.

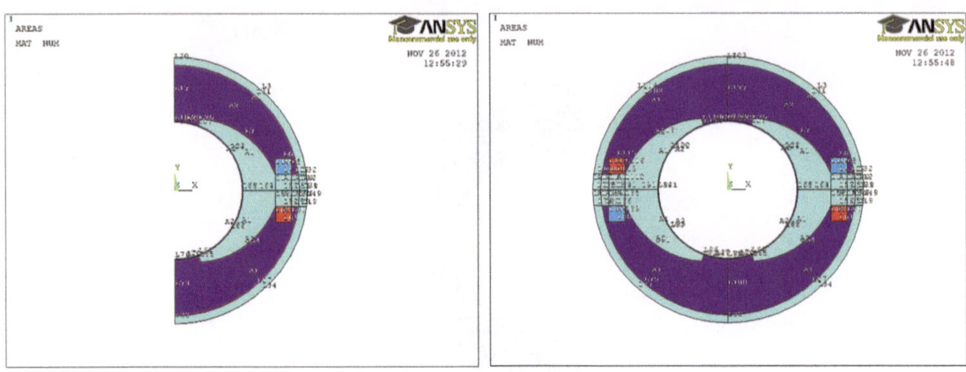

Abb. 12.41 Statormodell vor (*links*) und nach der Kopie (*rechts*)

Entsprechend wird die Rotor-Teilstruktur gespiegelt und kopiert. Hierbei ist zu beachten, dass von der Statorseite nichts selektiert ist, damit die Stator- und Rotorkontur vollständig getrennt voneinander aufgebaut werden. Soweit der Rotor über nur eine Entität, d. h. Geometriepunkt, Linie, Element, Knoten, mit dem Stator verbunden ist, sind Drehungen des Stators im Rotor nicht mehr möglich. Für weitere Anwendungen wird die maximale Nummer der Fläche mit dem Attribut 13 (Oberlage) durch ANSYS-Datenbankabfrage abgefragt und unter dem Namen AREA1 abgelegt.

Zur Sicherstellung wird der Rotor als Teilstruktur über die Komponente KROTOR selektiert. Nach Wechsel in das kartesische Koordinatensystem kann die Spiegelung um die *x*-Achse erfolgen.

```
!!
!!Rotor
!!
asel,s,mat,,13
*GET,area1,area,0,num,max

cmsel,s,krotor
csys,0
arsym,y,all,
```

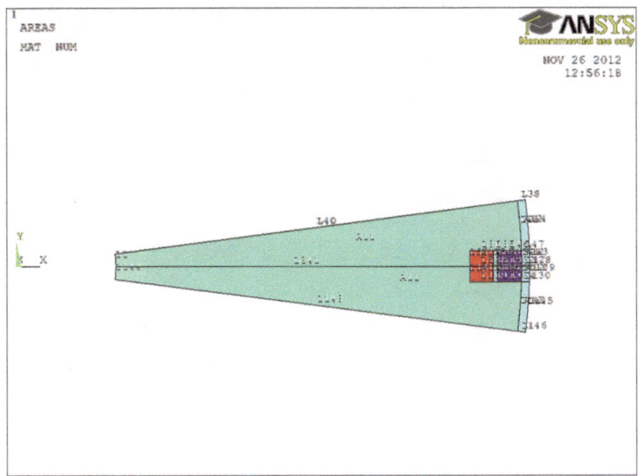

Abb. 12.42 Ergebnis der Spiegelung einer halben Rotornutteilung

Die neue Teilstruktur wird erneut unter dem Namen KROTOR als Komponente abgelegt. Die zweite Fläche vom Typ 13 wird bestimmt und über den Namen AREA2 spezifiziert. Anschließend wird die Komponente der Rotor-Teilstruktur neu selektiert, in das polare Koordinatensystem gewechselt und bei Anwendung des Befehl AGEN gespiegelt, um den Rotor mit Z2 Nuten zu erhalten.

```
cm,krotor,area
asel,s,mat,,13
*GET,area2,area,0,num,max

cmsel,s,krotor
csys,1
agen,z2,all,,,,360/(z2)
```

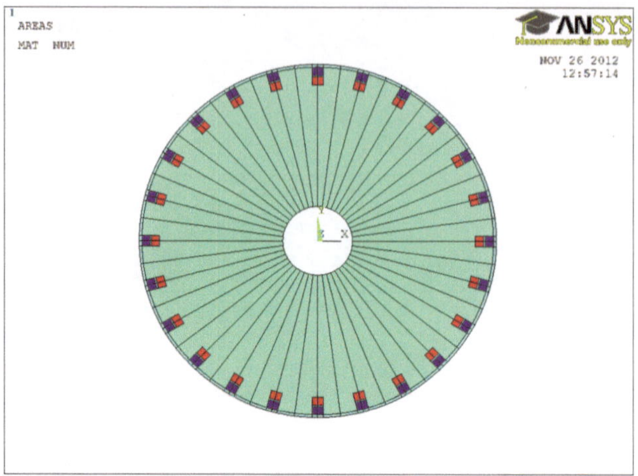

Abb. 12.43 Ergebnis der Spiegelung des Rotors

Stator und Rotor werden zur Überprüfung nochmals neu über die Materialeigenschaften selektiert und als Komponenten deklariert.

```
ASEL,S,MAT,,1,5
cm,kstator,area

asel,s,mat,,11,15
cm,krotor,area
```

Zur Vorbereitung einer Kraftberechnung zur Ermittlung des Drehmoments des Rotors werden die relevanten Flächen, die zur Drehmomenterzeugung beitragen, d. h. nicht die umgebende Luft im Luftspalt, über die Materialeigenschaft selektiert. Im vorliegenden Fall wurde die Isolation zwischen der Ober- und Unterlage mit Luft parametriert. Zur Vereinfachung wird in diesem Falle auf die Krafterzeugung durch die Felder in den Spulen verzichtet. Für exakte Berechnungen sind hier Änderungen an der Parametrierung der Luft als Isolationsschicht vorzunehmen (anderes Material). ANSYS setzt voraus, dass für eine Kraftberechnung rund um eine Kontur Luft vorhanden sein muss und keine Luft in der Kontur enthalten ist. Die krafterzeugenden Flächen werden selektiert und über ALLSEL mit Modifikator BELOW und AREA die hierarchisch untergeordneten Entitäten hinzuselektiert.

```
!
! Elemente Rotoreisen fuer Kraftberechnung zusammenfassen
!

asel,s,mat,,11
allsel,below,area
```

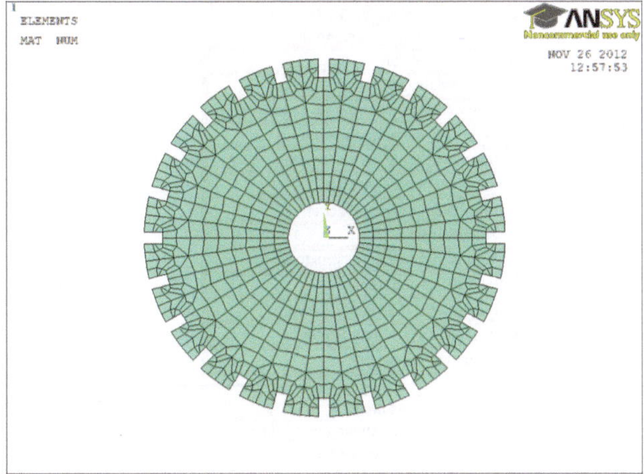

Abb. 12.44 Selektion der krafterzeugenden Elemente

Die krafterzeugenden Elemente werden als Komponente mit dem Namen EROTOR zusammengefasst. Über das Standard-ANSYS-Makro FMAGBC, das im vorliegenden Fall über ein Skript mit dem Namen fmagf.txt mit Modifikator EROTOR (in Hochkommata) aufgerufen wird, werden die krafterzeugenden Elemente mit einem FLAG belegt, um darauf basierend im Rahmen des Postprocessing nach einer Solution das Drehmoment zu ermitteln.

```
cm,erotor,elem
cm,kraftrot,elem
fmagbc,'kraftrot'
fmagf.txt,'erotor'
allsel
```

Damit ist die gesamte Geometriegenerierung abgeschlossen.

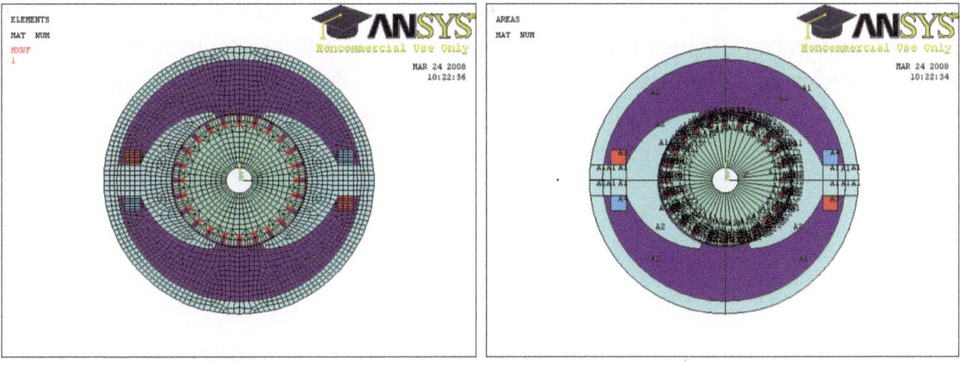

Abb. 12.45 Stator und Rotor des Modells nach Spiegelung und Kopie der Teilstrukturen (*links* Flächen, *rechts* Elemente)

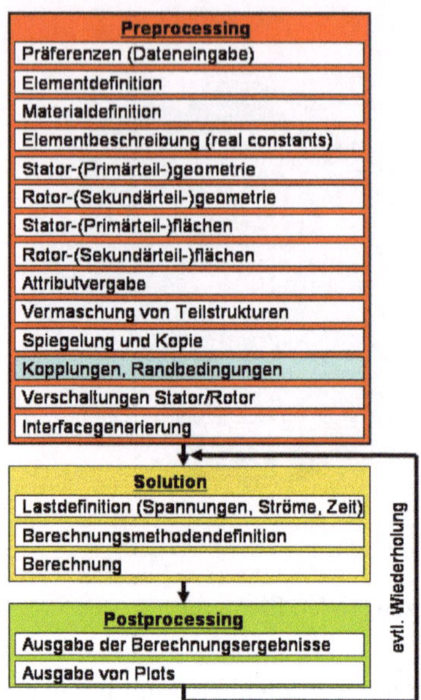

Abb. 12.46 Kopplungen und Randbedingungen

Im nächsten Schritt haben einige Korrekturen aufgrund der Spiegelung und Kopie zu erfolgen, die Kopplungen und Randbedingungen müssen hinzugefügt werden.

Dazu wird zunächst die Komponente des Stators selektiert, zu der hierarchisch über ALLSEL mit Modifikator BELOW und AREA die Geometriepunkte, Linien, Elemente und Knoten des Stators hinzuselektiert werden können.

```
cmsel,s,kstator
allsel,below,area
```

Bei genauerer Betrachtung eines Knoten-Plots (NODEs) fällt auf, dass an den Spiegel- und Kopierkanten doppelte Knotennummern vorhanden sind. Dies ist darauf zurückzuführen, dass ANSYS gesamte Teilstrukturen mit allen Elementen und Knoten kopiert und damit an den betreffenden Kanten nach Spiegelung oder Kopie doppelte Knoten, wie auch Geometriepunkte entstehen. Während doppelte Geometriepunkte nicht stören, sorgen doppelte Knotenpunkte für ein nicht zusammenhängendes Finite-Elemente-Gebiet.

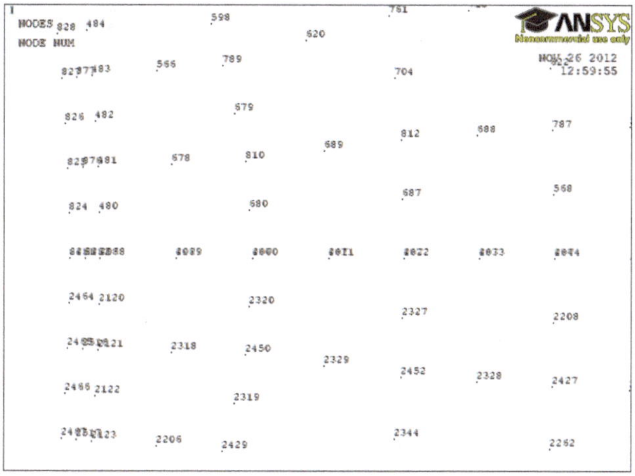

Abb. 12.47 Doppelte Knotenpunkte an einer Spiegelkante

Korrigiert wird dies durch einen Zusammenfassungs-Befehl (MERGE), über den übereinanderliegende Knoten im Rahmen eines gewissen Fangradius zusammengefasst werden. Hierzu wird der Befehl NUMMRG angewendet (MRG steht hier für MERGE). Als Modifikator wird angegeben, was zusammengefasst werden soll, in diesem Falle NODEs, der Fangradius mit 1 μm, d. h. wesentlich kleiner als jeder normale Geometrie- oder Knotenabstand und LOW für die zu belassende Knotennummer, in diesem Falle die niedrigste der zu mergenden Knotennummern. Bei rotierenden oder transversal beweglichen Strukturen ist peinlich darauf zu achten, dass keine Knoten der jeweils anderen Teilstruktur mitselektiert werden, da nach dem Zusammenfassen sonst keine Drehungen oder Bewegungen mehr möglich sind.

```
NUMMRG,NODE,1e-6 , , ,LOW
```

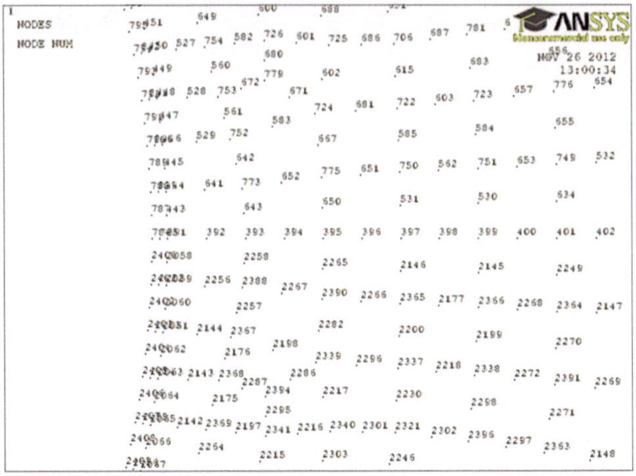

Abb. 12.48 Knotennummern an einer Spiegelkante nach einer Zusammenfassung (MERGE)

Nach der Zusammenfassung sind bis auf die doppelten Knoten am Luftspaltsaum keine doppelten Knoten mehr erkennbar.

Um bündige Knotenlisten ohne Löcher zu erhalten, können die Knotenlisten über einen Kompress-Befehl NUMCMP reorganisiert werden. Ein Zusammenfassen der Geometriepunkte ist zwar nicht zwingend notwendig, wird hier jedoch dennoch durchgeführt. Das Komprimieren der Listen muss erfolgen bevor bestimmte Nummerierungen von Referenzknoten bei Kopplungen erfolgen.

```
NUMCMP,NODE
nummrg,kp
```

Entsprechend wird mit dem Rotor verfahren, indem der Rotor als Komponente selektiert wird und die hierzu hierarchisch zugeordneten Entitäten selektiert werden.

```
cmsel,s,krotor
allsel,below,area
NUMMRG,NODE,1e-6 , , ,LOW
NUMCMP,NODE
nummrg,kp
```

Es folgt eine Selektion der Knoten auf dem Außenradius des Rotors zur Anbringung der Randbedingung zur Erfüllung der 3. Maxwell'schen Gleichung. Hierzu wird in das polare Koordinatensystem gewechselt und eine Knotenselektion über den Befehl NSEL vorgenommen. Als Modifikator wird der Selektionsort über LOC gewählt und der Ort über die x-Koordinate, die beim polaren Koordinatensystem dem Radius entspricht, und nachfolgend den Radius über den Parameter RAUSSEN selektiert. Der große Funktionsumfang des Selektionsbefehls für Geometriepunkte, Linien, Flächen, Elemente und Knoten kann über die ANSYS-Hilfe näher eingesehen werden (HELP,KSEL, …). Auf den selektierten Knoten wird die Randbedingung als konstantes Vektorpotenzial AZ mit Wert 0 aufgebracht.

```
csys,1
nsel,s,loc,x,raussen
d,all,az,0
```

Eine weitere Randbedingung muss auf der Wellenkante auf Höhe des Radius RINNEN als vergleichbare Randbedingung aufgebracht werden. Da das konstante Vektorpotenzial mit Wert 0 bereits vergeben ist, müssen hier alle Knoten hinsichtlich des Vektorpotenzials gekoppelt werden, um auf allen Knoten in Höhe des inneren Radius gleiches Vektorpotenzial zu erhalten.

```
nsel,s,loc,x,rinnen
cp,2,az,all
```

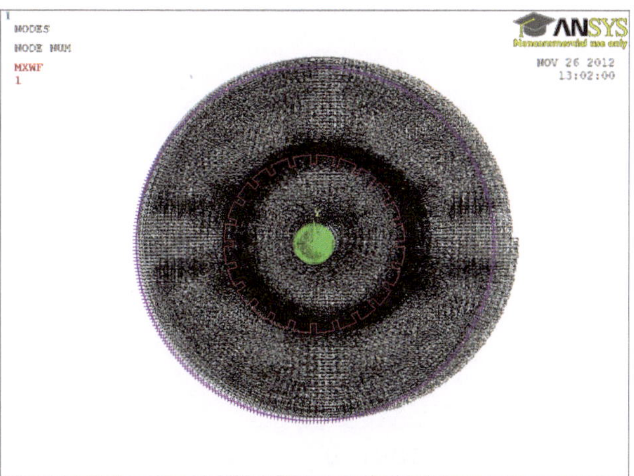

Abb. 12.49 Nummerierte Knoten mit Randbedingung außen und Kopplung innen

Die Randbedingung für konstantes Vektorpotenzial AZ = 0 auf der äußeren Motorkontur ist anhand der violetten Kreuze erkennbar. Die Randbedingung innen auf der Welle ist an den grünen Linien erkennbar.

Im nächsten Schritt erfolgen die Kopplungen der Knoten der einzelnen Spulen- und Leiterflächen. Hierzu bietet sich eine Schleife an, da aufeinander aufbauende Teilstrukturen generiert wurden. Dazu erfolgen die geometrieschen Selektionen im polaren Koordinatensystem. Die Schleife läuft über die Anzahl der vorhandenen Pole auf der Basis der Polpaarzahl p, als Schleifenlaufindex wurde ILEIT verwendet, um damit die Schleife über alle Leiter zu definieren. Für einen betreffenden Leiter erfolgt zunächst die Selektion von Flächen mit der Materialeigenschaft des Hinleiters. Über den Befehl ASEL mit Modifikator LOC werden im Winkelbereich des betreffenden Rotors die Flächen reselektiert. Dies bedeutet, dass aus einer bereits bestimmten Teilmenge eine neue, weitere Selektion erfolgt. Der Modifikator bezüglich der Location LOC ist Y und bezieht sich damit im polaren Koordinatensystem auf den Winkel. Selektiert wird nach dem Y von einem spezifizierten Winkel durch Kommata getrennt bis zu einem anderen spezifizierten Winkel. Anschließend werden die hierarchisch gehörigen Entitäten über ALLSEL,BELOW,AREA hinzuselektiert. Danach erfolgt die Kopplung der Knoten hinsichtlich der Freiheitsgrade CURR und EMF. Da je Pol 4 Kopplungen (Hin- und Rückleiter, CURR und EMF) erfolgen, wird für die Kopplungsnummer entsprechend nummeriert. Es folgt wie üblich die Bestimmung des Masterknotens, der mit WICKNODE, einer folgenden 1 für Hin-Spule und dem spezifischen Pol (zwischen Prozentzeichen) benannt wird. Die gleichen Schritte erfolgen für die rückführende Spule mit der Materialeigenschaft 4, deren Masterknoten mit einer 2 spezifiziert wird. Im vorliegenden Fall wird die mit *ENDDO abgeschlossene Schleife zweimalig für 2 Pole durchlaufen.

```
!!
!!Stator
!!
csys,1

*Do,ileit,1,2*p
asel,s,mat,,3
ASEL,r,LOC,Y,-360/(4*p)+(ileit-1)*360/(2*p),360/(4*p)+
(ileit-1)*360/(2*p)
allsel,below,area

cp,ileit*4+1,curr,all
cp,ileit*4+2,emf,all
*GET,wicknode1%ileit%, NODE, 0,num,min

asel,s,mat,,4
ASEL,r,LOC,Y,-360/(4*p)+(ileit-1)*360/(2*p),360/(4*p)+
(ileit-1)*360/(2*p)
allsel,below,area

cp,ileit*4+3,curr,all
cp,ileit*4+4,emf,all
*GET,wicknode2%ileit%, NODE, 0,num,min

*EndDo
```

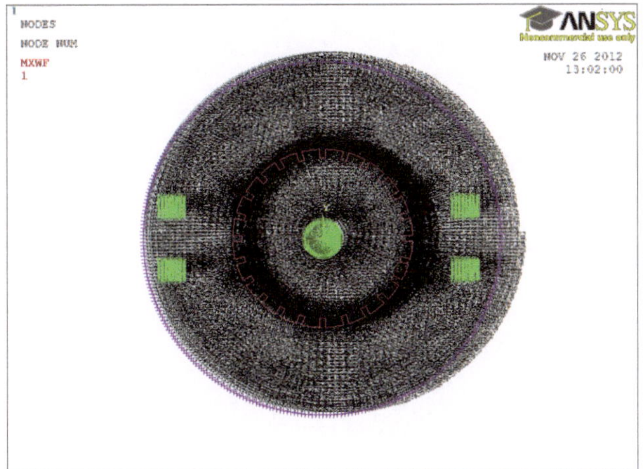

Abb. 12.50 Kopplung der Erregerspulenseiten

Die Kopplungen der 4 Leiter bei 2 Polen sind anhand der grünen Verbindungslinien in den Spulenseiten des Stators erkennbar.

Entsprechend wird mit dem Rotor verfahren, die Schleife wird Z2-mal durchlaufen. Der Masterknoten wird mit wicknoder und nachfolgend 1 und 2 für Ober- und Unterlage des Rotors benannt. Als andere Syntax für die Nummerierung der Kopplungen wird nach dem Kopplungsbefehl CP als Modifikator NEXT verwendet.

```
!!
!!Rotor
!!
csys,1

*Do,ileit,1,z2
asel,s,mat,,13
ASEL,r,LOC,Y,-360/(2*z2)+(ileit-1)*360/z2,360/(2*z2)+(ileit
-1)*360/z2
allsel,below,area

cp,next,curr,all
cp,next,emf,all
*GET,wicknoder1%ileit%, NODE, 0,num,min

*If,zweischicht2,eq,1,then
asel,s,mat,,14
ASEL,r,LOC,Y,-360/(2*z2)+(ileit-1)*360/z2,360/(2*z2)+(ileit-1)
*360/z2
```

```
allsel,below,area

cp,next,curr,all
cp,next,emf,all
*GET,wicknoder2%ileit%, NODE, 0,num,min
*EndIf

*EndDo

allsel

csys,0
```

Aufgrund der sehr engen Rotorkontur hinsichtlich der Ober- und Unterlagen sind die Kopplungen in den Ober- und Unterlagen der Z2 Nuten nur schlecht erkennbar.

Damit ist das gesamte Finite-Elemente-Modell der Gleichstrommaschine fertiggestellt.

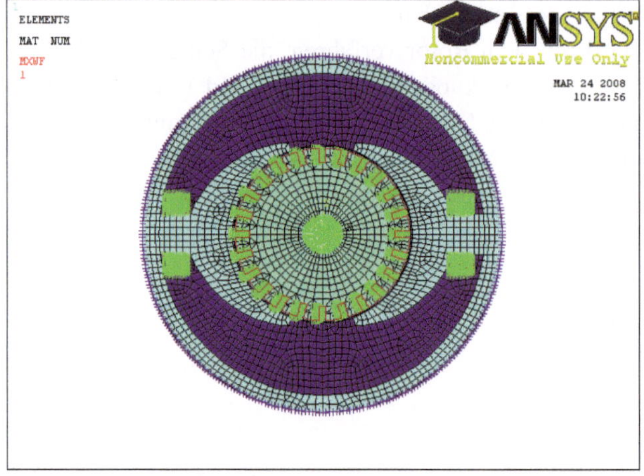

Abb. 12.51 Finite-Elemente-Netz mit gekoppelten Stator- und Rotor-Spulen-Seiten

12.2 Generierung der Verschaltung

Die Generierung der Verschaltung spaltet sich auf in die sehr übersichtliche Schaltung der Erregerspulen und die umfangreiche Ankerspulenverschaltung. Für spätere Abschätzungen und Überprüfungen werden zunächst die Widerstände aller in Serie geschalteten Erregerspulen und einer einzelnen Ankerspule ermittelt, die sich aufgrund der Modellierung entsprechend der Länge des Blechpakets ergeben.

```
! Berechnung der Widerstaende der Erregerwicklung und einer
Ankerspule (ohne Stirn)

RErregung=2*p*1/leita*nwin1*jochtiefe*2*1/(wickbreite1*
wickhoehe1*fila/nwin1)
RAnkerspule=1/leiti*nwin2*jochtiefe*2*1/(wickbreite2*
wickhoehe2/2*fili/nwin2)
```

Auf diese Parameter kann zur Abschätzung der Stirnwiderstände im Vergleich der realen Konstruktion oder Messung zurückgegriffen werden.

Abb. 12.52 Verschaltung von Stator und Rotor

12.2.1 Stator-Verschaltung

Für die Definition der Stator-Verschaltung sind Angaben für die Summe aller Stirn-Widerstände und -Induktivitäten RWICKSTIRN1 und LWICKSTIRN1, sowie die Amplitude des Erregerstroms zu deklarieren.

```
*SET,RWICKSTIRN1, 0.1000000000000E-04
*SET,LWICKSTIRN1, 0.1000000000000E-04
*SET,I1       ,  1.0000000000
```

Es folgt wie üblich die Definition der einzelnen Statorspulen der einzelnen Pole über eine Schleife mit Indizierung IP in den Grenzen von 1 bis zur maximalen Polzahl $2 \cdot P$. Um die Knoten der Schaltung vom Finite-Elemente-Modell abzugrenzen und Überschneidungen zu vermeiden wird an den entsprechenden Stellen die aktuelle maximale Knotennummer definiert und unter dem Parameter MAXNODE abgelegt.

```
!!
!!Stator-Schaltung
!!
allsel
csys,0

*Do,ip,1,2*p
*GET,maxnode, NODE, 0,num,max
R,110,1,
n1=maxnode+1
N,n1,-2*raussen+(ip-1)*raussen/5,0.3*raussen-(ip-1)*raussen/5
n2=maxnode+2
N,n2,-2*raussen+(ip-1)*raussen/5,0-(ip-1)*raussen/5
RMOD,110,15,0,1
ET,110,CIRCU124,5,0
TYPE,110
REAL,110
MAT,1
!*
E,n1,n2,wicknode1%ip%
!*
R,110,1,
n3=maxnode+3
N,n3,-2*raussen+(ip-1)*raussen/5,-0.3*raussen-(ip-1)*raussen/5
RMOD,110,15,0,1
ET,110,CIRCU124,5,0
TYPE,110
REAL,110
MAT,1
!*
E,n3,n2,wicknode2%ip%
wicks%ip%1=n1
wicks%ip%2=n3

*If,ip,eq,1,then
wickpan=n1
```

```
*EndIf
*If,ip,eq,2*p,then
wickpen=n1
*EndIf

!*
*EndDo
```

Unter den Parameternamen WICKSxy wurden die Knotennummern der Anfänge und
Enden jeder einzelnen Spule abgelegt, hierbei steht das X für die betreffende Polnummer
und Y für Anfang (1), bzw. Ende (2) der Spule, zusätzlich wurden über die Parameter
WICKPAN und WICKPEN die Knoten der Anfänge und Enden der Spulen abgelegt, um
daran die weitere Verschaltung anzukoppeln. Die Programmiersprache APDL erlaubt in
ANSYS den Zugriff auf Parameter in einer Variaben über einen Parameter, der in 2 Prozentzeichen eingeschlossen wird.

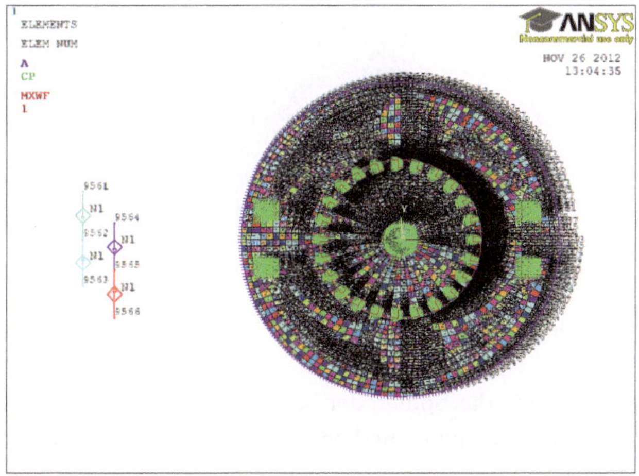

Abb. 12.53 Anlage der Schaltungselemente der Spulenseiten der Pole

Als Ergebnis der ersten Schleife ergeben sich die Spulenelemente der beiden Pole,
jeweils mit Hinleiter oben und Rückleiter unten.

Im nächsten Schritt wird ein niederohmiger Widerstand dazu verwendet die Spulen der
einzelnen Pole in richtiger Reihenfolge in Serie zu schalten, damit sich ein Nord- und
Südpol bei 2 Polen ergibt.

```
R,111,1e-6, ,
RMOD,111,15,0,1
ET,111,CIRCU124,0,0
TYPE,111
```

```
REAL,111
MAT,1

*Do,ip,2,2*p,2
E,wicks%ip-1%2,wicks%ip%2
*If,ip,ne,2*p,then
E,wicks%ip%1,wicks%ip+1%1
*EndIf
*EndDo
```

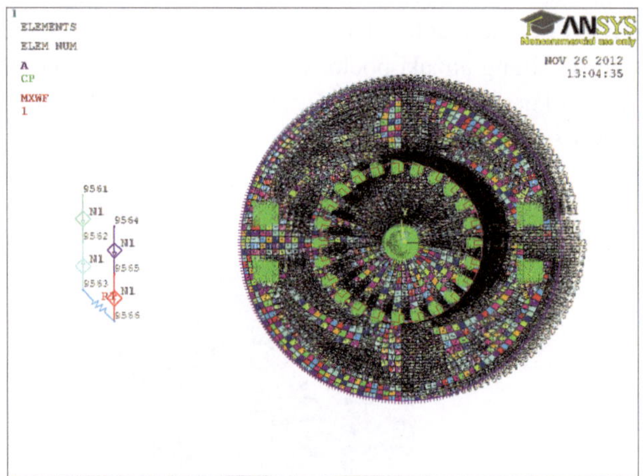

Abb. 12.54 Polrichtige Verschaltung der Erregerspulen in Serie

Als Ergebnis ergeben sich die Spulen der beiden Pole, die bei Stromeinspeisung von oben beim 1. Pol von oben nach unten und beim 2. Pol von unten nach oben durchflossen werden.

Im nächsten Schritt wird der Stirnwiderstand an die Erregerspulen angeschlossen.

```
*GET,maxnode, NODE, 0,num,max
R,112,rwickstirn1, ,
N,maxnode+1,-1.1*raussen,0.3*raussen
RMOD,112,15,0,1
ET,112,CIRCU124,0,0
TYPE,112
REAL,112
MAT,1
!*
E,wickpan,maxnode+1
*GET,eer1,elem,0,num,max
```

Um den Strom in diesem Element ermitteln zu können, wurde die Elementnummer des Stirnwiderstandes unter EER1 abgelegt.

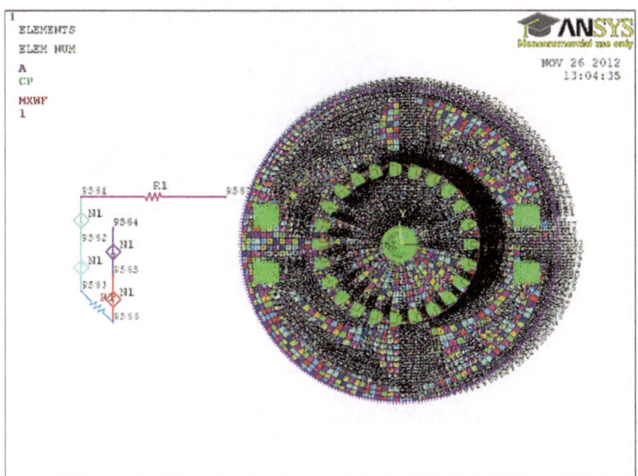

Abb. 12.55 Verschaltung der Erregerspulen mit dem Stirnwiderstand

Entsprechend wird die Stirnstreuinduktivität an der anderen Seite angeschlossen.

```
R,113,lwickstirn1, ,
!*
N,maxnode+2,-1.1*raussen,-0.3*raussen
RMOD,113,15,0,11
ET,113,CIRCU124,1,0
TYPE,113
REAL,113
MAT,1
!*
E,wickpen,maxnode+2
```

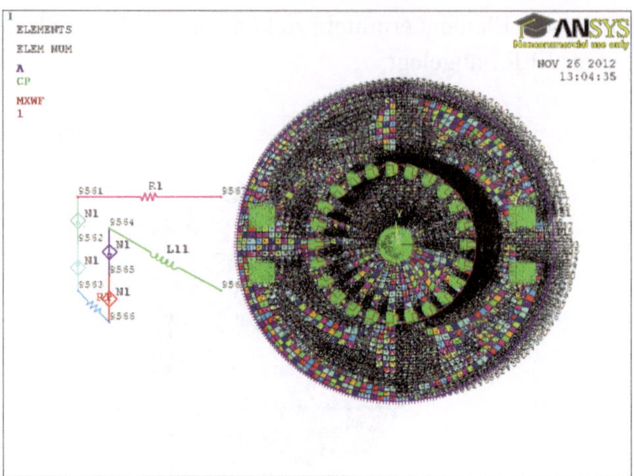

Abb. 12.56 Verschaltung der Erregerspulen mit der Stirnstreuinduktivität

Eine Stromquelle schließt die Generierung der Statorschaltung ab. Aus bereits bei den Transformatoren angemerkten Gründen wird zunächst eine Spannungsquelle (Modifikator 4) über insgesamt 3 Knotenpunkte geniert und anschließend in eine Stromquelle (Modifikator 3) umgewandelt.

```
R,114,i1,0,
RMOD,114,15,0,33
ET,114,CIRCU124,4,0
TYPE,114
REAL,114
MAT,1
!*
N,maxnode+3,-raussen,0
E,maxnode+1,maxnode+2,maxnode+3
ET,114,CIRCU124,3,0
*GET,eeu1,elem,0,num,max
```

Die Elementnummer der Stromquelle wird unter dem Parameternamen EEU1 abgelegt, um Datenbankabfragen im Postprocessing vornehmen zu können.

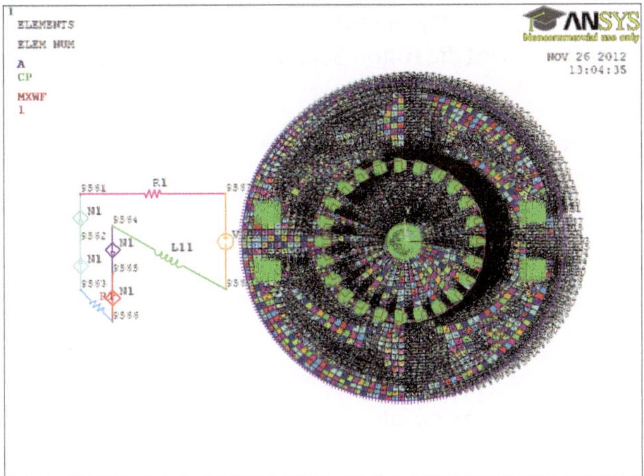

Abb. 12.57 Verschaltung der Stator-Spulen-Seiten in Serienschaltung mit einer Stromquelle

Damit ist die Stator-Schaltung abgeschlossen. Soweit die Windungszahl der Statorspulen 1 ist, erfolgt eine Korrektur der Schaltungselemente in massive Leiter.

```
*If,nwin,eq,1,then
KEYOPT,110,1,6
*EndIf
```

12.2.2 Rotor-Verschaltung

Für die Rotorschaltung sind einige Eingaben erforderlich, die die Kommutierung und die Verschaltung als Schleifenwicklung betreffen.

```
*SET,BUEBR2 , 3.000000000000         ! Breite einer Bürste
in Grad
*SET,SPULW2 , 12.00000000000         ! Wickelschritt der
Ankerspulen
*SET,RVOR2 , 0.1000000000000E-05     ! Ankervorwiderstand
in Ohm
*SET,RWICKSTIRN2, 0.1000000000000E-05 ! Stirnstreuwiderstand
einer Spule
*SET,LWICKSTIRN2, 0.1000000000000E-05
! Stirnstreuinduktivität einer Spule
*SET,U2      ,  100.0000000000        ! Ankerspannung
```

Der Parameter BUEBR2 definiert die Bürstenbreite in Grad am Umfang des Kommutator. Die Spulenweite wird über den Parameter SPULW2 definiert. Alle weiteren Parameter definieren Stirnwiderstand und -induktivität der einzelnen Spulen, sowie einen möglichen Ankervorwiderstand und die Ankerspannung.

Wie die Stator-Schaltung wird die Rotor-Schaltung im kartesischen Koordinatensystem angelegt.

```
!!
!! Rotor-Schaltung
!!
/prep7
allsel
csys,0
```

Die Rotorschaltung wird generell als Zweischichtwicklung angelegt. Um die Knoten der Schaltung vom Finite-Elemente-Modell abzugrenzen und Überschneidungen zu vermeiden wird an den entsprechenden Stellen die aktuelle maximale Knotennummer definiert und unter dem Parameter MAXNODE abgelegt. Die einzelnen Spulen werden über eine Schleife über alle Z2 Spulen untereinander angelegt. In Serie mit den Unterlagenspulen werden die einzelnen Spulenstirn-Widerstände und -Induktivitäten angelegt.

```
!
!  Zweischichtwicklung
!

*Do,iz2,1,z2
*GET,maxnode, NODE, 0,num,max

R,210,1,
noff=maxnode
koff=4*raussen+(iz2-1)*raussen/5
n1=noff+1
buepl%iz2%=n1
N,n1,koff,0.3*raussen,0
n2=noff+2
sch1%iz2%=n2
N,n2,koff,0,0
RMOD,210,15,0,1
ET,210,CIRCU124,5,0
TYPE,210
REAL,210
MAT,1
```

```
!*
E,n1,n2,wicknoder1%iz2%
!*
R,210,1,
n3=noff+3
sch2%iz2%=n3
N,n3,koff,-0.5*raussen,0
n4=noff+4
N,n4,koff,-0.8*raussen,0
RMOD,210,15,0,1
ET,210,CIRCU124,5,0
TYPE,210
REAL,210
MAT,1
!*
E,n4,n3,wicknoder2%iz2%

*GET,maxnode, NODE, 0,num,max
R,212,rwickstirn2, ,
n5=noff+5
N,n5,koff,-1.1*raussen,0
RMOD,212,15,0,1
ET,212,CIRCU124,0,0
TYPE,212
REAL,212
MAT,1
!*
E,n4,n5
*GET,espu%iz2%,elem,0,num,max
!*
R,213,lwickstirn2, ,
!*
n6=noff+6
buemi%iz2%=n6
N,n6,koff,-1.4*raussen,0
RMOD,213,15,0,11
ET,213,CIRCU124,1,0
TYPE,213
REAL,213
MAT,1
!*
E,n5,n6
```

```
! *
*EndDo
```

Abgespeichert werden im Zuge der Modellierung die Anschlusspunkte für die Verbindung zur Plus- und Minusbürste (bueplx und buemix), sowie die Knoten zur nachfolgenden Verschaltung des Ankers über eine Schleifenwicklung (sch1x und sch2x). Das x steht hierbei für die einzelne Spule.

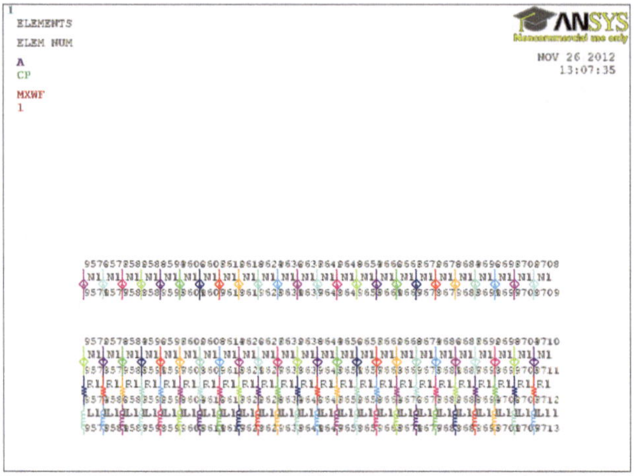

Abb. 12.58 Angelegte Ankerspulen-Ober- und -Unterlagen

Nach dem Schleifendurchlauf sind die einzelnen Oberlagen als Spulenlage und die Unterlagen als Spulenlage mit in Serie geschaltetem Spulenwiderstand und der -induktivität erkennbar. Die Verschaltung zur Schleifenwicklung erfolgt im nächsten Schritt.

Im nächsten Schritt wird ein niederohmiger Widerstand dazu verwendet, um die Oberlagen in Serie zu den Unterlagen und die Enden den Spulen an den jeweils nächsten Lamellen des Kommutators anzuschließen. Hierbei ist der über den Parameter SPULW2 definierte Wickelschritt zu beachten. Sollte eine Verschaltung über die maximale Spulenanzahl hinausgehen, erfolgt über eine IF-Schleife eine Korrektur der Anschlusspunkte zum Anfang.

```
!
!   Zweischichtwicklung
!
R,214,1e-6, ,
RMOD,214,15,0,1
ET,214,CIRCU124,0,0
TYPE,214
REAL,214
MAT,1
```

```
*Do,iz2,1,z2
ispu2=iz2-spulw2
*If,ispu2,lt,1,then
ispu2=ispu2+z2
*EndIf


E,sch1%iz2%,sch2%ispu2%


ispu3=iz2-spulw2-1
*If,ispu3,lt,1,then
ispu3=ispu3+z2
*EndIf


E,buepl%iz2%,buemi%ispu3%


*EndDo
```

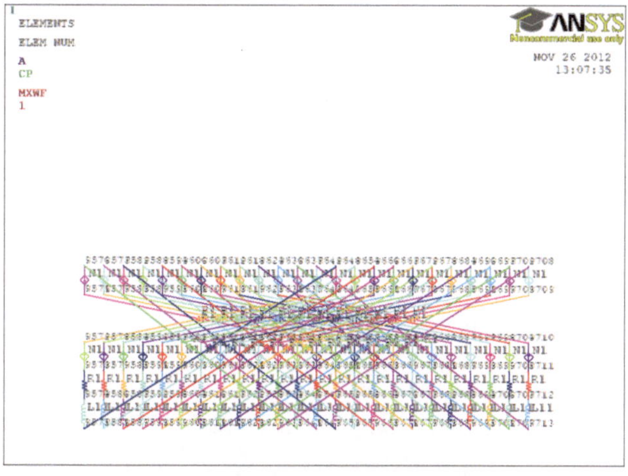

Abb. 12.59 Zur Schleifenwicklung verschaltete Ankerspulen-Ober- und -Unterlagen

Damit sind alle Spulenoberlagen mit den -unterlagen verschaltet. Es fehlt die Verbindung des Kommutators mit den Bürsten.

Im nächsten Schritt werden Knotenpunkte für den Anschluss der Plus-Bürste (Nummer N7), Minus-Bürste (Nummer N8) und die Spannungsquelle (Nummern N9–N11) angelegt. Zwischen dem Knoten der Minus-Bürste und dem Minus-Pol der Spannungsquelle wird ein niederohmiger Widerstand verschaltet, der bereits bei der Verschaltung zur Schleifenwicklung verwendet wurde.

```
n7=noff+7
koff=4*raussen+z2/2*raussen/5
N,n7,koff,raussen,0

n8=noff+8
koff=4*raussen+z2/2*raussen/5
N,n8,koff,-2.1*raussen,0

n9=noff+9
koff=3*raussen
N,n9,koff,raussen,0

n10=noff+10
koff=3*raussen
N,n10,koff,-2.1*raussen,0

n11=noff+11
koff=3*raussen
N,n11,koff,-1.05*raussen,0

E,n8,n10
```

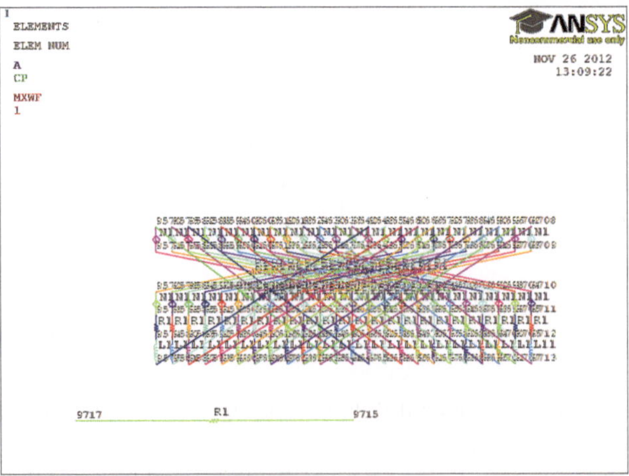

Abb. 12.60 Verschaltung des Minus-Pols der Spannungsquelle mit der Minus-Bürste

Im nächsten Schritt werden alle Anfänge der Ankerspulen über einen Widerstand mit jeweils anderen Attributen zum Knoten der Plus-Bürste verschaltet. Die Attributnummern sind bei der Verbindung zur Plus-Bürste ab Nummer 214 + 1 aufsteigend bis zur Rotornutenzahl angelegt. Die Nummer der realen Konstante des Bürstenschaltwiderstandes wird mit R1Px bezeichnet, die Elementnummer des Schaltwiderstandes unter RSPULSx abgespeichert, wobei x die laufende Nummerierung der Spulennummer darstellt.

```
*GET,maxelem, elem, 0,num,max

*Do,iz2,1,z2
R,214+iz2,1e6, ,
RMOD,214+iz2,15,0,1
ET,214+iz2,CIRCU124,0,0
TYPE,214+iz2
REAL,214+iz2
MAT,1
r1p%iz2%=214+iz2

E,n7,buepl%iz2%
*GET,rspuls%iz2%, elem, 0,num,max
*EndDo
```

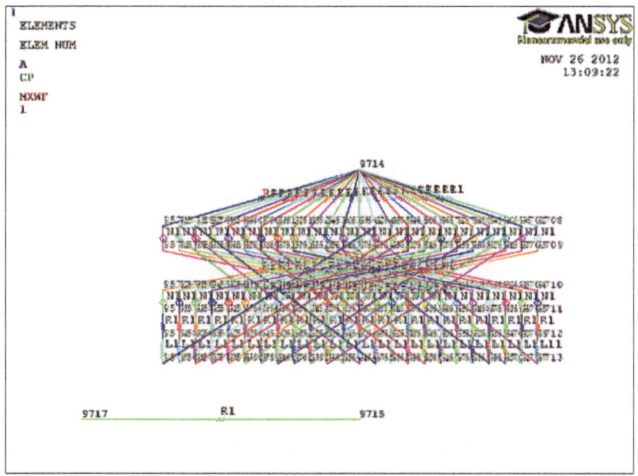

Abb. 12.61 Verschaltung der Spulenanfänge zur Plus-Bürste

Im Bild ist deutlich die Verschaltung der Kommutatorlamellen (dies sind die oberen Knoten der Oberlagen) mit der Plusbürste erkennbar.

Entsprechend wird mit den Verbindungen zur Minusbürste verfahren. Alle Anfänge der Ankerspulen werden über einen Widerstand mit jeweils anderen Attributen zum Knoten der Minus-Bürste verschaltet. Die Attributnummern sind bei der Verbindung zur Plus-Bürste ab Nummer $214 + Z2 + 1$ aufsteigend bis zur Rotornutenzahl angelegt. Die Nummer der realen Konstante des Bürstenschaltwiderstandes wird mit R2Px bezeichnet, die Elementnummer des Schaltwiderstandes unter RSPULRx abgespeichert, wobei x die laufende Nummerierung der Spulennummer darstellt.

```
*Do,iz2,1,z2
R,214+z2+iz2,1e6, ,
RMOD,214+z2+iz2,15,0,1
ET,214+z2+iz2,CIRCU124,0,0
TYPE,214+z2+iz2
REAL,214+z2+iz2
MAT,1
r2p%iz2%=214+z2+iz2

E,n8,buepl%iz2%
*GET,rspulr%iz2%, elem, 0,num,max
*EndDo
```

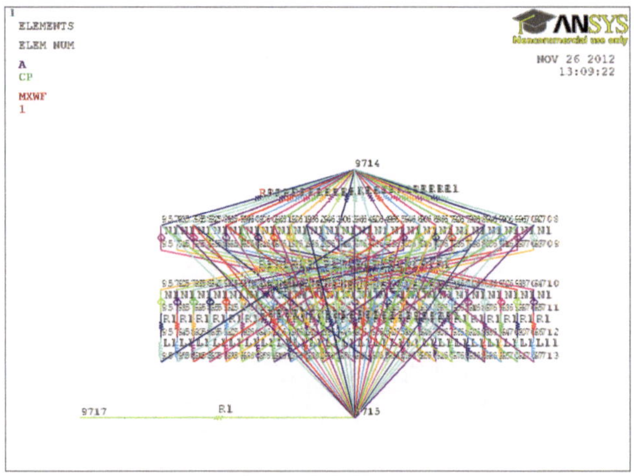

Abb. 12.62 Verschaltung der Spulenanfänge zur Minus-Bürste

Damit sind alle Kommutatorlamellen über jeweils einzeln ansprechbare Widerstände mit der Plus- und Minusbürste verbunden.

Abschließend wird die Spannungsquelle über den Knoten mit den Nummern N9 und N10 angelegt und über den Vorwiderstand des Ankerkreises die Verbindung zur Plus-Bürste hergestellt.

```
R,214+2*z2+1,u2,0,
RMOD,214+2*z2+1,15,0,33
```

```
ET,214+2*z2+1,CIRCU124,4,0
TYPE,214+2*z2+1
REAL,214+2*z2+1
MAT,1
!*
E,n9,n10,n11
*GET,eeu2,elem,0,num,max

R,214+2*z2*2,rvor2, ,
RMOD,214+2*z2*2,15,0,1
ET,214+2*z2*2,CIRCU124,0,0
TYPE,214+2*z2*2
REAL,214+2*z2*2
MAT,1
E,n7,n9
*GET,eer2,elem,0,num,max
```

Die Elementnummern des Vorwiderstandes und der Spannungsquelle sind unter den Parameternamen EEU2 und EER2 abgelegt.

Abschließend wird die Eigenschaft des Spulenschaltelements in einen massiven Leiter umgewandelt, wenn die Windungszahl 1 ist.

```
*If,nwin2,eq,1,then
KEYOPT,210,1,6
*EndIf
```

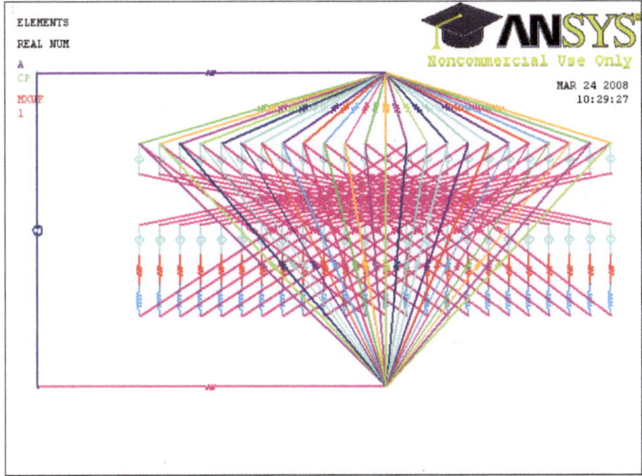

Abb. 12.63 Verschaltung der Rotor-Spulen mit einer Spannungsquelle (gezoomt)

Damit ist die Modellierung des Modells inklusive Schaltung abgeschlossen.

Zur Herstellung einer Kommutierungsgrundstellung wird der gesamte Rotor selektiert und über den AGEN-Befehl in der Variante als MOVE-Befehl (Modifikator 1 am Ende) um eine habe Nutteilung nach rechts gedreht.

```
cmsel,s,krotor
allsel,below,area
csys,1
agen,,krotor,,,,-360/(2*z2),,,,1
```

Die Bürstenbreite in Grad wird bezogen auf eine Nutteilung und ergibt damit als Parameter LBUE die Breite einer Bürste in Lamellen.

```
lbue=buebr2/(360/z2)
```

```
allsel
```

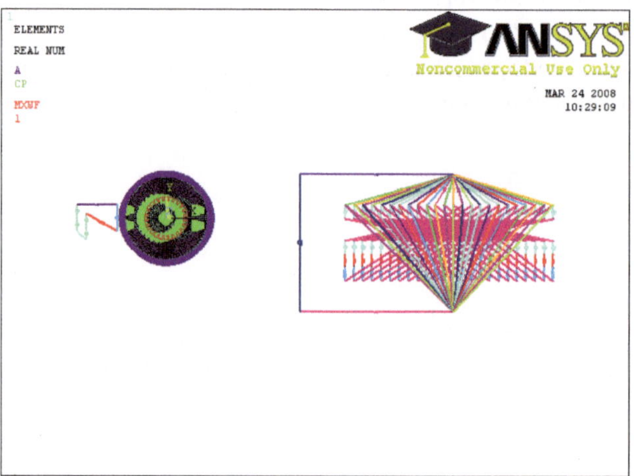

Abb. 12.64 Verschaltung der Rotor-Spulen mit einer Spannungsquelle

In Summe ergibt sich der Gleichstrommaschinenschaltung als fremderregte Maschine.

12.3   Abbildung des Kommutierungsvorgangs

In der vorliegenden Schaltung zur Darstellung des Rotors wurden alle Spulenanfänge virtuell auf Lamellen verschaltet und die einzelnen Lamellen über jeweils einzeln parametrierbare Widerstände mit der Plus- und Minus-Bürste verbunden. Werden die Kommutierungsschaltwiderstände hochohmig eingestellt, entsteht bei anliegender Ankerspannung kein Stromfluss von den Bürsten über die verschalteten Ankerspulen. Werden entsprechend der Rotorlage und dem vorzugebenden Kommutierungswinkel passende Kommutierungsschaltwiderstände niederohmig eingestellt, so entsteht ein Stromfluss zur ersten geschalteten Spule und entsprechend der Schleifenwicklung jeweils nach links und rechts zur Hälfte aufgeteilt Spulenströme, die wiederum von der negativen Bürste wieder aufgenommen werden.

Im Zuge eines Rechenalgorithmus ist aus der Rotorlage und dem Kommutierungswinkel zu ermitteln, auf welcher, bzw. bei breiteren Bürsten, welchen Lamellen die Bürste aufliegt. Je nach Bürste sind die entsprechenden Kommutierungsschaltwiderstände niederohmig einzustellen.

Der Kommutierungsalgorithmus ist der beiliegenden Datei kommutierung.txt zu entnehmen. Bei Drehung des Rotors im Stator werden zunächst alle Widerstände zwischen Kommutator und Plus- und Minus-Bürste hochohmig geschaltet und anschließend abhängig von Rotordrehwinkel, Kommutierungswinkel und Bürstenbreite diejenigen Widerstände niederohmig geschaltet, die an der Stromführung zwischen Bürsten und Lamellen beteiligt sind.

12.4 Interface zwischen Stator und Rotor

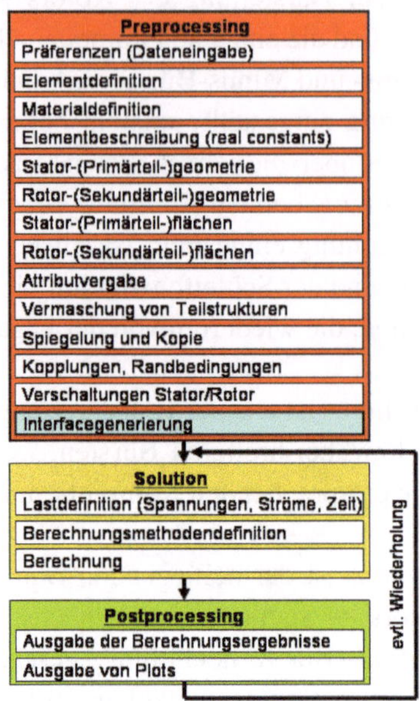

Abb. 12.65 Interfacegenerierung

Zur stellungsabhängigen Vervollständigung des Rechenmodells sind die voneinander noch völlig unabhängigen Modelle für Stator und Rotor miteinander zu verbinden. Hierzu wurde der Luftspalt jeweils zur Hälfte dem Stator und dem Rotor zugeschlagen und weist eine auf beiden Seiten hinsichtlich der Elementkantenlänge nahezu gleiche Größe mit notwendiger Feinheit auf. Die nicht exakt gleiche Größe der Elementkanten in Stator und Rotor sind auf die Geometrie von Polschuhen, Nuten und Zähnen, aber auch auf die unterschiedliche Anzahl von Polen und Rotornuten zurückzuführen.

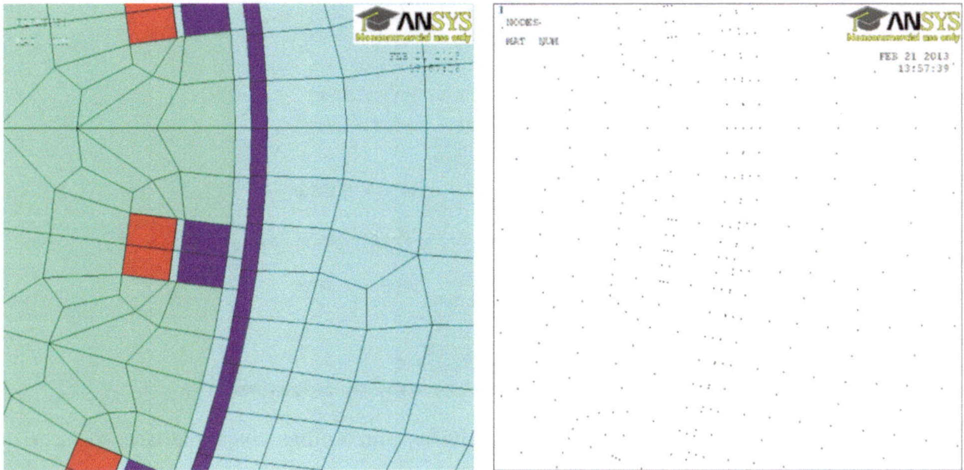

Abb. 12.66 Elemente und Knoten am auf Stator und Rotor aufgeteilten Luftspalt

Die Knoten an der Kante zwischen Stator und Rotor werden über sogenannte CONS-TRAINT EQUATIONS miteinander verbunden. Prinzipiell ist in der CONSTRAINT EQUATION enthalten, dass das Vektorpotenzial auf der Statorseite demjenigen auf der Rotorseite entspricht, also entsprechend

$$A_{Z,\text{STATOR}} - A_{Z,\text{ROTOR}} = 0 \quad \text{ist.}$$

Da jedoch niemals sichergestellt werden kann, dass sich jeweils zwei Knoten auf Stator- und Rotorseite exakt gegenüberstehen, stellt ANSYS die CONSTRAINT EQUA-TIONS zwischen einem Knoten und einem benachbarten Element auf, wobei die Knoten des Elements über Wichtungsfaktoren mit dem gegenüberliegenden Knoten in einer Gleichung zusammengefasst werden.

Damit ergeben sich je nach Stellung eines Elements zu einem Knoten verschiedenartige CONSTRAINT EQUATIONS, die im Folgenden exemplarisch wiedergegeben werden.

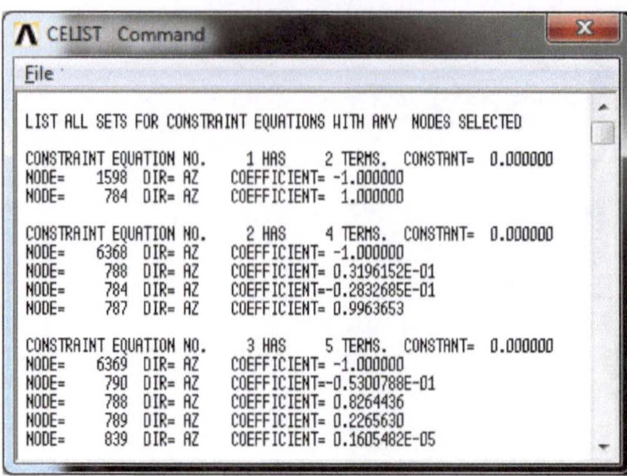

Abb. 12.67 Beispiele von CONSTRAINT EQUATIONS zum Aufbau eines Interfaces zwischen Stator und Rotor

Im Falle der CONSTRAINT EQUATION 1 stehen zwei Knoten direkt gegenüber, wodurch 2 Knoten mit den Wichtungsfaktoren 1 und −1 direkt eine Gleichung erzeugen. Bei Gleichung 3 sind 4 Knoten eines Elements auf einer Seite an der Gleichung beteiligt.

Auf diese Art und Weise werden die Kanten von Stator und Rotor in der Mitte des Luftspalts quasi miteinander vernäht. Das sich ergebende Interface wird über den Befehl CEINTF erzeugt, wobei vorher die betreffenden, benachbarten Knoten und Elemente in Luftspaltmitte selektiert sein müssen. Das Interface ist nicht statisch, sondern stellungsabhängig. Vor einer Verdrehung muss das Interface zunächst durch Löschung der CONSTRAINT EQUATIONS eliminiert und nach der Verdrehung neu aufgebaut werden. Die betreffenden Knoten und Elemente auf beiden Seiten werden auf einfache Art und Weise in Komponenten abgelegt.

Im vorliegenden Beispiel liegt die Luftspaltmitte auf der Höhe des Radius, der sich über RAUSSEN-STATORSTAERKE-DELTA / 2 ergibt. Zur Definition des Interfaces wird zunächst im polaren Koordinatensystem das Luftspaltmaterial auf der Statorseite selektiert (Material Nummer 2) und über eine Knotenselektion in der Höhe der Luftspaltmitte diejenigen Statorknoten reselektiert, die auf Luftspaltmitte liegen. Diese Knotenselektion wird in der Komponente NODEAUSSEN als Knoten definiert. Über den Befehl ESLN mit dem Modifikator S werden die hierzu gehörenden Elemente auf der Statorseite selektiert und können in der Komponente ELEMAUSSEN als Elemente definiert werden.

```
csys,1
asel,s,mat,,2
allsel,below,area
NSEL,r,LOC,X,raussen-statorstaerke-delta/2-1e-6, raussen-
statorstaerke-delta/2+1e-6
cm,nodeaussen,node
esln,s
```

```
allsel,below,elem
cm,elemaussen,elem
```

Ebenso wird mit der Rotorseite über die Materialnummer 12 verfahren. Die ermittelten Knoten werden unter der Komponente mit dem Namen NODEINNEN abgelegt.

```
asel,s,mat,,12
allsel,below,area
NSEL,r,LOC,X,raussen-statorstaerke-delta/2-1e-6, raussen-
statorstaerke-delta/2+1e-6
cm,nodeinnen,node
```

Das Interface wird definiert, indem die betreffenden Knoten und Elemente selektiert werden. Anschließend sorgt der Befehl CEINTF für die Erstellung der CONSTRAINT EQUATIONS.

```
cmsel,s,nodeinnen
cmsel,s,elemaussen
cmsel,u,nodeaussen

CEINTF,, , , , , , ,0
```

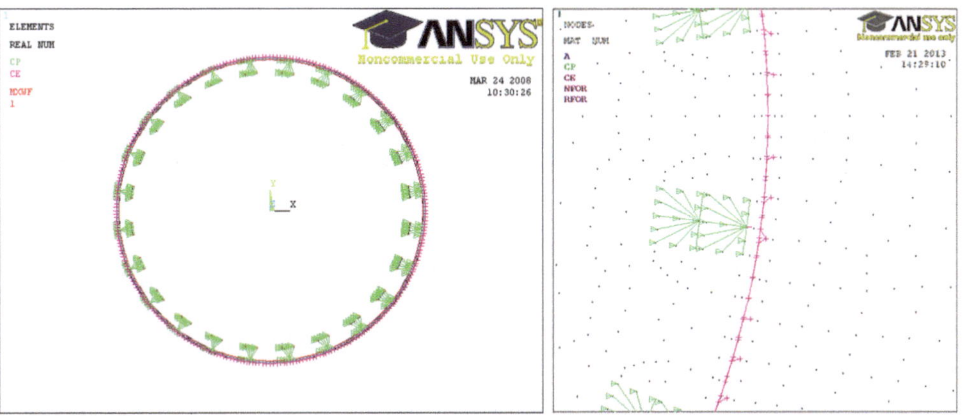

Abb. 12.68 Ergebnis der Interface-Definition zwischen Stator und Rotor im Luftspalt

Das Interface ist über die rosa-farbenen Kreuze am Luftspalt erkennbar.

Gelöscht wird das Interface über den CEDEL-Befehl mit dreifachem Modifikator ALL, d. h. CEDEL,ALL,ALL,ALL.

Die gesamte Finite-Elemente-Modell-Generierung der Gleichstrommaschine mit Erregerspulen und verteilter Ankerwicklung befindet sich in der Datei „gsm1_ohne_geometrie.txt" und hat folgenden Inhalt.

```
!!
!! Geometrieerstellung einer Gleichstrommaschine mit
Erregerpolen und -spulen und Anker mit verteilter Wicklung
!! 1 Polpaar, 24 Rotornuten
!!
/prep7
!! Parameter für die Statorgeometrie
*SET,RAUSSEN , 0.2500000000000      ! RAUSSEN ist der
Außenradius des Ständers
*SET,JOCHDICKE, 0.1200000000000      ! JOCHDICKE ist die
gesamt Statorausdehnung
*SET,JOCH1    , 0.1500000000000E-01 ! JOCH1 ist die
Statorjochstärke
*SET,JOCHTIEFE, 0.3000000000000      ! JOCHTIEFE ist die axiale
Ausdehnung des Blechpakets
*SET,DELTA    , 0.4000000000000E-02 ! DELTA ist der Luftspalt
der Maschine
*SET,P        ,  1.000000000000      ! P ist die Polpaarzahl
der Maschine

*SET,RINNEN   , 0.2500000000000E-01 ! RINNEN ist der
Innenradius des Rotors
*SET,Z2       ,  24.00000000000   ! Z2 ist die Rotornutenzahl
*set,zweischicht2,1   ! Die Ankerwicklung ist grundsätzlich
als Zweischichtwicklung ausgelegt

*SET,POLSCHHOEHE, 0.6000000000000E-01 ! POLSCHHOEHE ist die
größte Polschuhhöhe
*SET,POLBREITE, 0.6000000000000E-01   ! POLBREITE ist die
Breite des Erregerpols
*SET,POLSCHRAEG, 0.1200000000000E-01  ! POLSCHRAEG ist die
Polschuhhöhe an der Außenkante des Polschuhs
*SET,POLWINKEL, 140.0000000000   ! POLWINKEL ist der Winkel
del Polschuhs in Grad
*SET,WICKBREITE1, 0.3000000000000E-01 ! WICKBREITE1 ist die
Wicklungsbreite der Erregerwicklung
*SET,WICKHOEHE1, 0.3000000000000E-01  ! WICKHOEHE1 ist die
Wicklungshöher der Erregerwicklung
```

```
*SET,NWIN1    ,   100.0000000000  ! NWIN1 ist die Windungszahl
der Erregerspulen eines Erregerpols

!! Parameter für die Rotorgeometrie
*SET,WICKBREITE2, 0.8000000000000E-02   ! WICKBREITE2 ist
die Wicklungsbreite der Ankerspulen
*SET,WICKHOEHE2, 0.1200000000000E-01    ! WICKHOHE2 ist die
gesamte Wicklungshöhe der beiden Spulenseiten der
Zweischichtwicklung
*SET,WICKISOL2, 0.1000000000000E-02     ! WICKISOL2 ist der
Wicklungsabstand zwischen Ober- und Unterlage
*SET,NWIN2    ,   50.00000000000  ! NWIN2 ist die Windungszahl
jeder Ankerspule

gsm1_elemente.txt           .
*SET,MURXA    ,   10000.00000000
*SET,MURXI    ,   10000.00000000
*SET,NICHTLIN,  0.000000000000
*SET,LEITA    ,   56000000.00000
*SET,LEITI    ,   56000000.00000
*SET,FILA     ,   1.000000000000
*SET,FILI     ,   1.000000000000
gsm1_material.txt
gsm1_SPol.txt
gsm1_RNut.txt

gsm1_SArea.txt
gsm1_RArea.txt
*SET,MESHEISEN, 0.1000000000000E-01
*SET,MESHLUFT, 0.6000000000000E-02

gsm1_SNete.txt
gsm1_Rnete.txt
gsm1_netg.txt
gsm1_cp1.txt
gsm1_cp2.txt
*SET,RWICKSTIRN1, 0.1000000000000E-04
*SET,LWICKSTIRN1, 0.1000000000000E-04
*SET,I1       ,   1.0000000000
gsm1_schalt1.txt
```

```
*SET,BUEBR2    ,   3.000000000000
! Breite einer Bürste in Grad
*SET,SPULW2    ,  12.00000000000
! Wickelschritt der Ankerspulen
*SET,RVOR2     , 0.1000000000000E-05
! Ankervorwiderstand in Ohm
*SET,RWICKSTIRN2, 0.1000000000000E-05
! Stirnstreuwiderstand einer Spule
*SET,LWICKSTIRN2, 0.1000000000000E-05
! Stirnstreuinduktivität einer Spule
*SET,U2        ,  100.0000000000          ! Ankerspannung
```

```
gsm1_schalt2.txt
```

```
gsm1_interface.txt
```

12.5 Rechnungsvorbereitung

Abb. 12.69 Berechnungsmethodendefinition

Zur Lastdefinition müssen Statorspannung oder -strom zur Speisung der Erregerspulen und Ankerspannung oder -strom definiert werden. Desweiteren ist die Rotorstellung zum Stator einzustellen und dementsprechend die Kommutierung einzustellen.

Zusätzlich können aus den bisherigen Eingabedaten einige nützliche Parameter ermittelt werden. Hierzu zählt der Radius des Rotors als Parameter RROTOR, daraus resultierend die ungefähre Masse des Rotors (über die Blechpaketlänge) bei Berücksichtigung der Dichte des Stahls mit $7900\,kg/m^3$ als Parameter MROTOR. Ermittelbar ist auch das Trägheitsmoment des Rotors als Vollzylinder als Parameter JROTOR.

```
rrotor=rinnen+jochdicke2
mrotor=7900*3.141593*rrotor*rrotor*jochtiefe
jrotor=0.5*mrotor*rrotor*rrotor
```

Wie bereits bei den Transformatoren erläutert, erfolgen die Ausgaben der Berechnung in vorgefertigten Ausgabedateien. Diese Ausgabedateien können vorbereitet werden, um Beschriftungen für die einzelnen Spalten zu erhalten.

```
/output,U_I_Motor%ausgabe%,lis,,
/COM, Schritt Zeit Winkel Drehzahl UA IA Ue Ie Rechenzeit
/COM,------------------------------------------------------
/output,term
/output,Pauf_Rotor%ausgabe%,lis,,
/COM, Schritt Zeit Winkel Drehzahl Pauf1 PR1 Rechenzeit
/COM,------------------------------------------------------
/output,term
/output,Pauf_Stator%ausgabe%,lis,,
/COM, Schritt Zeit Winkel Drehzahl Perr PRE Rechenzeit
/COM,------------------------------------------------------
/output,term
/output,Drehmoment%ausgabe%,lis,,
/COM, Schritt Zeit Winkel Drehzahl M(Maxwell) M(virtual_work)
/COM,------------------------------------------------------
/output,term
/output,Ispul%ausgabe%,lis,,
/COM, Schritt Zeit Winkel Drehzahl Spulen-/Stabstrom in
Spule/Stab 1 2 3 4 5 6 7 8 9 10 11 12 13 14
/COM,------------------------------------------------------
/output,term
```

Wie üblich werden weitere Vorgaben getroffen und die Spannungs- und Stromquellen entsprechend eingestellt.

```
*afun,deg

/prep7

ET,114,CIRCU124,3,0
R,114,i1,0,
ET,214+z2+z2+1,CIRCU124,3,0
R,214+z2+z2+1,i2,0,

drehzahla=0
zeita=0
!*
i=0
zeit=zeita
```

Entsprechend der zu rechnenden Stellung wird zunächst das Interface zwischen Stator und Rotor gelöst, anschließend der Rotor um einen gewissen Winkel verdreht und der aktuelle Winkel unter dem Parameter WINKEL abgespeichert. Die Einstellung der Kommutierungsschaltwiderstände erfolgt über das Skript mit dem Namen KOMMUTIE-RUNG.TXT . Abgeschlossen werden die Vorbereitungen mit der neuen Herstellung des Interfaces.

```
allsel
cedel,all,all,all
cmsel,s,krotor
allsel,below,area
csys,1

agen,,krotor,,,,winkela,,,,1 !  Drehung des Rotors um oben
angegebenen Winkel
winkel=winkela

kommutierung.txt

allsel

_cef=.3
cmsel,s,nodeinnen
cmsel,s,elemaussen
```

```
cmsel,u,nodeaussen
CEINTF,_cef, , , , , , ,0,
```

```
allsel
```

Diese Vorgehensweise wiederholt sich bei jedem einzelnen Rechenschritt auch einer transienten Rechnung.

12.6 Statische Rechnung

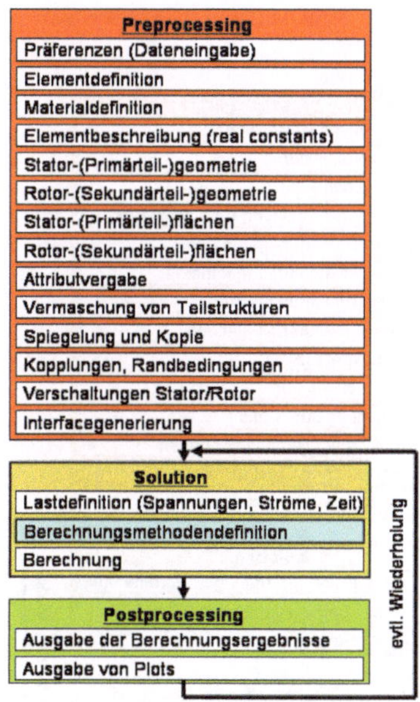

Abb. 12.70 Berechnungsmethodendefinition

Über die statische Rechnung können eine Vielzahl von Berechnungen für die Gleichstrommaschine erfolgen. Wie bereits bei den Transformatoren wird die Lösungsmethode statisch über den Befehl ANTYP mit Modifikator 0 oder STATIC ausgewählt. Vorzuwählen sind zudem die Gleichungssystemslösungsmethode und die Parametrierung der nichtlinearen Rechnung.

```
/SOL
```

```
antyp,0
```

```
*if,fronspar,eq,0,then
eqslv,frontal
*else
eqslve,sparse,stoler,-1
*endif

cnvt,a,
cnvt,csg
lnsrch,on
time,zeit

neqit,250
```

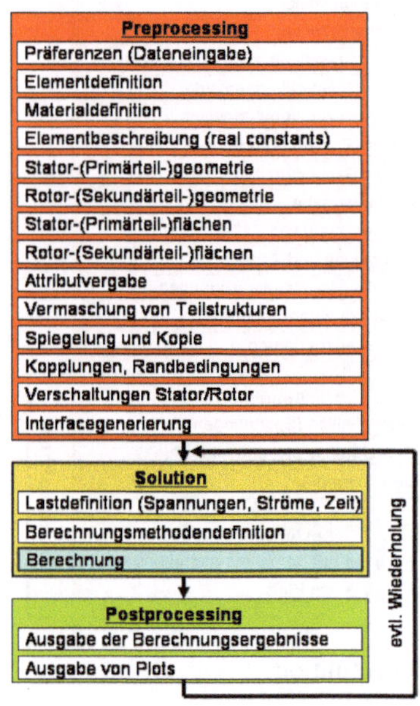

Abb. 12.71 Berechnung

Die eigentliche Berechnung erfolgt wie üblich über den Befehl SOLVE.

```
*get,timea,active,0,time,cpu
SOLVE
*get,timee,active,0,time,cpu
rechzeit=timee-timea
```

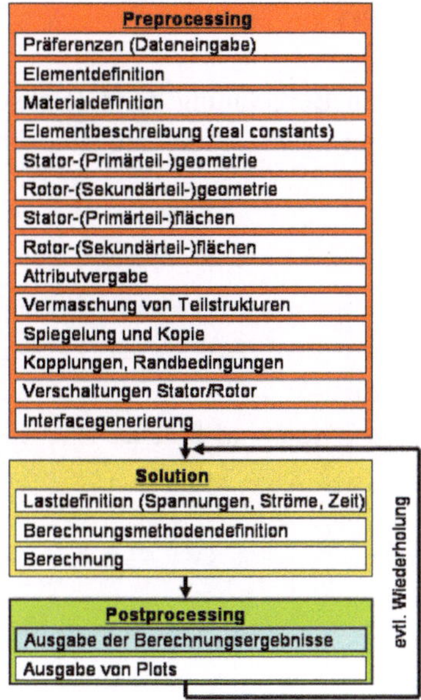

Abb. 12.72 Ergebnisausgabe in Tabellen

Zur Auswertung werden wie üblich Elementtabellen erzeugt und anhand der Elementnummern ausgewertet.

```
/post1
esel,s,enam,,124
etable,spanng,smisc,1
etable,strom,smisc,2
etable,leistu,nmisc,1

etable,ref1
*get,u1e,elem,eeu2,etab,spanng
*get,ue,elem,eeu1,etab,spanng
*get,i1e,elem,eer2,etab,strom
*get,ie,elem,eer1,etab,strom
*get,Pauf1,elem,eeu2,etab,leistu
*get,Perr,elem,eeu1,etab,leistu
*get,PR1,elem,eer2,etab,leistu
*get,PRE,elem,eer1,etab,leistu
```

Die Ausgaben erfolgen wie üblich über Ausgabedateien.

12.6.1 Speisung des Ständers

Der gesamte Ablauf der statischen Berechnung der Gleichstrommaschine bei Ständer-speisung befindet sich in der Datei „gsm1_rechnung_statisch_1.txt" und hat folgenden Aufbau.

```
!!
!! Statische Berechnung einer Gleichstrommaschine mit
Erregerpolen und -spulen und Anker mit verteilter Wicklung
!! 1 Polpaar, 24 Rotornuten
!! bei Staenderstromspeisung mit 10A
!!
/prep7
gsm1_ohne_geometrie.txt

ausgabe=1
luftskal=1
fft=0
gsm1_aus.txt

winkela=0
kommu=0
fronspar=0
i1=10
i2=0
gsm1_loes1.txt
```

Durch den Parameter „fronspar" wird die Auswahl des Gleichungssystemssolvers FRONTAL-Solver (= 0) oder SPARSE-Matrix-Solver (= 1) getroffen. Über den Parameter „i1" wird der Strom in der Primärwicklung definiert, entsprechend über i2 der Strom in der Ankerwicklung. Das Lösungsskript für statische Rechnung bei Ständerspeisung befindet sich in der Datei „gsm1-loes1.txt".

Bei Speisung des Ständers mit einer Stromquelle von einem A ergibt sich ein Spannungsabfall von 0,238 V über der Stromquelle, daraus kann der Gesamtwiderstand des Ständers abgeleitet und kontrolliert werden.

```
/output,U_I_Motor%ausgabe%,lis,,append
*VWrite,i,zeita,winkela,drehzahla,U1e,i1e,ue,ie,rechzeit
(9(g14.6,' '))
/output,term
```

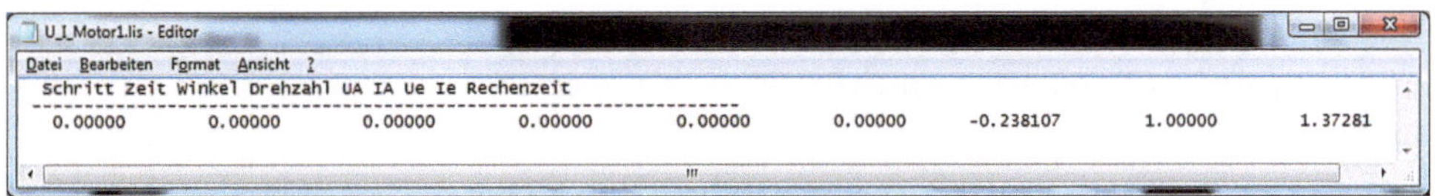

Abb. 12.73 Ergebnisse von Spannungen und Strömen für Primärteilspeisung

Aufgrund des Ständerstroms von einem A ergibt sich eine Aufnahmeleistung von 0,238 W.

```
/output,Pauf_Stator%ausgabe%,lis,,append
*VWrite,i,zeita,winkela,drehzahla,Perr,PRE,rechzeit
(7(g14.6,' '))
/output,term
```

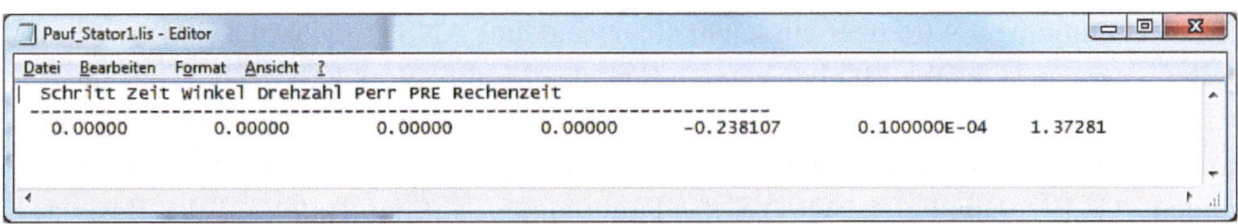

Abb. 12.74 Ergebnisse von Leistungen für Primärteilspeisung

Aufgrund des nicht gespeisten Rotors ergeben sich im Rotor keine Leistungsabfälle.

```
/output,Pauf_Rotor%ausgabe%,lis,,append
*VWrite,i,zeita,winkela,drehzahla,Pauf1,PR1,rechzeit
(7(g14.6,' '))
/output,term
```

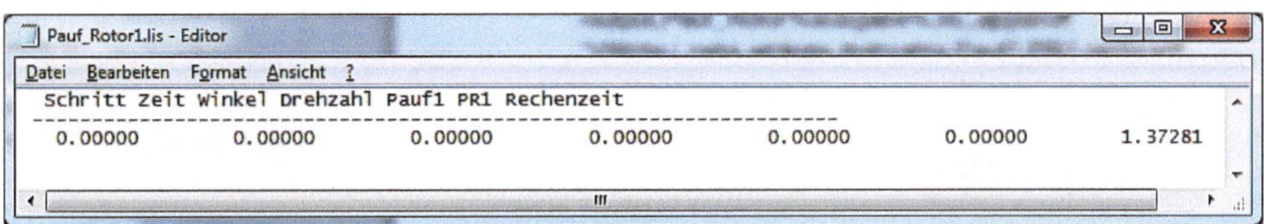

Abb. 12.75 Ergebnisse des Rotors

Auch der Spulenstrom in einigen ausgewählten Spulen ist aufgrund des ungespeisten Rotors 0 A.

```
*Do,iz2,1,z2
*get,ispu%iz2%,elem,espu%iz2%,etab,strom
*EndDo
/output,Ispul%ausgabe%,lis,,append
*VWrite,i,zeita,Winkela,Drehzahla,ispu1,ispu2,ispu3,ispu4,
ispu5,ispu6,ispu7,ispu8,ispu9,ispu10,ispu11,ispu12,ispu13,
ispu14
(18(g14.6,' '))
/output,term
```

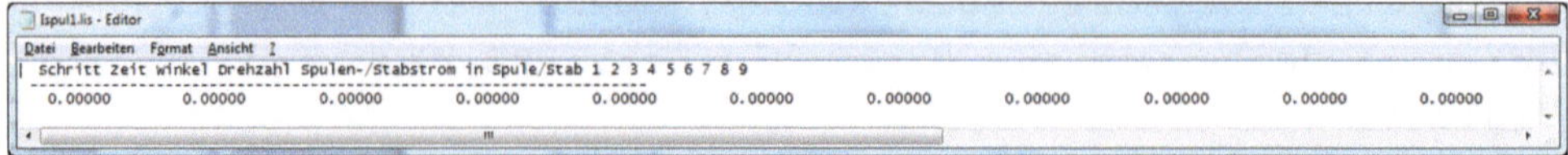

Abb. 12.76 Spulenströme im Rotor

Das Drehmoment wird über ein leicht abgewandeltes ANSYS-Makro TORQSUM unter dem Namen TORQSUMO bei Verwendung des Modifikators KRAFTROT als auszuwertende Komponente ermittelt. Das auszugebende Drehmoment ist auf einen m Länge bezogen und muss noch mit der Jochtiefe über den Parameter JOCHTIEFE multipliziert werden. Als Ergebnis liefert ANSYS das Drehmoment auf den Rotor auf der Basis der Berechnung über Maxwell'sche Flächenspannungen und energetische Änderung bei virtueller Verrückung. Bei gut gestalteten Finite-Elemente-Modellen mit guten Netzen müssen beide Werte nahezu gleich groß sein.

```
torqsumo,'kraftrot'
torqmx=tfor2*jochtiefe
torqvw=tfor1*jochtiefe


/output,Drehmoment%ausgabe%,lis,,append
*VWrite,i,zeita,winkela,Drehzahla,torqmx,torqvw
(6(g14.6,' '))
/output,term
```

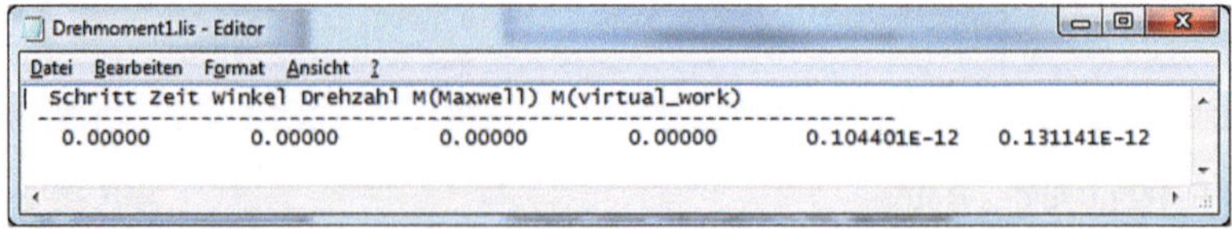

Abb. 12.77 Ausgabe des Drehmoments

Im Beispiel ergibt sich aufgrund der Stellung (fehlende Reluktanzkräfte) und fehlenden Rotorbestromung kein Drehmoment.

Abb. 12.78 Ergebnisausgabe als Plots

Die Plotausgabe erfolgt standardisiert in einer Anzahl von 7 graphischen Darstellungen je Stellung oder Rechnung. Als Referenz wird als erster Plot die Stellung zwischen Stator und Rotor ausgegeben. Die Plots können mit einem Titel über den Befehl /TITLE beschriftet werden. Die Ausgabe der Plots erfolgt in der Graphik-Datei PLOTS mit Endung GRPH im Arbeitsverzeichnis, wobei hinter dem Namen PLOTS eine zu definierende Ausgabenummer angehängt wird.

```
/title,GSM, I_err=%i1%, I_a=%i2%
allsel
/show,Plots%ausgabe%,grph,,
aplot
```

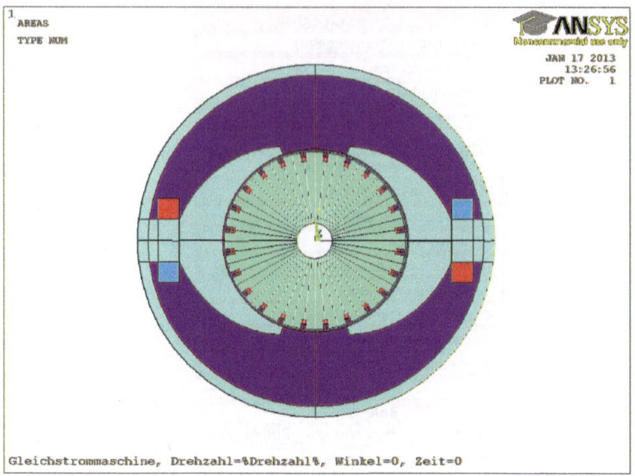

Abb. 12.79 Stator-/Rotorstellung der Berechnung

/show,Plots%ausgabe%,grph,,append
plf2d,51,0,20,1

Es folgt ein Feldlinienplot mit 51 Feldlinien und 20 berücksichtigten Konturlinien-materialien. Damit können dem Plot die Geometrien von Stator und Rotor entnommen werden.

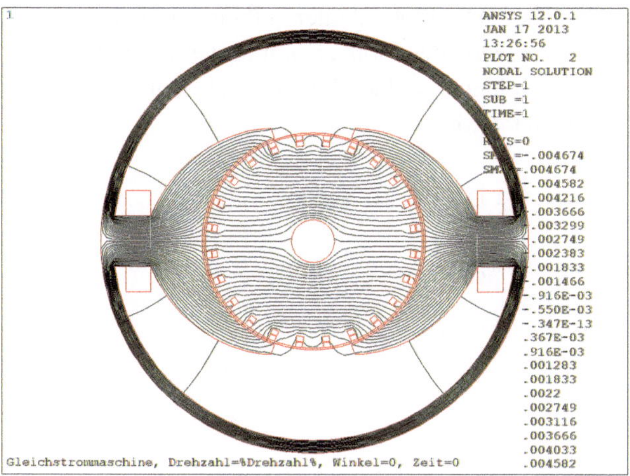

Abb. 12.80 Ergebnis einer Gleichstrommaschinenberechnung bei alleiniger Speisung des Stators

Im nächsten Plot wird die magnetische Flußdichte ausgegeben.

```
allsel,below,area
/show,Plots%ausgabe%,grph,,append
```

```
allsel,below,area
PLNSOL,B,SUM,0,
```

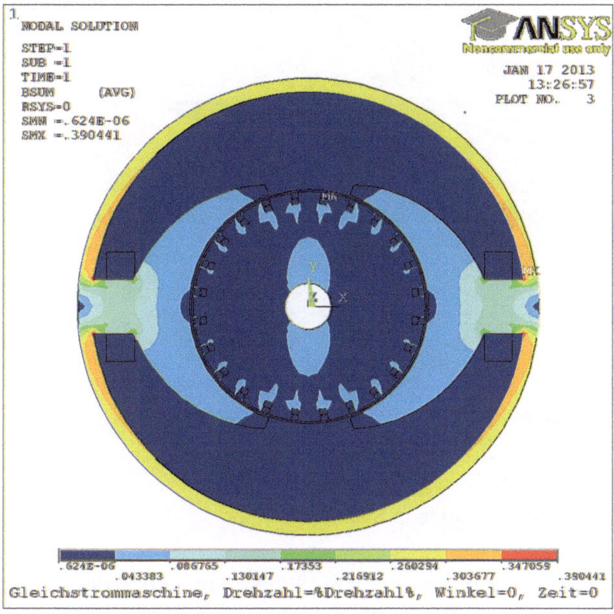

Abb. 12.81 Ausgabe der magnetischen Flußdichte

Im nächsten Plot wird die Stromdichteverteilung ausgegeben. Deutlich ist die Speisung des Ständers erkennbar.

```
/show,Plots%ausgabe%,grph,,append
PLESOL, JT,SUM, 0
```

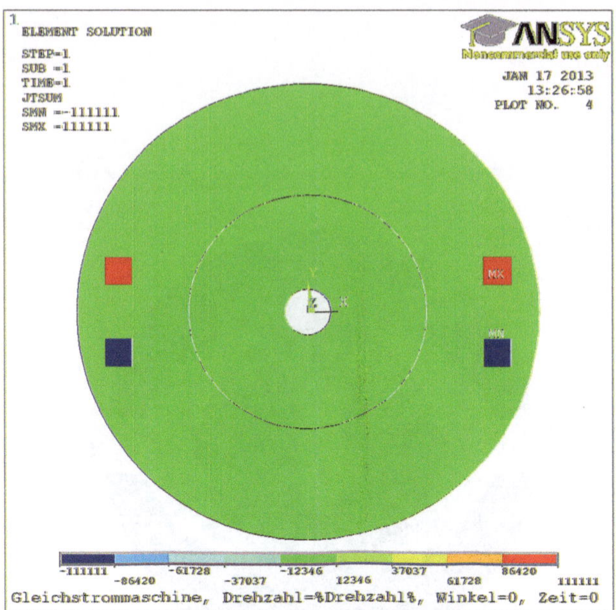

Abb. 12.82 Ausgabe der Stromdichten in Stator und Rotor

Im nächsten Plot wird die magnetische Flußdichte im Luftspalt in vektorieller Darstellung ausgegeben. Aufgrund der großen Flußdichten im Joch fallen die Flußdichtevektoren im Luftspalt sehr klein aus.

```
csys,1
NSEL,S,LOC,X,rinnen+jochdicke2+delta/2
/VSCALE,1,1,0
/show,Plots%ausgabe%,grph,,append
PLVECT,B, , , ,VECT,ELEM,ON,0
```

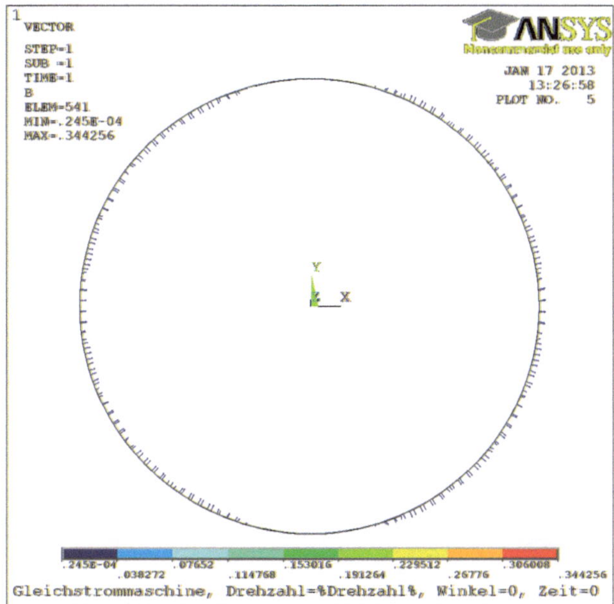

Abb. 12.83 Vektorieller Plot der magnetischen Flußdichte

Im nächsten Plot wird die magnetische Feldstärke im Luftspalt in vektorieller Darstellung ausgegeben.

```
/show,Plots%ausgabe%,grph,,append
PLVECT,h, , , ,VECT,ELEM,ON,0
```

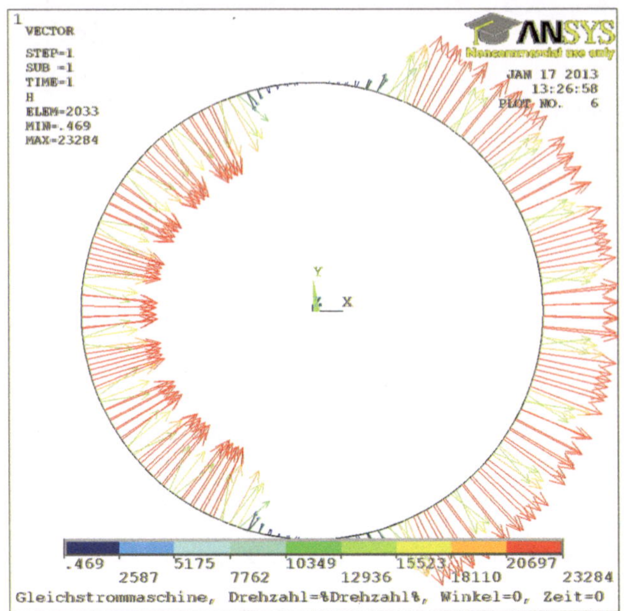

Abb. 12.84 Vektorieller Plot der magnetischen Feldstärke

Über ein kleines Zusatzprogramm luftspalt.txt kann über die Auswertung eines Pfades durch die Anordnung in Luftspaltmitte das radiale Luftspaltfeld ausgegeben werden. Aufgrund der vorhergehenden Skalierung auf maximal 1 T wird die Plotfläche nicht vollständig ausgenutzt.

```
allsel
allsel,below,area
/show,term
luftspaltfeld.txt
```

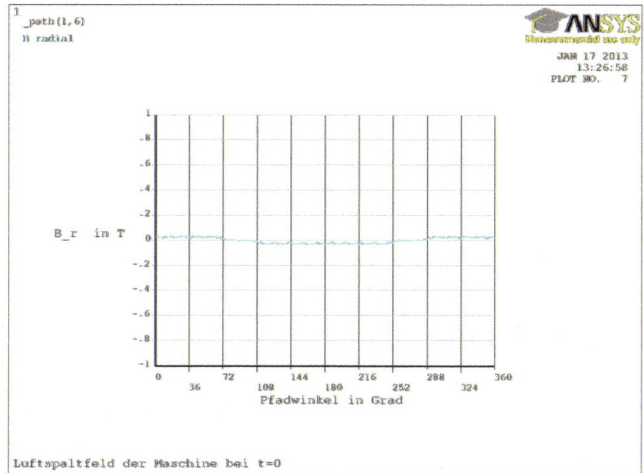

Abb. 12.85 Luftspaltfeldberechnung einer Gleichstrommaschinenberechnung bei alleiniger Speisung des Stators

Nach der Ausgabe der Plots wird der Titel zurückgesetzt und die Ausgabe wieder auf den Monitor umgelenkt.

```
/title,GSM, I_err=%i1%, I_a=%i2%
/show,term
!
```

Als Abschluss wird das Modell wieder in seine Anfangssituation zurückgeführt.

```
/prep7

allsel
cedel,all,all,all
cmsel,s,krotor
allsel,below,area
csys,1

agen,,krotor,,,,-winkela,,,,1
!   Drehung des Rotors um oben angegebenen Winkel

allsel

ET,114,CIRCU124,3,0
R,114,i1,0,
ET,214+z2+z2+1,CIRCU124,4,0
R,214+z2+z2+1,u2,0,
```

```
cmsel,s,nodeinnen
cmsel,s,elemaussen
cmsel,u,nodeaussen
CEINTF,_cef, , , , , , ,0,

allsel
winkel=0
```

12.6.2 Speisung des Läufers

Der gesamte Ablauf der statischen Berechnung der Gleichstrommaschine bei Ankerspeisung befindet sich in der Datei „gsm1_rechnung_statisch_2.txt" und beinhaltet für den Parameter „i1" den Wert 1e-6 und für den Ankerstrom den Parameter „i2" mit 1 A.

Bei Speisung des Ankers mit 1 A Ankerstrom bei einem Kommutierungswinkel aufgrund der Geometrie von 0 Grad und stromlosem Ständer ergibt sich ein Spannungsabfall über der Ankerstromquelle von 3,33 V.

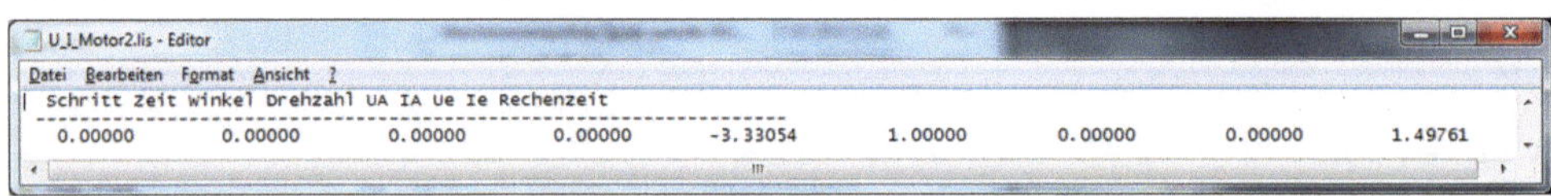

Abb. 12.86 Ergebnisse von Spannungen und Strömen bei Rotorstromspeisung

Der Datei ISPULx .lis sind die Ströme in einigen der insgesamt 24 Rotorspulen zu entnehmen.

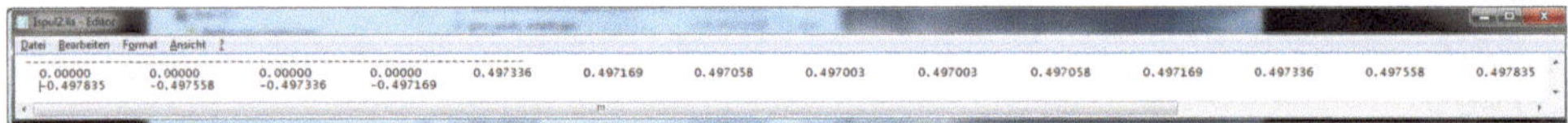

Abb. 12.87 Ergebnisse einiger Rotorspulenströme

Aufgrund des stromlosen Ständers ergibt sich ein kleines Drehmoment in Folge der Reluktanz.

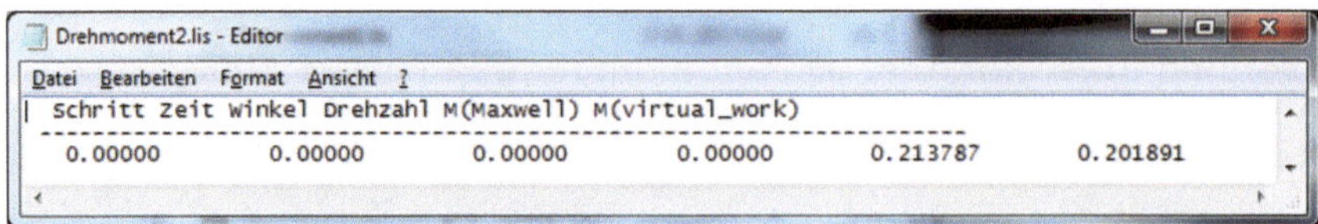

Abb. 12.88 Ergebnisse für das entstehende Drehmoment

Als graphische Darstellung ergeben sich folgende aussagekräftige Plots.

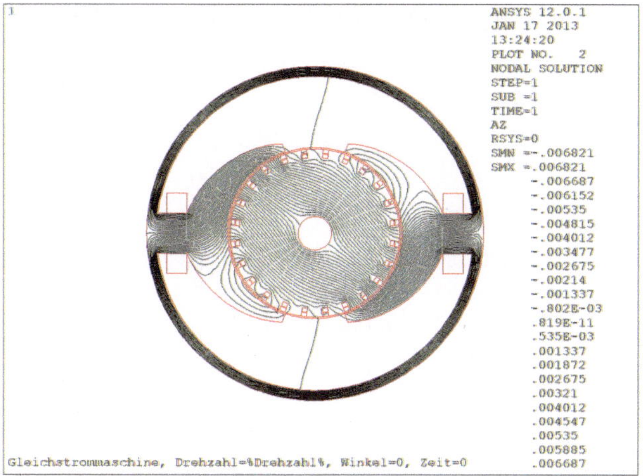

Abb. 12.89 Ergebnis einer Gleichstrommaschinenberechnung bei alleiniger Speisung des Rotors mit 1 A und 0 Grad als Kommutierungswinkel

Deutlich ist erkennbar, dass der aufgrund der Geometrie gewählte Kommutierungswinkel von 0 Grad nicht für ein Ankerquerfeld sorgt, sondern eher das Feldbild für Ankerrückwirkung entsteht.

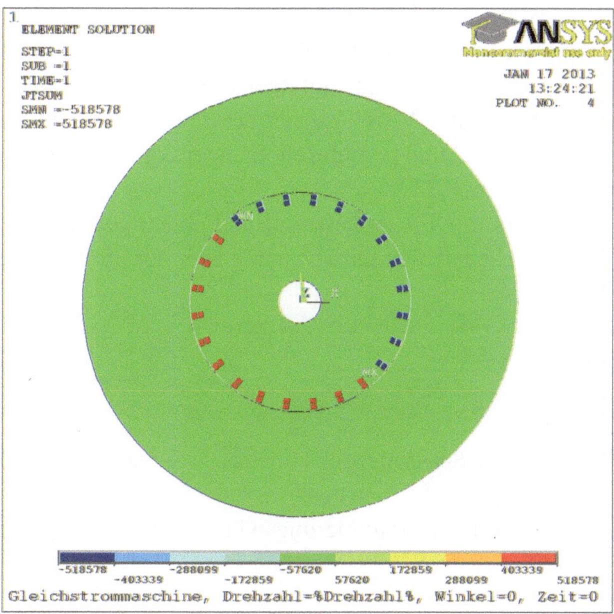

Abb. 12.90 Stromdichteplot bei alleiniger Speisung des Rotors mit 1 A und 0 Grad als Kommutierungswinkel

Der Stromdichteplot bestätigt den falschen Kommutierungswinkel.

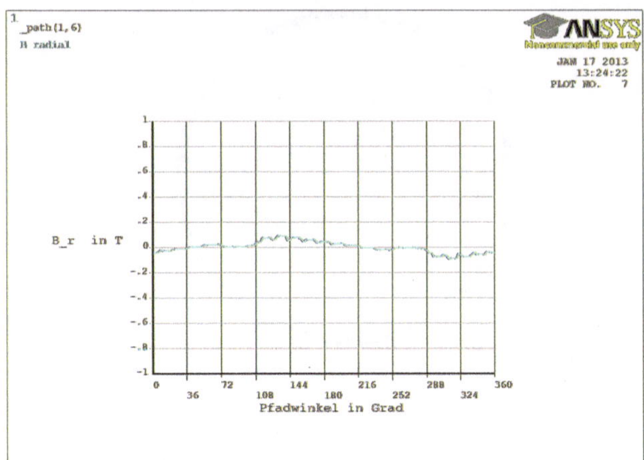

Abb. 12.91 Luftspaltfeld bei alleiniger Speisung des Rotors mit 1 A und 0 Grad als Kommutierungswinkel

Der gesamte Ablauf der statischen Berechnung der Gleichstrommaschine bei Ankerspeisung und geometrischem Kommutierungswinkel von −45 Grad befindet sich in der Datei „gsm1_rechnung_statisch_3.txt" und beinhaltet für den Parameter „i1" den Wert 1e-6 und für den Ankerstrom den Parameter „i2" mit 1 A, sowie den geometrischen Kommutierungswinkel als Parameter „kommu" mit dem Wert −45 Grad.

Bei Speisung des Ankers mit 1 A Ankerstrom bei einem Kommutierungswinkel aufgrund der Geometrie von 0 Grad und stromlosem Ständer ergibt sich ein Spannungsabfall über der Ankerstromquelle von 3,33 V.

Bei Speisung des Ankers mit 1 A Ankerstrom und einem geometrischen Kommutierungswinkel von −45 Grad ändert sich die Spannung über der Stromquelle nicht.

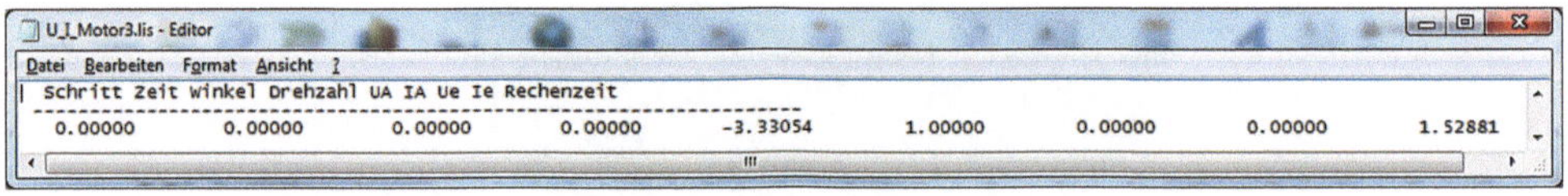

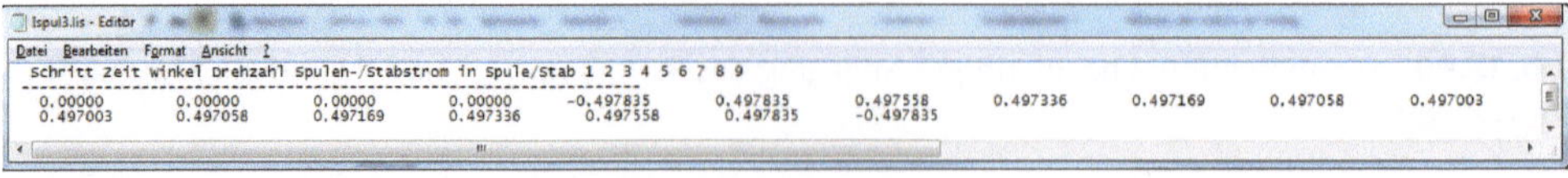

Abb. 12.92 Ergebnisausgabe von Spannungen und Strömen bei Ankerstromspeisung

Entsprechend dem geänderten Kommutierungswinkel ändert sich die Stromrichtung in einigen Ankerspulen.

Abb. 12.93 Ergebnisausgabe einiger Rotorspulenströme

Aufgrund des fehlenden Ständerfeldes ändert sich das Drehmoment auf Null. Bei korrektem Kommutierungswinkel hätte das Drehmoment größer werden müssen. Dies ist ein erstes Indiz für falsche Kommutierungswinkelwahl.

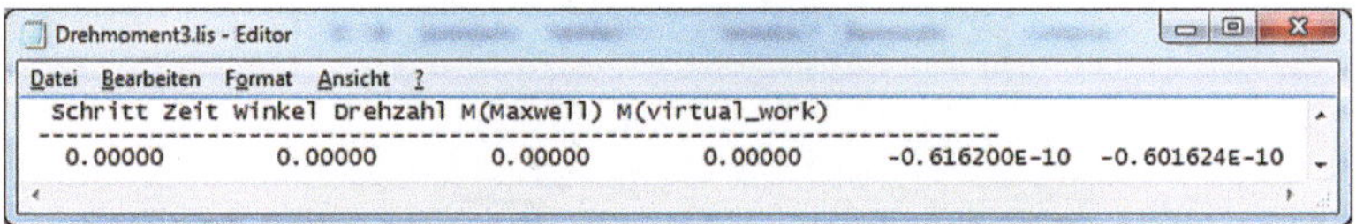

Abb. 12.94 Ergebnisausgabe für das Drehmoment

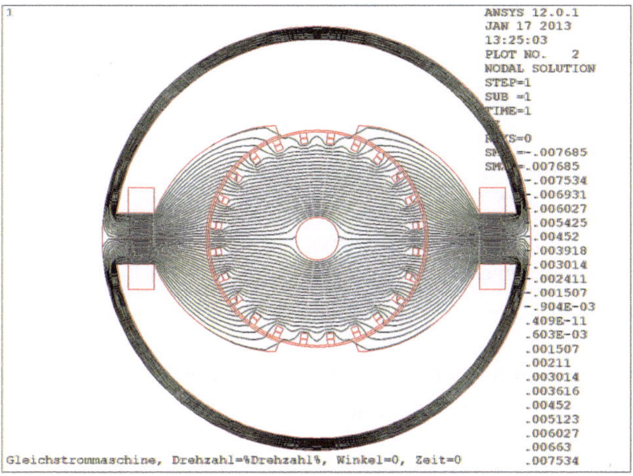

Abb. 12.95 Ergebnis einer Gleichstrommaschinenberechnung bei alleiniger Speisung des Rotors mit 1 A und −45 Grad als Kommutierungswinkel

Das Feldbild zeigt deutlich ein Ankerlängsfeld parallel zum Erregerfeld aufgrund des noch falsch gewählten Kommutierungswinkels.

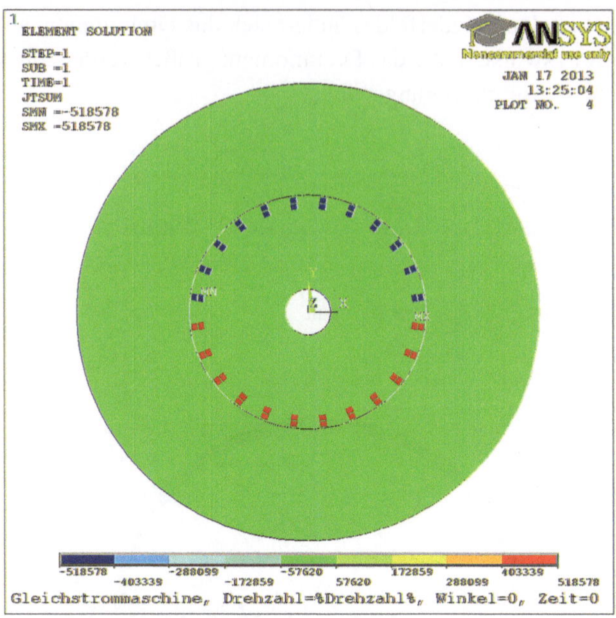

Abb. 12.96 Stromdichteplot bei alleiniger Speisung des Rotors mit 1 A und −45 Grad als Kommutierungswinkel

Der falsch gewählte Kommutierungswinkel wird durch den Stromdichteplot bestätigt, die Stromrichtung alterniert in Polschuhmitte.

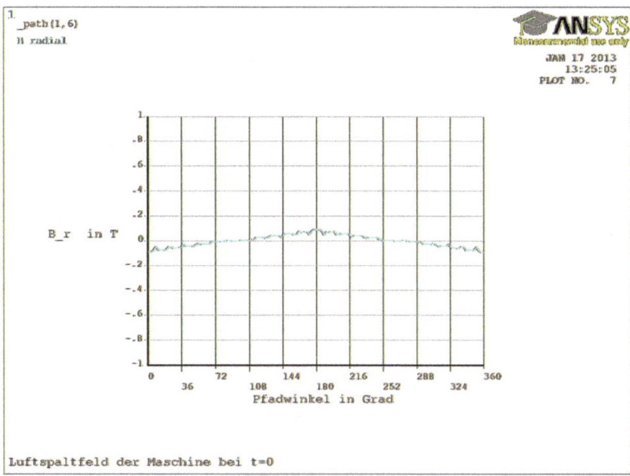

Abb. 12.97 Luftspaltfeld bei alleiniger Speisung des Rotors mit 1 A und −45 Grad als Kommutierungswinkel

Die graphische Darstellung des Feldes in Luftspaltfeldes zeigt nicht den aus der Theorie bekannten Verlauf mit Einbrüchen aufgrund der Ankernutung und Feldeinbruch in der Pollücke.

Der gesamte Ablauf der statischen Berechnung der Gleichstrommaschine bei Ankerspeisung und geometrischem Kommutierungswinkel von 45 Grad befindet sich in der Datei „gsm1_rechnung_statisch_4.txt“ und beinhaltet für den Parameter „i1“ den Wert 1e-6 und für den Ankerstrom den Parameter „i2“ mit 1 A, sowie den geometrischen Kommutierungswinkel als Parameter „kommu“ mit dem Wert 45 Grad.

Bei Speisung des Ankers mit 1 A Ankerstrom und einem korrekt gewählten geometrischen Kommutierungswinkel von 45 Grad ändert sich die Spannung über der Stromquelle nicht.

```
U_I_Motor4.lis - Editor
Datei Bearbeiten Format Ansicht ?
 Schritt Zeit Winkel Drehzahl UA IA Ue Ie Rechenzeit
 -----------------------------------------------------------------
   0.00000    0.00000    0.00000    0.00000    -3.33054    1.00000    0.00000    0.00000    1.38841
```

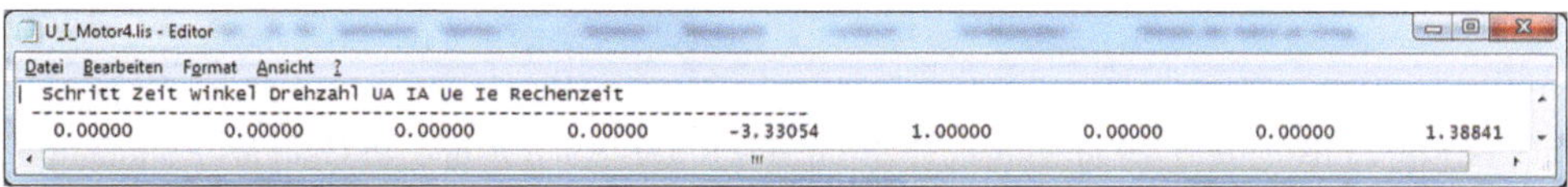

Abb. 12.98 Ergebnisse für Spannungen und Ströme bei Rotorstromspeisung

Entsprechend dem geänderten Kommutierungswinkel ändert sich die Stromrichtung in einigen Ankerspulen.

```
Ispul4.lis - Editor
Datei Bearbeiten Format Ansicht ?
 Schritt Zeit Winkel Drehzahl Spulen-/Stabstrom in Spule/Stab 1 2 3 4 5 6 7 8 9
 -----------------------------------------------------------------
   0.00000    0.00000    0.00000    0.00000    0.497003    0.497003    0.497058    0.497169    0.497336    0.497558    0.497835
 -0.497835   -0.497558   -0.497336   -0.497169   -0.497058   -0.497003   -0.497003
```

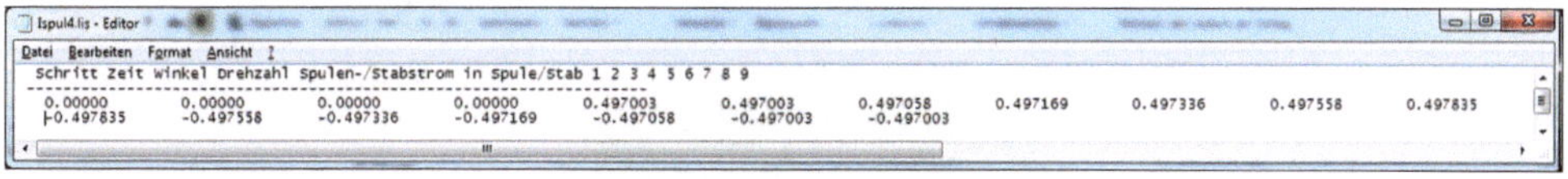

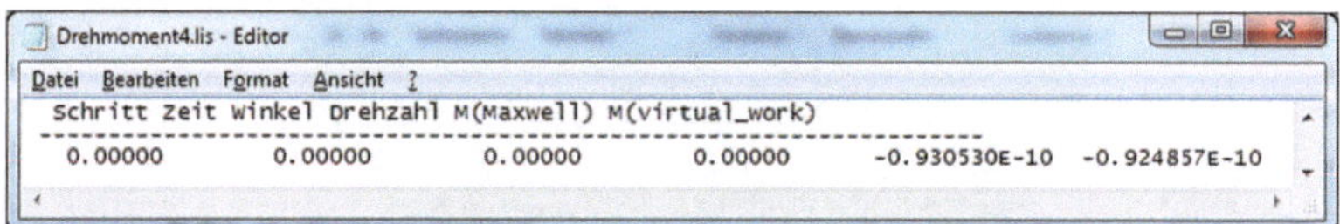

Abb. 12.99 Ergebnisausgabe einiger Spulenströme

Aufgrund des fehlenden Ständerfeldes ändert sich das Drehmoment, ist jedoch sehr klein.

```
Drehmoment4.lis - Editor
Datei Bearbeiten Format Ansicht ?
 Schritt Zeit Winkel Drehzahl M(Maxwell) M(virtual_work)
 -----------------------------------------------------------------
   0.00000    0.00000    0.00000    0.00000    -0.930530E-10   -0.924857E-10
```

Abb. 12.100 Ergebnisausgabe für das Drehmoment

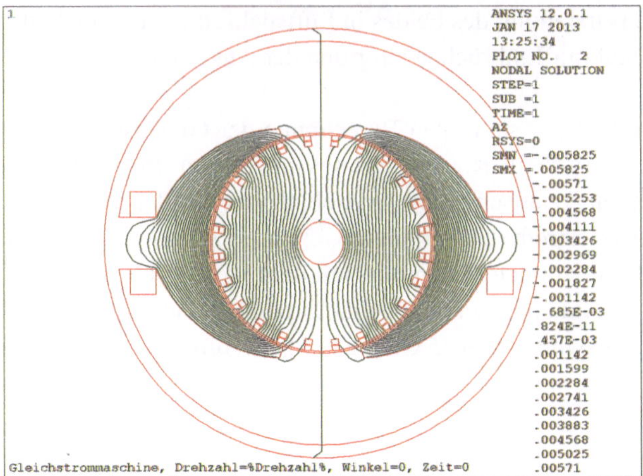

Abb. 12.101 Luftspaltfeld bei alleiniger Speisung des Rotors mit 1 A und 45 Grad als Kommutierungswinkel

Das Feldbild zeigt nun deutlich ein Ankerquerfeld senkrecht zur Erregerachse aufgrund des korrekt gewählten Kommutierungswinkels.

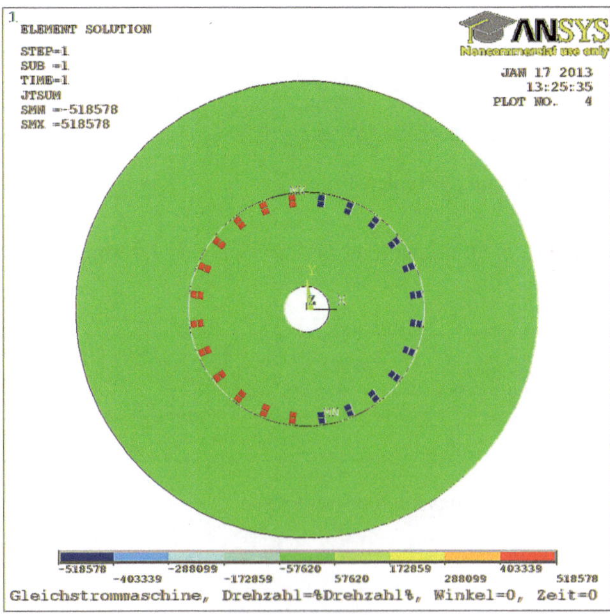

Abb. 12.102 Stromdichteplot bei alleiniger Speisung des Rotors mit 1 A und 45 Grad als Kommutierungswinkel

Der korrekt gewählte Kommutierungswinkel wird durch den Stromdichteplot bestätigt, die Stromrichtung alterniert in Pollückenmitte.

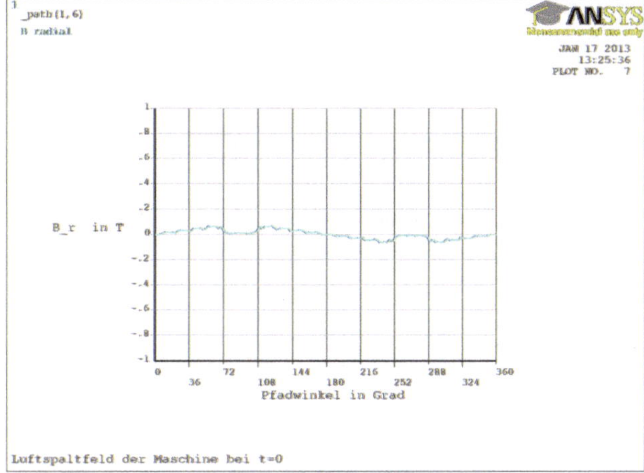

Abb. 12.103 Luftspaltfeld bei alleiniger Speisung des Rotors mit 1 A und 45 Grad als Kommutierungswinkel

Die graphische Darstellung des Feldes in Luftspaltmitte zeigt nun den aus der Theorie bekannten Verlauf mit Einbrüchen aufgrund der Ankernutung und Feldeinbruch in der Pollücke.

12.6.3 Ankerrückwirkung

Der gesamte Ablauf der statischen Berechnung der Gleichstrommaschine bei Ständer- und Ankerspeisung und geometrischem Kommutierungswinkel von 45 Grad befindet sich in der Datei „gsm1_rechnung_statisch_5.txt“ und beinhaltet für den Parameter „i1“ den Wert 10 A und für den Ankerstrom den Parameter „i2“ mit 1 A, sowie den geometrischen Kommutierungswinkel als Parameter „kommu“ mit dem Wert 45 Grad.

Bei Rechnung mit Erregerstrom 10 A und Ankerstrom von 1 A bei einem Kommutierungswinkel von 45 Grad entstehen Spannungsabfälle über den Stromquellen im Stator und Rotor.

Schritt	Zeit	Winkel	Drehzahl	UA	IA	Ue	Ie	Rechenzeit
0.00000	0.00000	0.00000	0.00000	-3.33054	1.00000	-2.38107	10.0000	1.57561

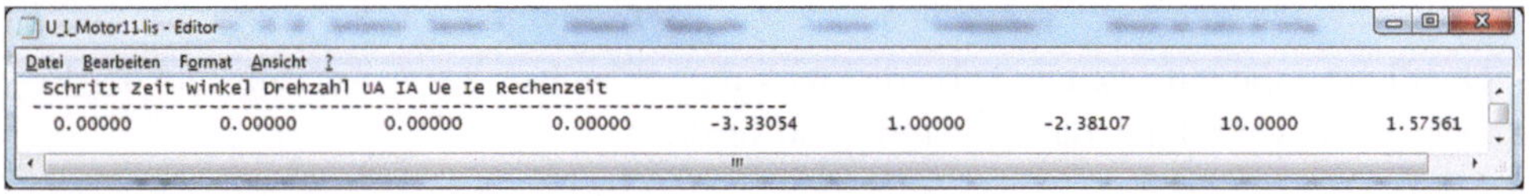

Abb. 12.104 Ergebnis der Spannungen und Ströme bei Stator- und Rotorstromspeisung

Die Stromverteilung in den Spulen des Ankers entspricht der Stromvorgabe bei alleiniger Speisung des Ankers.

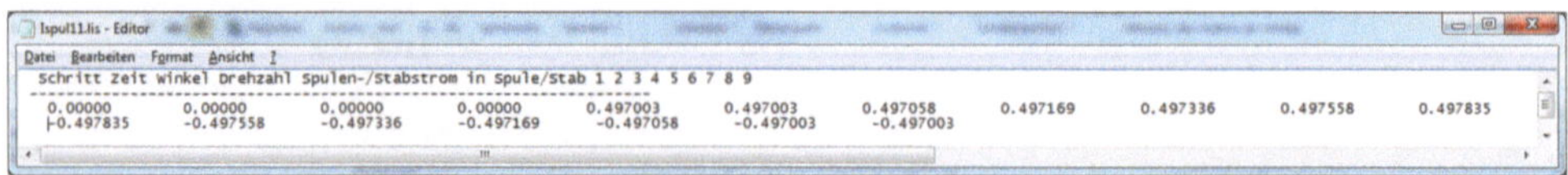

Abb. 12.105 Ergebnisausgabe einiger Spulenströme

Aufgrund des vorhandenen Statorfeldes und des bestromten Ankers entsteht ein merkliches Drehmoment von fast 10 Nm. Die Werte der beiden Berechnungsverfahren unterscheiden sich nur minimal. Dies deutet auf eine gute Vermaschung hin.

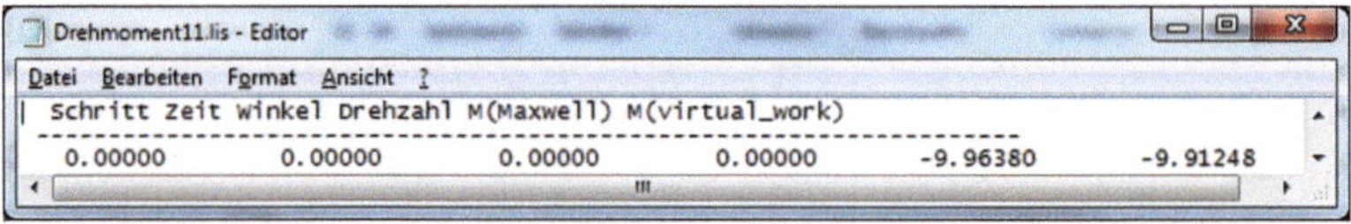

Abb. 12.106 Ergebnisse für das Drehmoment bei Stator- und Rotorstromspeisung

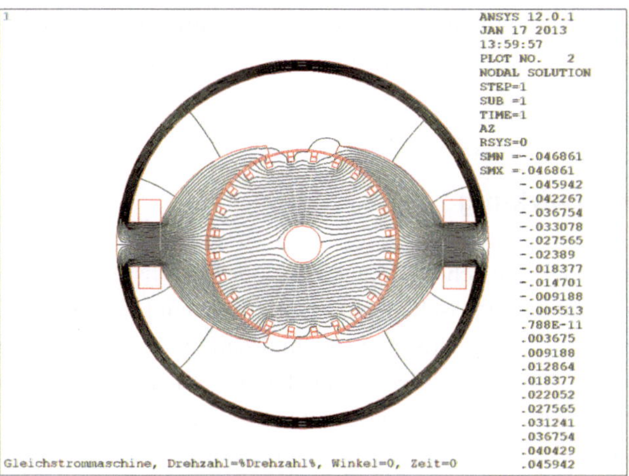

Abb. 12.107 Ergebnis einer Gleichstrommaschinenberechnung bei Speisung von Stator und Rotor und 45 Grad als Kommutierungswinkel

Deutlich ist die auftretende Ankerrückwirkung erkennbar, das Ankerlängsfeld der Erregerwicklung wird durch das Ankerquerfeld verdreht.

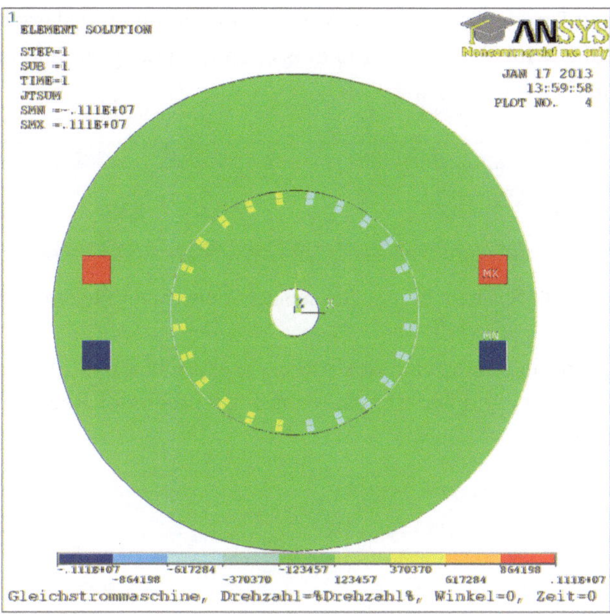

Abb. 12.108 Stromdichteplot bei Speisung von Stator und Rotor und 45 Grad als Kommutierungs-winkel

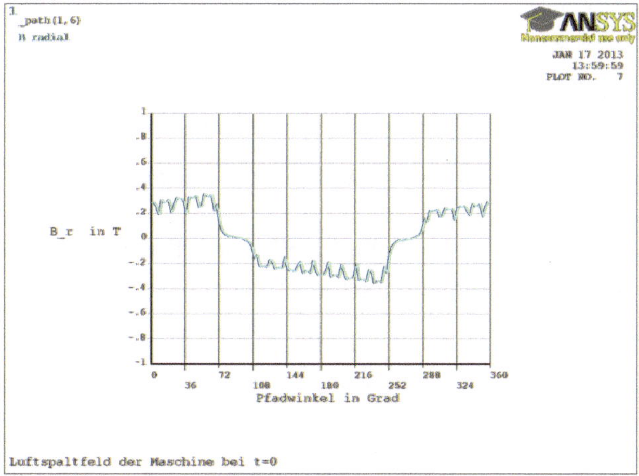

Abb. 12.109 Luftspaltfeld bei Speisung des Stators und Rotors und 45 Grad als Kommutierungs-winkel

Deutlich sind die Auswirkungen der Ankerrückwirkungen erkennbar, die durch die Nutung des Ankers überlagert werden.

Bei Rechnung mit Erregerstrom von 10 A und einem erhöhten Ankerstrom von 2 A bei einem Kommutierungswinkel von 45 Grad entstehen Spannungsabfälle über den Stromquellen im Stator und Rotor.

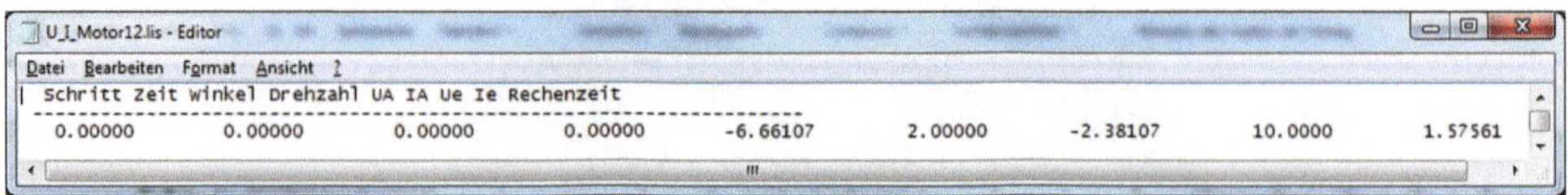

Abb. 12.110 Ergebnisse für Spannungen und Ströme bei Stator- und Rotorstromspeisung

Die Stromverteilung in den Spulen des Ankers entspricht der Stromvorgabe bei alleiniger Speisung des Ankers und ändert sich nicht hinsichtlich der Rechnung, jedoch wird der Strom verdoppelt.

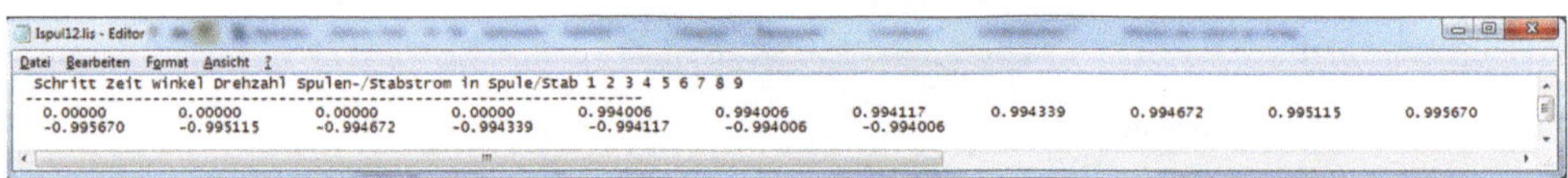

Abb. 12.111 Ergebnis der Spulenströme

Der verdoppelte Ankerstrom resultiert im verdoppelten Drehmoment.

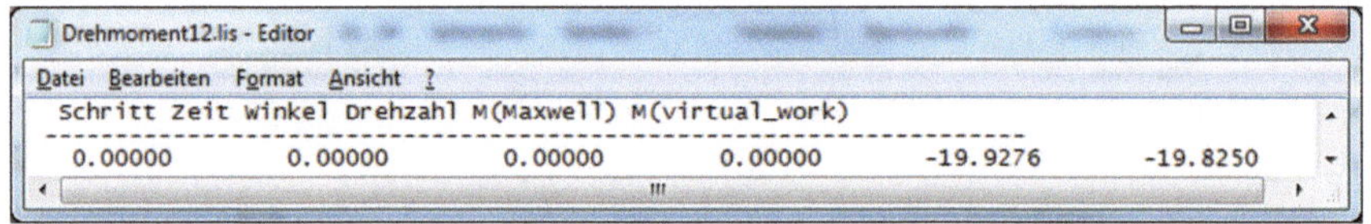

Abb. 12.112 Ergebnisausgabe für das Drehmoment bei Stator- und Rotorstromspeisung

Bei Erhöhung des Ankerstroms und gleichbleibendem Erregerstrom wird am Feldbild deutlich, dass die Ankerrückwirkung stärker in Erscheinung tritt

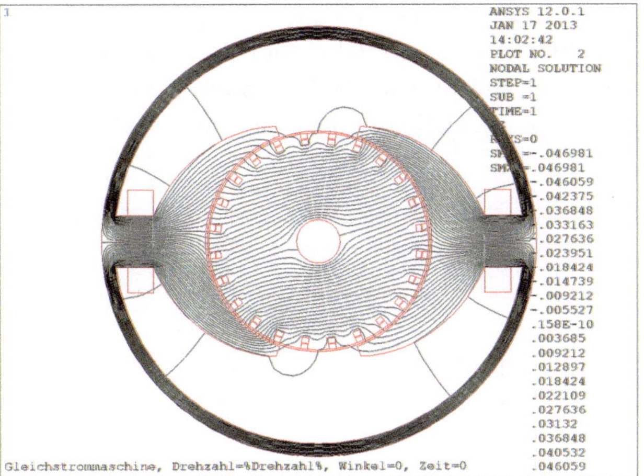

Abb. 12.113 Ergebnis einer Gleichstrommaschinenberechnung bei Speisung von Stator und Rotor und 45 Grad als Kommutierungswinkel

Der höhere Ankerstrom ist an der höheren Stromdichte in den Ankerspulen nachvollziehbar.

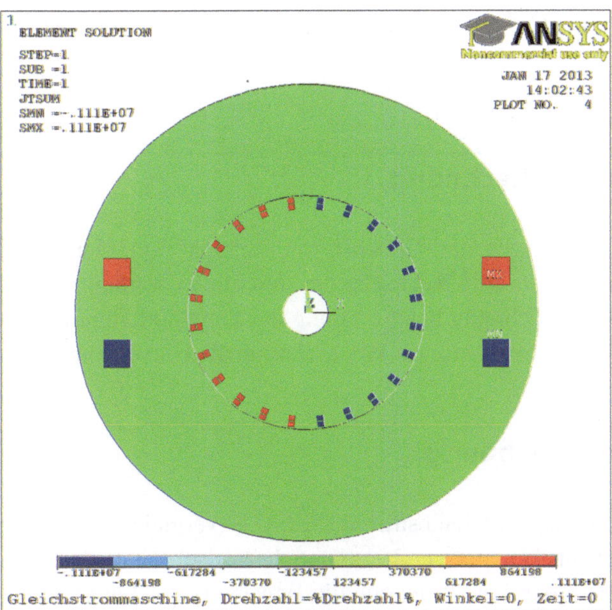

Abb. 12.114 Stromdichteplot bei Speisung von Stator und Rotor und 45 Grad als Kommutierungswinkel

Die Auswertung des Luftspaltfeldes verdeutlicht bei größerem Ankerstrom die stärkere Anhebung des Luftspaltfeldes an der je Pol einen Polschuhkante und der Absenkung an der anderen Polschuhkante. Zudem steigt die Feldverzerrung in der Pollücke. Damit wird die Notwendigkeit einer Kompensations- oder Kompoundwicklung und einer Wendepolwicklung verdeutlicht.

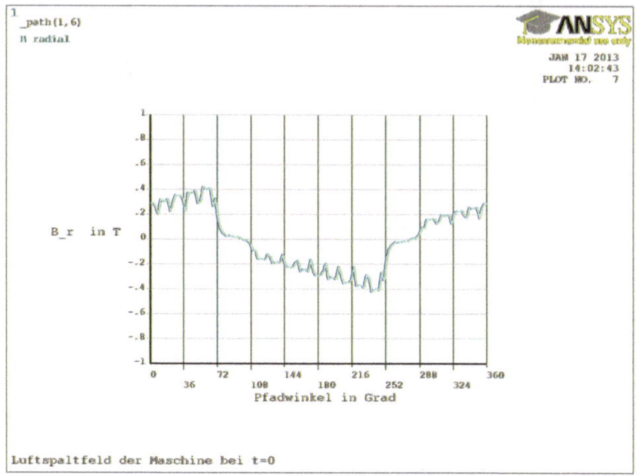

Abb. 12.115 Luftspaltfeld bei Speisung des Stators und Rotors und 45 Grad als Kommutierungswinkel

12.7 Harmonische Rechnung

Harmonische Berechnungen der Gleichstrommaschine sind nicht möglich, da weder Ständer-, noch Läuferseite mit Wechselstrom durchflutet werden. Sinnvoll und möglich wäre eine derartige Berechnung bei Änderung der Schaltung durch Serienschaltung von Ständer und Läufer und Speisung mit Wechselstrom als Universalmaschine.

12.8 Transiente Rechnung

Die transiente Rechnung der Gleichstrommaschine ist vergleichbar mit dem Berechnungsprozess bei den Transformatoren. Zur möglicherweise zeitabhängigen Änderung von Spannungen und Strömen kommt jedoch die Bewegung des Läufers aufgrund des Drehmoments hinzu. Nach einer initialisierenden Rechnung, bzw. jeder einzelnen Rechnung wird das Drehmoment auf den drehenden Teil ermittelt. Über die Bewegungsgleichungen für rotatorische Bewegung in diskretisierter Form wird in Abhängigkeit von Lastmoment und gesamtem Trägheitsmoment die Winkeländerung innerhalb eines Zeitschritts ermittelt. Die Kopplungen zwischen Ständer und Läufer werden gelöst, der Läufer um die berechnete Winkeländerung gedreht und anschließend das Interface wieder neu erzeugt. Dieser Prozess ergibt sich für jede einzelne transiente Rechnung. Infolge des Drehmoments ändern sich aktueller Drehwinkel und aktuelle Drehzahl.

Eine weitere Methode der transienten Rechnung wird genutzt, um induzierte Spannungen entsprechend der 1. Hauptgleichung der Gleichstrommaschine in Abhängigkeit von Erregerstrom und Drehzahl oder den Kurzschlussstrom bei kurzgeschlossenen Ankerklemmen zu ermitteln. Hierzu wird das Modell unabhängig vom Drehmoment mit konstanter Drehzahl gedreht. In jedem einzelnen Zeitschritt wird das Interface gelöscht, die Maschine gedreht und anschließend das Interface wieder neu erzeugt.

$$U_i = C_M \cdot \Phi \cdot n \quad (1. \text{ Hauptgleichung der Gleichstrommaschine})$$

12.8.1 Grundlagen der transienten Rechnung für rotatorische Bewegung

Die Bewegungsgleichung für rotatorische Bewegungen ergibt aufgrund eines vorhandenen Drehmoments bei vorhandenem Trägheitsmoment eine Winkelgeschwindigkeitsänderung. Damit entsteht aufgrund eines Drehmoments M eine Winkelgeschwindigkeitsänderung. Das Trägheitsmoment J sorgt dafür, dass Winkelgeschwindigkeitsänderungen je nach Trägheit reduziert werden. Damit sorgen kleine Drehmomente und große Trägheitsmomente für kleine Winkelgeschwindigkeitsänderungen und damit große Hochlaufzeiten.

$$M = J \frac{d\omega}{dt}$$

Aufgrund der fehlenden Reibung wird bei einer Finite-Elemente-Rechnung ein ideelles Drehmoment berechnet. Von diesem Drehmoment sind sämtliche Lastmomente und damit auch das Reibdrehmoment abzuziehen und ergibt damit das wirksame Drehmoment M in der rotatorischen Bewegungsgleichung. Bei dem Trägheitsmoment J ist das gesamte Trägheitsmoment des Antriebsstranges, bestehend aus dem modellierten Rotor im Bereich des Blechpakets, den Wellenseiten und dem gesamten Antrieb, zu berücksichtigen.

$$(M_i - M_{\text{Last}}) = J_{\text{gesamt}} \frac{d\omega}{dt}$$

Durch Umstellung ergibt sich die Winkelgeschwindigkeitsänderung.

$$\alpha = \frac{d\omega}{dt} = \dot{\omega} = \frac{(M_i - M_{\text{Last}})}{J_{\text{gesamt}}}$$

Infolge der Winkelgeschwindigkeitsänderung α ergibt sich zu jedem Zeitpunkt eine andere Winkelgeschwindigkeit ω.

$$\omega = \alpha t$$

Entsprechend dem Weg/Zeit-Gesetz ändert sich damit bei konstanter Winkelgeschwindigkeit der Drehwinkel quadratisch.

$$\varphi = \frac{1}{2}\alpha t^2$$

Im Zuge eines Maschinenhochlaufs oder einer Belastung ist die Winkelgeschwindigkeitsänderung zeitlich nicht konstant.

Damit ergibt sich bei Zeitdiskretisierung für jeden einzelnen Zeitschritt aufgrund des momentanen Drehmoments die Winkelgeschwindigkeitsänderung zum Zeitpunkt t_i:

$$\alpha(t_i) = \frac{(M_i(t_i) - M_{\text{Last}})}{J_{\text{gesamt}}}$$

Innerhalb eines Zeitschritts ändert sich damit die Winkelgeschwindigkeit auf der Basis der aktuellen Winkelgeschwindigkeit zum Zeitpunkt t_i inkrementiert um die Winkelgeschwindigkeitsänderung über den Zeitraum Δt nach:

$$\omega\,(t_i + \Delta t) = \omega\,(t_i) + \alpha\,(t_i) \cdot \Delta t.$$

Entsprechend ergibt sich der neue Winkel auf der Basis des letzten Winkel φ, der Winkeländerung aufgrund der aktuellen Winkelgeschwindigkeit und der Winkeländerung aufgrund der Winkelgeschwindigkeitsänderung nach:

$$\varphi\,(t_i + \Delta t) = \varphi\,(t_i) + \omega\,(t_i) \cdot \Delta t + \frac{1}{2}\alpha\,(t_i) \cdot (\Delta t)^2.$$

Die Winkeländerung und damit der Drehwinkel innerhalb eines Zeitschritts Δt ergibt sich damit zu:

$$\Delta\varphi\,(t_i) = \omega\,(t_i) \cdot \Delta t + \frac{1}{2}\alpha\,(t_i) \cdot (\Delta t)^2.$$

12.8.2   Anwendung der transienten Rechnung für rotatorische Bewegung

Das Skript zur transienten Rechnung besteht wie bei den Transformatoren aus immer wiederkehrenden, gleichen Programmblöcken, die im folgenden beschrieben werden.

Im ersten Abschnitt werden einige Voreinstellungen und Änderungen an der Verschaltung des Modells vorgenommen.

```
*afun,deg
```

```
/prep7
```

```
*if,u1i1,eq,0,then
```

```
ET,114,CIRCU124,4,0
R,114,-1e-6
*else
ET,114,CIRCU124,3,0
R,114,1e-6
*endif


ET,214+z2+z2+1,CIRCU124,0,0
R,214+z2+z2+1,1e6
```

Im obigen Beispiel wird für die Berechnung der induzierten Spannung die Ständerquelle als Spannungs- oder Stromquelle verschaltet (Modifikator 3 oder 4) und über die reale Konstante auf einen Wert von nahezu 0 eingestellt.

Die Spannungsquelle des Ankerkreises wird in einen hochohmigen Widerstand umgewandelt (Modifikator 0), um über diesem Widerstand die induzierte Spannung laut 1. Hauptgleichung abzugreifen.

Im nächsten Block „**Löschen des Interfaces**" wird das Interface zwischen Stator und Rotor gelöscht.

```
/prep7
allsel
cedel,all,all,all
cmsel,s,krotor
allsel,below,area
csys,1
```

Anschließend wird im Block „**Drehen auf Anfangswinkel, Winkel auf Anfangswert setzen**" der Rotor auf die Anfangsposition gedreht. Hierzu wird der AGEN-Befehl mit der Option Komponente genutzt.

```
agen,,krotor,,,,winkela,,,,1 ! Drehung des Rotors um oben
angegebenen Winkel
winkel=winkela
```

Anschließend muss die Kommutierung entsprechend des Drehwinkels des Rotors neu eingestellt werden. Dies erfolgt über das Unterprogramm „KOMMUTIERUNG.TXT" im Block mit dem Namen „**Kommutierung**".

```
*if,jkommu,eq,1,then
kommutierung.txt
*endif
Allsel
```

Im nächsten Block „**Interface neu formieren**" wird das Interface zwischen Stator und Rotor neu eingebaut.

```
_cef=.3
cmsel,s,nodeinnen
cmsel,s,elemaussen
cmsel,u,nodeaussen
CEINTF,_cef, , , , , , ,0,
allsel
```

Es schließt sich an die Definition des Berechnungsverfahrens als Initialisierungsrechnung.

```
/SOL
!*
i=0
zeit=1e-6

antyp,trans
timint,off,mag
timint,off,elect
time,zeit
```

Es folgt die Berechnungsvorbereitung über die Definition des Gleichungssystemssolvers, die Konfiguration der nichtlinearen Rechnung, die Lösung des Gleichungssystems und die Vorbereitung der Auswertung des letzten Berechnungs-(Last-)Schritts.

Block „Gleichungssystemssolver auswählen":

```
*if,fronspar,eq,0,then
eqslv,frontal
*else
eqslve,sparse,stoler,-1
*endif
```

Block „Iterative Lösung für Nichtlinearität konfigurieren":

```
cnvt,a,
cnvt,csg
lnsrch,on
neqit,250
```

Block „Gleichungssystem lösen"

```
*get,timea,active,0,time,cpu
SOLVE
*get,timee,active,0,time,cpu
rechzeit=timee-timea
```

Block „Letzten Lastschritt laden, Ergebnisse aufbereiten, Ausgabedateien aktualisieren"

```
/post1
set,last,last,,0,,,                 ! real part to be written out
plf2d,51,0,20,1
```

Die Elementtabellen werden im Block „**Aufbau der Elementtabellen**" erzeugt:

```
esel,s,enam,,124
etable,spanng,smisc,1
etable,strom,smisc,2
etable,leistu,nmisc,1
```

Anschließend werden die Elementtabellen entsprechend der Elementnummern im Block „**Auswertung der Elementtabellen**" ausgelesen:

```
etable,refl
*get,u1e,elem,eeu2,etab,spanng
*get,ue,elem,eeu1,etab,spanng
*get,i1e,elem,eer2,etab,strom
*get,ie,elem,eer1,etab,strom
*get,Pauf1,elem,eeu2,etab,leistu
*get,Perr,elem,eeu1,etab,leistu
*get,PR1,elem,eer2,etab,leistu
*get,PRE,elem,eer1,etab,leistu
*Do,iz2,1,z2
*get,ispu%iz2%,elem,espu%iz2%,etab,strom
*EndDo
```

Es folgt der Block „**Ausgabe der ermittelten Ergebnisdaten**":

```
/output,U_I_Motor%ausgabe%,lis,,append
*VWrite,i,zeit,winkel,drehzahl,U1e,i1e,ue,ie,rechzeit
(9(g14.6,' '))
```

```
/output,term
/output,Pauf_Rotor%ausgabe%,lis,,append
*VWrite,i,zeit,winkel,drehzahl,Pauf1,PR1,rechzeit
(7(g14.6,' '))
/output,term
/output,Pauf_Stator%ausgabe%,lis,,append
*VWrite,i,zeit,winkel,drehzahl,Perr,PRE,rechzeit
(7(g14.6,' '))
/output,term

*Do,iz2,1,z2
*get,ispu%iz2%,elem,espu%iz2%,etab,strom
*EndDo
/output,Ispul%ausgabe%,lis,,append
*VWrite,i,zeit,Winkel,Drehzahl,ispu1,ispu2,ispu3,ispu4,
ispu5,ispu6,ispu7,ispu8,ispu9,ispu10,ispu11,ispu12,ispu13,
ispu14
(18(g14.6,' '))
/output,term
```

Im Block „**Drehmomentberechnung**" wird das Drehmoment berechnet und in einer Ergebnisdatei ausgegeben.

```
torqsumo,'kraftrot'
torqmx=tfor2*jochtiefe
torqvw=tfor1*jochtiefe

/output,Drehmoment%ausgabe%,lis,,append
*VWrite,i,zeit,winkel,Drehzahl,torqmx,torqvw
(6(g14.6,' '))
/output,term
```

Es folgt der Block „**Postprocessingblock für graphische Ausgaben**":

```
/title,Gleichstrommaschine, Drehzahl=%Drehzahl%,
Winkel=%winkel%, Zeit=%zeit%
allsel
/show,Plots%ausgabe%,grph,,append
aplot
/show,Plots%ausgabe%,grph,,append
plf2d,51,0,20,1
allsel,below,area
```

```
/show,Plots%ausgabe%,grph,,append
PLNSOL,B,SUM,0,
/show,Plots%ausgabe%,grph,,append
PLESOL, JT,SUM, 0
csys,1
NSEL,S,LOC,X,rinnen+jochdicke2+delta/2
/VSCALE,1,1,0
/show,Plots%ausgabe%,grph,,append
PLVECT,B, , , ,VECT,ELEM,ON,0
/show,Plots%ausgabe%,grph,,append
PLVECT,h, , , ,VECT,ELEM,ON,0
allsel
allsel,below,area
/show,Plots%ausgabe%,grph,,append
/show,term
luftspaltfeld.txt
/show,term
```

Damit ist die Initialisierungsrechnung abgeschlossen. Es folgt die Vorbereitung der transienten Berechnung. Dazu werden Spannung oder Strom auf die Erregungsquelle als reale Konstante aufgeschaltet. Die Aufschaltung erfolgt sprungförmig.

```
/prep7

*if,u1i1,eq,0,then
ET,114,CIRCU124,4,0
R,114,-u1
*else
ET,114,CIRCU124,3,0
R,114,i1
*endif
```

Es beginnt eine Schleife über alle Zeitschrittrechnungen mit Schleifenindex jj, wobei zuvor die Anzahl der Berechnungsschritte über die Anzahl der Rechenschritte in einer Umdrehung und Anzahl zu berechnender Umdrehungen als Schleifenende definiert wurde.

```
*Do,jj,1,jsteps*ndreh,1
```

Aus der zuvor definierten Drehzahl bei Umrechnung in Umdrehungen pro Sekunden, dividiert durch die Anzahl der Rechenschritte in einer Umdrehung wird der Zeitschritt ermittelt. Daraus ergibt sich wiederum der Winkelschritt einer Berechnung im Gradmaß.

Anschließend wird die aktuelle Zeit und die Rechenschrittnummer I der Zeitschrittrechnung inkrementiert.

```
tstep=1/drehzahl*60/jsteps
winkels=tstep*drehzahl/60*360

zeit=zeit+tstep
!
i=i+1
```

Es folgt der Block „**Löschen des Interfaces**"

```
allsel
cedel,all,all,all
cmsel,s,krotor
allsel,below,area
csys,1
```

Damit kann der Rotor im Stator um den zuvor definierten Winkelschritt weitergedreht werden. Die aktuelle Winkelposition wird in der Variablen WINKEL inkrementiert.

```
agen,,krotor,,,,winkels,,,,1      ! Drehung des Rotors um oben
angegebenen Winkel
winkel=winkel+winkels
csys,0
```

Es folgen die Blöcke

1. Kommutierung,
2. Interface neu formieren

und zur Bereinigung der Datenbank der Block „**Bereinigung der Datenbank**":

```
save,sicher,db
resume,leer,db
resume,sicher,db
```

Hiermit wird ANSYS Rechnung getragen, dass ANSYS teilweise die Datenbanken nicht sauber freigeben hat. Durch Absicherung der Datenbank, einlesen einer zuvor angelegten leeren Datenbank leer.db und nachfolgendem Einlesen der zuvor abgesicherten Datenbank wird dieses Problem, das möglicherweise bei neueren Versionen nicht mehr auftritt, behoben.

Im Berechnungsabschnitt wird das Berechnungsverfahren von Initialisierungs- auf Zeitschrittrechnung umgestellt.

```
/solu
antyp,tran,rest
timint,on,mag
timint,on,elect
tintp,,,,1
time,zeit
```

Es folgen die Blöcke:

1. Gleichungssystemssolver auswählen,
2. Iterative Lösung für Nichtlinearität konfigurieren,
3. Gleichungssystem lösen,

Nach Abschluss der Solution erfolgt die Auswertung im Postprocessor

```
fini
/show,term
/post1                    !   Übergang zum Postprozessor
```

Der Reihe nach werden die folgenden Blöcke abgearbeitet:

1. „Letzten Lastschritt laden, Ergebnisse aufbereiten, Ausgabedateien aktualisieren",
2. „Aufbau der Elementtabellen",
3. „Auswertung der Elementtabellen" erzeugt,
4. „Ausgabe der ermittelten Rechnungsdaten",
5. Drehmomentberechnung,
6. „Postprocessingblock für graphische Ausgaben".

Damit ist ein Zeitschritt abgeschlossen. Nach Selektion aller Entitäten folgt der nächste Zeitschritt mit dem nächsten Preprocessing zur Änderung der Stellung zwischen Stator und Rotor.

```
Allsel
```

Die Schleife wird mit *EndDo abgeschlossen.

```
*EndDo
```

Zum Abschluss wird das Modell in seine Anfangsposition zurückgeführt und die Grundeinstellung wiederhergestellt.

```
/prep7

allsel
cedel,all,all,all
cmsel,s,krotor
allsel,below,area
csys,1

agen,,krotor,,,,-winkel,,,,1 !  Drehung des Rotors um oben
angegebenen Winkel
allsel

_cef=.3
cmsel,s,nodeinnen
cmsel,s,elemaussen
cmsel,u,nodeaussen
CEINTF,_cef, , , , , , ,0,

allsel

/prep7
ET,114,CIRCU124,3,0
R,114,i1,0,

ET,214+z2+z2+1,CIRCU124,4,0
R,214+z2+z2+1,u2,0,
```

Dies ist der prinzipielle Ablauf einer transienten Rechnung. Bei Änderung der Stellung aufgrund eines berechneten Drehmoments ändert sich die Verdrehung zwischen Stator und Rotor wie folgt:

Im Rahmen der Initialisierung wird das Modell auf die Anfangsstellung gedreht und die Startdrehzahl eingestellt.

Anschließend wird entsprechend Abschn. 12.8.1 die Winkelgeschwindigkeitsänderung als Variable DELTAN in einem Zeitschritt berechnet und daraus Winkel- und Drehzahländerung berechnet. Im vorliegenden Fall wird erst die Drehzahl inkrementiert und anschließend die Winkeländerung berechnet, daraus resultiert das Minuszeichen bei der Berechnung der Winkeländerung. Der Rotor wird um den berechneten Winkelschritt verdreht und der aktuelle Winkel inkrementiert.

```
deltan=(torqmx-ML_Lastmoment)*tstep/(j_traegheit*2*pi)*60
drehzahl=drehzahl+deltan
winkels=tstep/(1/(drehzahl-deltan/2)*60)*360

agen,,krotor,,,,winkels,,,,1 !  Drehung des Rotors um oben
angegebenen Winkel
winkel=winkel+winkels
```

Der gesamte weitere Aufbau des Berechnungsskripts bleibt gleich.

12.8.3   Berechnung der induzierten Spannung

Der gesamte Ablauf zur transienten Berechnung der induzierten Spannung im Ankerkreis
der Gleichstrommaschine bei Ständerspeisung bei fester Drehzahl befindet sich in der
Datei „gsm1_rechnung_transient_1.txt" und hat folgenden Aufbau.

```
!!
!! Transiente Berechnung einer Gleichstrommaschine mit
Erregerpolen und -spulen und Anker mit verteilter Wicklung
!! zur Bestimmung der im Anker induzierten Spannung
!! 1 Polpaar, 24 Rotornuten
!! bei Staenderstromspeisung mit 10A und geometrischem
Kommutierungswinkel von 45 Grad
!!
/prep7
gsm1_ohne_geometrie.txt

ausgabe=21
luftskal=1
fft=0
gsm1_aus.txt

kommu=45
drehzahl=1500
u1i1=1
u1=100
i1=10
jsteps=120
ndreh=1
jkommu=1
fronspar=0
gsm1_loes5.txt
```

Durch den Parameter „fronspar" wird die Auswahl des Gleichungssystemssolvers FRONTAL-Solver (= 0) oder SPARSE-Matrix-Solver (= 1) getroffen. Über den Parameter „u1i1" wird definiert, ob die Ständerseite über eine Spannung (= 0) oder einen Strom gespeist wird (= 1), dementsprechend die Erregerspannung als Parameter „u1" oder Strom „i1", hier 10 A. Über den Parameter „jsteps" wird die Anzahl der Stützstellen innerhalb einer Umdrehung der Gleichstrommaschine definiert, „ndreh" definiert die Anzahl der durchzuführenden Umdrehungen. Über den Parameter „jkommu" wird definiert, ob die Kommutierung vollzogen (= 1) werden soll. Desweiteren sind anzugeben die Drehzahl über den Parameter „drehzahl", hier 1500 U/min, und der geometrische Kommutierungswinkel über den Parameter „kommu", hier 45 Grad. Das Lösungsskript für statische Rechnung bei Ständerspeisung befindet sich in der Datei „gsm1-loes5.txt".

Die induzierte Spannung wird im folgenden Beispiel mit folgenden Vorgaben berechnet.

Der Winkelanfang wird auf 0 Grad gesetzt und der Kommutierungswinkel auf den mit der statischen Rechnung als korrekt bestimmten Winkel von 45 Grad festgelegt. Die Berechnung erfolgt bei einer Drehzahl von 1500 U/min. Die Erregung wird über eine Stromquelle mit 10 A gespeist. Zunächst werden nur 60 Schritte in einer Umdrehung bei insgesamt 2 Umdrehungen gerechnet, was völlig für die Abschätzung der induzierten Spannung genügt. Die Kommutierung wird verständlicherweise eingeschaltet.

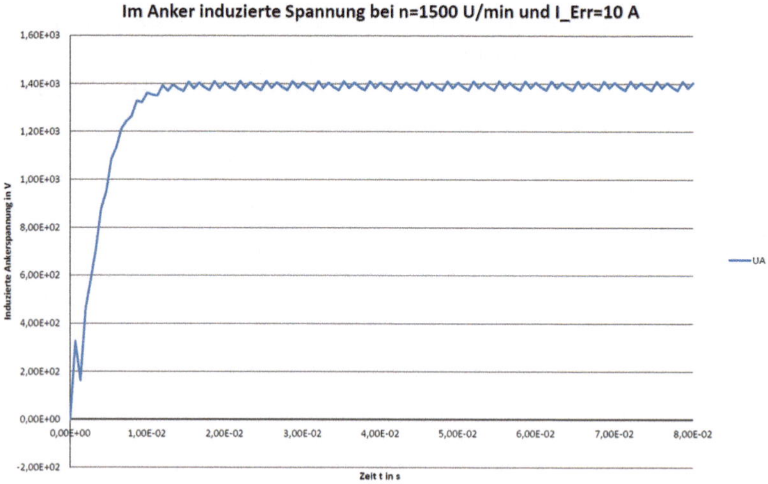

Abb. 12.116 Berechnung der induzierten Spannung bei Drehzahl 1500 U/min und 10 A Erregerstrom

Es ergibt sich ein kurzer Einschwingprozess und abschließend eine induzierte Spannung von etwa 1400 V. Auf dieser Basis kann die Windungszahl im Anker korrekt ausgelegt werden. Die Variation der induzierten Spannung ist auf die Nutung in Verbindung mit dem Ständerpol zurückzuführen.

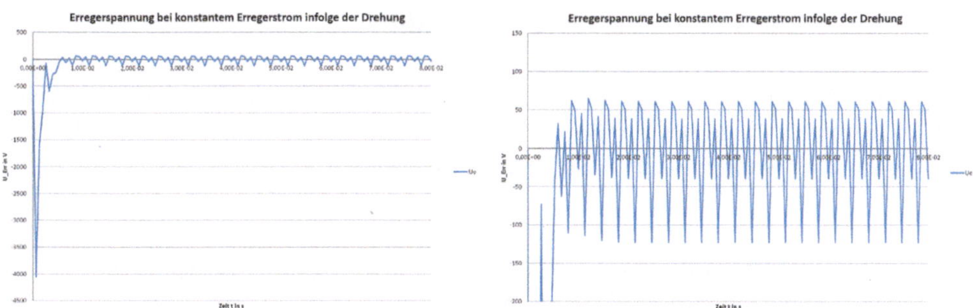

Abb. 12.117 Erregerspannung bei konstantem Erregerstrom infolge der Drehung

Aufgrund der Vorgabe eines festen Erregerstroms wird im Zuge des Einschwingvorgangs bei Berücksichtigung der Ankernutung eine stark wechselnde Erregerspannung ermittelt. Für weitere Berechnungen ist zu unterscheiden, ob der Erregerkreis über eine Spannungs- oder Stromquelle gespeist wird. Hierbei ist zu berücksichtigen, dass bei Verwendung einer Spannungsquelle der Erregerstrom aufgrund der Erregerinduktivität zunächst seinen mittleren Endwert erreichen muss. Dieser wird anschließend wie bei Erregerstromspeisung veränderlich sein.

Bei Reduktion der Windungszahl fällt entsprechend die induzierte Spannung nach der 1. Hauptgleichung der Gleichstrommaschine ab, der Verlauf ändert sich nicht.

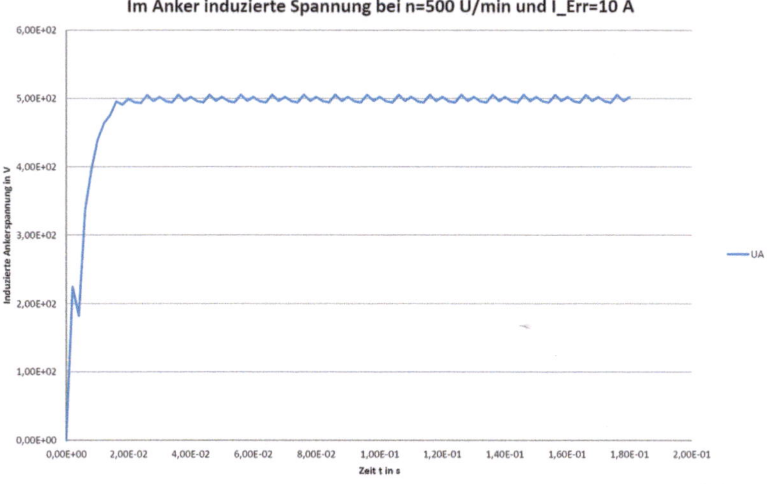

Abb. 12.118 Berechnung der induzierten Spannung bei Drehzahl 500 U/min und 10 A Erregerstrom

In Verbindung mit nichtlinearem Eisen und damit nichtlinearer Berechnung kann der Einfluss der Sättigung auf die induzierte Spannung untersucht werden.

12.8.4   Ankerkurzschluss bei fester Drehzahl

Der gesamte Ablauf zur transienten Berechnung des Kurzschlussstromes im Ankerkreis der Gleichstrommaschine bei Ständerspeisung und fester Drehzahl befindet sich in der Datei „gsm1_rechnung_transient_3.txt" und hat folgenden Aufbau.

```
!!
!! Transiente Berechnung einer Gleichstrommaschine mit
Erregerpolen und -spulen und Anker mit verteilter Wicklung
!! zur Bestimmung des im Anker induzierten Stromes bei
Klemmenkurzschluss
!! 1 Polpaar, 24 Rotornuten
!! bei Staenderstromspeisung mit 10A und geometrischem
Kommutierungswinkel von 45 Grad
!!
/prep7
gsm1_ohne_geometrie.txt

ausgabe=23
luftskal=1
fft=0
gsm1_aus.txt

kommu=45
drehzahl=500
u1i1=1
u1=100
i1=10
jsteps=60
ndreh=3
jkommu=1
fronspar=0

gsm1_loes6.txt
```

Die Eingaben entsprechen der Berechnung der induzierten Spannung Das Lösungsskript für statische Rechnung bei Ständerspeisung befindet sich in der Datei „gsm1-loes6.txt".

Durch eine geringe Änderung kann statt der induzierten Spannung der Kurzschlussstrom bei kurzgeschlossenem Anker berechnet werden. Hierzu ist lediglich der Elementtyp der Ankerspannungsquelle in einen niederohmigen Widerstand umzuwandeln und die reale Konstante entsprechend zu ändern.

```
*if,u1i1,eq,0,then
ET,114,CIRCU124,4,0
R,114,-1e-6
*else
ET,114,CIRCU124,3,0
R,114,1e-6
*endif

ET,214+z2+z2+1,CIRCU124,0,0
R,214+z2+z2+1,1e-6
```

Nach Vorgabe von Winkelanfang von 0 Grad, einem Kommutierungswinkel von 45 Grad und einer Drehzahl von 500 U/min ergibt sich bei einem Erregerstrom von 10 A bei Erregerstromspeisung bei insgesamt 60 Rechenschritten je Umdrehung folgendes Ergebnis.

```
U_I_Motor31.lis - Editor
Datei  Bearbeiten  Format  Ansicht  ?
Schritt Zeit Winkel Drehzahl UA IA Ue Ie Rechenzeit
-------------------------------------------------------------
  0.00000   0.100000E-05   0.00000   500.000   0.677626E-20   0.101644E-13   -0.719261E-01   0.100000E-05   1.31055
  1.00000   0.200100E-02   6.00000   500.000   0.782171E-06   0.782171      -1953.80        10.0000        1.02979
  2.00000   0.400100E-02   12.0000   500.000   0.996806E-06   0.996806       -554.518        10.0000        1.09180
  3.00000   0.600100E-02   18.0000   500.000   0.183902E-05   1.83902        -144.277        10.0000        1.21704
  4.00000   0.800100E-02   24.0000   500.000   0.258045E-05   2.58045          9.24287       10.0000        1.29492
  5.00000   0.100010E-01   30.0000   500.000   0.339307E-05   3.39307        -71.1152        10.0000        1.54443
  6.00000   0.120010E-01   36.0000   500.000   0.408085E-05   4.08085        107.051         10.0000        1.12329
  7.00000   0.140010E-01   42.0000   500.000   0.479741E-05   4.79741        -174.706        10.0000        1.26392
  8.00000   0.160010E-01   48.0000   500.000   0.562378E-05   5.62378        139.723         10.0000        1.37305
  9.00000   0.180010E-01   54.0000   500.000   0.631656E-05   6.31656         50.4134        10.0000        1.43530
 10.0000    0.200010E-01   60.0000   500.000   0.713835E-05   7.13835        -67.2504        10.0000        1.52881
 11.0000    0.220010E-01   66.0000   500.000   0.766987E-05   7.66987        230.511         10.0000        1.56006
 12.0000    0.240010E-01   72.0000   500.000   0.828092E-05   8.28092        -321.843        10.0000        1.49756
 13.0000    0.260010E-01   78.0000   500.000   0.907766E-05   9.07766        218.847         10.0000        1.59131
 14.0000    0.280010E-01   84.0000   500.000   0.968083E-05   9.68083         80.3675        10.0000        1.59131
 15.0000    0.300010E-01   90.0000   500.000   0.104724E-04   10.4724        -127.544        10.0000        1.54443
 16.0000    0.320010E-01   96.0000   500.000   0.108659E-04   10.8659        319.715         10.0000        1.62231
 17.0000    0.340010E-01   102.000   500.000   0.113745E-04   11.3745        -460.254        10.0000        1.63794
 18.0000    0.360010E-01   108.000   500.000   0.121446E-04   12.1446        286.273         10.0000        1.73169
 19.0000    0.380010E-01   114.000   500.000   0.126675E-04   12.6675        106.846         10.0000        1.77856
 20.0000    0.400010E-01   120.000   500.000   0.134317E-04   13.4317        -182.087        10.0000        1.63794
 21.0000    0.420010E-01   126.000   500.000   0.137028E-04   13.7028        398.557         10.0000        1.76270
 22.0000    0.440010E-01   132.000   500.000   0.141201E-04   14.1201        -583.226        10.0000        1.96582
 23.0000    0.460010E-01   138.000   500.000   0.148667E-04   14.8667        346.071         10.0000        2.18408
 24.0000    0.480010E-01   144.000   500.000   0.153183E-04   15.3183        130.345         10.0000        1.96558
 25.0000    0.500010E-01   150.000   500.000   0.160581E-04   16.0581        -230.513        10.0000        2.12158
 26.0000    0.520010E-01   156.000   500.000   0.162205E-04   16.2205        468.527         10.0000        2.21533
 27.0000    0.540010E-01   162.000   500.000   0.165570E-04   16.5570        -692.370        10.0000        2.16846
```

Abb. 12.119 Ergebnis für Spannungen und Ströme bei Kurzschluss des Ankers

Wie bereits bei der Berechnung der induzierten Spannung erfolgt ein Einschwingvorgang, der lange dauert, da der Ankerstrom als Kurzschlussstrom durch die Ankerinduktivität verzögert wird.

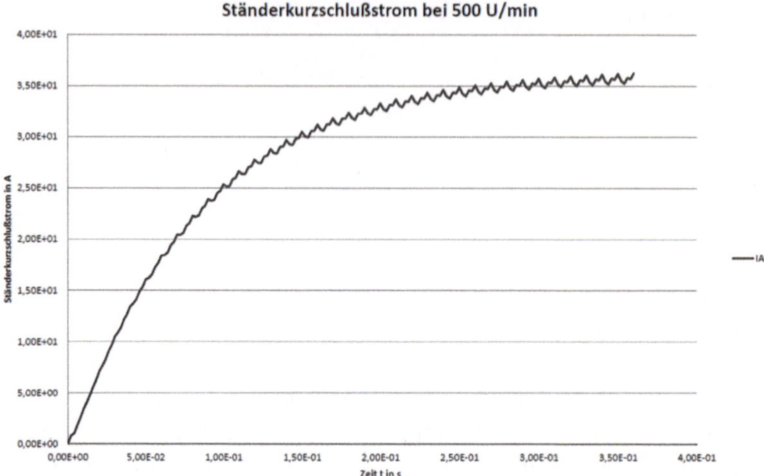

Abb. 12.120 Läuferkurzschlussstrom bei fester Drehzahl $n = 500$ U/min

Bei starrer Vorgabe der Drehzahl ohne möglichen Ausgleichsvorgang durch die Dynamik der geometrischen Konstruktion entsteht eine starke Drehmomentschwankung um einen Mittelwert herum. Für exakte Berechnungen muss die Schrittanzahl in einer Umdrehung stark erhöht werden, um hinsichtlich des Verlaufs exaktere Ergebnisse zu erhalten.

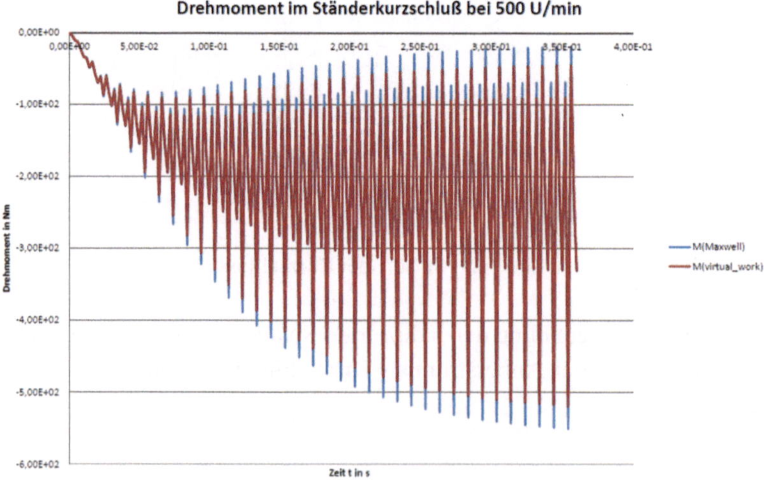

Abb. 12.121 Drehmoment bei Kurzschluss und fester Drehzahl $n = 500$ U/min

12.8.5 Hochlaufrechnung

Der gesamte Ablauf zur transienten Berechnung des Hochlaufes bei Ständer- und Anker-speisung befindet sich in der Datei „gsm1_rechnung_transient_11.txt" und hat folgenden Aufbau.

```
!!
!! Transiente Berechnung einer Gleichstrommaschine mit
Erregerpolen und -spulen und Anker mit verteilter Wicklung
!! im Hochlauf aus dem Stillstand
!! 1 Polpaar, 24 Rotornuten
!! bei Staenderstromspeisung mit 10A und geometrischem
Kommutierungswinkel von 45 Grad
!!
/prep7

gsm1_ohne_geometrie.txt    ! Skript zum Aufruf der Geometrie

ausgabe=31
luftskal=1
fft=0
gsm1_aus.txt

winkela=0                  ! Rotorstellungswinkel Anfang
kommu=45                   ! geometrischer Kommutierungswinkel
drehzahls=0                ! Startdrehzahl
u1i1=1                     ! Wahlparameter Spannungs-/Stromerregung
u1=100                     ! Erregerspannung
i1=10                      ! Erregerstrom
terreg=1e-6                ! Ankerspannungsverzögerung
u2=500                     ! Ankerspannung
mtstep=.001                ! Zeitschritt
j_traegheit=2.5            ! gesamtes Trägheitsmoment
ML_Lastmoment=0            ! Lastmoment
fronspar=0                 ! Wahlparameter frontal/sparse
!!!! 20000 Rechenschritte sind voreingestellt

gsm1_loes8.txt    ! Skript fuer transiente Rechnung Hochlauf
```

Die Eingaben entsprechen im Wesentlichen der Berechnung der induzierten Spannung oder des Kurzschlussstromes bei fester Drehzahl. Zusätzlich sind die die Dynamik betreffenden Parameter zu definieren. Dabei definiert der Parameter „terreg" die verzögerte Zuschaltung des Ankerkreises, die hier unterbunden wurde. Der Zeitschritt der transienten Rechnung wird über den Parameter „mtstep", hier mit 0,001 Sekunden definiert. Das gesamte Trägheitsmoment inklusive aller Anbauten wird über den Parameter „j_traegheit", hier 2,5, sowie das Lastmoment über den Parameter „ML_Lastmoment", hier 0 Nm, definiert. Das Lösungsskript für statische Rechnung bei Ständerspeisung befindet sich in der Datei „gsm1-loes8.txt".

Die Hochlaufrechnung kann prinzipiell aus dem Stand heraus oder bei Drehzahlvorgabe erfolgen. Je nach Berechnungsziel kann die Rechenzeit möglicherweise erheblich reduziert werden, wenn die Anfangsdrehzahl vorgegeben wird.

Die Berechnung erfolgt für den zuvor bestimmten Kommutierungswinkel von 45 Grad bei einem festen Erregerstrom von 10 A und einer Ankerspannung von 500 V. Als fester Zeitschritt wird $1\,\mu s$ verwendet. Mechanisch berücksichtigt wird ein Trägheitsmoment von $2.5\,\mathrm{kg} \cdot \mathrm{m}^2$ ohne Lastmoment. Verwendet wird als Gleichungssystemssolver der FRONTAL Solver.

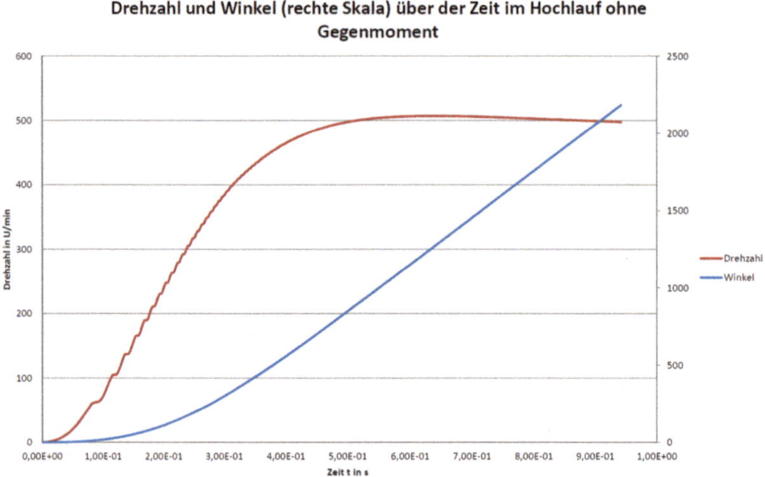

Abb. 12.122 Drehzahl und Winkel (*rechte Skala*) in Abhängigkeit der Zeit beim Hochlauf ohne Gegenmoment

Das Ergebnis zeigt, dass nach insgesamt 1248 Zeitschritten die Drehzahl zunächst überproportional steigt und nach einem Überschwinger die über die Rechnung zur Bestimmung der induzierten Spannung abschätzbare Leerlaufdrehzahl noch nicht erreicht. Die Schwingungen im Drehzahl-Zeitverlauf sind auf die Kommutierung zurückzuführen. Bei niedrigen Drehzahlen zeigen sich deutliche Effekte, bei höheren Drehzahlen ist der Kommutierungseffekt kaum spürbar.

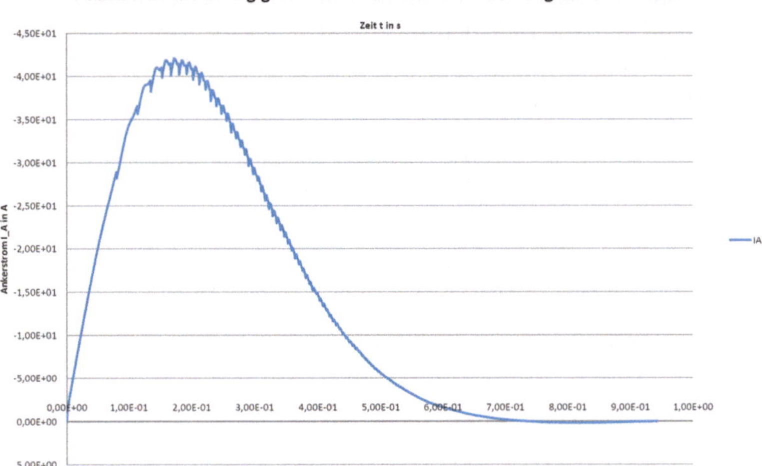

Abb. 12.123 Ankerstrom in Abhängigkeit der Zeit beim Hochlauf ohne Gegenmoment

Aufgrund der Ankerinduktivität muss der Ankerstrom zunächst steigen. Der Ausgleichsvorgang aufgrund von Ankerinduktivität und Spulenwiderstand ist auch nach 0,2 Sekunden noch nicht abgeschlossen, wird jedoch durch den in Folge der steigenden induzierten Spannung bereits fallenden Ankerstrom überlagert. Der Ankerstromverlauf ist überlagert von Schwankungen, die auf die Kommutierung zurückzuführen sind. Ab etwa 0,75 Sekunden wird der Ankerstrom leicht negativ, da die Gleichstrommaschine aufgrund der magnetischen und Trägheitsenergie leicht schwingungsfähig ist.

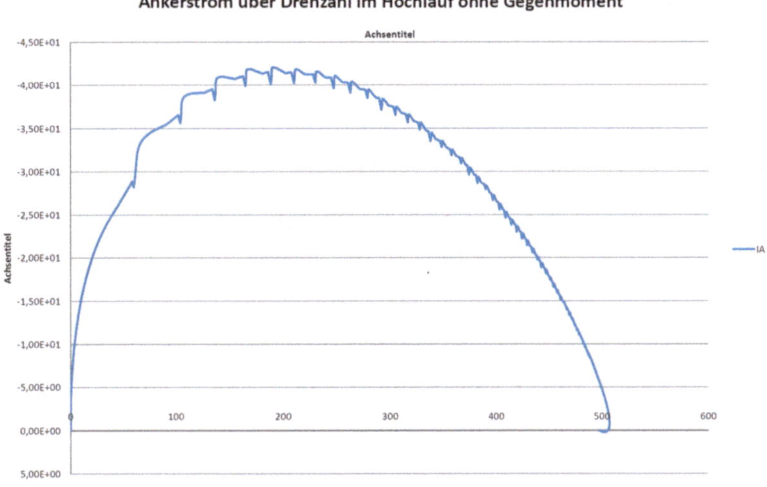

Abb. 12.124 Ankerstrom in Abhängigkeit der Drehzahl beim Hochlauf ohne Gegenmoment

Trägt man den Ankerstrom über der Drehzahl auf, so ergibt sich nicht das klassisch erwartete Ankerstrom-Drehzahl-Verhalten, da im Anlauf bis $n = 200\,\text{U/min}$ der Ausgleichsvorgang aufgrund der Ankerinduktivitäten noch nicht abgeschlossen ist und danach das Schwingungsverhalten in Erscheinung tritt.

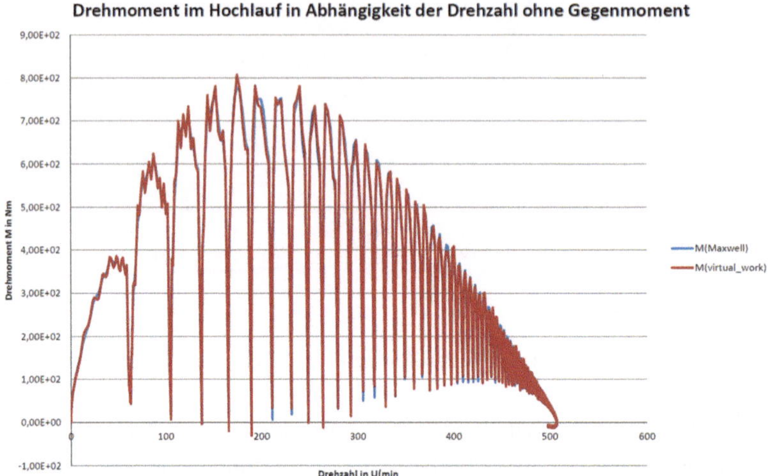

Abb. 12.125 Drehmoment in Abhängigkeit der Drehzahl beim Hochlauf ohne Gegenmoment

Trägt man das Drehmoment in Abhängigkeit der Drehzahl auf, so treten Drehmomentschwankungen aufgrund der Kommutierung in Erscheinung. Die Schwankung des Drehmoments nimmt zum Leerlauf hin ab.

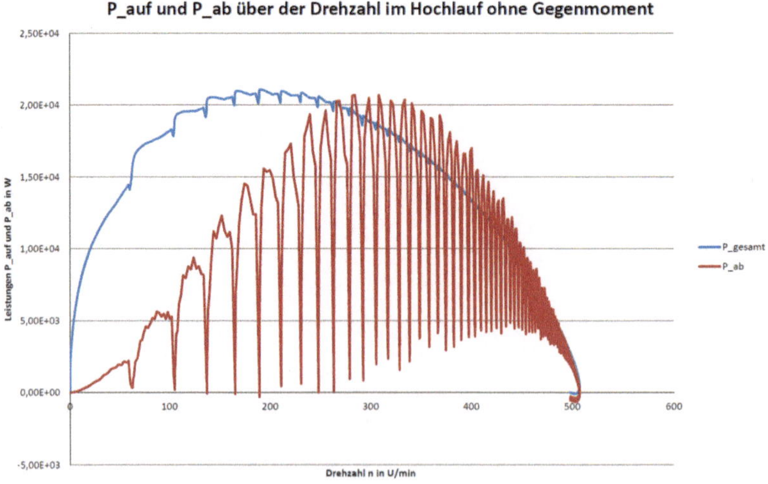

Abb. 12.126 Aufgenommene und abgegebene Leistung in Abhängigkeit der Drehzahl beim Hochlauf ohne Gegenmoment

Excel bietet die Möglichkeit nach dem Einlesen der Ergebnisdateien „U_I_MOTORx.lis" und „DREHMOMENTx.lis" die aufgenommene Leistung aus dem Produkt der Ankerspannung mit dem Ankerstrom und Aufaddition der Stromwärmeverluste der Erregung zu ermitteln und aus dem Drehmoment in Verbindung mit der Drehzahl die abgegebene Leistung zu ermitteln. Als Ergebnis ergibt sich ein zur Ermittlung der Betriebsdaten bis zur Drehzahl $n = 300\,\text{U/min}$ kaum nutzbare Verlauf und ab dieser Drehzahl eine stark schwankende abgegebene Leistung aufgrund der Kommutierung.

Bezieht man die abgegebene Leistung auf die aufgenommene Leistung, so erhält man den Wirkungsgrad in Prozent.

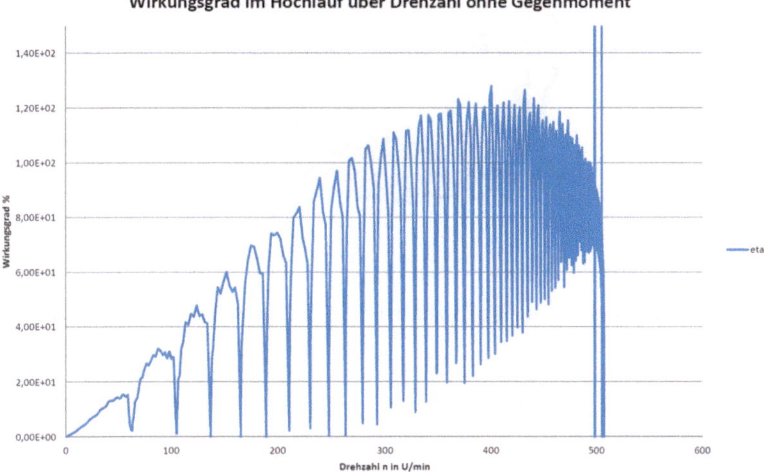

Abb. 12.127 Wirkungsgrad in Abhängigkeit der Drehzahl beim Hochlauf ohne Gegenmoment

Aufgrund der starken Schwankung des Drehmoments ergibt sich ein stark schwankender Wirkungsgrad, der nur durch Mittelwertbildung innerhalb einer Kommutierungsperiode besser interpretiert werden kann.

Insgesamt ergibt sich ein sehr langer Berechnungsvorgang mit vielen Rechenschritten, die allein für den Einschwingvorgang aufgrund der Ankerinduktivität benötigt werden. Zu berücksichtigen ist, dass das berücksichtigte Trägheitsmoment nahe dem Trägheitsmoment des Rotors allein, einen sehr schnellen Hochlauf zulässt, was letztendlich in dem Überschwingen der Drehzahl über die Leerlaufdrehzahl resultiert. Um brauchbare Ergebnisse zu erhalten, hätte mit negativen Drehzahlen und mit Ankervorwiderstand gestartet werden müssen, damit bei $n = 0\,\text{U/min}$ der Ankerstrom bereits eingeschwungen ist oder die Maschine losgelassen werden, wenn der Ankerstrom eingeschwungen ist. Alle Maßnahmen sorgen dafür, dass die Berechnungsschrittanzahl weit über 2000 liegen wird. Bei einer mittleren Rechendauer eines Rechenschritts von ca. 2,5 Sekunden entstehen Rechenzeiten von weit über einer Stunde. Es fehlt bei der Gleichstrommaschine ein Ausgleichsprozess zwischen Stator und Rotor, der nur hinsichtlich der Mechanik, nicht jedoch magnetoelektrisch vorhanden ist.

Der Hochlaufprozess wird im Folgenden für einige Drehzahlen näher anhand graphischer Darstellungen untersucht.

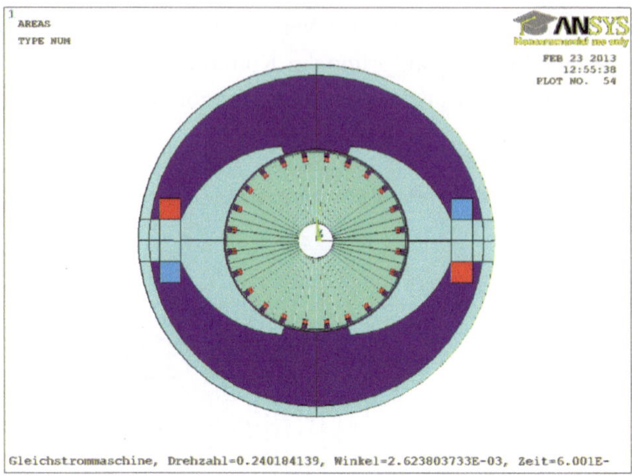

Abb. 12.128 Rotor/Statorstellung im Hochlauf bei 10 A Erregerstrom und 500 V Ankerspannung kurz nach dem Anlauf

Kurz nach dem Anlauf hat sich aufgrund der geringen Drehzahl die Stellung zwischen Rotor und Stator kaum verändert.

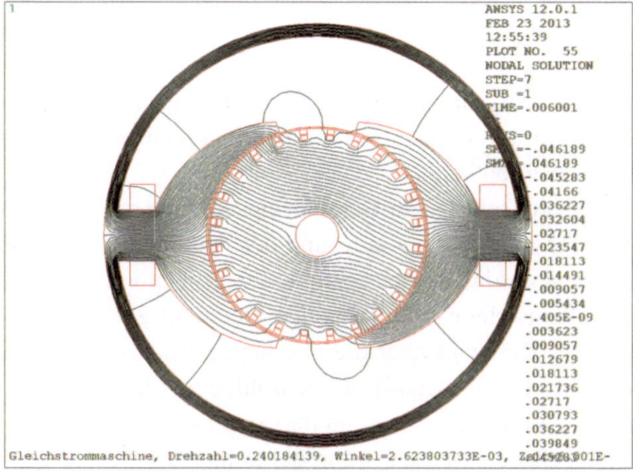

Abb. 12.129 Feldbild im Hochlauf bei 10 A Erregerstrom und 500 V Ankerspannung kurz nach dem Anlauf

Es ergibt sich das bekannte Bild der Ankerrückwirkung bei jedoch noch geringem Ankerstrom. Die magnetische Flußdichte hat sich im Polschuh bereits auf eine Polschuhkante verlagert und auf der jeweils anderen Polschuhkantenseite bereits eine Feldschwächung hervorgerufen. Es kommt im Pol und insbesondere Joch zu erheblichen Kompressionen des magnetischen Flusses, was konstruktionsbedingt eine Verstärkung insbesondere des Jochs, aus mechanischen Gründen jedoch auch des Pols erfordert.

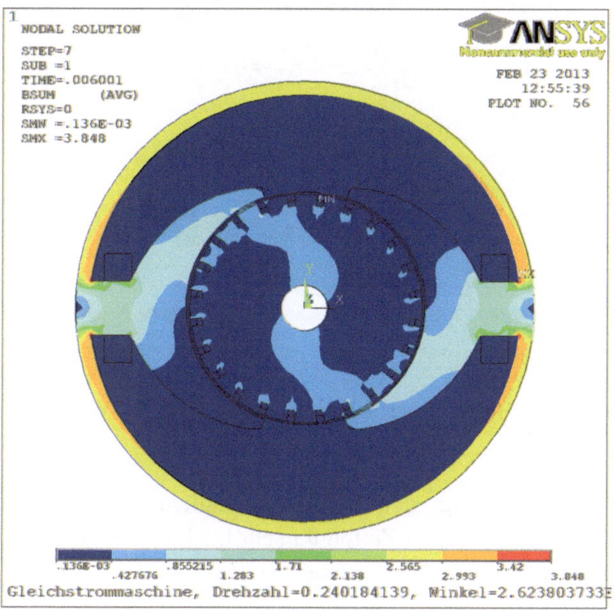

Abb. 12.130 Magnetische Flußdichte im Hochlauf bei 10 A Erregerstrom und 500 V Ankerspannung kurz nach dem Anlauf

Die graphische Darstellung der magnetischen Flußdichte in der Anordnung bestätigt die extreme Flusskompression im Jochbereich auf etwa 2,5 T, was entweder eine nichtlineare Berechnung oder eine Verstärkung zumindest des Jochs erfordert.

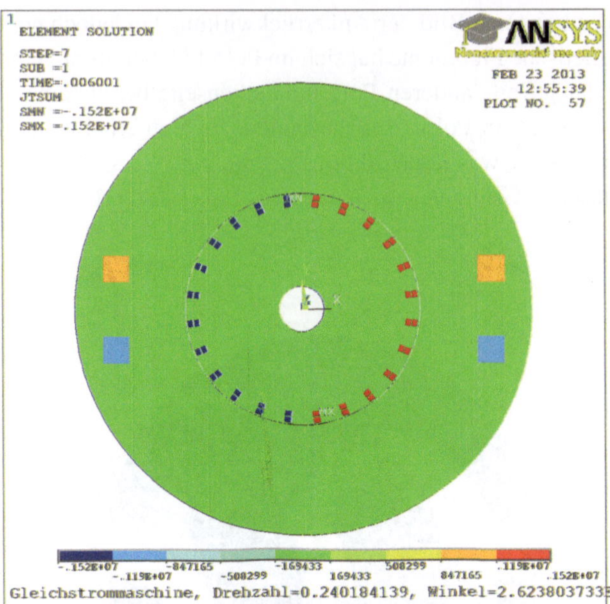

Abb. 12.131 Stromdichte im Hochlauf bei 10 A Erregerstrom und 500 V Ankerspannung kurz nach dem Anlauf

Der Stromdichteplot bestätigt den korrekt gewählten Kommutierungswinkel. Die Stromdichten sind bereits zu diesem Zeitpunkt sehr hoch und erfordern insbesondere bei weiter steigendem Ankerstrom eine Vergrößerung der Ankernutflächen.

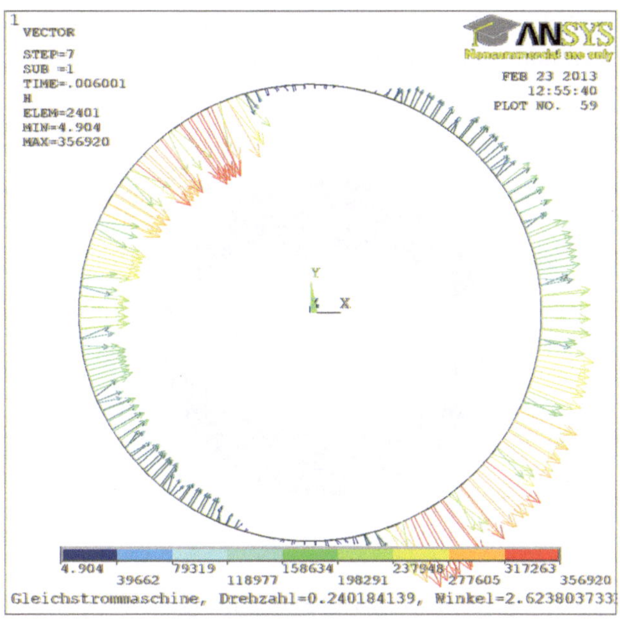

Abb. 12.132 Vektorielle Darstellung der magnetischen Feldstärke im Luftspalt im Hochlauf bei 10 A Erregerstrom und 500 V Ankerspannung kurz nach dem Anlauf

Die vektorielle Darstellung der magnetischen Feldstärke im Luftspalt bestätigt die Effekte der Ankerrückwirkung.

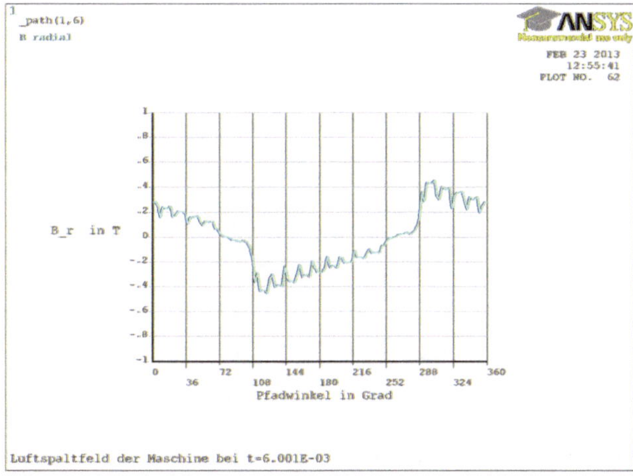

Abb. 12.133 Luftspaltfeld in Luftspaltmitte im Hochlauf bei 10 A Erregerstrom und 500 V Ankerspannung kurz nach dem Anlauf

Der Einfluss der Ankerrückwirkung wird nochmals durch die Darstellung des Luftspaltfeldes in Luftspaltmitte in Abhängigkeit des Winkels bestätigt.

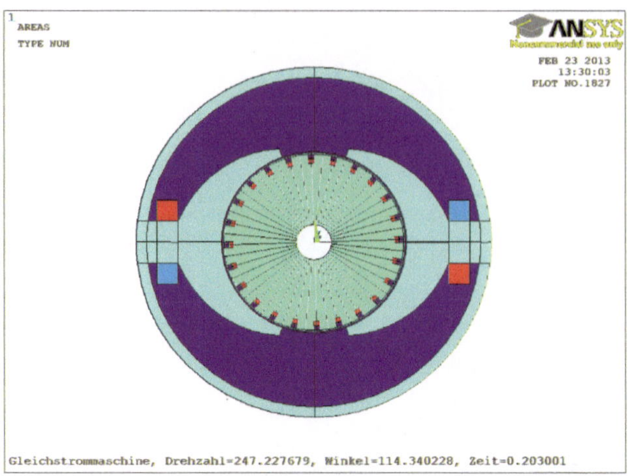

Abb. 12.134 Stellung Rotor/Stator im Hochlauf bei 10 A Erregerstrom und 500 V Ankerspannung bei $n = 247$ U/min

Nach 0,2 Sekunden, dies sind etwa 200 Rechenschritte, hat sich der Rotor bereits um 114 Grad entsprechend 11 Nutteilungen gedreht. Die erreichte Drehzahl ist 247 U/min.

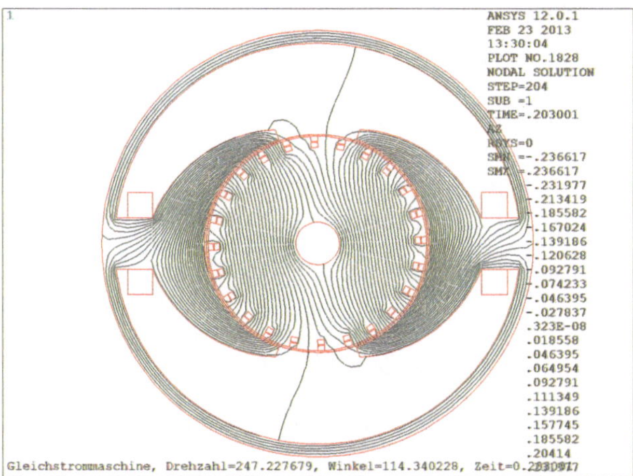

Abb. 12.135 Feldbild im Hochlauf bei 10 A Erregerstrom und 500 V Ankerspannung bei $n = 247$ U/min

Das Ankerstrom ist deutlich angestiegen und aufgrund des fehlenden Ankervorwiderstandes das Ankerlängsfeld aufgrund der Erregung fast vollständig in ein Ankerquerfeld gewandelt.

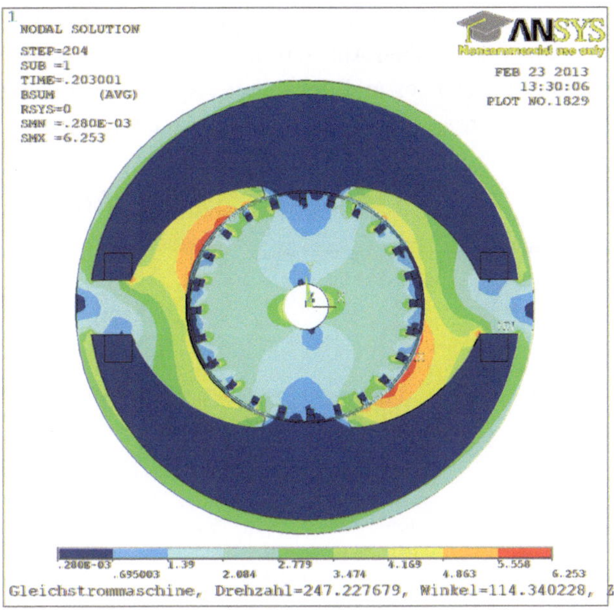

Abb. 12.136 Magnetische Flußdichte im Hochlauf bei 10 A Erregerstrom und 500 V Ankerspannung bei $n = 247$ U/min

Der graphischen Darstellung der magnetischen Flußdichte ist deutlich der große Effekt der Ankerrückwirkung entnehmbar.

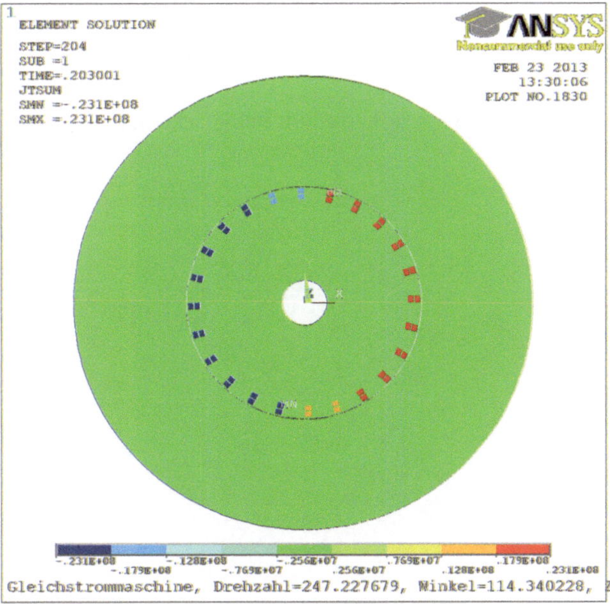

Abb. 12.137 Stromdichte im Hochlauf bei 10 A Erregerstrom und 500 V Ankerspannung bei $n = 247$ U/min

Die Stromdichtedarstellung zeigt zu diesem Zeitpunkt den Effekt der Kommutierung, da zwei Spulen nicht den vollen halben Ankerstrom führen. Die Stromdichte ist aufgrund des fehlenden Ankervorwiderstandes und des damit sehr hohen Ankerstromes so groß, dass die Stromdichte in den Erregerspulen nicht mehr erkennbar ist.

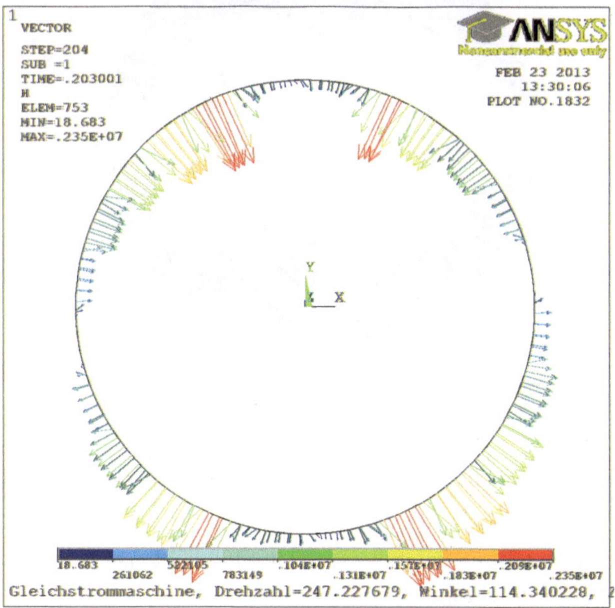

Abb. 12.138 Vektorielle Darstellung der magnetischen Feldstärke im Luftspalt im Hochlauf bei 10 A Erregerstrom und 500 V Ankerspannung bei $n = 247$ U/min

Die vektorielle Darstellung der magnetischen Feldstärke in Luftspaltmitte bestätigt die große Ankerrückwirkung.

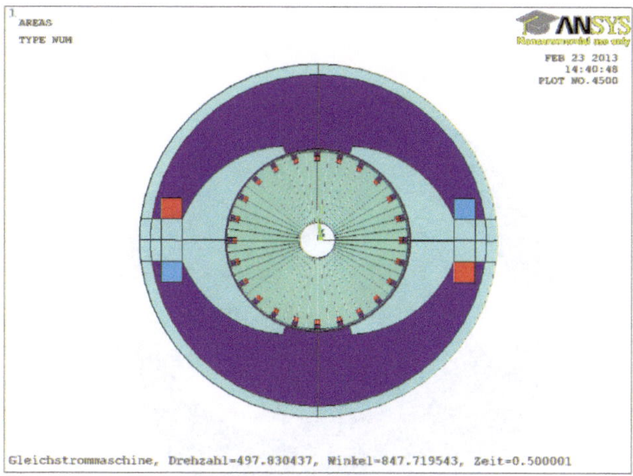

Abb. 12.139 Stellung Rotor/Stator im Hochlauf bei 10 A Erregerstrom und 500 V Ankerspannung bei $n = 497$ U/min

Nach etwa 500 Rechenschritten hat der Rotor eine Drehzahl von fast 500 U/min erreicht. Dabei hat er bisher nur etwa 2,5 Umdrehungen zurückgelegt. Dies bestätigt die viel zu große Dynamik des Systems aufgrund des gering gewählten Trägheitsmoments.

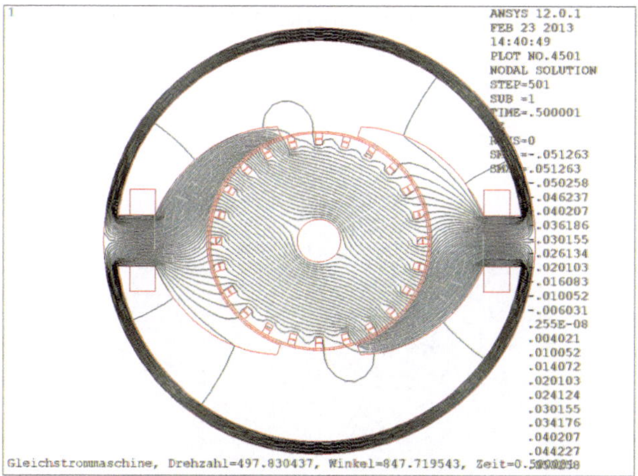

Abb. 12.140 Feldbild im Hochlauf bei 10 A Erregerstrom und 500 V Ankerspannung bei $n = 497$ U/min

Obwohl die Gleichstrommaschine bei ca. 500 U/min bereits die Leerlaufdrehzahl erreicht hat, ergibt sich aufgrund der Ankerrückwirkung und der Dynamik noch ein Ankerstrom, der die Maschine über die Leerlaufdrehzahl weiter beschleunigt. Deutlich ist die Ankerrückwirkung im Feldbild erkennbar.

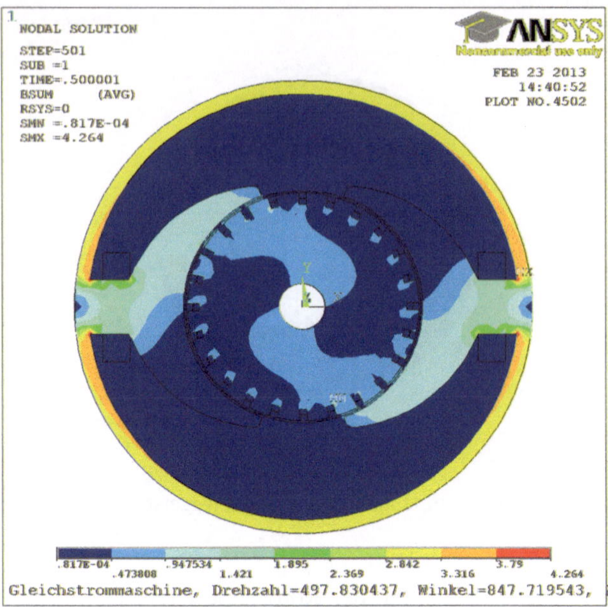

Abb. 12.141 Magnetische Flußdichte im Hochlauf bei 10 A Erregerstrom und 500 V Ankerspannung bei $n = 497$ U/min

Die Darstellung der magnetischen Flußdichte bestätigt die noch vorhandene Ankerrückwirkung.

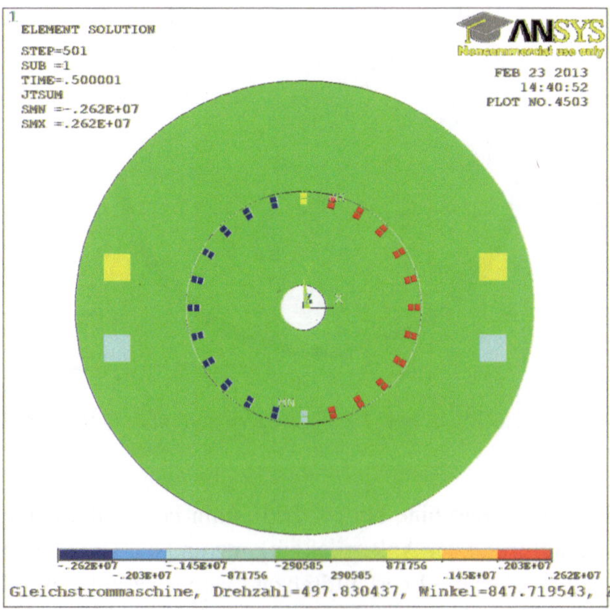

Abb. 12.142 Stromdichte im Hochlauf bei 10 A Erregerstrom und 500 V Ankerspannung bei $n = 497$ U/min

Die graphische Darstellung der Stromdichte zeigt erneut einen Kommutierungseffekt, der Ankerstrom ist bereits soweit verringert worden, dass die Stromdichte in den Erregerspulen wieder in Erscheinung tritt.

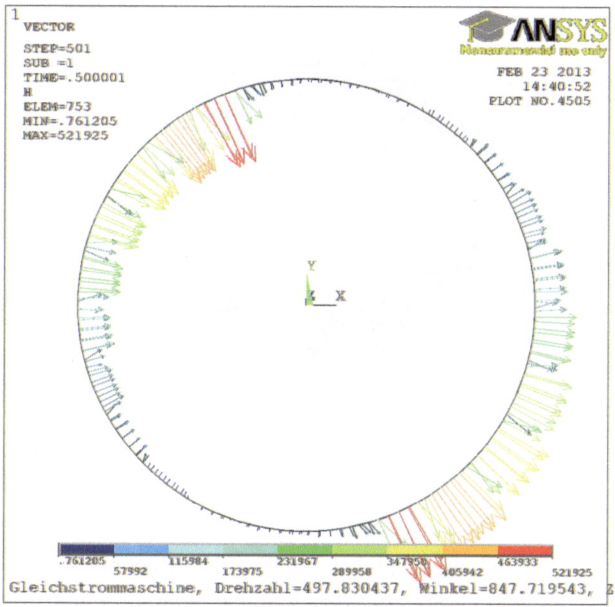

Abb. 12.143 Vektorielle Darstellung der magnetischen Feldstärke in Luftspaltmitte im Hochlauf bei 10 A Erregerstrom und 500 V Ankerspannung bei $n = 497$ U/min

Die Ankerrückwirkung wird durch die graphische Darstellung der magnetischen Flußdichte in Luftspaltmitte nochmals bestätigt.

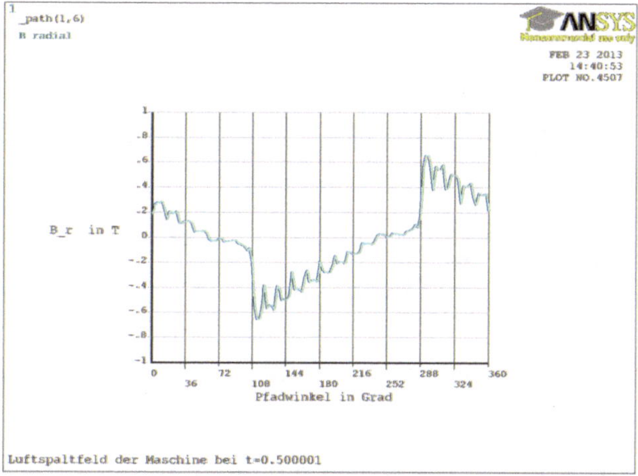

Abb. 12.144 Luftspaltfeld in Luftspaltmitte im Hochlauf bei 10 A Erregerstrom und 500 V Ankerspannung bei $n = 497$ U/min

Die Luftspaltfelddarstellung in Luftspaltmitte zeigt den typischen Einfluss der Ankerrückwirkung im Bereich des Polschuhs und der Pollücke.

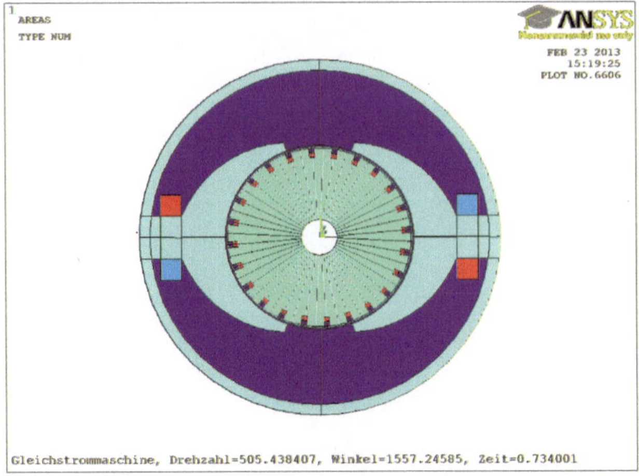

Abb. 12.145 Stellung Rotor/Stator im Hochlauf bei 10 A Erregerstrom und 500 V Ankerspannung bei $n = 505$ U/min

Nach insgesamt 0,734 Sekunden und damit fast 700 Rechenschritten ist der Ankerstrom fast vollständig abgeklungen. Die Maschine hat etwa 4,5 Umdrehungen zurückgelegt.

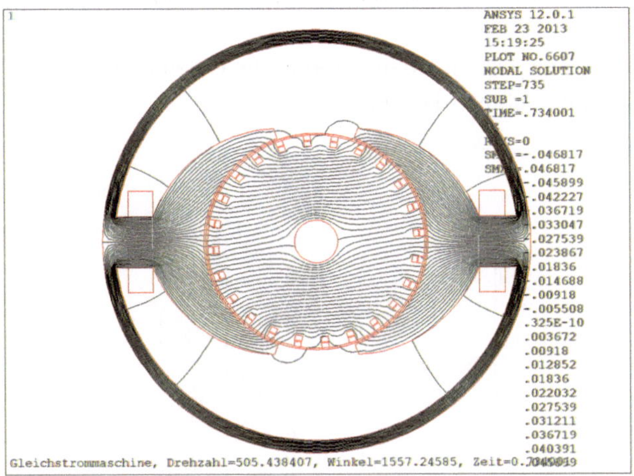

Abb. 12.146 Feldbild im Hochlauf bei 10 A Erregerstrom und 500 V Ankerspannung bei $n = 505$ U/min

Aufgrund des sehr geringen Ankerstroms tritt die Ankerrückwirkung kaum noch in Erscheinung, feststellbar ist fast nur noch das Ankerlängsfeld durch die Erregung.

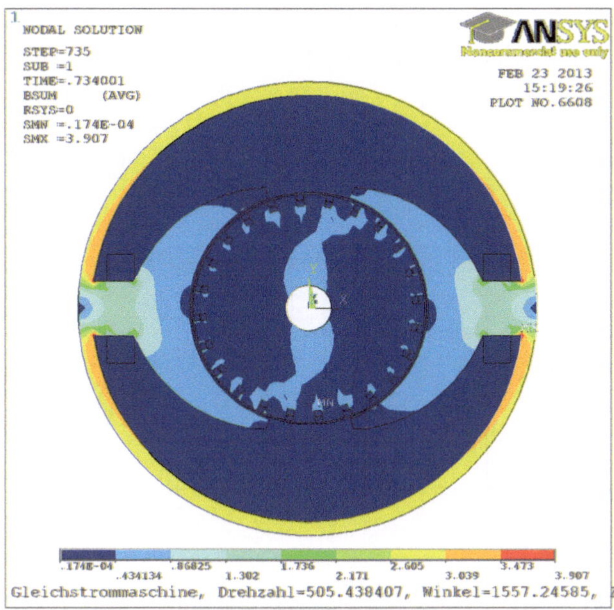

Abb. 12.147 Magnetische Flußdichte im Hochlauf bei 10 A Erregerstrom und 500 V Ankerspannung bei $n = 505$ U/min

Die graphische Darstellung der magnetischen Flußdichte bestätigt die nahezu gleichförmige Verteilung des magnetischen Flusses über den Polschuh.

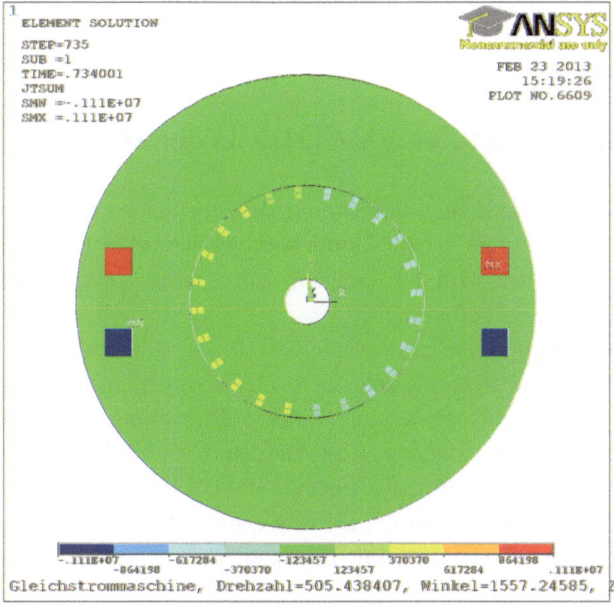

Abb. 12.148 Stromdichte im Hochlauf bei 10 A Erregerstrom und 500 V Ankerspannung bei $n = 505$ U/min

Auch die graphische Darstellung der Stromdichte zeigt den sehr kleinen Ankerspulenstrom, dessen Stromdichte in den Ankernuten gegenüber den Erregerspulen in den Hintergrund tritt.

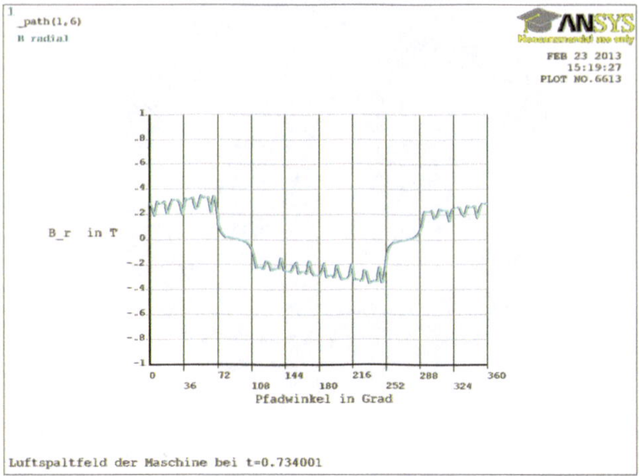

Abb. 12.149 Luftspaltfeld in Luftspaltmitte im Hochlauf bei 10 A Erregerstrom und 500 V Ankerspannung bei $n = 505$ U/min

Die graphische Darstellung des Luftspaltfeldes in Luftspaltmitte zeigt das fast unveränderte Längsfeld.

Der Einschwingvorgang war nach mehr als 1248 Rechenschritten und damit weit mehr als einer Stunde Rechenzeit noch nicht abgeschlossen.

12.8.6 Hochlauf ab Startdrehzahl 400 U/min ohne Gegenmoment

Der gesamte Ablauf zur transienten Berechnung des Hochlaufes bei Ständer- und Ankerspeisung ab einer Startdrehzahl von 400 U/min befindet sich in der Datei „gsm1_rechnung_transient_12.txt". Zusätzlich wird der Parameter „drehzahls", hier mit 400 U/min, angegeben, der die Startdrehzahl definiert.

Anhand einer Rechnung mit Startdrehzahl 400 U/min, d. h. etwa 100 U/min unter der Leerlaufdrehzahl, wird im Folgenden untersucht, ob eine transiente Gleichstrommaschinen-Berechnung durch Drehzahlvorgabe zur früheren Ermittlung einer Betriebskennzahl verkürzt werden kann. Die Berechnung erfolgt für den zuvor bestimmten Kommutierungswinkel von 45 Grad bei einem festen Erregerstrom von 10 A und einer Ankerspannung von 500 V. Als fester Zeitschritt wird 1 μs verwendet. Mechanisch berücksichtigt wird ein Trägheitsmoment von 2.5 kg $\cdot$ m^2 ohne Lastmoment. Verwendet wird als Gleichungssystemsolver der FRONTAL Solver.

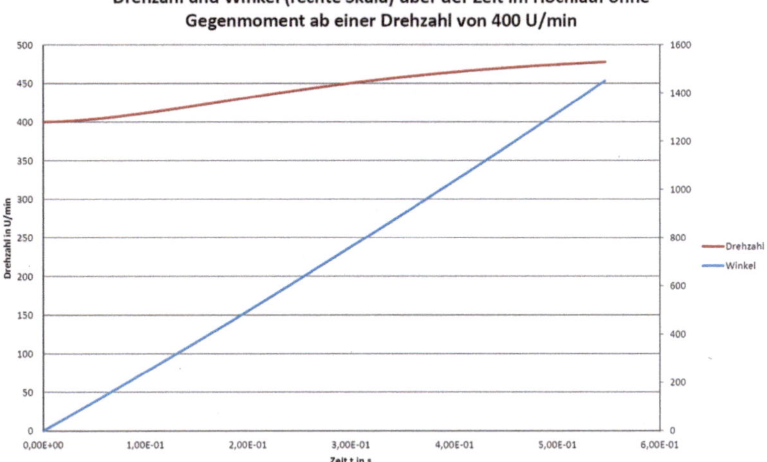

Abb. 12.150 Drehzahl und Winkel (*rechte Skala*) in Abhängigkeit der Zeit beim Hochlauf ab $n = 400$ U/min ohne Gegenmoment

Bei Start des Hochlaufprozesses ab $n = 400$ U/min wird ein wesentlich kleinerer Ankerstrom erwartet als im Stillstand, woraus resultiert, dass dieser kleinere Ankerstrom wesentlich schneller erreicht wird, und damit der gewünschte Hochlauf bis zum Leerlauf mit weniger Rechenschritten erreicht werden kann.

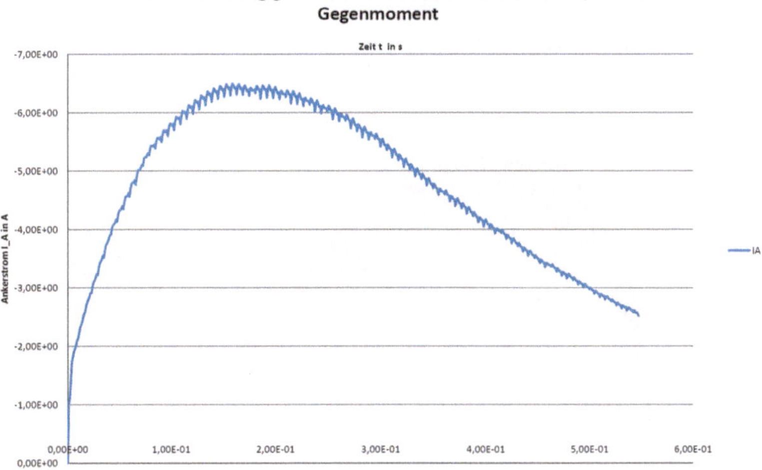

Abb. 12.151 Ankerstrom in Abhängigkeit der Zeit beim Hochlauf ab $n = 400$ U/min ohne Gegenmoment

Der Maximalwert des Ankerstromes beträgt nur noch 6,5 A statt etwa 41 A beim Hochlauf aus dem Stillstand. Zugleich wird der Maximalwert bereits nach etwa 170 Rechenschritten erreicht. Ab der Erreichung des Maximalwerts des Stromes fällt der Ankerstrom ab.

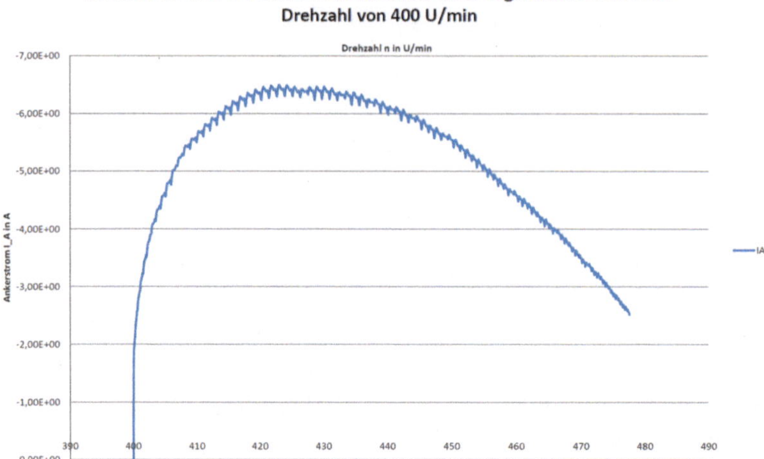

Abb. 12.152 Ankerstrom in Abhängigkeit der Drehzahl beim Hochlauf ab $n = 400\,\text{U/min}$ ohne Gegenmoment

Aufgrund der höheren Drehzahl ist die Welligkeit des Ankerstroms über der Drehzahl wesentlich geringer. Nach fast 550 Rechenschritten ist die Drehzahl von 477 U/min erreicht. Als Tendenz ist nun klar die Leerlaufdrehzahl von ca. 500 U/min auszumachen.

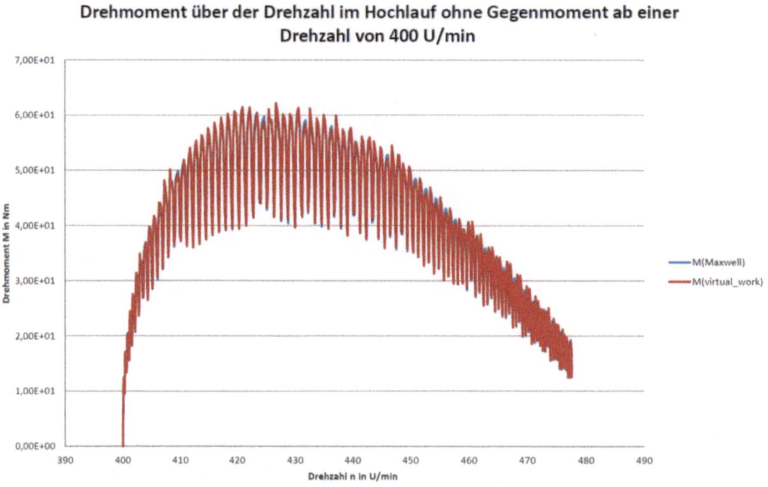

Abb. 12.153 Drehmoment in Abhängigkeit der Drehzahl beim Hochlauf ab $n = 400\,\text{U/min}$ ohne Gegenmoment

Auch das Drehmoment zeigt im auswertbaren Ast ab ca. 460 U/min verständlicherweise eine geringere Welligkeit über der Drehzahl auf.

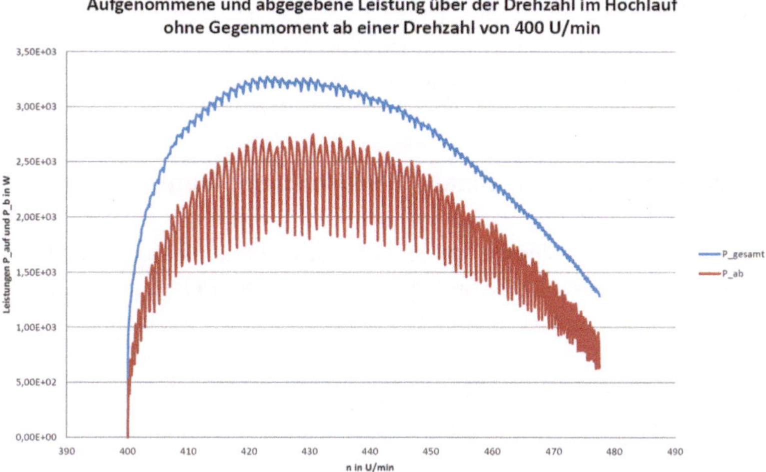

Abb. 12.154 Leistungen P_auf und P_ab in Abhängigkeit der Drehzahl beim Hochlauf ab $n = 400\,\text{U/min}$ ohne Gegenmoment

Die Darstellungen der Leistungen P_{auf} und P_{ab} über der Drehzahl sind nun interpretierbar, zeigen jedoch noch dynamische Effekte.

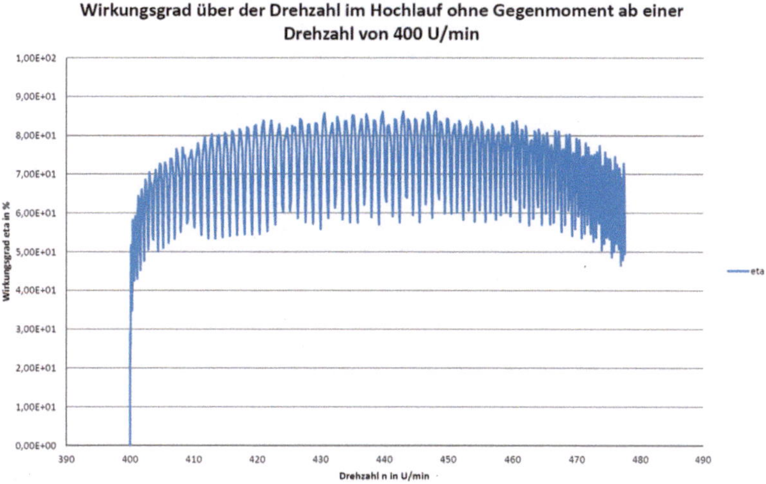

Abb. 12.155 Wirkungsgrad in Abhängigkeit der Drehzahl beim Hochlauf ab $n = 400\,\text{U/min}$ ohne Gegenmoment

Aus der Leistungsbetrachtung ist der Wirkungsgrad ab ca. 460 U/min mit Schwankung ableitbar.

Es zeigt sich wie erwartet, dass der Start mit einer Startdrehzahl gute Auswirkungen auf die Berechenbarkeit einer Gleichstrommaschine mit Erregerspulen und verteilter Wicklung hat. Nach Abschluss des Einschwingvorgangs des Ankerstromes aufgrund der Ankerinduktivität und des Ankerwiderstandes sind Betriebskennwerte ermittelbar.

12.8.7   Belastung ab Startdrehzahl 500 U/min mit Gegenmoment 10 Nm

Der gesamte Ablauf zur transienten Berechnung des Hochlaufes bei Ständer- und Ankerspeisung ab einer Startdrehzahl von 500 U/min bei einem Gegenmoment von 10 Nm befindet sich in der Datei „gsm1_rechnung_transient_13.txt". Zusätzlich wird der Parameter „drehzahls", hier mit 500 U/min, angegeben, der die Startdrehzahl definiert, sowie der Parameter für das Lastmoment „ML_Lastmoment" auf 10 Nm festgelegt.

Anhand einer Rechnung mit Startdrehzahl 500 U/min, d. h. etwa Leerlaufdrehzahl, bei einem Gegenmoment von 10 Nm wird im Folgenden untersucht, ob eine transiente Gleichstrommaschinen-Berechnung durch Drehzahlvorgabe zur früheren Ermittlung einer Betriebskennzahl verkürzt werden kann. Die Berechnung erfolgt für den zuvor bestimmten Kommutierungswinkel von 45 Grad bei einem festen Erregerstrom von 10 A und einer Ankerspannung von 500 V. Als fester Zeitschritt wird 1 μs verwendet. Mechanisch berücksichtigt wird ein Trägheitsmoment von 2.5 kg $\cdot$ m^2 ohne Lastmoment. Verwendet wird als Gleichungssystemssolver der FRONTAL Solver.

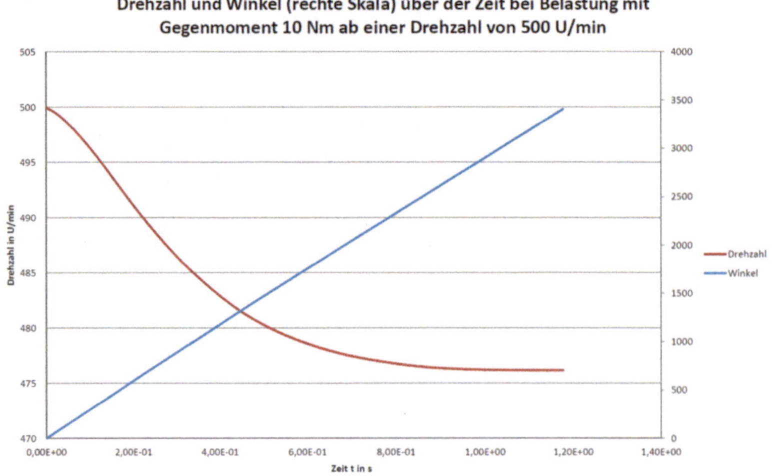

Abb. 12.156 Drehzahl und Winkel (*rechte Skala*) in Abhängigkeit der Zeit bei Belastung ab $n = 500$ U/min mit Gegenmoment 10 Nm

Da die Startdrehzahl mit 500 U/min über der Leerlaufdrehzahl gewählt wurde und der Ankerstrom anfänglich 0 A beträgt, sinkt die Drehzahl der Gleichstrommaschine zunächst exponentiell ab. Die Zieldrehzahl für eine Belastung von 10 Nm liegt bei ca. 476 U/min. Zur Erreichung dieses Wertes werden ca. 1177 Rechenschritte benötigt und damit etwas weniger als 1 Stunde Rechenzeit benötigt.

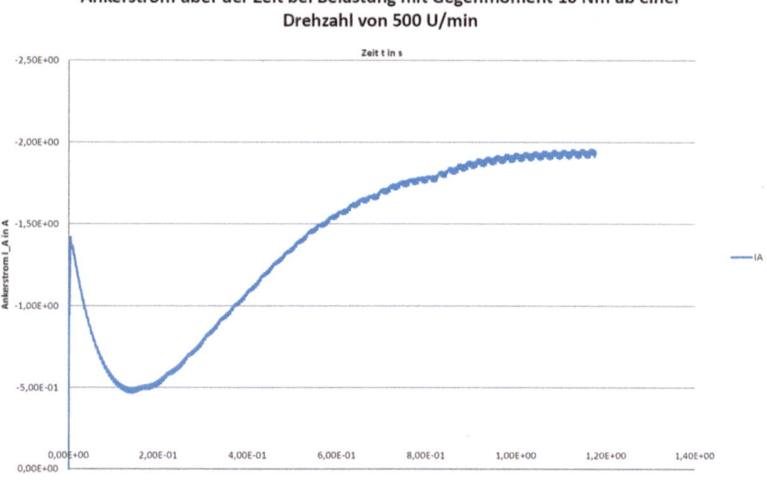

Abb. 12.157 Ankerstrom in Abhängigkeit der Zeit bei Belastung ab $n = 500$ U/min mit Gegenmoment 10 Nm

Der Ankerstrom steigt aufgrund der Drehzahl über dem Leerlauf in sehr kurzer Zeit auf den niedrigen Anfangsstrom von 1,5 A und fällt anschließend in etwas weniger als 0,15 s auf seinen Minimalwert von 0,5 A. Anschließend erfolgt aufgrund des Lastmoments von 10 Nm eine stetige Drehzahlabsenkung mit wieder steigendem Ankerstrom.

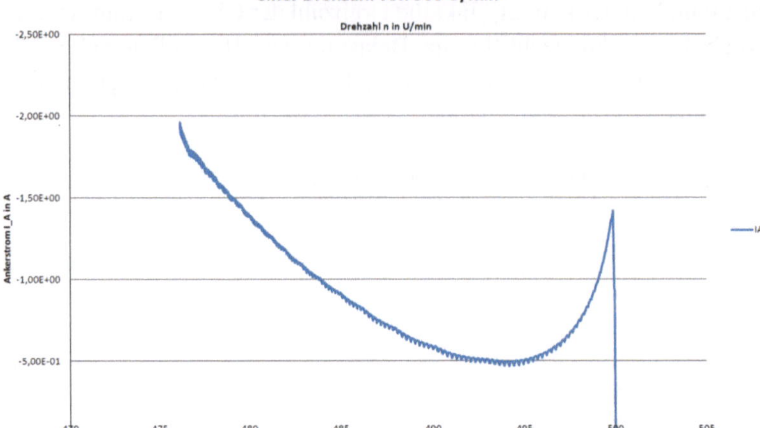

Abb. 12.158 Ankerstrom in Abhängigkeit der Drehzahl bei Belastung ab $n = 500$ U/min mit Gegenmoment 10 Nm

Stellt man den Ankerstrom über der Drehzahl dar, ergibt sich in Folge des Einschwingvorgangs durch Interpolation eine Leerlaufdrehzahl von etwa 495 U/min. Im Bereich von 485 U/min bis zur Drehzahl 477 U/min nimmt der Ankerstrom entsprechend der Theorie bei linearem Eisen aufgrund der sinkenden induzierten Spannung nahezu mit konstanter Steigung zu.

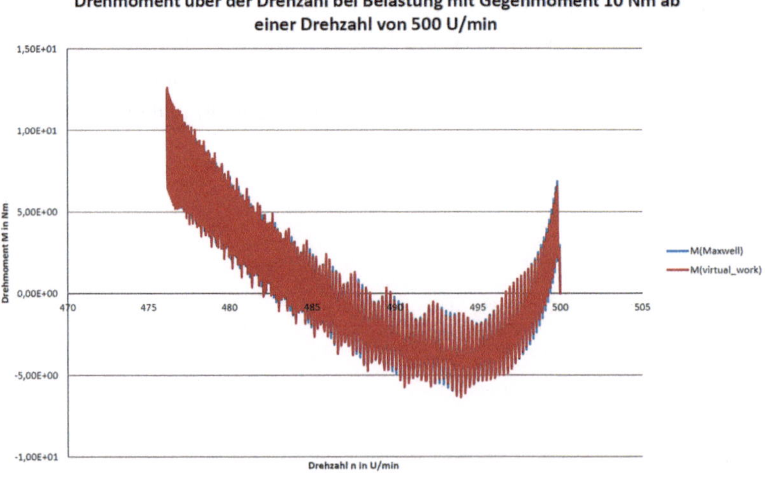

Abb. 12.159 Drehmoment in Abhängigkeit der Drehzahl bei Belastung ab $n = 500$ U/min mit Gegenmoment 10 Nm

Auch das Drehmoment nimmt von 485 U/min bis zur Drehzahl 477 U/min mit Schwankung mit annähernd konstanter Steigung zu. Das geforderte Drehmoment von 10 Nm wird mit großer Schwankung im Bereich der Drehzahl 477 U/min erreicht.

Leicht können bei diesem Betriebspunkt auch die anderen Betriebskenndaten ermittelt werden.

Durch weitere Steigerung des Lastmoments mit zwischenzeitlichem Einschwingvorgang lässt sich so das Betriebsverhalten in Abhängigkeit der Drehzahl ermitteln. Ist der anfängliche Einschwingvorgang aufgrund der Ankerinduktivität abgeschlossen, sind die weiteren Einschwingvorgänge bei moderater Laständerung verhältnismäßig schnell abgeschlossen.

12.8.8 Belastung ab Startdrehzahl 500 U/min mit Gegenmoment 100 Nm

Der gesamte Ablauf zur transienten Berechnung des Hochlaufes bei Ständer- und Ankerspeisung ab einer Startdrehzahl von 500 U/min bei einem Gegenmoment von 100 Nm befindet sich in der Datei „gsm1_rechnung_transient_14.txt". Zusätzlich wird der Parameter „drehzahls", hier mit 500 U/min, angegeben, der die Startdrehzahl definiert, sowie der Parameter für das Lastmoment „ML_Lastmoment" auf 100 Nm festgelegt.

Anhand einer Rechnung mit Startdrehzahl 500 U/min, d. h. etwa Leerlaufdrehzahl, bei einem Gegenmoment von 100 Nm wird im folgenden untersucht, ob eine transiente Gleichstrommaschinen-Berechnung durch Drehzahlvorgabe zur früheren Ermittlung einer Betriebskennzahl verkürzt werden kann. Die Berechnung erfolgt für den zuvor bestimmten Kommutierungswinkel von 45 Grad bei einem festen Erregerstrom von 10 A und einer Ankerspannung von 500 V. Als fester Zeitschritt wird $1\,\mu$s verwendet. Mechanisch berücksichtigt wird ein Trägheitsmoment von $5\,kg\cdot m^2$. Verwendet wird als Gleichungssystemsolver der FRONTAL Solver.

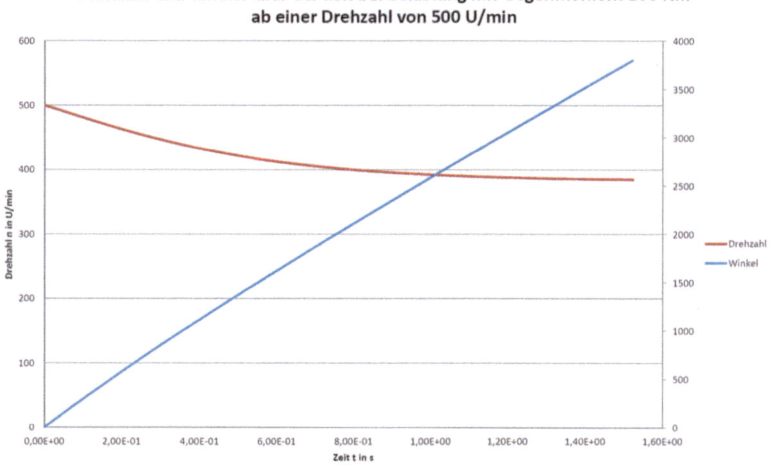

Abb. 12.160 Drehzahl und Winkel (*rechte Skala*) in Abhängigkeit der Zeit bei Belastung ab $n = 500$ U/min mit Gegenmoment 100 Nm

Erhöht man das Gegenmoment auf 100 Nm, so wird nach Abschluss des Einschwingvorgangs eine Drehzahl von ca. 386 U/min erreicht. Die Zieldrehzahl wird nach etwa 1400 Rechenschritten erreicht.

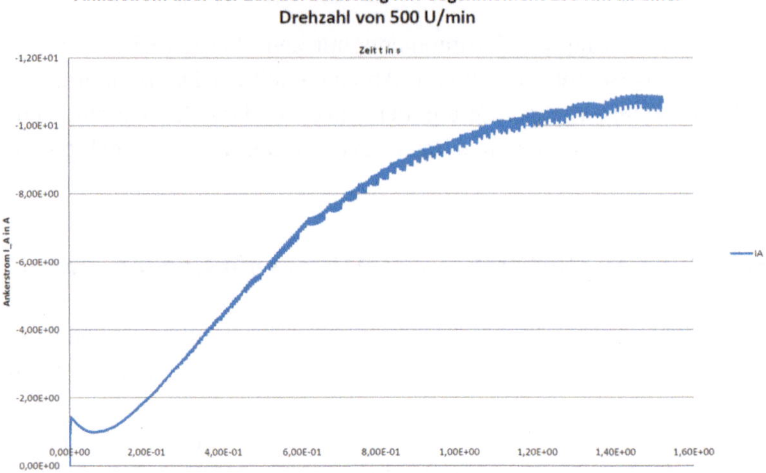

Abb. 12.161 Ankerstrom in Abhängigkeit der Zeit bei Belastung ab $n = 500$ U/min mit Gegenmoment 100 Nm

Der Ankerstrom steigt wie bei der vergleichbaren Rechnung mit 1,5 A ein und fällt anschließend auf etwa 1 A um von dort entsprechend der großen Last bei Drehzahlverringerung wieder zu steigen.

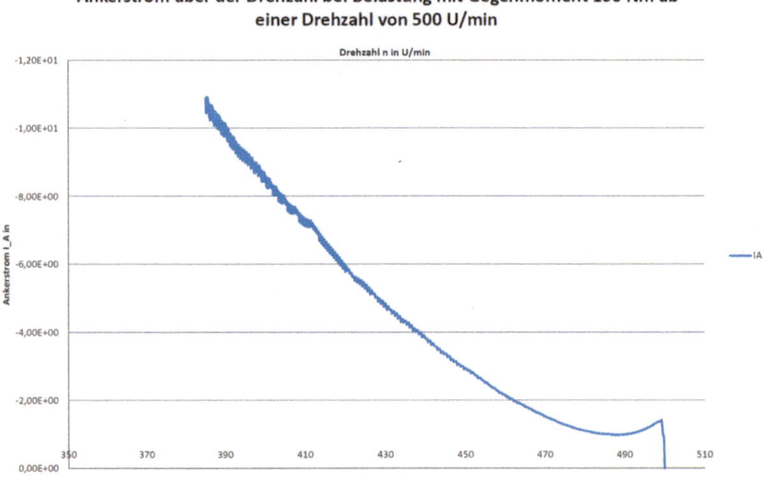

Abb. 12.162 Ankerstrom in Abhängigkeit der Drehzahl bei Belastung ab $n = 500$ U/min mit Gegenmoment 100 Nm

Stellt man den Ankerstrom über der Drehzahl dar, so ergibt sich aufgrund der Dynamik durch die große Belastung durch Extrapolation nicht mehr die Leerlaufdrehzahl. Dafür ist der Ankerstrom im Bereich von etwa 430 bis 386 U/min umgekehrt proportional zur Drehzahl.

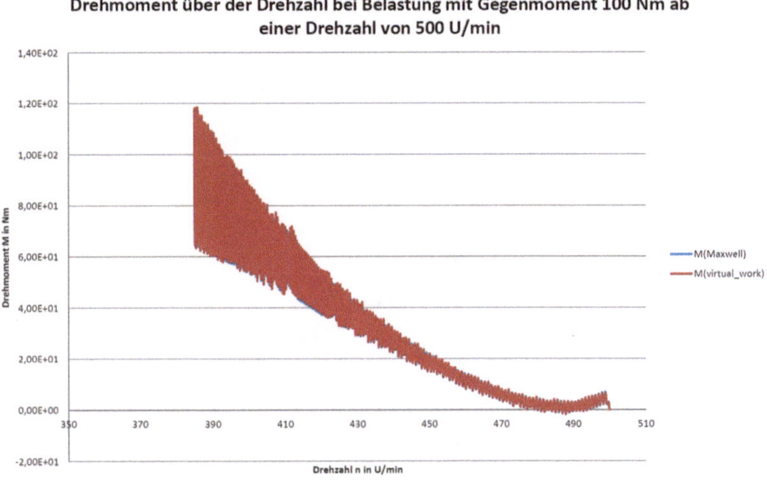

Abb. 12.163 Drehmoment in Abhängigkeit der Drehzahl bei Belastung ab $n = 500$ U/min mit Gegenmoment 100 Nm

Aufgrund der geringen Zieldrehzahl ist die Schwankung des Drehmoments größer als bei einer Belastung mit 10 Nm. Das Lastmoment von 100 Nm mit Schwankung wird bei 386 U/min erreicht.

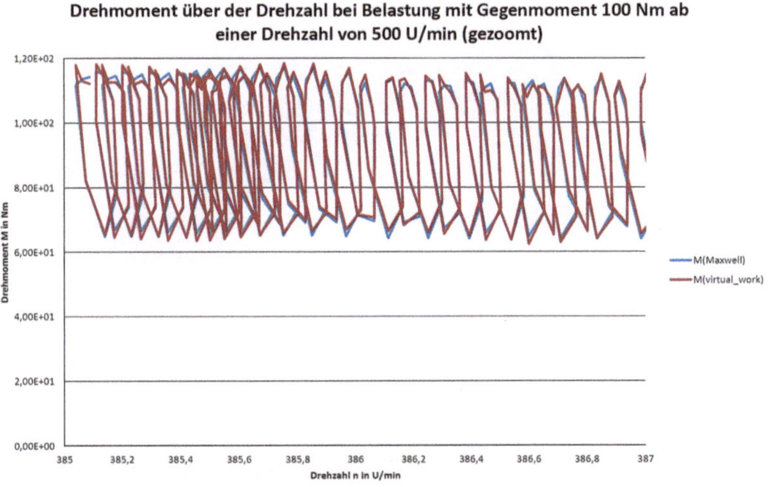

Abb. 12.164 Drehmoment in Abhängigkeit der Drehzahl bei Belastung ab $n = 500$ U/min mit Gegenmoment 100 Nm (gezoomt um Zieldrehzahl)

Die Darstellung des Drehmoments in Abhängigkeit der Drehzahl zeigt in der gezoomten Darstellung, das in Folge der Drehzahlschwankung von ca. 118 bis 64 Nm die Drehzahl um etwa 0,2 U/min schwankt.

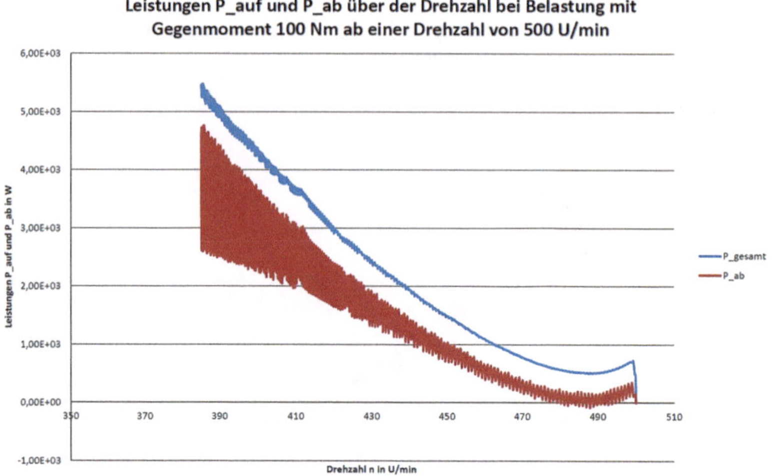

Abb. 12.165 Leistungen P_auf und P_ab in Abhängigkeit der Drehzahl bei Belastung ab $n = 500$ U/min mit Gegenmoment 100 Nm

Die Darstellung der Leistungen P_{auf} und P_{ab} in Abhängigkeit der Drehzahl sind im Bereich von 430 bis 386 U/min aussagekräftig.

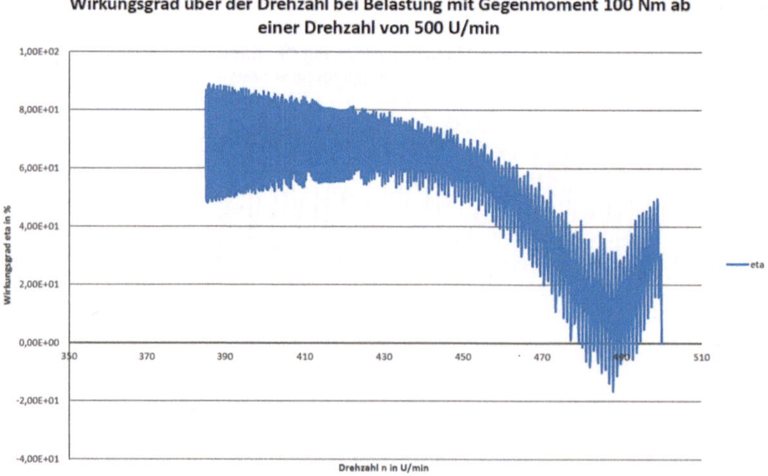

Abb. 12.166 Wirkungsgrad in Abhängigkeit der Drehzahl bei Belastung ab $n = 500$ U/min mit Gegenmoment 100 Nm

Aufgrund des schwankenden Drehmoments sind auch Wirkungsgrad und abgegebene Leistung stark schwankend und können nur nach Mittelung über eine Kommutierungsperiode detailliert ausgewertet werden.

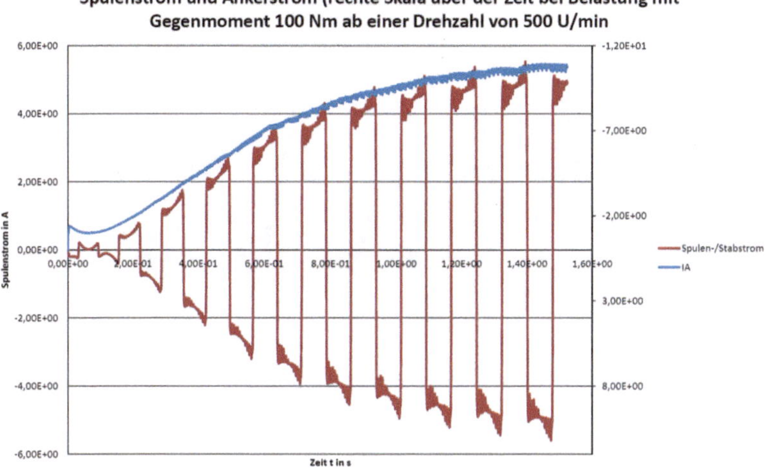

Abb. 12.167 Spulenstrom und Ankerstrom in Abhängigkeit der Zeit bei Belastung ab $n = 500$ U/min mit Gegenmoment 100 Nm

Die Schwankung des Drehmoments ist zurückzuführen auf den Kommutierungsvorgang. Deutlich ist aus der Darstellung des Spulenstroms einer Spule in Abhängigkeit der Zeit die Auswirkung des Kommutierungsvorgangs erkennbar. Während die einzelnen Spulenströme stark wellig sind, zeigt der Ankerstrom nur eine geringfügige Schwankung.

Die Auswirkungen der Kommutierung können näher untersucht werden, indem die Bürstenbreite, die Spulenweite, aber auch die Änderung des Spulenschaltwiderstandes in Abhängigkeit des Bürstenwinkels angepasst wird. Die Variation des Spulenschaltwiderstandes wurde im vorliegenden Modell nicht berücksichtigt, es wird hart von nahezu unendlichem zu 0 Bürstenwiderstand geschaltet.

Es konnte bei Belastung mit festem Drehmoment ab einer Startdrehzahl im Bereich des Leerlaufs gezeigt werden, dass in relativ kurzer Rechenzeit Betriebspunkte gerechnet werden können.

12.8.9 Hinweis zur Verwendung des SPARSE-Matrix-Solvers

Im Allgemeinen werden bei Verwendung des FRONTAL Solvers bis auf äußerst wenige Ausnahmen verlässlich Ergebnisse generiert. Dies ist insbesondere bei transienten Rechnungen, bei denen die Ergebnisse der einzelnen Rechenschnitte aufeinander basieren, von großer Bedeutung. Demgegenüber ist zu beachten, dass die Rechenzeit wesentlich von der Stellung zwischen Rotor und Stator abhängig ist. Der Abbildung ist zu entnehmen, dass die Rechenzeit zwischen einer und drei Sekunden bei einer Umdrehung von 360 Grad schwankt. Bei feinerer Vermaschung des Modells und Rechnern geringerer Performance können die Rechenzeiten für einen Zeitschritt auch erheblich steigen.

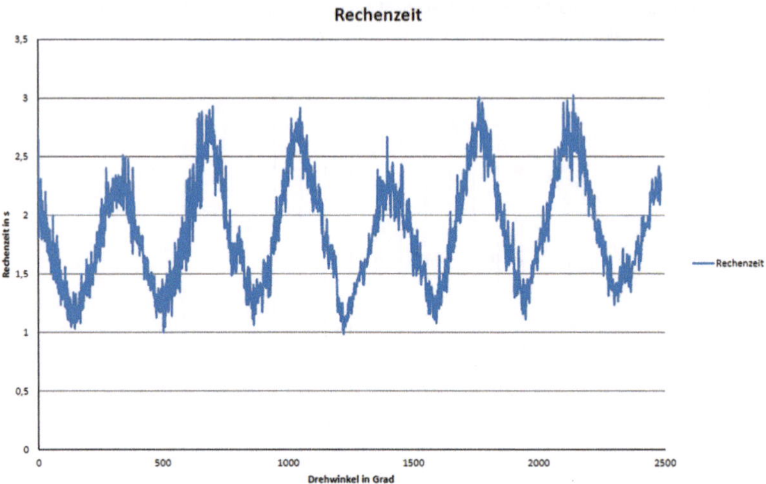

Abb. 12.168 Rechenzeit in Abhängigkeit der Stellung bei der Gleichstrommaschine

Hilfreich ist in diesen Fällen die Verwendung des SPARSE-Matrix-Solvers, der zwar größere Rechnerperformance benötigt und direkt verglichen mit dem FRONTAL-Solver etwas größere Rechenzeiten aufweist als die minimale Rechenzeit einer Stellung bei Verwendung des FRONTAL-Solvers, dafür aber unabhängig von der Stellung.

Für die Gleichstrommaschine wurde vergleichsweise mit dem SPARSE-Matrix-Solver eine Berechnung durchgeführt. Es zeigte sich, dass die Rechnungen numerisch teilweise bereits nach wenigen Rechenschritten numerisch völlig instabil sind. Bei Betrachtung der Rechenergebnisse ist dies z. B. an dem an der Erregung auftretenden Erregerstrom, der zwar mit 10 A vorgegeben wurde, aber stark schwankt. Die numerischen Instabilitäten sind zudem erkennbar an viel zu groß ermittelten Ankerströmen, induzierten Spannungen oder Drehmomenten und darauf basierend extremen Winkel- oder Drehzahländerungen.

```
U_I_Motor402.lis - Editor
Datei  Bearbeiten  Format  Ansicht  ?
 Schritt        Zeit         Winkel        Drehzahl          UA              IA              Ue            Ie         Rechenzeit
-------------------------------------------------------------------------------------------------------------------------------
  0.00000     0.100000E-05   0.00000       500.000       0.100000E-05   -0.117094E-10    0.619545E-01    0.00000       1.43521
  1.00000     0.100100E-02   2.99943       499.809       500.000        -1.39183         317.419         0.00000       0.904806
  2.00000     0.200100E-02   5.99771       499.617       500.000        -1.96473         612.693         0.00000       1.38841
  3.00000     0.300100E-02   8.99483       499.423       500.000        -2.32004        -1193.88         10.0000       1.06081
  4.00000     0.400100E-02   11.9908       499.234       500.000        -3.36372        -2668.93         10.0000       1.38841
  5.00000     0.500100E-02   14.9857       499.071       500.000        -3.30234        -1293.18         10.0000       1.20121
  6.00000     0.600100E-02   17.9797       498.923       500.000        -3.35625         46.9399         6.10352       1.09201
  7.00000     0.700100E-02   20.9728       498.770       500.000        -3.52455        0.203373E+07     6.10352       0.920403
  8.00000     0.800100E-02   23.9649       498.611       500.000        -3.62001         274.238         6.10352       0.998405
  9.00000     0.900100E-02   26.9561       498.449       500.000        -3.60032       -0.186668E+09     6.10352       1.24801
 10.0000      0.100010E-01   29.9463       498.279       500.000        -3.85145         577.193         6.10352       0.998405
 11.0000      0.110010E-01   32.9354       498.110       500.000        -3.80017        -1880.58         10.0000       1.09201
 12.0000      0.120010E-01   35.9237       497.974       500.000        -3.73306        -733.777         10.0000       1.21681
 13.0000      0.130010E-01   38.9111       497.838       500.000        -3.84091        -74.1078         10.0000       1.04520
 14.0000      0.140010E-01   41.8977       497.696       500.000        -3.88469        -12.7997         9.15527       1.40401

                       . . . . . . .|

 31.0000      0.310010E-01   92.5407       495.309       500.000        -3.64956       -0.604580         9.53674       1.38840
 32.0000      0.320010E-01   95.5121       495.173       500.000        -3.58096        -199.203         10.0000       1.02960
 33.0000      0.330010E-01   98.4827       495.036       500.000        -3.56568        -32.7679         10.0000       1.10760
 34.0000      0.340010E-01   101.453       494.894       500.000        -3.52693         3.63505         10.6812       1.32600
 35.0000      0.350010E-01   104.421       494.743       500.000        -3.53060        -35.8489         10.2997       1.38840
 36.0000      0.360010E-01   107.389       494.604       500.000        -3.46813         46.9287         10.0000       1.15440
 37.0000      0.370010E-01   110.357       494.466       500.000        -3.41690        -70.6371         10.0000       1.17000
 38.0000      0.380010E-01   113.323       494.326       500.000        -2.61597       -0.186180E+07     50000.0       1.13881
 39.0000      0.390010E-01   116.287       493.609       500.000        -562.114       -0.167379E+07     12500.0       1.40401
 40.0000      0.400010E-01   125.808       2680.22       500.000         108.223        0.225016E+07     10.0000       1.37280
 41.0000      0.410010E-01   140.908       2352.84       500.000         1432.90        0.112016E+11    -0.819200E+09   1.34160
 42.0000      0.420010E-01   1643.79       498607.       500.000       -0.100218E+07    0.121176E+11    -0.204800E+09   1.10760
 43.0000      0.430010E-01   0.978833E+08  0.326267E+11  500.000        0.305258E+07    0.129391E+11    -0.102400E+09   1.32600
 44.0000      0.440010E-01   0.277832E+09  0.273563E+11  500.000        -51026.6       -0.484705E+11     10.0000       1.01401
 45.0000      0.450010E-01   0.456944E+09  0.323477E+11  500.000        0.921813E+07   -0.773704E+08    0.512000E+08   1.06082
 46.0000      0.460010E-01  -0.203672E+10 -0.863568E+12  500.000        0.130940E+08   -0.674654E+10    0.102400E+09   1.27921
 47.0000      0.470010E-01  -0.103614E+11 -0.191133E+13  500.000       -0.240189E+08    0.223251E+11     10.0000       1.40402
 48.0000      0.480010E-01  -0.214313E+11 -0.177863E+13  500.000        0.245817E+08   -0.114677E+10     9.99570       1.41962
 49.0000      0.490010E-01  -0.319091E+11 -0.171397E+13  500.000        0.231851E+08    0.320805E+09    -0.256000E+08   1.07640
 50.0000      0.500010E-01  -0.405790E+11 -0.117600E+13  500.000        0.179668E+08   -0.450450E+14    0.167772E+13   0.889221
 51.0000      0.510010E-01  -0.744397E+11 -0.101109E+14  500.000        0.696944E+10   -0.539490E+14    0.419430E+12   1.34161
 52.0000      0.520010E-01  -0.512511E+15 -0.170802E+18  500.016       -0.985272E+11   -0.757870E+13    0.419430E+12   0.982819
```

Abb. 12.169 Ergebnisse bei Verwendung des SPARSE-Matrix-Solvers

Die Verwendbarkeit des SPARSE-Matrix-Solvers ist von Fall zu Fall zu prüfen.

12.9 Berücksichtigung von Zusatzwicklungen

Im Zuge der Beschreibung der Berechnungsmethoden der Gleichstrommaschine mit Erregerspulen und verteilter Ankerwicklung wurde die Ankerrückwirkung in Folge der Auswirkung des Ankerquerfeldes auf das Erregerlängsfeld klar herausgearbeitet. Zur Korrektur der Ankerrückwirkung werden bekanntlich bei großen Gleichstrommaschinen Kompensations- oder Kompoundwicklungen eingebaut, um die Auswirkungen der Ankerrückwirkung im Bereich der Polschuhe auszugleichen, und Wendepole zum Ausgleich der Ankerrückwirkung in der Pollücke.

Das bereits beschriebene Modell unter dem Namen GSM1 wurde um die Zusatzwicklungen erweitert und unter dem Namen GSM2 verfügbar gemacht. Der Modellierungsvorgang entspricht im Wesentlichen dem Modell GSM1, wobei die einzelnen Zusatzwicklungen einzeln oder in Kombination zugeschaltet werden können.

Im Folgenden werden die Zusatzwicklungen und deren Auswirkung auf der Basis statischer Rechnungen zunächst einzeln betrachtet.

12.9.1   Berücksichtigung einer Kompensationswicklung

Modelländerung

Zur Berücksichtigung der Kompensationwicklung werden die zusätzlichen Wicklungen als rechteckförmige Flächen in den Statorpolschuh eingebracht. Fest vorgegeben ist eine Anzahl von 8 Kompensationsspulenseiten in einem Polschuh als Einschichtwicklung, wobei die Nuten über die Wicklungshöhe und -breite, sowie die notwendigen Parameter zur Definition der realen Konstanten beschrieben werden. Das gesamte Modell ist so angelegt, dass die Konturen für Wendepole in der Pollücke und Kompoundwicklung neben der Erregerwicklung mit parametrisiert werden müssen, jedoch entsprechend der Verwendung als Luftflächen oder aktive Teile aus Eisen oder leitfähigem Material attribuiert werden.

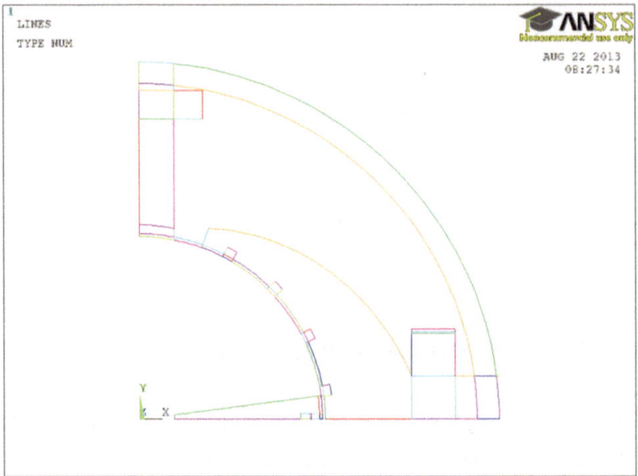

Abb. 12.170 Modellierung zusätzlicher Geometriepunkte und Linien für Zusatzwicklungen

Im vorliegenden Beispiel wurden die Kompensationswicklungen im Vergleich zu den Ankerspulen flächenmäßig sehr klein ausgelegt. Für konkrete Rechnung ist nach der Bestimmung der Kompensationswindungsanzahl die Geometrie der Kompensationswicklung und ggf. auch die Konstruktion des Polschuhs anzupassen, um die Kompensationswicklungen dort unterzubringen und die maximale Belastbarkeit des Leitermaterials einzuhalten.

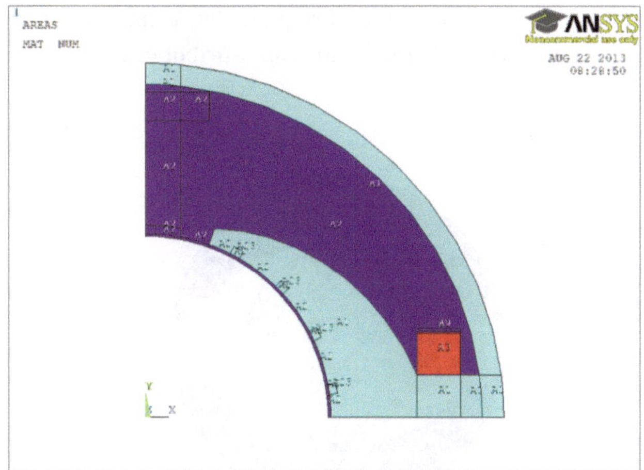

Abb. 12.171 Generierte Flächen einer Statorpolhälfte mit Kompensationswicklung

Dem Plot der Statorflächen mit Attributierung ist zu entnehmen, dass die Elemente der Kompound- und Wendepolwicklung als Luft attributiert sind.

Im Anschluß an die Flächengenerierung erfolgt die Vermaschung mit gegenüber dem Eisen des Polschuhs feineren Maschen in den Kompensationsspulenseiten.

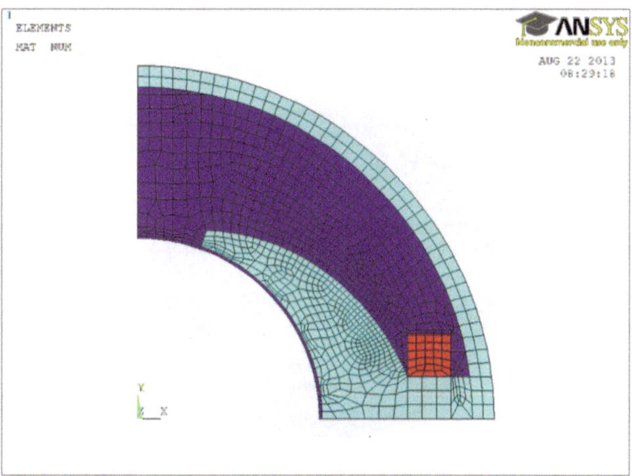

Abb. 12.172 Vermaschung des halben Statorpols mit Kompensationswicklung

Im Anschluß an die vollständige Generierung einer halben Polteilung wird diese an der x-Achse gespiegelt und anschließend entsprechend der Polpaarzahl kopiert. Als Ergebnis ergibt sich nach generiertem Rotor entsprechend dem Modell GSM1 die vollständig durch attributierte Flächen und Elemente beschriebene Gleichstrommaschine mit Kompensationswicklung. Aufgrund der nicht erfolgten Freigabe der Wendepole mit -wicklung und Kompoundwicklung sind diese Bestandteile als Luft attributiert.

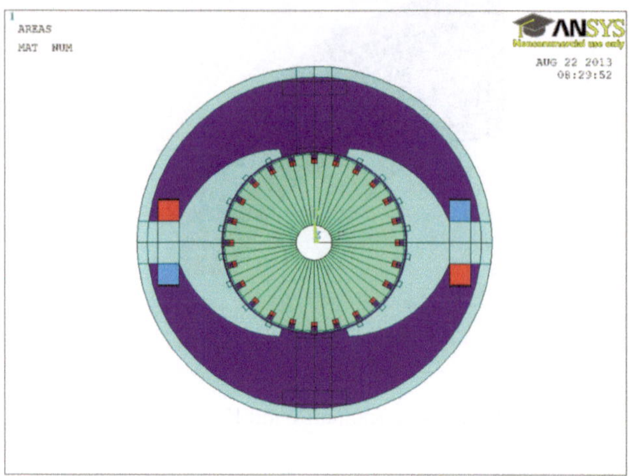

Abb. 12.173   Flächenmodell der Gleichstrommaschine mit Kompensationswicklung

Die Vermaschung ist vergleichbar mit dem Modell GSM1, wobei die Vermaschungsfeinheit im Bereich der Zusatzwicklungen differiert.

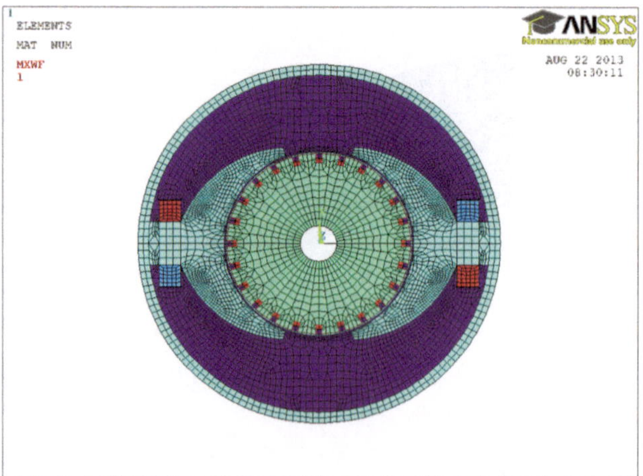

Abb. 12.174   Vermaschung der Gleichstrommaschine mit Kompensationswicklung

Die Kopplungen unterscheiden sich hinsichtlich der Erregerpole nicht, zur Vereinfachung wurden bei der Kompensationswicklung alle 8 Kompensationsspulenseiten, in denen aufgrund der Serienschaltung ohnehin der gleiche Ankerstrom fließt, zusammengefasst und auch hinsichtlich der realen Konstante derart berücksichtigt. Dies verringert den Modellierungsaufwand erheblich, für weitergehende Verwendung sollte dies jedoch geändert werden.

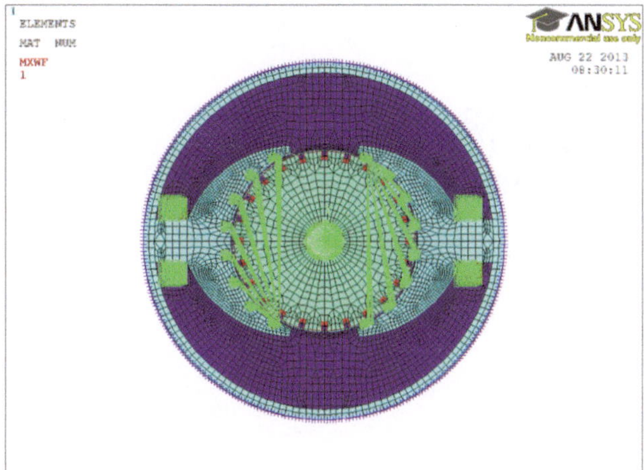

Abb. 12.175 Kopplung der Spulenseiten von Erreger- und Kompensationswicklung

Die Verschaltung der Erregerspulen ändert sich gegenüber dem Ursprungsmodell GSM1 nicht, die Verschaltung der Kompensationswicklung wird mit zusammengefassten Stirnwiderständen und -induktivitäten und deren Verschaltungsknotenpunkten unter dem Finite-Elemente-Modell angeordnet. Die Verschaltung der Kompensationswicklung erfolgt in Verbindung mit der Erregerwicklung, da diese Zusatzwicklung im Stator angeordnet ist.

Abb. 12.176 Vorbereitung der Verschaltung der Erreger- und Kompensationswicklungsspulen

Nach der Erstellung der Rotorverschaltung mit Kommutierungsmodell wird die Ankerspulenverschaltung mit der Kompensationswicklung in Serie geschaltet.

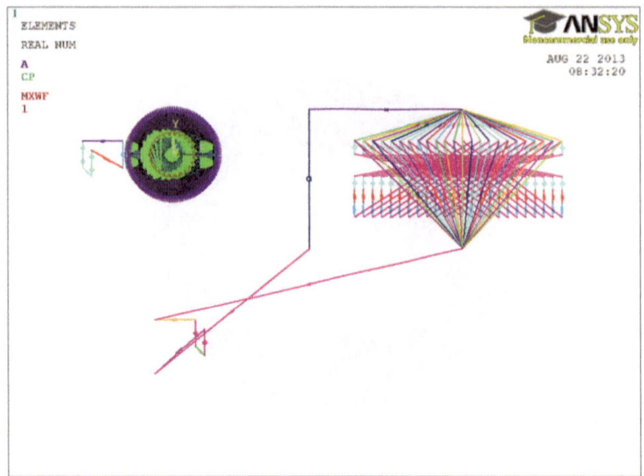

Abb. 12.177 Verschaltung der Ankerwicklung mit der Kompensationswicklung

Damit ist die Verschaltung der Stator- und Rotorspulen abgeschlossen. Im Folgenden wird die Auslegung und Auswirkung einer Kompensationwicklung näher beschrieben. Hierzu dienen ausschließlich statische Berechnungen, da vor transienten Berechnungen zunächst ein geometrisches Re-Design erfolgen muss.

Die gesamte Finite-Elemente-Modell-Generierung der Gleichstrommaschine mit Erregerspulen und mehrteiligem Anker mit Kompensationswicklung als Zusatzwicklung befindet sich in der Datei „gsm2_mit_Kompen_geometrie.txt" und hat folgenden Inhalt.

```
!!
!! Geometrieerstellung einer Gleichstrommaschine mit
Erregerpolen und -spulen und Anker mit verteilter Wicklung
!! und Kompensationswicklung
!! 1 Polpaar, 24 Rotornuten
!!
/prep7
!! Parameter für die Statorgeometrie

*SET,RAUSSEN , 0.2500000000000
*SET,JOCH1    , 0.1500000000000E-01
*SET,JOCHDICKE, 0.1200000000000
*SET,JOCHTIEFE, 0.3000000000000
*SET,DELTA    , 0.4000000000000E-02
*SET,P        , 1.000000000000
```

```
*SET,POLSCHHOEHE,  0.600000000000E-01
*SET,POLBREITE,  0.600000000000E-01
*SET,POLSCHRAEG,  0.120000000000E-01
*SET,POLWINKEL,  140.000000000
*SET,WICKBREITE1,  0.300000000000E-01
*SET,WICKHOEHE1,  0.300000000000E-01
*SET,NWIN1    ,  100.000000000
!! Angaben über Zusatzwicklungen
*SET,KOMPEN   ,  1.000000000000
*SET,KOMPOUND,  0.000000000000
*SET,WENDE    ,  0.000000000000
!! Parameter für die Rotorgeometrie
*SET,RINNEN   ,  0.250000000000E-01
*SET,Z2       ,  24.00000000000
*SET,ZWEISCHICHT2,  1.000000000000
*SET,WICKBREITE2,  0.800000000000E-02
*SET,WICKHOEHE2,  0.120000000000E-01
*SET,WICKISOL2,  0.100000000000E-02
*SET,NWIN2    ,  50.00000000000
!! Geometrie der Zusatzwicklungen
*SET,WICKBREITEK,  0.750000000000E-02
*SET,WICKHOEHEK,  0.550000000000E-02
*SET,nnutk,8
*SET,NWINK    ,  1.000000000000
*SET,FILK     ,  1.000000000000

*SET,WICKBREITEKO,  0.200000000000E-02
*SET,WICKISOKO,  0.100000000000E-02
*SET,NWINKO   ,  1.000000000000
*SET,FILKO    ,  1.000000000000
*SET,WENDEBREITE,  0.500000000000E-01
*SET,WENDEDEL,  0.800000000000E-02
*SET,WICKBREITEWEN,  0.200000000000E-01
*SET,WICKHOEHEWEN,  0.200000000000E-01
*SET,NWINWEN ,  1.000000000000
*SET,FILWEN  ,  1.000000000000
gsm2_elemente.txt
*SET,MURXA    ,  10000.00000000
*SET,MURXI    ,  10000.00000000
*SET,NICHTLIN,  0.000000000000
*SET,LEITA    ,  56000000.00000
*SET,LEITI    ,  56000000.00000
```

```
*SET,FILA    ,   1.000000000000
*SET,FILI    ,   1.000000000000
gsm2_material.txt
gsm2_SPol.txt
gsm2_RNut.txt
gsm2_SArea.txt
gsm2_RArea.txt
*SET,MESHEISEN, 0.1000000000000E-01
*SET,MESHLUFT, 0.6000000000000E-02


gsm2_SNete.txt
gsm2_Rnete.txt
gsm2_netg.txt
gsm2_cp1.txt
gsm2_cp2.txt
!! Schaltungsparameter Stator
*SET,RWICKSTIRN1, 0.1000000000000E-04
*SET,LWICKSTIRN1, 0.1000000000000E-04
*SET,I1      ,   10.0000000000
*SET,SSCHALTUNG, 0.000000000000  !! 0 fremd, 1 neben, 2 Reihe
*SET,RWICKSTIRNK, 0.1000000000000E-05
*SET,LWICKSTIRNK, 0.1000000000000E-05
*SET,RWICKSTIRNKO, 0.1000000000000E-05
*SET,LWICKSTIRNKO, 0.1000000000000E-05
*SET,RWICKSTIRNWE, 0.1000000000000E-05
*SET,LWICKSTIRNWE, 0.1000000000000E-05
gsm2_schalt1.txt
!! Schaltungsparameter Rotor
*SET,SPULW2 , 12.00000000000 ! Wickelschritt der Ankerspulen
*SET,BUEBR2 , 3.000000000000 ! Breite einer Bürste in Grad
*SET,RWICKSTIRN2, 0.1000000000000E-05
! Stirnstreuwiderstand einer Spule
*SET,LWICKSTIRN2, 0.1000000000000E-05
! Stirnstreuinduktivität einer Spule
*SET,U2     ,   100.0000000000         ! Ankerspannung
*SET,RVOR2 , 0.1000000000000E-05  ! Ankervorwiderstand in Ohm
gsm2_schalt2.txt
gsm2_interface.txt
```

Zunächst werden statische Rechnungen in Verbindung mit sehr wenigen Kompensationswindungen durchgeführt und anschließend die Kompensationswindungszahl gesteigert und abschließend optimiert.

Statische Berechnung

Der gesamte Ablauf der statischen Berechnung der Gleichstrommaschine bei Ständer- und Ankerspeisung befindet sich in der Datei „gsm2_rechnung_statisch_1.txt" und hat folgenden Aufbau. Die Eingaben entsprechen der Berechnung der Gleichstrommaschine ohne Zusatzwicklung. Zusätzlich kann durch Entfernen der Zeile mit „/EOF" und neuerlicher Rechnung die Definition der Zusatzwicklungen geändert werden, dies kann auch sukzessive erfolgen.

```
!!
!! Statische Berechnung einer Gleichstrommaschine mit
Erregerpolen und -spulen und Anker mit verteilter Wicklung
!! und Kompensationswicklung
!! 1 Polpaar, 24 Rotornuten
!! bei Staenderstromspeisung mit 10A
!!
/prep7
gsm2_mit_Kompen_geometrie.txt

ausgabe=1
luftskal=1
fft=0
gsm2_aus.txt

winkela=0
kommu=0
i1=10
i2=0
fronspar=0
gsm2_loes1.txt

/eof
!
nwink=
filk=
nwinko=
filko=
nwinwen=
filwen=
gsm2_aend.txt
```

Die erste Berechnung erfolgt ausschließlich bei Erregerstromspeisung mit 10 A.

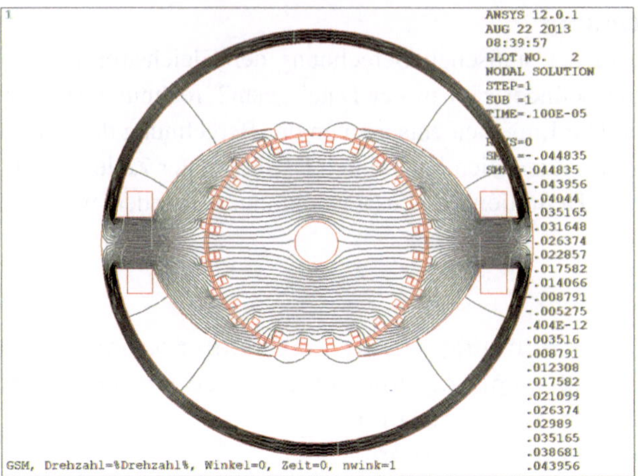

Abb. 12.178   Feldbild bei Erregerspulenspeisung mit 10 A

Dem Feldbild ist deutlich das typische, durch den Ankerstrom nicht verzerrte Ergebnis zu entnehmen. Durch die Kompensationswicklung wird angestrebt, dass dieses Feldbild sich auch bei beliebigem Ankerstrom derart einstellt.

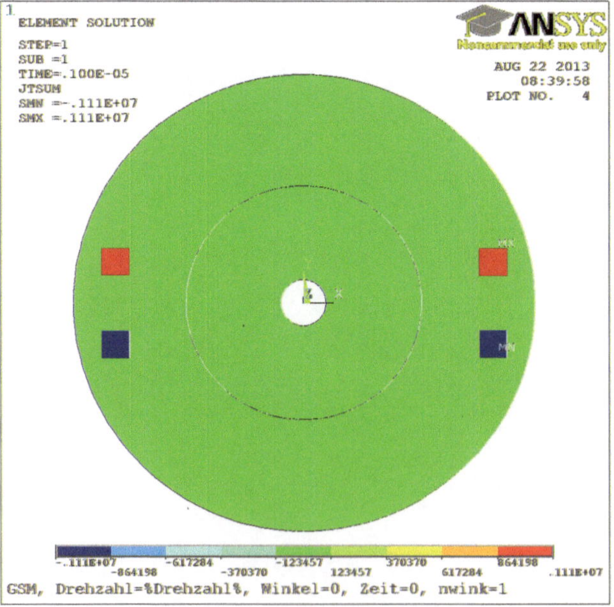

Abb. 12.179   Stromdichteverteilung bei Erregerstromspeisung mit 10 A

Die Stromdichteverteilung bestätigt klar die Speisung der Erregerspulen.

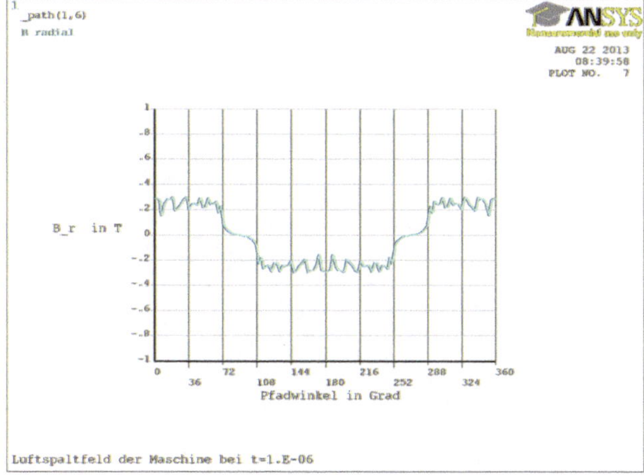

Abb. 12.180   Luftspaltfeld in Luftspaltmitte bei Erregerstromspeisung mit 10 A

Die graphische Darstellung des Luftspaltfeldes bestätigt den Eindruck des Feldbildes. Im Bereich des Polschuhs ist das Luftspaltfeld nahezu konstant bis auf die Ankernutung, die zu Feldeinbrüchen führt. In der Pollücke fällt das Luftspaltfeld nach kleineren Streueffekten auf 0 ab und alterniert von Pol zu Pol.

Bei Ankerstromspeisung mit 1 A und lediglich einer Kompensationswicklungswindung ohne Erregerstromspeisung ergibt sich als Feldbild das typische Ankerquerfeld.

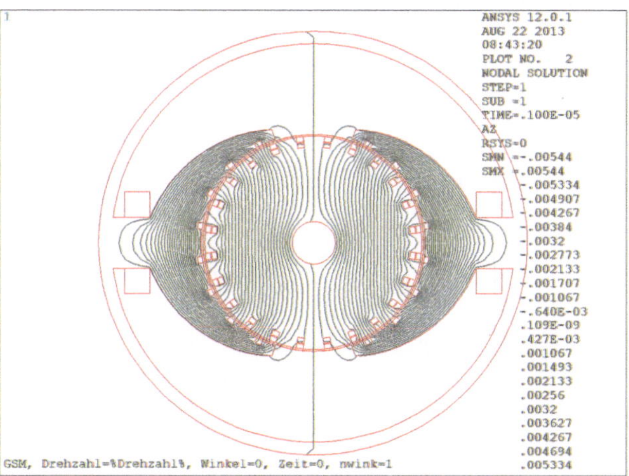

Abb. 12.181   Feldbild bei Ankerspeisung mit 1 A und einer Kompensationswicklungswindung

Die Wirbel des magnetischen Feldes schließen sich vom Anker über den Luftspalt und die Polschuhe mit Zentrum des Wirbels in der Mitte des Polschuhs am Luftspalt. Deutlich ist erkennbar, dass die Kompensationswicklung noch keinerlei Einfluss hat.

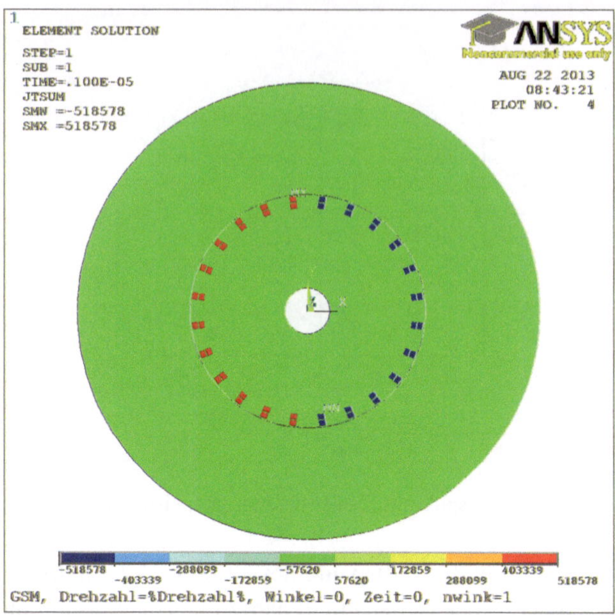

Abb. 12.182 Stromdichteverteilung bei Ankerstromspeisung mit 1 A und einer Kompensationswicklungswindung

Die Stromdichteverteilung bestätigt den korrekt gewählten Kommutierungswinkel und die großen Stromdichten nur in den Ankerspulen.

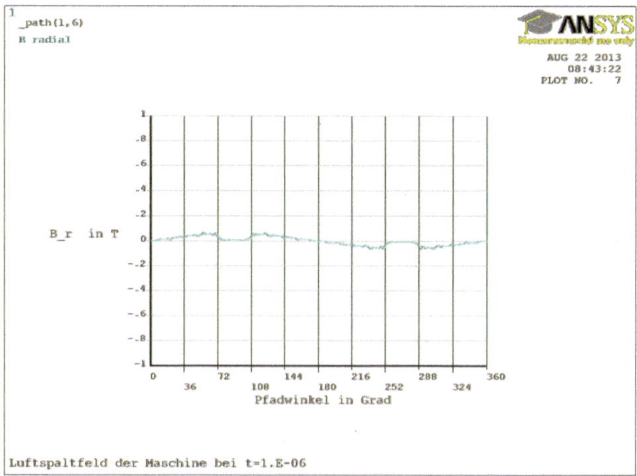

Abb. 12.183 Luftspaltfeld in Luftspaltmitte bei Ankerstromspeisung mit 1 A und einer Kompensationswicklungswindung

Die graphische Darstellung des Luftspaltfeldes zeigt das typische Bild des Ankerquerfeldes mit nahezu konstantem Abfall Flußdichte von einer Polschuhkante zur anderen und dem Einbruch des magnetischen Feldes in der Pollücke, wobei aufgrund der Ankerdurchflutung auch in Pollücke das magnetische Feld nicht auf 0 zusammenbricht.

Bei Steigerung der Kompensationswicklungswindungszahl auf 50 bei noch ausschließlicher Speisung des Ankers mit 1 A. ändert sich das Ankerquerfeld vom qualitativen Feldbild her noch nicht.

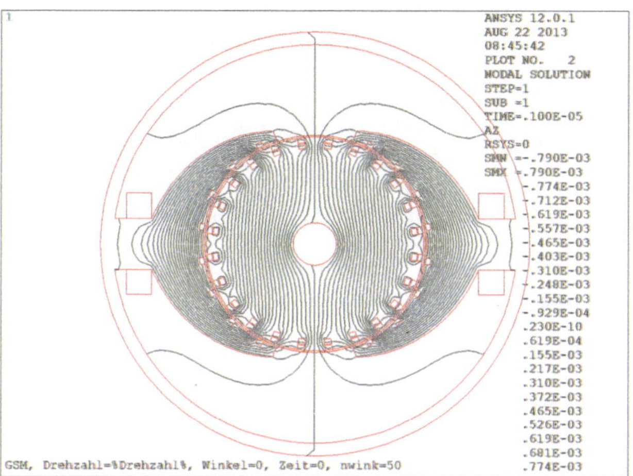

Abb. 12.184 Feldbild bei Ankerstromspeisung mit 1 A und 50 Kompensationswicklungswindungen

Die Auswirkung der Kompensationswicklung lässt sich anhand des Feldbildes nur aufgrund der Werte des Vektorpotenzials oder anhand der graphischen Darstellung der magnetischen Flußdichte bestätigen.

Die Stromdichteverteilung bestätigt, dass der Ankerstrom nun sowohl im Anker, als auch in der Kompensationswicklung fließt. Aufgrund der räumlich geringen Ausdehnung der Kompensationswicklung ist die Stromdichte dort größer als in den Ankerspulen.

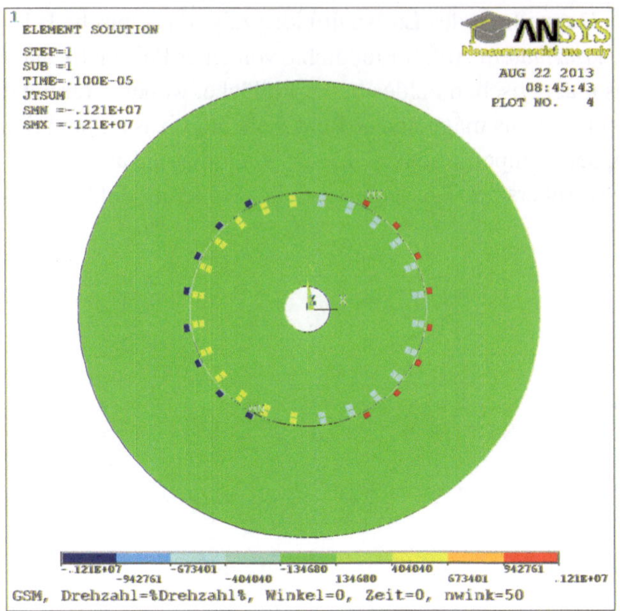

Abb. 12.185 Stromdichteverteilung bei Ankerstromspeisung mit 1 A und 50 Kompensationswicklungswindungen

Die graphische Darstellung des Luftspaltfeldes in Luftspaltmitte bestätigt, dass das Ankerquerfeld durch die Kompensationswicklung fast vollständig kompensiert wurde, jedoch noch einige Windungen fehlen.

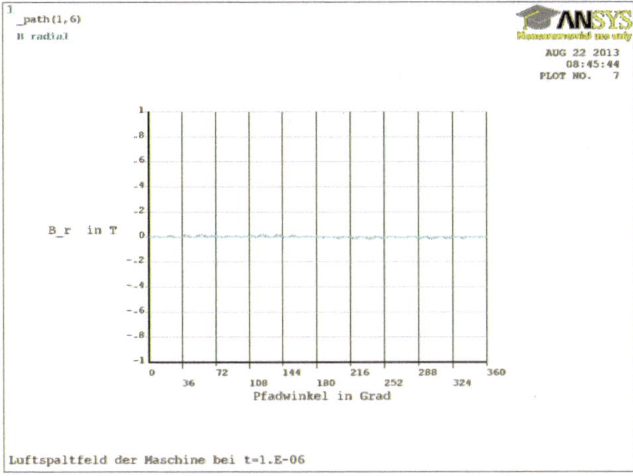

Abb. 12.186 Luftspaltfeld in Luftspaltmitte bei Ankerstromspeisung mit 1 A und 50 Kompensationswicklungswindungen

Schaltet man den Erregerstrom mit 10 A hinzu, wird deutlich, dass aufgrund der fast korrekt gewählten Kompensationswicklungswindungszahl das Ankerquerfeld nahezu vollständig kompensiert wurde.

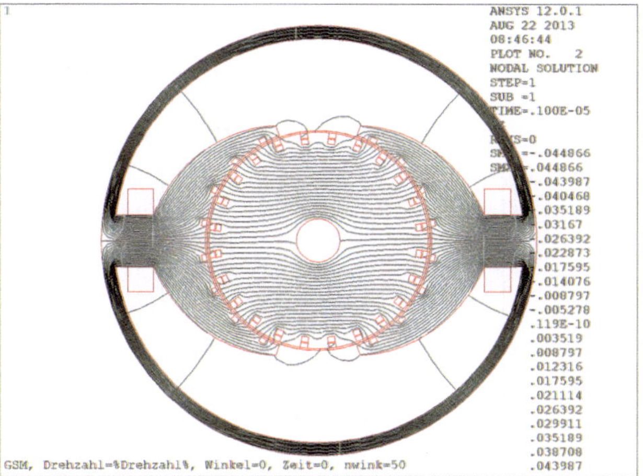

Abb. 12.187 Feldbild bei Erregerstromspeisung mit 10 A und Ankerstromspeisung mit 1 A und 50 Kompensationswicklungswindungen

Der Stromdichteplot bestätigt die Speisung von Stator und Rotor in Verbindung mit der Kompensationswicklung.

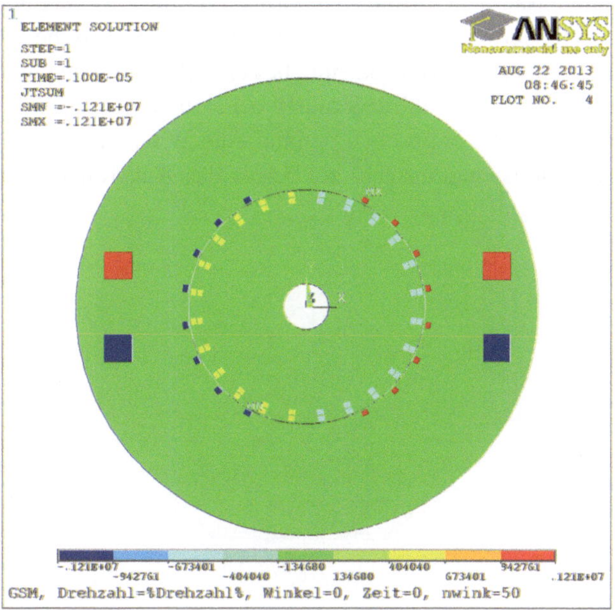

Abb. 12.188 Stromdichteverteilung bei Erregerstromspeisung mit 10 A und Ankerstromspeisung mit 1 A und 50 Kompensationswicklungswindungen

Die graphische Darstellung des Luftspaltfeldes in Luftspaltmitte bestätigt das Feldbild dieser Durchflutungsvorgabe. Der Einfluss des Ankerquerfeldes wurde bereits erheblich, jedoch noch nicht vollständig reduziert. Verständlicherweise ist das Luftspaltfeld in der Pollücke nicht kompensiert.

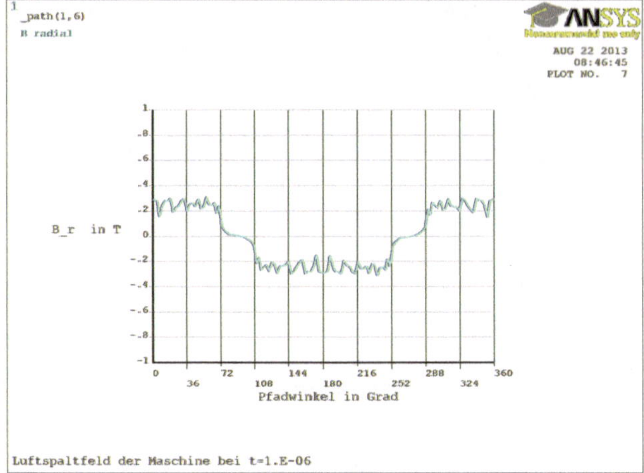

Abb. 12.189 Luftspaltfeld in Luftspaltfeldmitte bei Erregerstromspeisung mit 10 A und Ankerstromspeisung mit 1 A und 50 Kompensationswicklungswindungen

Die korrekte Kompensationswicklungswindungszahl kann entweder iterativ durch weitere Berechnungen mit geringer Rechenzeit oder durch rechnerische Abschätzung bestimmt werden. Die rechnerische Abschätzung basiert auf der Ankerspulenwindungszahl, dem Polschuhwinkel und der Anzahl Rotornuten bei aktuell 8 Kompensationswicklungsspulen in jedem Polschuh. Es ergibt sich optimal eine Windungszahl von 55. Bei Steigerung der Kompensationswindungszahl auf 55 ist das Ankerquerfeld fast vollständig zugunsten des Erregerlängsfeldes abgebaut.

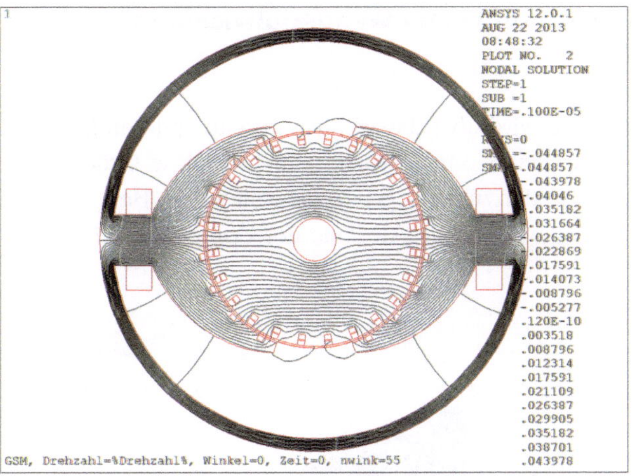

Abb. 12.190 Feldbild bei Erregerstromspeisung mit 10 A und Ankerstromspeisung mit 1 A und 55 Kompensationswicklungswindungen

Die graphische Darstellung des Luftspaltfeldes in Luftspaltmitte bestätigt das Feldbild. Das Luftspaltfeld ist nahezu konstant über dem Polschuh, wird jedoch neben der Ankernutung auch durch die Kompensationswicklungen gestört. Der ideelle Luftspalt wird aufgrund des Carterfaktors gegenüber dem geometrischen Luftspalt weiter vergrößert.

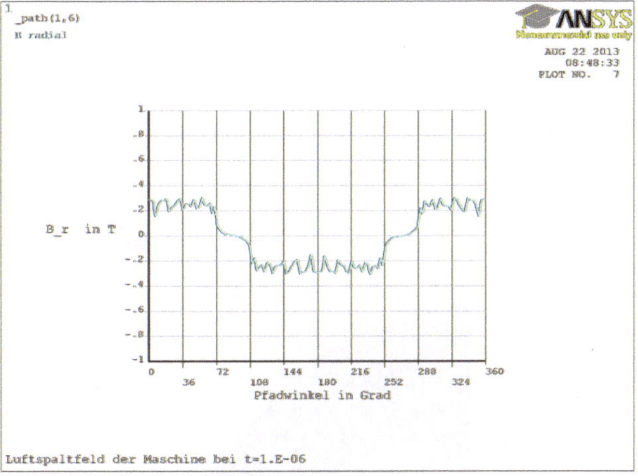

Abb. 12.191 Luftspaltfeld in Luftspaltmitte bei Erregerstromspeisung mit 10 A und Ankerstromspeisung mit 1 A und 55 Kompensationswicklungswindungen

12.9.2   Berücksichtigung einer Wendepolwicklung

Modelländerung

Die Wendepolgeometrie wird über die Wendepolbreite und den Luftspalt am Wendepol, sowie die Wendepolspulenhöhe und -breite definiert. Diese Größen gehen mit weiteren in die realen Konstanten der zugehörigen Spulenseiten ein. Bei genauer Betrachtung der Polschuhe ist zu erkennen, dass die Attribute der Kompensationswicklung nun auf Luft eingestellt sind.

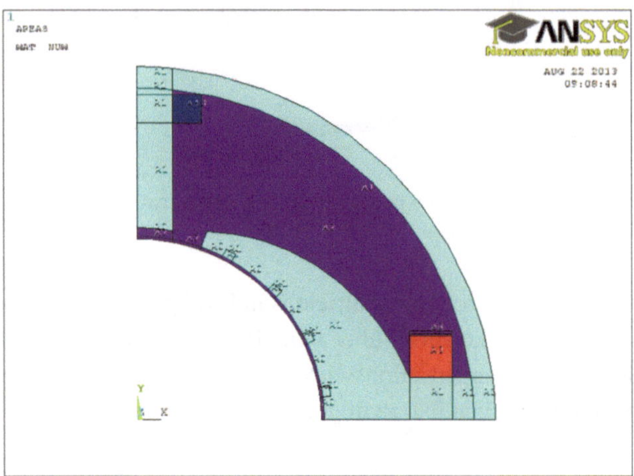

Abb. 12.192 Generierte Flächen einer Statorpolhälfte mit Wendepolwicklung

Die Vermaschungsfeinheit des Wendepols entspricht nun dem Eisen des Jochs und wird durch entsprechende *IF-Abfragen gesteuert.

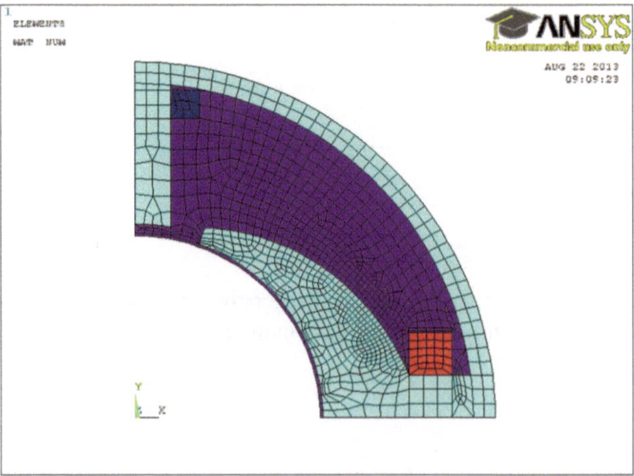

Abb. 12.193 Vermaschung des halben Statorpols mit Wendepolwicklung

Nach Spiegelung und Kopie zeigt der Flächenplot die gesamte Gleichstrommaschine mit Wendepolwicklung ohne Kompensations- und Kompoundwicklung.

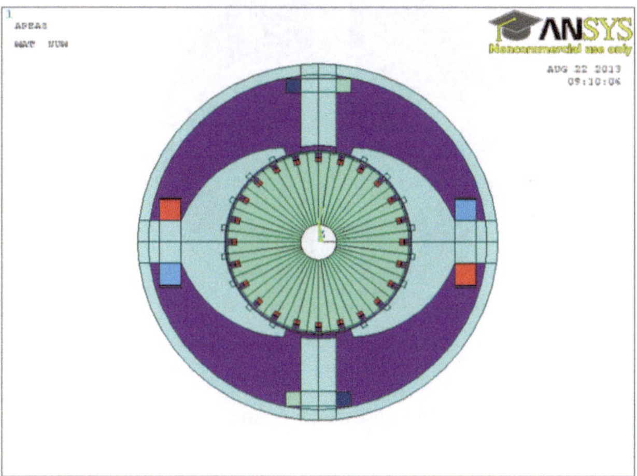

Abb. 12.194 Flächenmodell der Gleichstrommaschine mit Wendepolwicklung

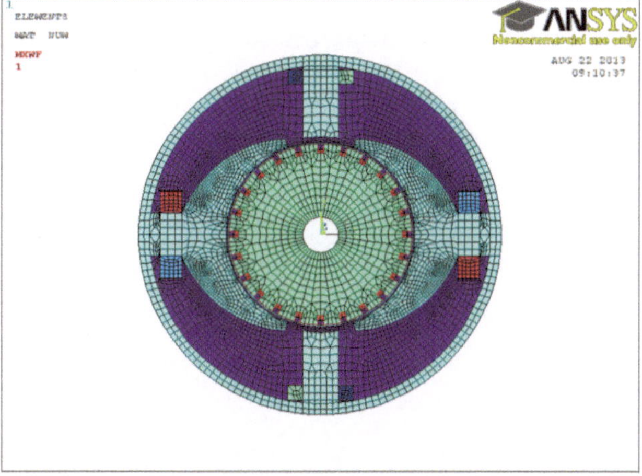

Abb. 12.195 Vermaschung der Gleichstrommaschine mit Wendepolwicklung

Im Zuge der Kopplungen werden auch die Wendepolspulenseiten hinsichtlich der Freiheitsgrade CURR und EMF gekoppelt.

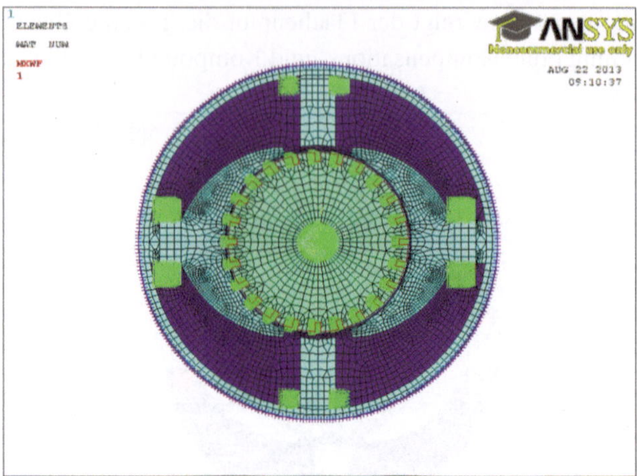

Abb. 12.196   Kopplung der Spulenseiten von Erreger-, Anker- und Wendepolwicklung

Die Wendepolspulenseiten werden im Zuge der Verschaltung des Stators einzeln verschaltet und seitlich rechts unter dem Finite-Elemente-Modell angeordnet. Die Verschaltung der Wendepole beinhaltet die Streuwiderstände und -induktivitäten mit ihren Verschaltungsknoten.

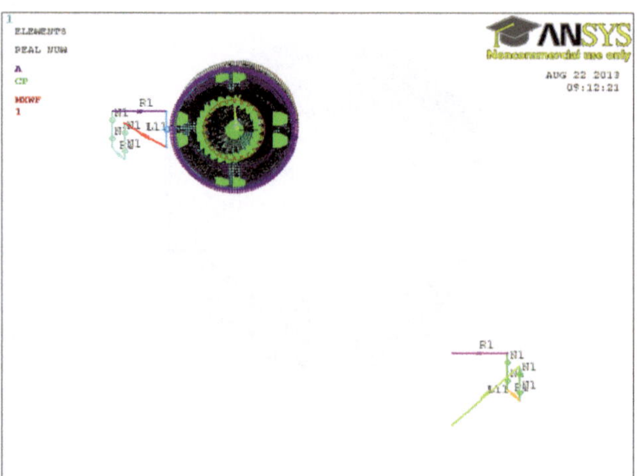

Abb. 12.197   Vorbereitung der Verschaltung der Erreger- und Wendepolwicklung

Abschließend wird die Wendepolwicklung in Serie mit dem Ankerkreis verschaltet.

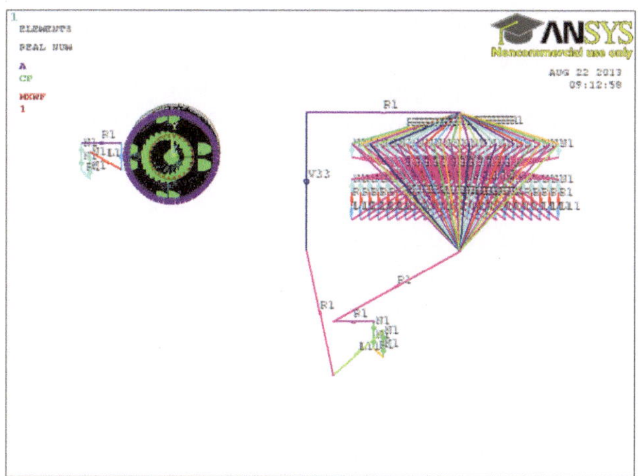

Abb. 12.198 Verschaltung der Ankerwicklung mit der Wendepolwicklung

Die gesamte Finite-Elemente-Modell-Generierung der Gleichstrommaschine mit Erregerspulen und mehrteiligem Anker mit Wendepolwicklung als Zusatzwicklung befindet sich in der Datei „gsm2_mit_Wende_geometrie.txt" und hat folgenden Inhalt.

```
!!
!! Geometrieerstellung einer Gleichstrommaschine mit
Erregerpolen und -spulen und Anker mit verteilter Wicklung
!! und Wendepolwicklung
!! 1 Polpaar, 24 Rotornuten
!!
/prep7
!! Parameter für die Statorgeometrie

*SET,RAUSSEN , 0.2500000000000
*SET,JOCH1    , 0.1500000000000E-01
*SET,JOCHDICKE, 0.1200000000000
*SET,JOCHTIEFE, 0.3000000000000
*SET,DELTA    , 0.4000000000000E-02
*SET,P        , 1.000000000000
*SET,POLSCHHOEHE, 0.6000000000000E-01
*SET,POLBREITE, 0.6000000000000E-01
*SET,POLSCHRAEG, 0.1200000000000E-01
*SET,POLWINKEL, 140.0000000000
*SET,WICKBREITE1, 0.3000000000000E-01
*SET,WICKHOEHE1, 0.3000000000000E-01
*SET,NWIN1    , 100.0000000000
```

```
!! Angaben über Zusatzwicklungen
*SET,KOMPEN   ,   0.000000000000
*SET,KOMPOUND,   0.000000000000
*SET,WENDE    ,   1.000000000000
!! Parameter für die Rotorgeometrie
*SET,RINNEN   ,   0.250000000000E-01
*SET,Z2       ,   24.00000000000
*SET,ZWEISCHICHT2,   1.000000000000
*SET,WICKBREITE2,   0.800000000000E-02
*SET,WICKHOEHE2,   0.120000000000E-01
*SET,WICKISOL2,   0.100000000000E-02
*SET,NWIN2    ,   50.00000000000
!! Geometrie der Zusatzwicklungen
*SET,WICKBREITEK,   0.750000000000E-02
*SET,WICKHOEHEK,   0.550000000000E-02
*SET,nnutk,8
*SET,NWINK    ,   1.000000000000
*SET,FILK     ,   1.000000000000

*SET,WICKBREITEKO,   0.200000000000E-02
*SET,WICKISOKO,   0.100000000000E-02
*SET,NWINKO   ,   1.000000000000
*SET,FILKO    ,   1.000000000000
*SET,WENDEBREITE,   0.500000000000E-01
*SET,WENDEDEL,   0.800000000000E-02
*SET,WICKBREITEWEN,   0.200000000000E-01
*SET,WICKHOEHEWEN,   0.200000000000E-01
*SET,NWINWEN  ,   1.000000000000
*SET,FILWEN   ,   1.000000000000
gsm2_elemente.txt
*SET,MURXA    ,   10000.00000000
*SET,MURXI    ,   10000.00000000
*SET,NICHTLIN,   0.000000000000
*SET,LEITA    ,   56000000.00000
*SET,LEITI    ,   56000000.00000
*SET,FILA     ,   1.000000000000
*SET,FILI     ,   1.000000000000
gsm2_material.txt
gsm2_SPol.txt
gsm2_RNut.txt
gsm2_SArea.txt
gsm2_RArea.txt
```

```
*SET,MESHEISEN, 0.1000000000000E-01
*SET,MESHLUFT, 0.6000000000000E-02


gsm2_SNete.txt
gsm2_Rnete.txt
gsm2_netg.txt
gsm2_cp1.txt
gsm2_cp2.txt
!! Schaltungsparameter Stator
*SET,RWICKSTIRN1, 0.1000000000000E-04
*SET,LWICKSTIRN1, 0.1000000000000E-04
*SET,I1       ,  10.0000000000
*SET,SSCHALTUNG, 0.000000000000  !! 0 fremd, 1 neben, 2 Reihe
*SET,RWICKSTIRNK, 0.1000000000000E-05
*SET,LWICKSTIRNK, 0.1000000000000E-05
*SET,RWICKSTIRNKO, 0.1000000000000E-05
*SET,LWICKSTIRNKO, 0.1000000000000E-05
*SET,RWICKSTIRNWE, 0.1000000000000E-05
*SET,LWICKSTIRNWE, 0.1000000000000E-05
gsm2_schalt1.txt
!! Schaltungsparameter Rotor
*SET,SPULW2, 12.00000000000 ! Wickelschritt der Ankerspulen
*SET,BUEBR2, 3.000000000000 ! Breite einer Bürste in Grad
*SET,RWICKSTIRN2, 0.1000000000000E-05
! Stirnstreuwiderstand einer Spule
*SET,LWICKSTIRN2, 0.1000000000000E-05
! Stirnstreuinduktivität einer Spule
*SET,U2    , 100.0000000000            ! Ankerspannung
*SET,RVOR2, 0.1000000000000E-05  ! Ankervorwiderstand in Ohm
gsm2_schalt2.txt
gsm2_interface.txt
```

Statische Berechnung

Der gesamte Ablauf der statischen Berechnung der Gleichstrommaschine bei Ständer- und Ankerspeisung befindet sich in der Datei „gsm2_rechnung_statisch_1.txt" und hat folgenden Aufbau. Die Eingaben entsprechen der Berechnung der Gleichstrommaschine ohne Zusatzwicklung. Zusätzlich kann durch Entfernen der Zeile mit „/EOF" und neuerlicher Rechnung die Definition der Zusatzwicklungen geändert werden, dies kann auch sukzessive erfolgen.

```
/prep7
gsm2_mit_Wende_geometrie.txt

ausgabe=1
luftskal=1
fft=0
gsm2_aus.txt

winkela=0
kommu=0
i1=1
i2=0
fronspar=0
gsm2_loes1.txt

/eof
!
nwink=
filk=
nwinko=
filko=
nwinwen=
filwen=
gsm2_aend.txt
```

Wie bereits bei der Beschreibung des Einflusses der Kompensationswicklung wird anhand statischer Rechnungen der Einfluss der Wendepole untersucht.

In der ersten Berechnung wird nur der Erregerstromkreis mit 10 A gespeist. Das Feldbild zeigt das typische Erregerlängsfeld, wobei aufgrund des sehr breit gewählten Wendepols teilweise bereits ein magnetischer Kurzschluss vorhanden ist, da Feldlinien den direkten Weg von den Polschuhkanten über den Wendepol zum anderen Polschuh nehmen.

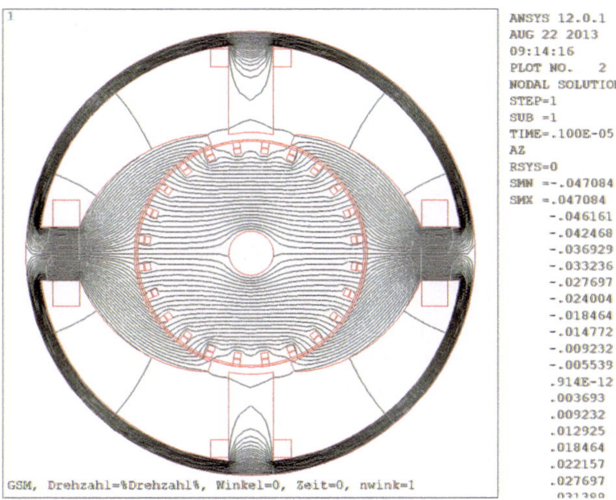

Abb. 12.199 Feldbild bei Erregerstromspeisung mit 10 A

Der Stromdichteplot bestätigt, dass nur die Erregerspulen gespeist sind.

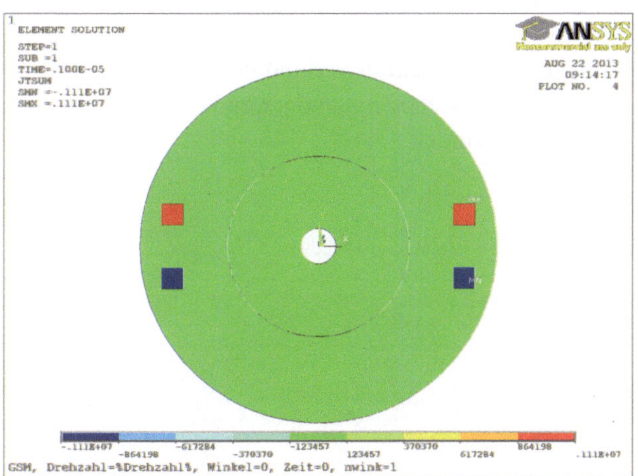

Abb. 12.200 Stromdichteplot bei Erregerstromspeisung mit 10 A

Die graphische Darstellung des Luftspaltfeldes in Luftspaltmitte zeigt trotz kleinerer magnetischer Kurzschlüsse kaum Unterschiede zur vergleichbaren Rechnung bei Berücksichtigung der Kompensationswicklung.

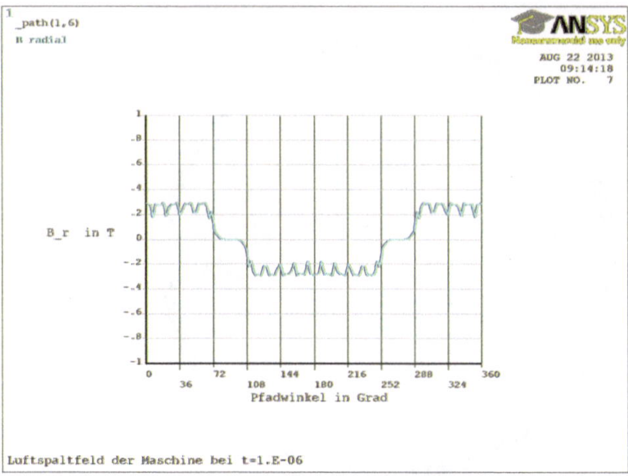

Abb. 12.201 Luftspaltfeld in Luftspaltmitte bei Erregerstromspeisung mit 10 A

Bei ausschließlicher Speisung des Ankerkreises mit 1 A und nur einer Wendepolwicklungswindung ergibt sich das bekannte Ankerquerfeld, wobei aufgrund der Wendelpole eine große Anzahl von Feldlinien in der Pollücke über die Wendepole abgeleitet werden und sich über das gesamte Joch am Erregerpol vorbei schließen. Um diesen für die Sättigung des Jochs nachteiligen Effekt in Verbindung mit hohen Ankerströmen zu unterbinden, wird klar, dass bei Berücksichtigung von Wendepolen in jedem Falle ausreichend viele Windungen eingebracht werden.

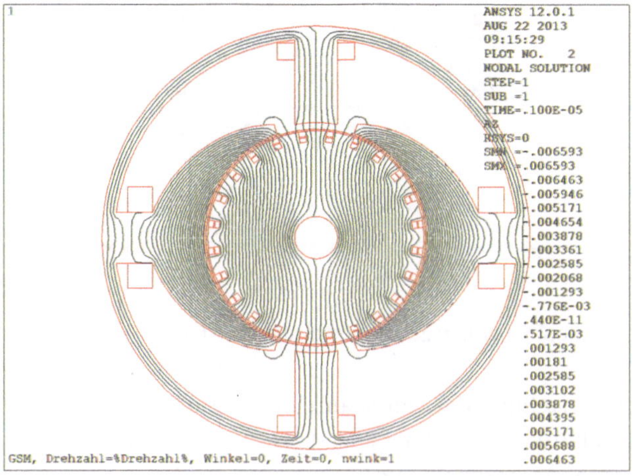

Abb. 12.202 Feldbild bei Ankerstromspeisung mit 1 A und einer Wendepolwindung

Der Stromdichteplot bestätigt den korrekten Kommutierungswinkel und die ausschließliche Speisung des Ankers mit äußerst geringen Stromdichten aufgrund der geringen Wendepolwindungszahl.

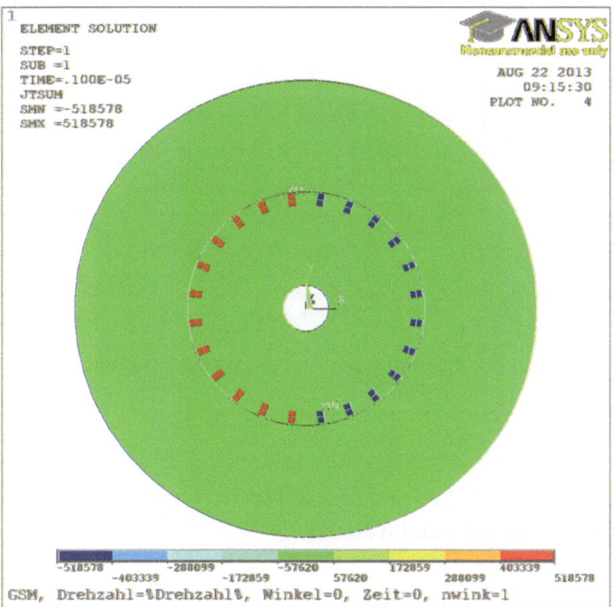

Abb. 12.203 Stromdichteplot bei Ankerstromspeisung mit 1 A und einer Wendepolwindung

Die graphische Darstellung des Luftspaltfeldes in Luftspaltmitte bestätigt das typische Ankerquerfeld bei Ankerstromspeisung, aber auch die großen magnetischen Flußdichten in der Pollücke aufgrund des magnetisch sehr attraktiven Wendepols bei zu gering gewählter Windungszahl.

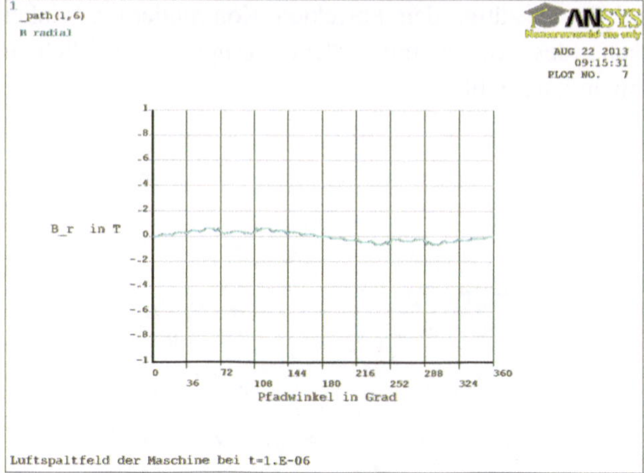

Abb. 12.204 Luftspaltfeld in Luftspaltmitte bei Ankerstromspeisung mit 1 A und einer Wendepolwindung

Erhöht man die Wendepolwicklungswindungszahl auf 70 Windungen und speist erneut
nur den Ankerkreis, so werden die Ankerquerfelder vermehrt aus der Pollücke verdrängt,
es verbleiben nur wenige Feldlinien im Joch.

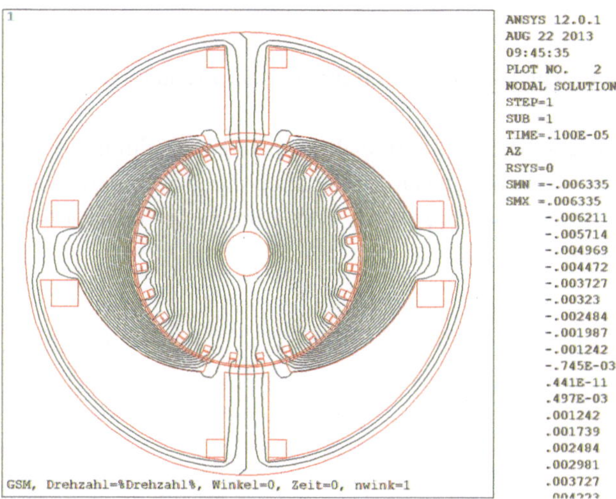

Abb. 12.205 Feldbild bei Ankerstromspeisung mit 1 A und 70 Wendepolwindungen

Der Stromdichteplot zeigt, dass aufgrund der höheren Wendepolwindungszahl nun
auch die Wendepole zur Durchflutung beitragen.

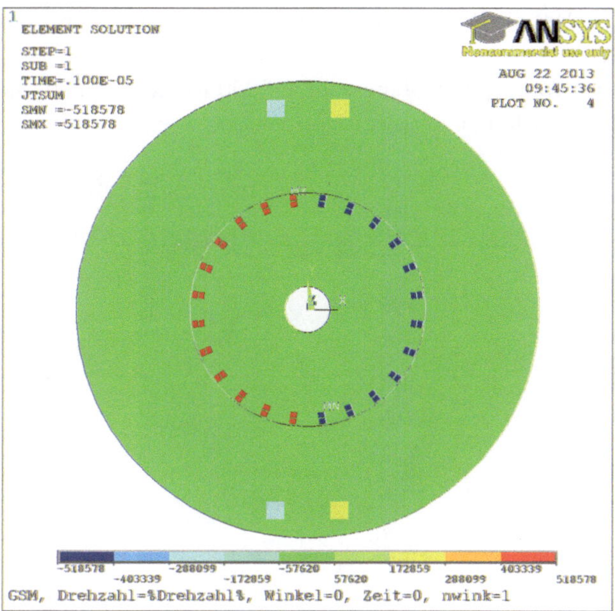

Abb. 12.206   Stromdichteplot bei Ankerstromspeisung mit 1 A und 70 Wendepolwindungen

Die graphische Darstellung des Luftspaltfeldes in Luftspaltmitte bestätigt das Feldbild und damit die Wirkungsweise der Wendepole. Das bekannte Ankerquerfeld ist erhaltengeblieben, während das magnetische Feld in der Polllücke fast vollständig abgebaut wurde.

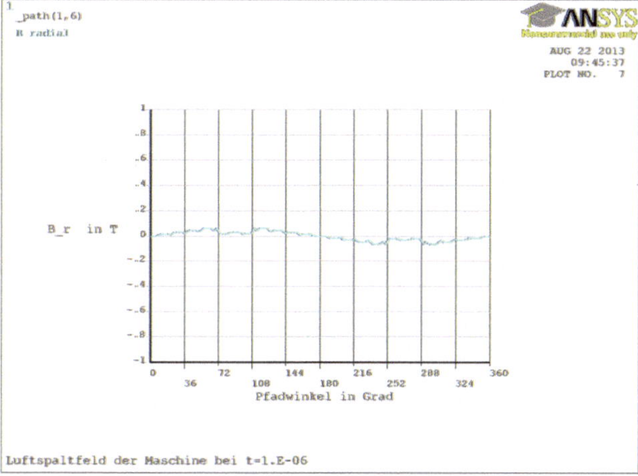

Abb. 12.207   Luftspaltfeld in Luftspaltmitte bei Ankerstromspeisung mit 1 A und 70 Wendepolwindungen

Es wird deutlich, dass die Windungszahl noch nicht ausreichend ist, um das Feld in der Pollücke abzubauen.

Bei Erhöhung der Wendepolwindungszahl auf 250 ist das magnetische Feld fast vollständig aus dem Joch verdrängt.

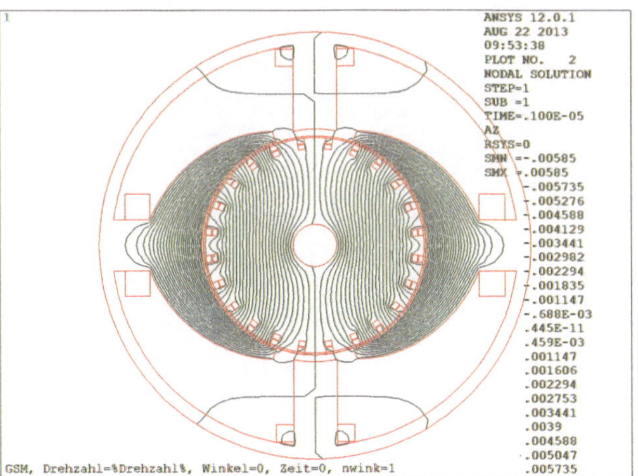

Abb. 12.208 Feldbild bei Ankerstromspeisung mit 1 A und 250 Wendepolwindungen

Dies wird durch die Darstellung des Luftspaltfeldes in Luftspaltmitte bestätigt.

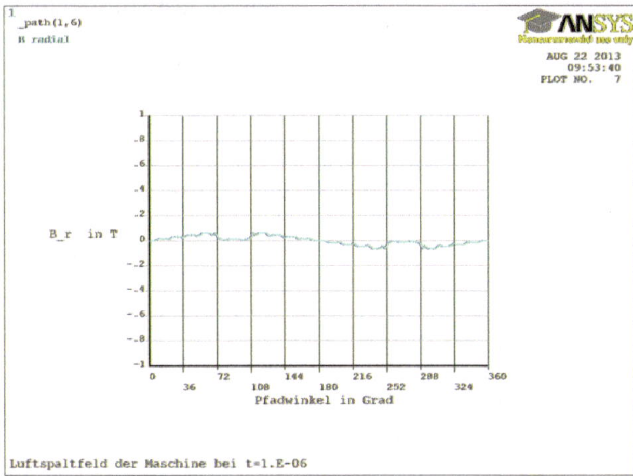

Abb. 12.209 Luftspaltfeld in Luftspaltmitte bei Ankerstromspeisung mit 1 A und 250 Wendepolwindungen

Bei Hinzunahme der Erregerstromspeisung mit 10 A zeigt sich, dass verständlicherweise ohne Kompensationswicklung die Ankerrückwirkung im Bereich der Polschuhe

erhalten bleibt, bis auf wenige Feldlinien die Ankerrückwirkung in der Pollücke abgebaut
wurde.

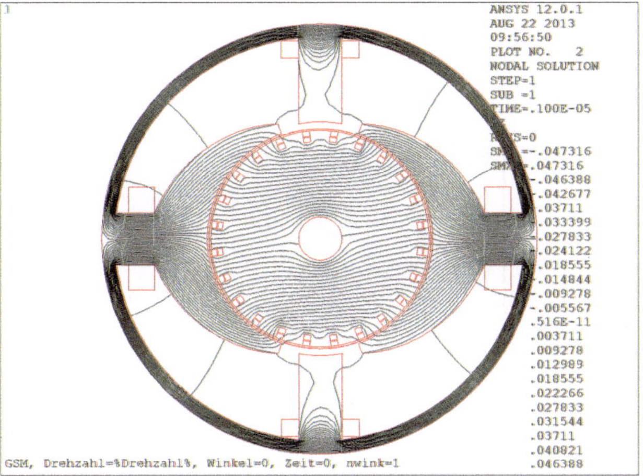

Abb. 12.210 Feldbild bei Erregerstromspeisung mit 10 A Ankerstromspeisung mit 1 A und
250 Wendepolwindungen

Der Stromdichteplot bestätigt die Speisung von Erreger-, Anker- und Wendepolwicklung.

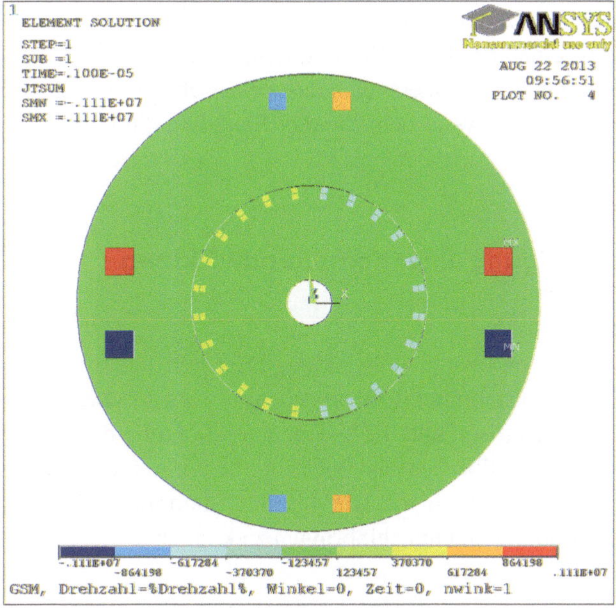

Abb. 12.211 Stromdichteplot bei Erregerstromspeisung mit 10 A Ankerstromspeisung mit 1 A und
250 Wendepolwindungen

Die graphische Auswertung des Luftspaltfeldes in Luftspaltmitte bestätigt das Feldbild. Die Ankerrückwirkung im Bereich der Polschuhe ist klar erkennbar, während sie im Bereich der Pollücke abgebaut wurde.

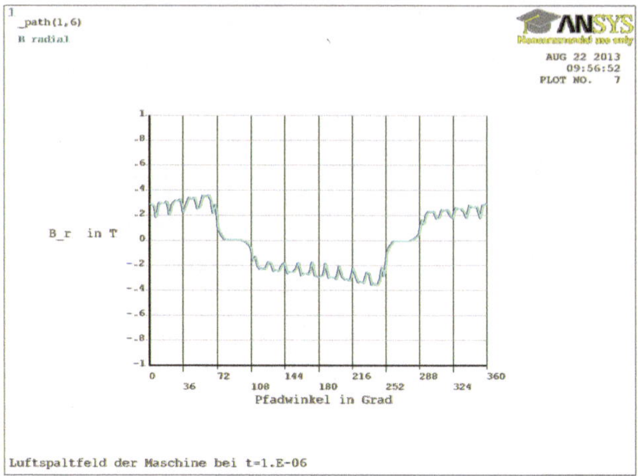

Abb. 12.212 Luftspaltfeld in Luftspaltmitte bei Erregerstromspeisung mit 10 A Ankerstromspeisung mit 1 A und 250 Wendepolwindungen

Zur näheren Untersuchung des Effekts der Wendepolwicklung ist die Geometrie zu überarbeiten und anhand von transienten Rechnungen zu untersuchen, ob sich die induzierte Spannung über zwei Lamellen optimiert hat oder noch weitere Wendepolwindungen erforderlich sind, um eine voreilende Kommutierung zu erzielen. Hierzu kann über den Knoten der Spulenanfänge der Ankerspulen das elektrische Potenzial abgegriffen werden und durch Differenzbildung zweier benachbarter Lamellen die Lamellenspannung ermittelt werden.

12.9.3   Berücksichtigung einer Kompoundwicklung

Modelländerung

Wie die Kompensations- und Wendepolwicklung lässt sich auch die Kompoundwicklung einzeln im Modell berücksichtigen. Dem Flächenpol ist zu entnehmen, dass die Kompensationswicklung durch Eisen und die Wendepoleinrichtung durch Luft ersetzt wurde. Die Kompoundwicklung ergibt sich als Wicklung neben der Erregerwicklung, hiervon abgesetzt durch eine Isolationsschicht. Die gesamte Statorgeometrie wurde geringfügig geändert, um die Kompoundwicklung einbringen zu können.

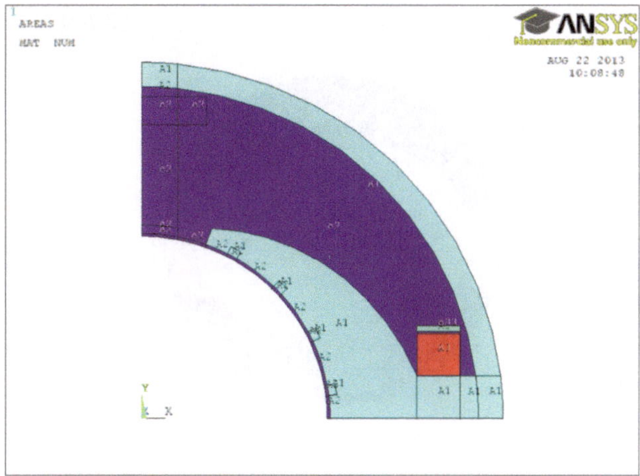

Abb. 12.213 Generierte Flächen einer Statorpolhälfte mit Kompoundwicklung

Die Vermaschung im Bereich der Kompoundwicklung ist vergleichbar mit der Erregerwicklung

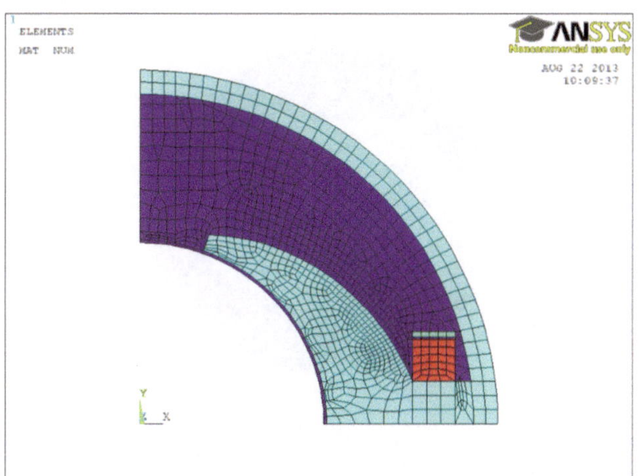

Abb. 12.214 Vermaschung des halben Statorpols mit Kompoundwicklung

Nach Spiegelung und Kopie ergibt sich die gesamte Gleichstrommaschine mit Kompoundwicklung ohne Kompensations- und Wendepolwicklung.

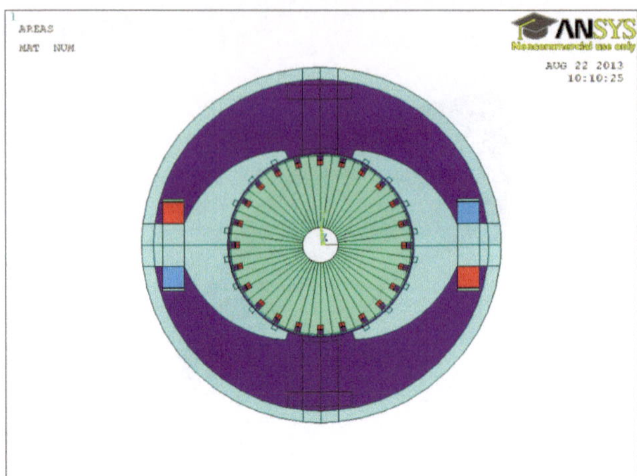

Abb. 12.215 Flächenmodell der Gleichstrommaschine mit Kompoundwicklung

Entsprechende ergibt sich das gesamte vermaschte Modell mit Attributierung.

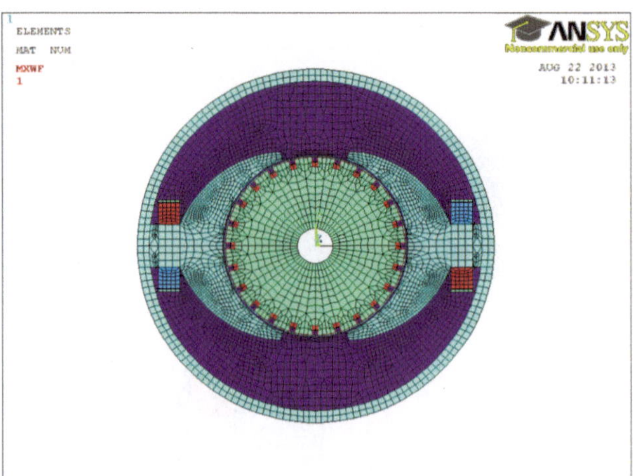

Abb. 12.216 Vermaschung der Gleichstrommaschine mit Kompoundwicklung

Bezüglich der Kopplungen werden Erreger-, Kompound- und Ankerwicklung berücksichtigt.

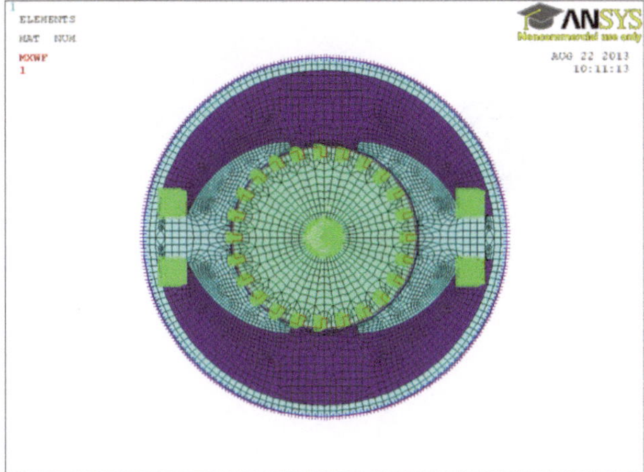

Abb. 12.217 Kopplung der Spulenseiten von Erreger-, Anker- und Kompoundwicklung

Die Vorbereitung der Verschaltung der Spulensysteme im Stator wird die Erregerwicklung links vom Finite-Elemente-Modell, die Schaltung der Kompoundwicklung unten rechts unter dem Finite-Elemente-Modell angeordnet. Auch die Kompoundwicklung verfügt über Stirnwiderstände und -induktivitäten und die Verschaltungsknoten.

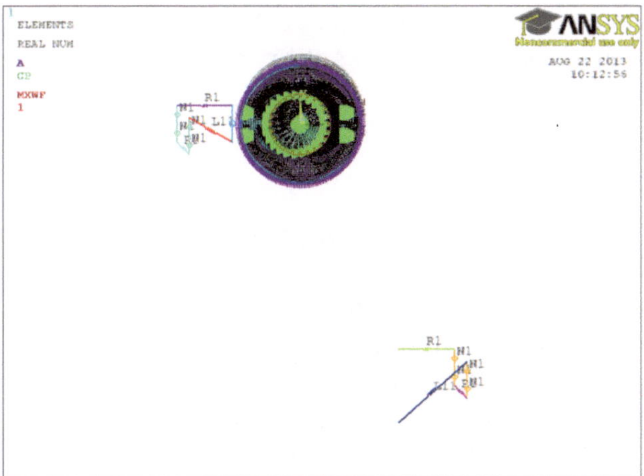

Abb. 12.218 Vorbereitung der Verschaltung von Erreger- und Kompoundwicklung

Abschließend wird die Kompoundwicklung mit der Ankerwicklung in Serie verschaltet.

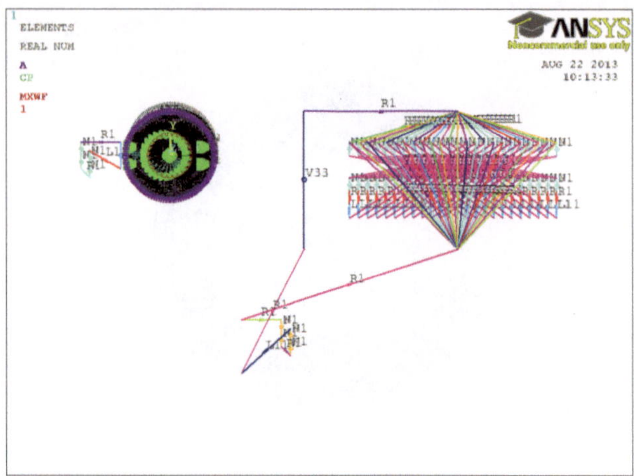

Abb. 12.219 Verschaltung der Kompound- mit der Ankerwicklung

Die gesamte Finite-Elemente-Modell-Generierung der Gleichstrommaschine mit Erregerspulen und mehrteiligem Anker mit Kompoundwicklung als Zusatzwicklung befindet sich in der Datei „gsm2_mit_Kompou_geometrie.txt" und hat folgenden Inhalt.

```
!!
!! Geometrieerstellung einer Gleichstrommaschine mit
Erregerpolen und -spulen und Anker mit verteilter Wicklung
!! und Kompoundwicklung
!! 1 Polpaar, 24 Rotornuten
!!
/prep7
!! Parameter für die Statorgeometrie

*SET,RAUSSEN , 0.2500000000000
*SET,JOCH1    , 0.1500000000000E-01
*SET,JOCHDICKE, 0.1200000000000
*SET,JOCHTIEFE, 0.3000000000000
*SET,DELTA    , 0.4000000000000E-02
*SET,P        , 1.000000000000
*SET,POLSCHHOEHE, 0.6000000000000E-01
*SET,POLBREITE, 0.6000000000000E-01
*SET,POLSCHRAEG, 0.1200000000000E-01
*SET,POLWINKEL,  140.0000000000
*SET,WICKBREITE1, 0.3000000000000E-01
*SET,WICKHOEHE1, 0.3000000000000E-01
*SET,NWIN1    ,  100.0000000000
```

```
!! Angaben über Zusatzwicklungen
*SET,KOMPEN   ,  0.000000000000
*SET,KOMPOUND,  1.000000000000
*SET,WENDE    ,  0.000000000000
!! Parameter für die Rotorgeometrie
*SET,RINNEN   ,  0.250000000000E-01
*SET,Z2       ,  24.00000000000
*SET,ZWEISCHICHT2,  1.000000000000
*SET,WICKBREITE2,  0.800000000000E-02
*SET,WICKHOEHE2,  0.120000000000E-01
*SET,WICKISOL2,  0.100000000000E-02
*SET,NWIN2    ,  50.00000000000
!! Geometrie der Zusatzwicklungen
*SET,WICKBREITEK,  0.750000000000E-02
*SET,WICKHOEHEK,  0.550000000000E-02
*SET,nnutk,8
*SET,NWINK    ,  1.000000000000
*SET,FILK     ,  1.000000000000

*SET,WICKBREITEKO,  0.200000000000E-02
*SET,WICKISOKO,  0.100000000000E-02
*SET,NWINKO   ,  1.000000000000
*SET,FILKO    ,  1.000000000000
*SET,WENDEBREITE,  0.500000000000E-01
*SET,WENDEDEL,  0.800000000000E-02
*SET,WICKBREITEWEN,  0.200000000000E-01
*SET,WICKHOEHEWEN,  0.200000000000E-01
*SET,NWINWEN  ,  1.000000000000
*SET,FILWEN   ,  1.000000000000
gsm2_elemente.txt
*SET,MURXA    ,  10000.00000000
*SET,MURXI    ,  10000.00000000
*SET,NICHTLIN,  0.000000000000
*SET,LEITA    ,  56000000.00000
*SET,LEITI    ,  56000000.00000
*SET,FILA     ,  1.000000000000
*SET,FILI     ,  1.000000000000
gsm2_material.txt
gsm2_SPol.txt
gsm2_RNut.txt
gsm2_SArea.txt
gsm2_RArea.txt
```

```
*SET,MESHEISEN, 0.1000000000000E-01
*SET,MESHLUFT,  0.6000000000000E-02


gsm2_SNete.txt
gsm2_Rnete.txt
gsm2_netg.txt
gsm2_cp1.txt
gsm2_cp2.txt
!! Schaltungsparameter Stator
*SET,RWICKSTIRN1, 0.1000000000000E-04
*SET,LWICKSTIRN1, 0.1000000000000E-04
*SET,I1        , 10.0000000000
*SET,SSCHALTUNG, 0.000000000000  !! 0 fremd, 1 neben, 2 Reihe
*SET,RWICKSTIRNK, 0.1000000000000E-05
*SET,LWICKSTIRNK, 0.1000000000000E-05
*SET,RWICKSTIRNKO, 0.1000000000000E-05
*SET,LWICKSTIRNKO, 0.1000000000000E-05
*SET,RWICKSTIRNWE, 0.1000000000000E-05
*SET,LWICKSTIRNWE, 0.1000000000000E-05
gsm2_schalt1.txt
!! Schaltungsparameter Rotor
*SET,SPULW2, 12.00000000000  ! Wickelschritt der Ankerspulen
*SET,BUEBR2, 3.000000000000  ! Breite einer Bürste in Grad
*SET,RWICKSTIRN2, 0.1000000000000E-05
! Stirnstreuwiderstand einer Spule
*SET,LWICKSTIRN2, 0.1000000000000E-05
! Stirnstreuinduktivität einer Spule
*SET,U2    , 100.0000000000       ! Ankerspannung
*SET,RVOR2, 0.1000000000000E-05  ! Ankervorwiderstand in Ohm
gsm2_schalt2.txt
gsm2_interface.txt
```

Statische Berechnung

Der gesamte Ablauf der statischen Berechnung der Gleichstrommaschine bei Ständer-
und Ankerspeisung befindet sich in der Datei „gsm2_rechnung_statisch_1.txt" und hat
folgenden Aufbau. Die Eingaben entsprechen der Berechnung der Gleichstrommaschine
ohne Zusatzwicklung. Zusätzlich kann durch Entfernen der Zeile mit „/EOF" und neuerlicher Rechnung die Definition der Zusatzwicklungen geändert werden, dies kann auch
sukzessive erfolgen.

```
!!
!! Statische Berechnung einer Gleichstrommaschine mit
Erregerpolen und -spulen und Anker mit verteilter Wicklung
!! mit Kompoundwicklung
!! 1 Polpaar, 24 Rotornuten
!! bei Rotorstromspeisung mit 1A
!!
/prep7
gsm2_mit_Kompou_geometrie.txt

ausgabe=1
luftskal=1
fft=0
gsm2_aus.txt

winkela=0
kommu=0
i1=10
i2=0
fronspar=0
gsm2_loes1.txt

/eof
!
nwink=
filk=
nwinko=
filko=
nwinwen=
filwen=
gsm2_aend.txt
```

Die Wirkungsweise der Kompoundwicklung, ohne nichtlineare Effekte, erfolgt anhand statischer Berechnungen.

Die Rechnung bei Berücksichtigung der Erregerwicklung mit einem Erregerstrom von 10 A zeigt das typische Erregerlängsfeld.

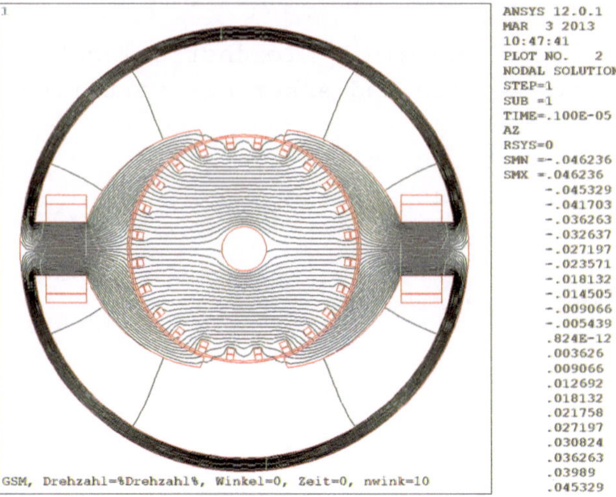

Abb. 12.220   Feldbild bei Erregerspulenspeisung mit 10 A

Der Stromdichteplot zeigt die Durchflutung der Erregerspulen.

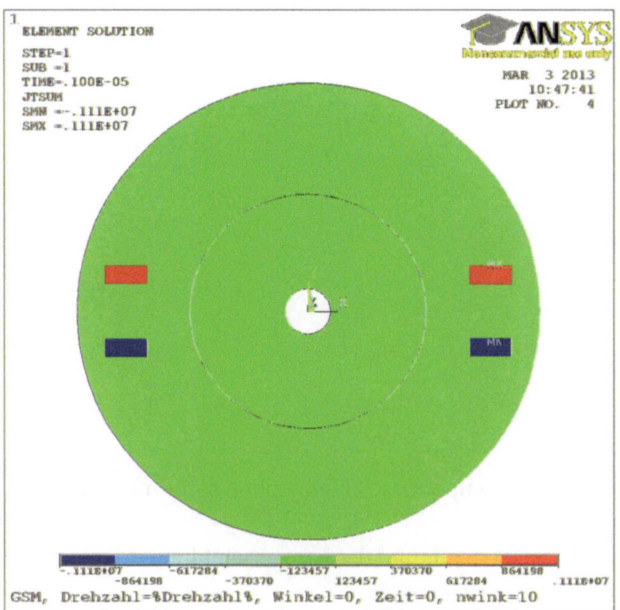

Abb. 12.221   Stromdichteplot bei Erregerspulenspeisung mit 10 A

Die graphische Darstellung des Luftspaltfeldes in Luftspaltmitte zeigt den typischen Verlauf mit konstantem Feld unter den Polschuhen und Einbrüchen aufgrund der Rotornutung.

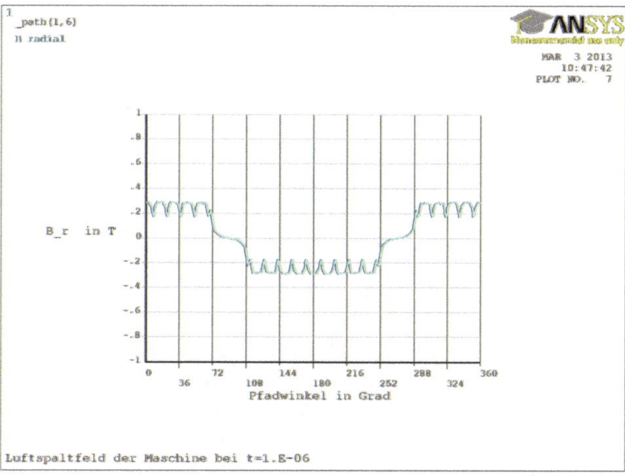

Abb. 12.222   Luftspaltfeld in Luftspaltmitte bei Erregerspulenspeisung mit 10 A

Bei alleiniger Speisung des Ankerreises mit 1 A und nur einer Kompoundwicklungswindung sorgt die Kompoundwicklung bereits für ein Erregerfeld, vergleichbar mit dem
Erregerfeld bei Speisung der Erregung. Diesem ständerseitigen, aber vom Ankerstrom
herrührenden Statorfeld wird das Ankerquerfeld überlagert. Als Überlagerung von Stator-
und Läuferfeld ergibt sich die typische Ankerrückwirkung, auch ohne Erregung. Prinzipiell fungiert die Kompoundwicklung ohne Erregung damit aufgrund der Serienschaltung
mit der Erregung als Reihenschlusswicklung und entspricht damit einer Reihenschlussmaschine.

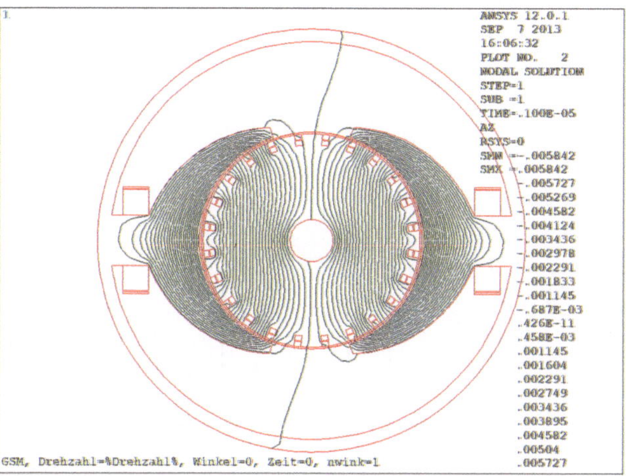

Abb. 12.223   Feldbild bei Ankerstromspeisung mit 1 A und einer Kompoundwicklungswindung

Der Stromdichteplot bestätigt die Speisung der Kompoundwicklung und der Ankerspulen.

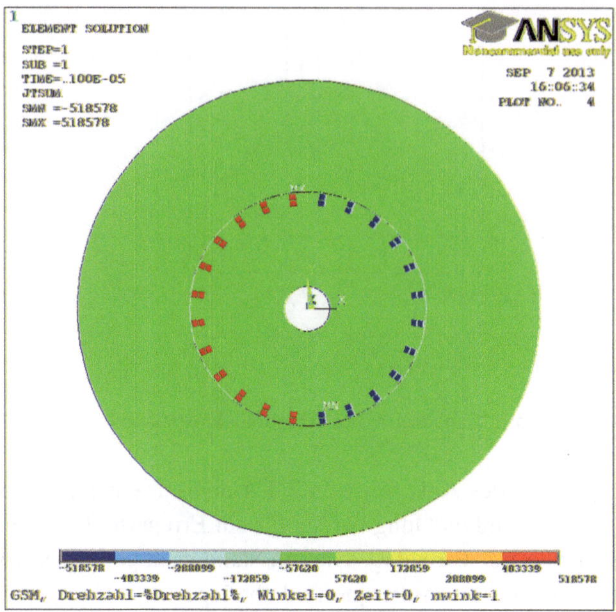

Abb. 12.224   Stromdichteplot bei Ankerstromspeisung mit 1 A und einer Kompoundwicklungswindung

Die graphische Darstellung des Luftspaltfeldes in Luftspaltmitte zeigt die typischen
Verhältnisse der Ankerrückwirkung bei kleinem Erregerfeld aufgrund der Kompoundwicklung und der Ankerspeisung.

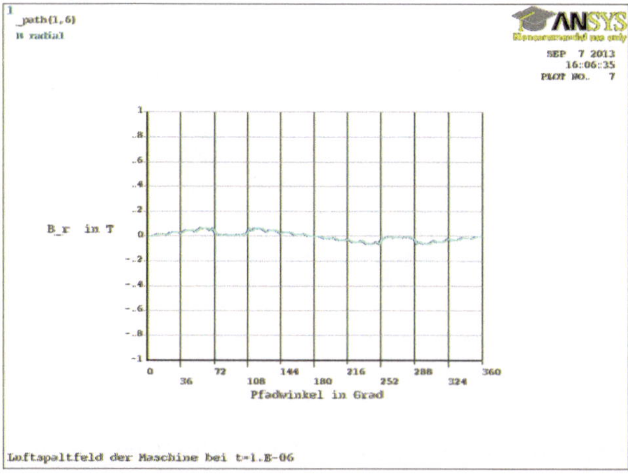

Abb. 12.225   Luftspaltfeld in Luftspaltmitte bei Ankerstromspeisung mit 1 A und einer Kompoundwicklungswindung

Die Kompoundwicklung ist mit einer Windung zu gering ausgelegt. Vergleichsweise wird eine Rechnung mit 20 Kompoundwicklungswindungen berücksichtigt.

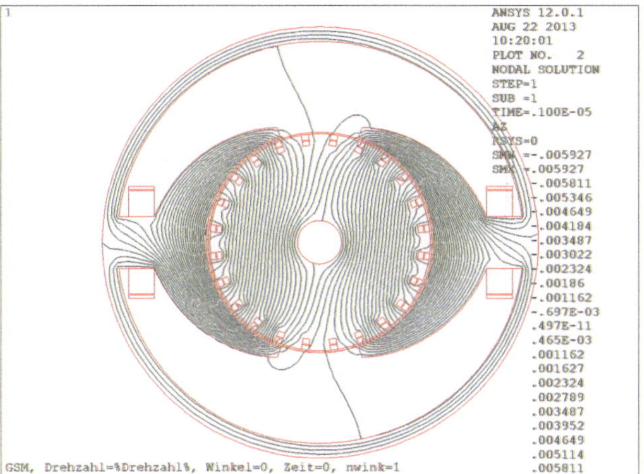

Abb. 12.226 Feldbild bei Ankerstromspeisung mit 1 A und 20 Kompoundwicklungswindungen

Durch die Kompoundwicklung wird ein magnetisches Feld auf der Statorseite aufgebaut, das dem Einfluss des Erregerkreises entspricht.

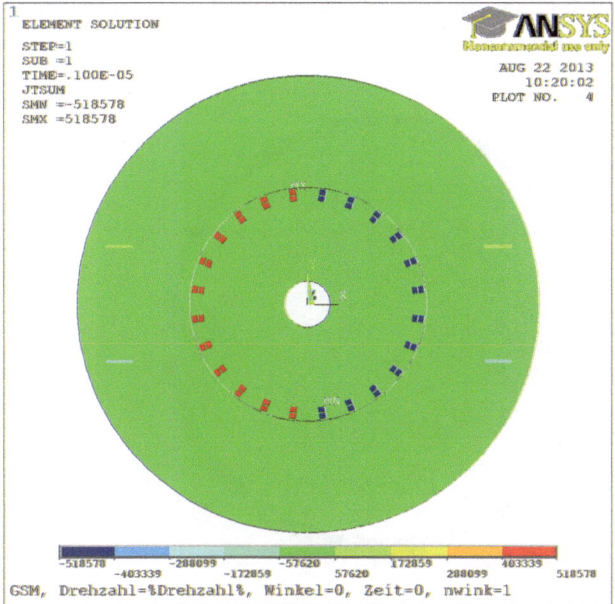

Abb. 12.227 Stromdichteplot bei Ankerstromspeisung mit 1 A und 20 Kompoundwicklungswindungen

Die Stromdichten in der Kompoundwicklung sind klar erkennbar, der Einfluss der Kompoundwicklung ist jedoch noch zu gering, um die Ankerrückwirkung durch Feldanhebung zu korrigieren.

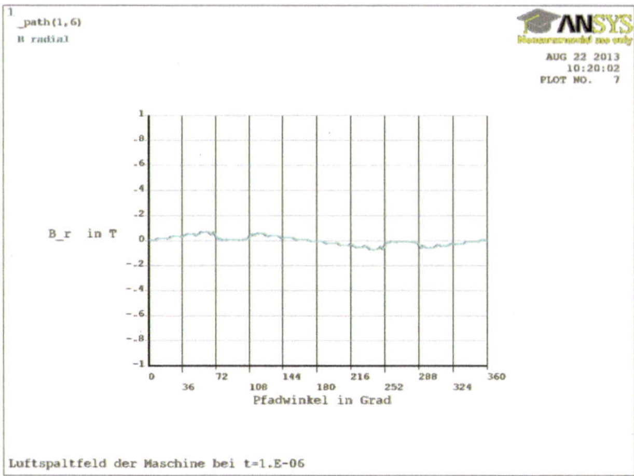

Abb. 12.228 Luftspaltfeld in Luftspaltmitte bei Ankerstromspeisung mit 1 A und 20 Kompoundwicklungswindungen

Wird die Erregung über einen Erregerstrom von 10 A hinzugenommen, so zeigt das Feldbild eine deutlich geringere Ankerrückwirkung, da die Kompoundwicklung den Effekt der Erregerwicklung zusätzlich unterstützt.

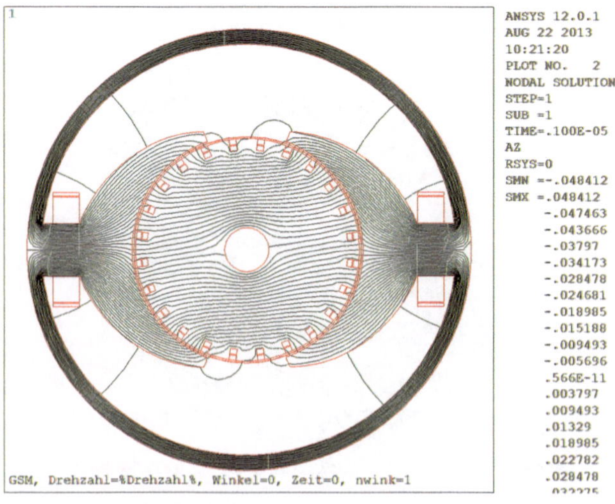

Abb. 12.229 Feldbild bei Erregerstromspeisung mit 10 A und Ankerstromspeisung mit 1 A und 20 Kompoundwicklungswindungen

Die Speisung der drei Spulensysteme wird durch den Stromdichteplot bestätigt. Erkennbar ist der korrekt gewählte Kommutierungswinkel. Die Stromdichte aufgrund der Kompoundwicklung tritt neben der Erregerwicklung kaum in Erscheinung.

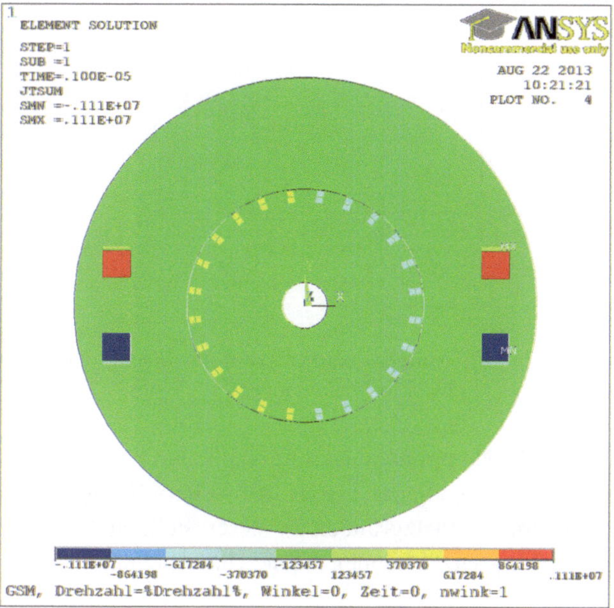

Abb. 12.230   Stromdichteplot bei Erregerstromspeisung mit 10 A und Ankerstromspeisung mit 1 A und 20 Kompoundwicklungswindungen

Die graphische Darstellung des Luftspaltfeldes in Luftspaltmitte zeigt das typische Bild der Speisung von Erregung und Ankerkreis und der daraus resultierenden Ankerrückwirkung, die jedoch durch die Kompoundwicklung reduziert wurde.

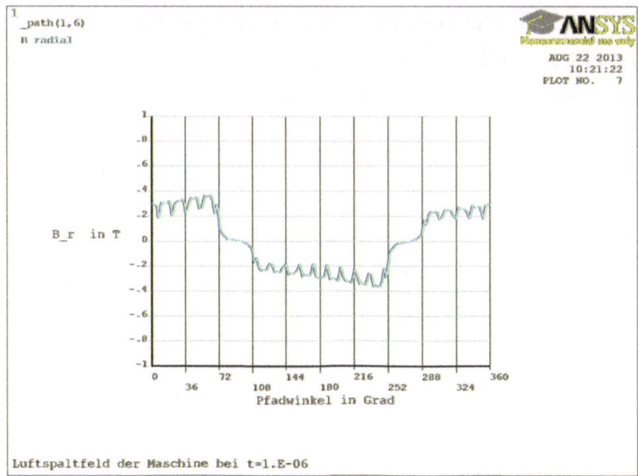

Abb. 12.231 Luftspaltfeld in Luftspaltmitte bei Erregerstromspeisung mit 10 A und Ankerstromspeisung mit 1 A und 20 Kompoundwicklungswindungen

Der korrekte Einfluss der Kompoundwicklung ist nur durch eine nichtlineare Rechnung bei Berücksichtigung der Sättigung des Eisens und weitere Erhöhung der Windungszahl zu bestätigen. Dies erfolgt aus Platzgründen an dieser Stelle nicht. Bei Verwendung des beilegenden Makro-Dateien-Satzes können eigene Untersuchungen erfolgen.

12.9.4   Berücksichtigung von Kompensations- und Wendepolwicklung

Modelländerung

Kompensations- und Wendepolwicklung werden bei großen Gleichstrommaschinen gleichzeitig eingesetzt, daher erfolgt in kurzer Übersicht der gemeinsame Einfluss beider Zusatzwicklungen bei Verwendung der bereits ermittelten Ergebnisse.

Die gesamte Finite-Elemente-Modell-Generierung der Gleichstrommaschine mit Erregerspulen und mehrteiligem Anker mit Kompensations- und Wendepolwicklung als Zusatzwicklungen befindet sich in der Datei „gsm2 _Komp_Wende_ geometrie.txt" und hat folgenden Inhalt.

```
!!
!! Geometrieerstellung einer Gleichstrommaschine mit
Erregerpolen und -spulen und Anker mit verteilter Wicklung
!! und Kompensations- und Wendepolwicklung
!! 1 Polpaar, 24 Rotornuten
!!
/prep7
!! Parameter für die Statorgeometrie
```

```
*SET,RAUSSEN  ,  0.2500000000000
*SET,JOCH1    ,  0.1500000000000E-01
*SET,JOCHDICKE,  0.1200000000000
*SET,JOCHTIEFE,  0.3000000000000
*SET,DELTA    ,  0.4000000000000E-02
*SET,P        ,  1.000000000000
*SET,POLSCHHOEHE,  0.6000000000000E-01
*SET,POLBREITE,  0.6000000000000E-01
*SET,POLSCHRAEG,  0.1200000000000E-01
*SET,POLWINKEL,  140.0000000000
*SET,WICKBREITE1,  0.3000000000000E-01
*SET,WICKHOEHE1,  0.3000000000000E-01
*SET,NWIN1    ,  100.0000000000
!! Angaben über Zusatzwicklungen
*SET,KOMPEN   ,  1.000000000000
*SET,KOMPOUND,  0.000000000000
*SET,WENDE    ,  1.000000000000
!! Parameter für die Rotorgeometrie
*SET,RINNEN   ,  0.2500000000000E-01
*SET,Z2       ,  24.00000000000
*SET,ZWEISCHICHT2,  1.000000000000
*SET,WICKBREITE2,  0.8000000000000E-02
*SET,WICKHOEHE2,  0.1200000000000E-01
*SET,WICKISOL2,  0.1000000000000E-02
*SET,NWIN2    ,  50.00000000000
!! Geometrie der Zusatzwicklungen
*SET,WICKBREITEK,  0.7500000000000E-02
*SET,WICKHOEHEK,  0.5500000000000E-02
*SET,nnutk,8
*SET,NWINK    ,  1.000000000000
*SET,FILK     ,  1.000000000000

*SET,WICKBREITEKO,  0.2000000000000E-02
*SET,WICKISOKO,  0.1000000000000E-02
*SET,NWINKO   ,  1.000000000000
*SET,FILKO    ,  1.000000000000
*SET,WENDEBREITE,  0.5000000000000E-01
*SET,WENDEDEL,  0.8000000000000E-02
*SET,WICKBREITEWEN,  0.2000000000000E-01
*SET,WICKHOEHEWEN,  0.2000000000000E-01
*SET,NWINWEN  ,  1.000000000000
*SET,FILWEN   ,  1.000000000000
```

```
gsm2_elemente.txt
*SET,MURXA    ,   10000.00000000
*SET,MURXI    ,   10000.00000000
*SET,NICHTLIN,   0.000000000000
*SET,LEITA    ,   56000000.00000
*SET,LEITI    ,   56000000.00000
*SET,FILA     ,   1.000000000000
*SET,FILI     ,   1.000000000000
gsm2_material.txt
gsm2_SPol.txt
gsm2_RNut.txt
gsm2_SArea.txt
gsm2_RArea.txt
*SET,MESHEISEN,  0.1000000000000E-01
*SET,MESHLUFT,   0.6000000000000E-02


gsm2_SNete.txt
gsm2_Rnete.txt
gsm2_netg.txt
gsm2_cp1.txt
gsm2_cp2.txt
!! Schaltungsparameter Stator
*SET,RWICKSTIRN1,  0.1000000000000E-04
*SET,LWICKSTIRN1,  0.1000000000000E-04
*SET,I1        ,   10.0000000000
*SET,SSCHALTUNG, 0.000000000000   !! 0 fremd, 1 neben, 2 Reihe
*SET,RWICKSTIRNK,  0.1000000000000E-05
*SET,LWICKSTIRNK,  0.1000000000000E-05
*SET,RWICKSTIRNKO, 0.1000000000000E-05
*SET,LWICKSTIRNKO, 0.1000000000000E-05
*SET,RWICKSTIRNWE, 0.1000000000000E-05
*SET,LWICKSTIRNWE, 0.1000000000000E-05
gsm2_schalt1.txt
!! Schaltungsparameter Rotor
*SET,SPULW2, 12.00000000000   ! Wickelschritt der Ankerspulen
*SET,BUEBR2, 3.000000000000   ! Breite einer Bürste in Grad
*SET,RWICKSTIRN2, 0.1000000000000E-05
! Stirnstreuwiderstand einer Spule
*SET,LWICKSTIRN2, 0.1000000000000E-05
! Stirnstreuinduktivität einer Spule
*SET,U2    ,   100.0000000000        ! Ankerspannung
*SET,RVOR2, 0.1000000000000E-05   ! Ankervorwiderstand in Ohm
```

```
gsm2_schalt2.txt
gsm2_interface.txt
```

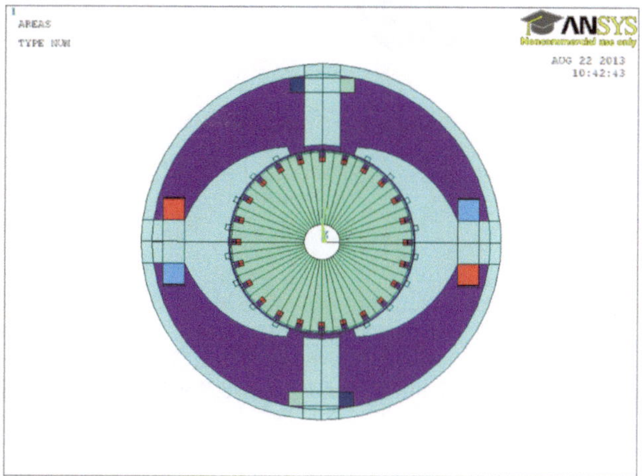

Abb. 12.232 Flächenmodell der Gleichstrommaschine mit Kompensations- und Wendepolwicklung

Dem Flächenmodell ist zu entnehmen, dass die Kompensationswicklungsspulen in Verbindung mit den Wendepolen und deren zugehörigen Spulen berücksichtigt werden. Dies wird durch die Attribute der einzelnen Flächen bestätigt.

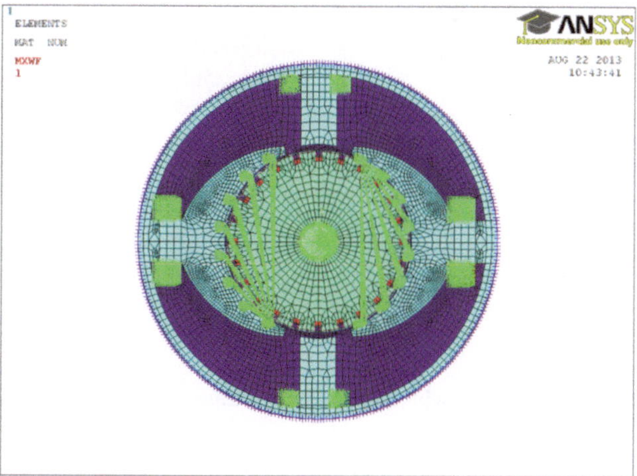

Abb. 12.233 Kopplung der Spulenseiten von Erreger-, Kompensations- und Wendepolwicklung

Entsprechend werden zur Vorbereitung der Schaltung Kopplungen in der Erreger-, Kompensations- und Wendepolwicklung auf der Statorseite erstellt.

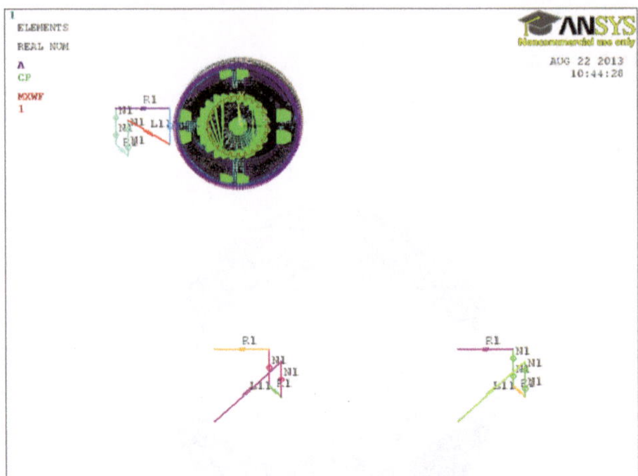

Abb. 12.234 Vorbereitung der Verschaltung der Erreger-, Kompensations- und Wendepolwicklungsspulen

Die statorseitige Verschaltung besteht aus der Erregerwicklung, die für die Ständerverschaltung berücksichtigt wird und die beiden Wicklungen der Kompensations- und Wendepolwicklungen, die nachfolgend in der Rotorverschaltung berücksichtigt werden.

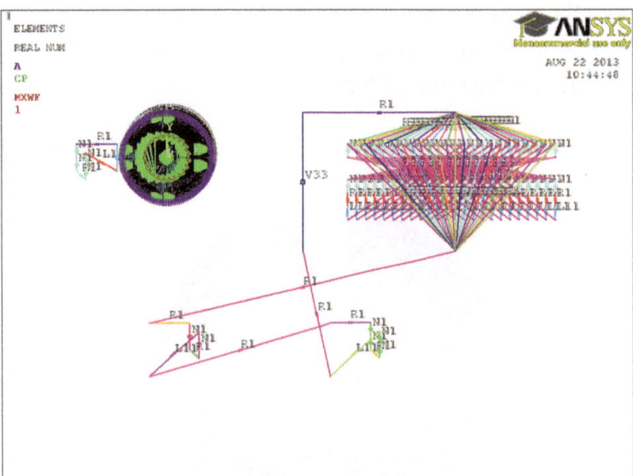

Abb. 12.235 Verschaltung der Ankerwicklung mit der Kompensations- und Wendpolwicklung

Nach der Verschaltung des Rotors sind die Zusatzwicklungen in Serie geschaltet mit der Ankerwicklung.

Statische Berechnung

Der gesamte Ablauf der statischen Berechnung der Gleichstrommaschine bei Ständer- und Ankerspeisung befindet sich in der Datei „gsm2_rechnung_statisch_1.txt" und hat folgenden Aufbau. Die Eingaben entsprechen der Berechnung der Gleichstrommaschine ohne Zusatzwicklung. Zusätzlich kann durch Entfernen der Zeile mit „/EOF" und neuerlicher Rechnung die Definition der Zusatzwicklungen geändert werden, dies kann auch sukzessive erfolgen.

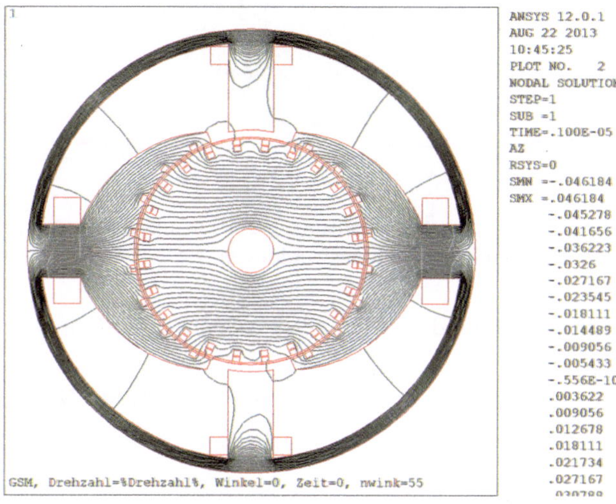

Abb. 12.236 Feldlinienbild bei Erregerstromspeisung mit 10 A und Ankerstromspeisung mit 1 A, 55 Kompensations- und 250 Wendepolwicklungswindungen

Bei Berücksichtigung der in vorangegangenen Schritten ermittelten Windungszahlen für die Kompensations- und Wendepolwicklung ergibt sich bei Stator- und Rotorspeisung das von alleinig der Erregerwicklung erzeugte Feld ohne Ankerrückwirkung. Das magnetische Feld in den Polschuhen ist gleichmäßig verteilt, es tritt nahezu kein Feld unter den Wendepolen in der Pollücke auf.

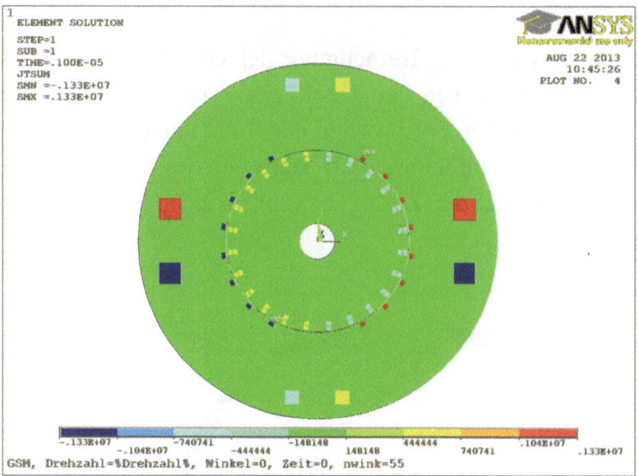

Abb. 12.237 Stromdichte bei Erregerstromspeisung mit 10 A und Ankerstromspeisung mit 1 A, 55 Kompensations- und 250 Wendepolwicklungswindungen

Der Stromdichteplot bestätigt, dass alle Spulensysteme Stromführen.

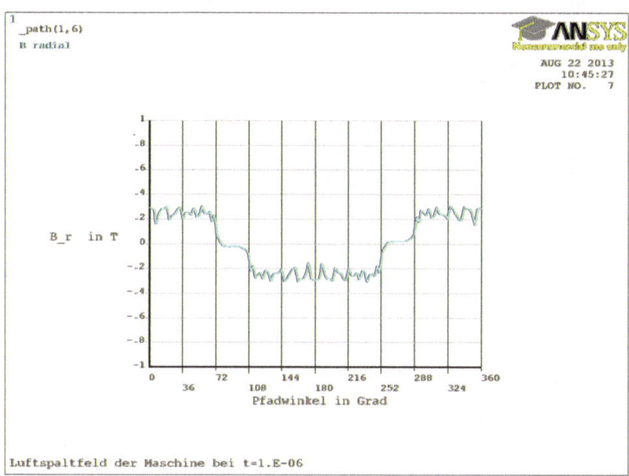

Abb. 12.238 Luftspaltfeld in Luftspaltmitte bei Erregerstromspeisung mit 10 A und Ankerstromspeisung mit 1 A, 55 Kompensations- und 250 Wendepolwicklungswindungen

Die Darstellung des Luftspaltfeldes in Luftspaltmitte bestätigt das nahezu konstante Feld im Bereich der Polschuhe und das auf Null abgesenkte magnetische Feld in der Pollücke. Der Feldverlauf entspricht bis auf die starken Nutungseffekte der Kompensationswicklung, die durch Verengung des Streusteges korrigiert werden können dem alleinigen Feld der Erregerwicklung und damit vollständigen Kompensation der Ankerrückwirkung.

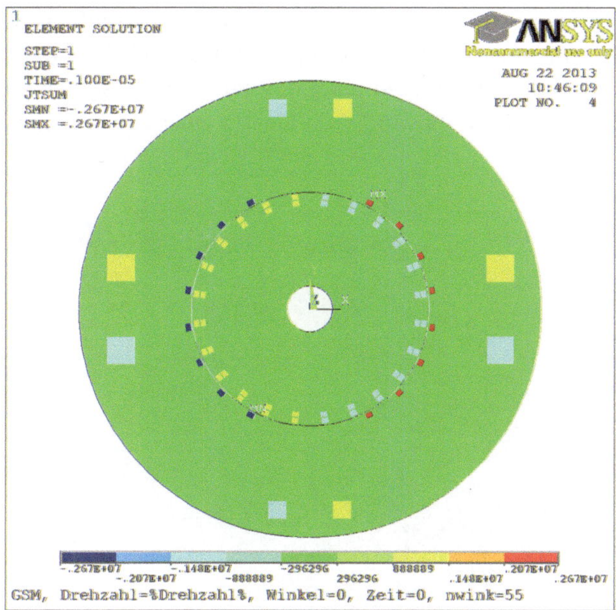

Abb. 12.239 Stromdichte bei Erregerstromspeisung mit 10 A und Ankerstromspeisung mit 2 A, 55 Kompensations- und 250 Wendepolwicklungswindungen

Bei Steigerung des Ankerstromes steigt die Stromdichte in den Anker-, Kompensations- und Wendepolspulen gegenüber den Erregerspulen an.

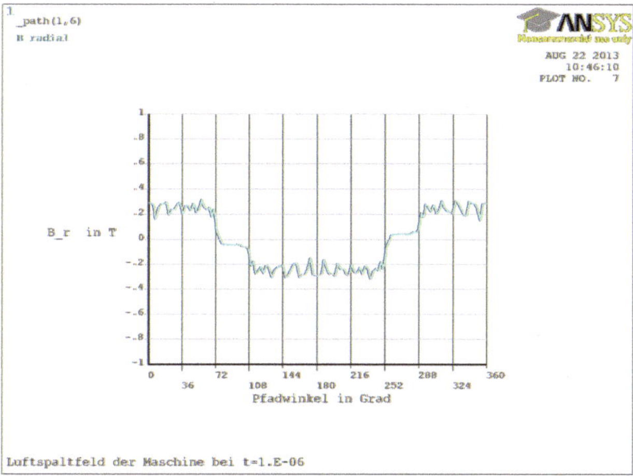

Abb. 12.240 Luftspaltfeld in Luftspaltmitte bei Erregerstromspeisung mit 10 A und Ankerstromspeisung mit 2 A, 55 Kompensations- und 250 Wendepolwicklungswindungen

Die Darstellung des Luftspaltfeldes in Luftspaltmitte bei verdoppeltem Ankerstrom bestätigt, dass die Windungszahlen der Kompensations- und Wendepolwicklungen gut gewählt wurden. Das magnetische Feld unter den Polschuhen ist weiterhin konstant, lediglich die Wendepolwindungszahl wurde zu Gunsten einer Überkommutierung etwas zu groß gewählt.

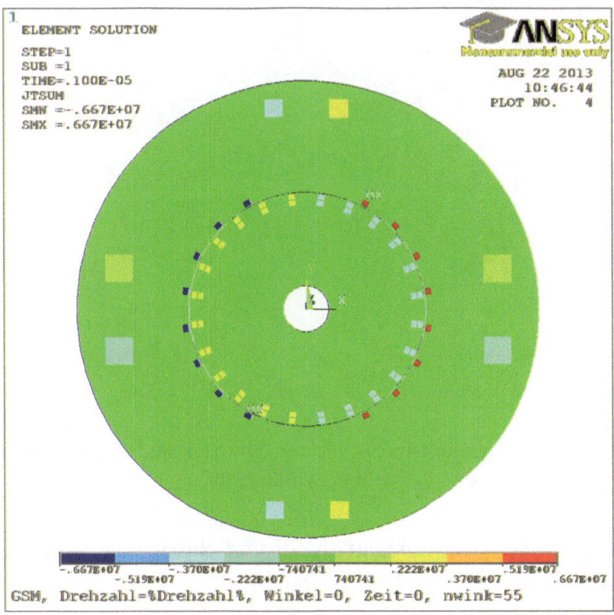

Abb. 12.241 Stromdichte bei Erregerstromspeisung mit 10 A und Ankerstromspeisung mit 5 A, 55 Kompensations- und 250 Wendepolwicklungswindungen

Bei weiterer Steigerung des Ankerstromes gegenüber dem Erregerstrom auf 5 A fällt die Stromdichte in der Anordnung der Erregerspulen weiter zurück.

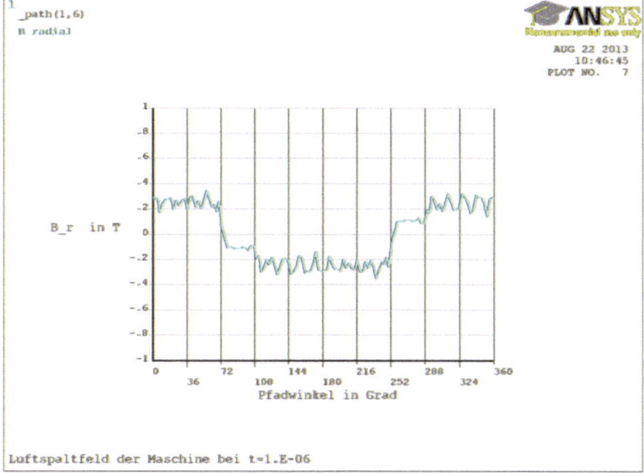

Abb. 12.242 Luftspaltfeld in Luftspaltmitte bei Erregerstromspeisung mit 10 A und Ankerstromspeisung mit 5 A, 55 Kompensations- und 250 Wendepolwicklungswindungen

Auch bei einem Ankerstrom von 5 A ist das magnetische Feld unter den Polschuhen nahezu konstant, während die zu groß gewählte Wendepolwicklung stärker in Erscheinung tritt.

Die Anwendung von ANSYS ist prinzipiell bereits durch Angabe des Arbeitsverzeichnisses und des Namens zur Problembeschreibung möglich. ANSYS speichert sämtliche Ausgaben in diesem Arbeitsverzeichnis. Sollen Skripten aufgerufen werden, so müssen diese idealerweise im Arbeitsverzeichnis vorhanden sein, um direkt aufgerufen werden zu können. Sollen Skripten von zentraler Stelle aufgerufen werden, so müssen diese in einem Verzeichnis abgelegt werden, das ANSYS über die Umgebungsvariablen in der Systemsteuerung von Windows über die Systemvariable „ansys_macrolib" mitgeteilt werden.

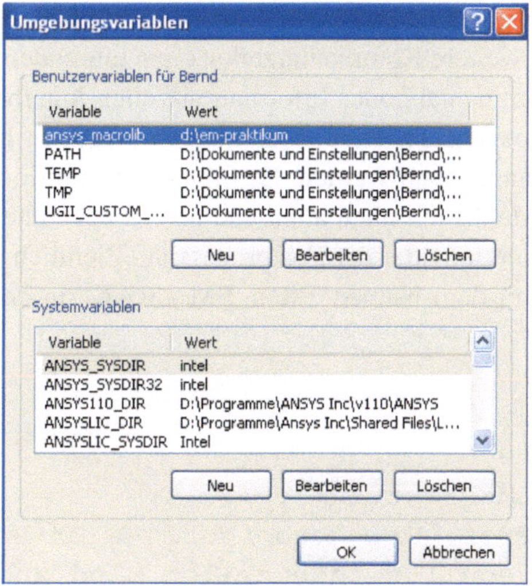

Abb. 13.1 Angabe des Verzeichnisses zentraler zugreifbarer Skripten und Makros über Umgebungsvariablen

© Springer Fachmedien Wiesbaden 2014

B. Aschendorf, *FEM bei elektrischen Antrieben 1*, DOI 10.1007/978-3-8348-2033-4_13

Werden alle diesem Buch zugehörigen Skripten abgelegt, so müssen lediglich einige wenige Steuerskripten zum Aufruf der Geometrieerstellung und zur Berechnung und Auswertung im Arbeitsverzeichnis abgelegt werden.

Damit ist parameterbasierte Berechnung auch ohne weitere Menüstrukturen komfortabel möglich. Idealerweise werden im Kopf der Dateien die zu verwendenden Parameter definiert und danach nach und nach die einzelnen Skripten, auch in Schleifen, aufgerufen.

13.1   Menüeinleitung

Weitere Vereinfachung und damit Steigerung des Komforts im Umgang mit ANSYS wird möglich durch die Einbindung ANSYS-spezifischer Menüstrukturen bei Verwendung der Programmiersprache UIDL. Die Anwendung von UIDL ist relativ kryptisch, besteht jedoch aus einigen wenigen, immer wiederkehrenden Menübestandteilen

Die Definition eines ANSYS-Menüs besteht aus einer Datei, die grundsätzlich mit der Endung „MEN0" benannt werden sollte. Die „0" steht hier für eine initiale Datei, die von ANSYS noch nicht bearbeitet oder angetastet wurde.

Menüzeilen beginnen grundsätzlich mit einem Ausrufezeichen. In der ersten Zeile des folgenden Menüblock, der den Beginn eines ANSYS-Menüs darstellt, steht hinter dem „F" der Name des ANSYS-Menüs, der mit dem Namen der Menü-Datei übereinstimmen sollte. Es folgt eine Zeile mit vorangehendem „I" zur Indizierung des Menüs mit nachfolgenden 3 durch Kommata getrennten Nullen, die von ANSYS beim ersten Aufruf geändert werden. Niemals darf daher ANSYS die in Arbeit befindliche Menüdatei übergeben werden. Es folgen weitere Kommentarzeilen ohne führenden Buchstaben nach dem Doppelpunkt. Sollen Kommentar- oder Informationszeilen innerhalb von ANSYS, z. B. in der OUTPUT-Datei ausgegeben werden, so können diese mit Kommentarzeilen nach voranstehendem „:C)" angegeben werden. Es folgt die Definition des Erscheinungsbildes des neuen ANSYS-Menüs mit allen alten und bereits bekannten Menüs, wie z. B. für das Preprocessing, die Solution oder das Postprocessing. Ziemlich am Ende wird das einzufügende neue Menü mit dem Namen „Men_EM_PRAK" in den Verband eingestellt.

```
:F EM_PRAK.MEN
:I      0,       0,       0
:! - ANSYS 11.0 EM-Praktikum V 1.1
:! FH-Dortmund, Prof. Dr. Aschendorf -> EM-Praktikum V 1.1
:! nachfolgende genullte Indexzeilen sind zu verwenden
:! i(9-18-27) s(9,16,23)
:!!I      0,       0,       0
:!!S      0,       0,       0
:!!
:N MenuRoot
```

```
:S        0,       0,       0
:T Menu
:C )/NOPR
:C )! Men_Root 30.03.2008
:C )/uis,msgpop,3
:C/COM,
:C/COM, Prof. Dr. Aschendorf, FH Dortmund
-> EM-Praktikum V 1.1
:C/COM, fuer ANSYS RELEASE  ab 11.0
:C/COM, Letzte Aenderung am 30.03.2008
:C/COM,
:C )/GO
:A Main Menu
:D EM-Praktikum V 1.1
Fnc_Preferences
Sep_
Men_Preproc
Men_Solution
Men_GenlPost
Men_TimePost
Sep_
Men_Topo
K_LN(alpha)
Men_DesOpt
K_LN(ALPHA)
Men_DesOpt_al
Men_ProbDesign
Men_Aux12
Men_RunStat
Sep_
Fnc_UNDO
Sep_
Fnc_FINISH
K_LN(UTILMENU)
Men_UtilMenu
Men_EM_PRAK
Sep_
Fnc_FINISH
K_LN(UTILMENU)
Men_UtilMenu
:E END
:!!
```

Dies hat folgendes neues Erscheinungsbild des ANSYS-Menüs zur Folge.

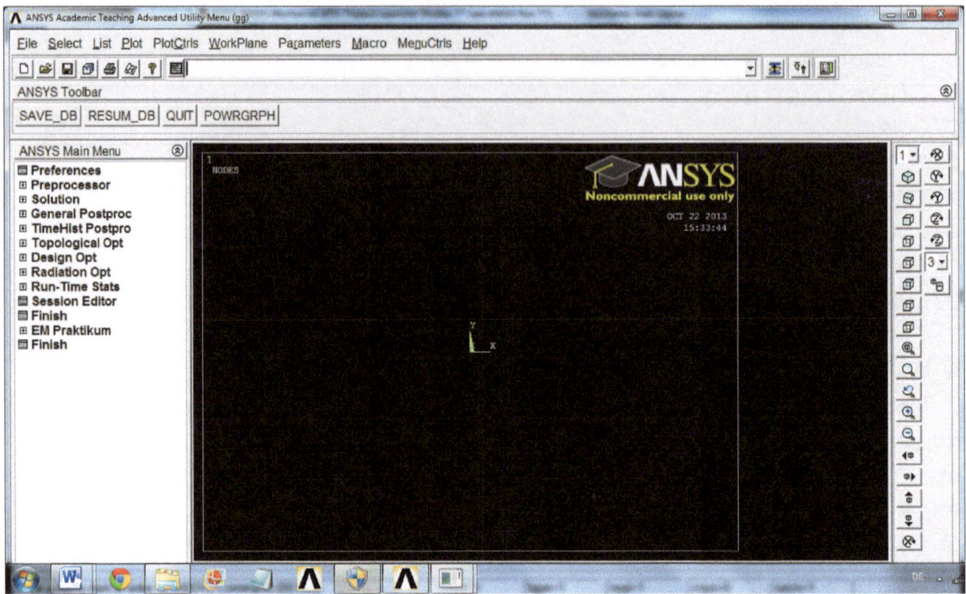

Abb. 13.2 Erscheinungsbild des neuen ANSYS-Menüs

13.2   Aufbau eines Untermenüs

Die Menüeintragzeile im neuen ANSYS-Menüs mit dem Inhalt „Men_EM_PRAK" ver-
weist an das neue eigentliche ANSYS-Menü. In diesem wiederum wird das neue Menü
zum Aufruf des Tools „EM-Praktikum", über das komfortabel einfache elektrische Maschinen aufgebaut werden können. Unter diesem Eintrag werden die weiteren Menüs zum
Aufbau von Transformatoren, Gleichstrommaschinen, etc. als weitere Menüs aufgeführt.
Diese wiederum verweisen wie bei Verwendung von Unterprogrammtechnik auf weitere
notwendige Menüs.

```
:N  Men_EM_PRAK
:S       0,       0,       0
:T  Menu
:C  )/NOPR
:C  )! Men_EM_PRAK 30.03.2008
:C  )/uis,msgpop,3
:C  )*GET,_z1,ACTIVE,,ROUTIN
:C  )*IF,_z1,NE,17,THEN
:C  )_z2='/PREP7'
```

```
:C  )*ELSE
:C  )_z2=')!'
:C  )*ENDIF
:C  %_z2%
:C/COM,
:C/COM, Prof. Dr. Aschendorf, FH Dortmund
-> EM-Praktikum V 1.1
:C/COM, fuer ANSYS RELEASE  ab  11.0
:C/COM, Letzte Aenderung am 30.03.2008
:C/COM,
:C  )/GO
:A EM Praktikum
:D EM-Praktikum
Fnc_MODELL_NEU
Men_EM_STROM
Men_EM_TRAFO
Men_EM_GSM
Men_EM_DREH
Men_EM_SYN
Men_EM_ASYN
Men_EM_LIN
:E  END
:!!
```

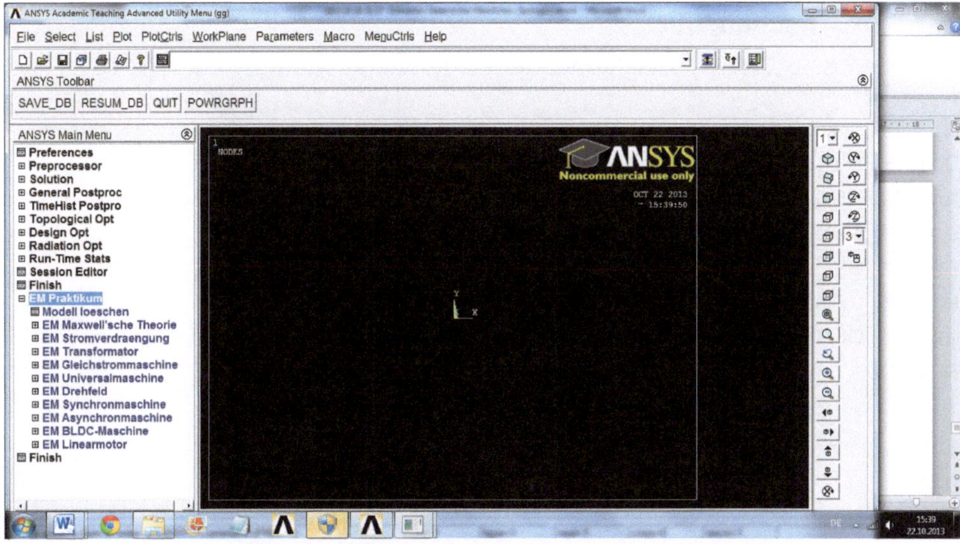

Abb. 13.3 Erscheinungsbild des neuen User-Menüs zum Tool EM-Praktikum

Sukzessive können weitere Untermenüs aufgebaut werden. Als Beispiel wird die Syntax für die Gleichstrommaschinengenerierung und -berechnung angegeben.

```
:N Men_EM_GSM
:S       0,       0,       0
:T Menu
:C )/NOPR
:C )! Men_EM_PRAK 16.11.04
:C )/uis,msgpop,3
:C )*GET,_z1,ACTIVE,,ROUTIN
:C )*IF,_z1,NE,17,THEN
:C )_z2='/PREP7'
:C )*ELSE
:C )_z2=')!'
:C )*ENDIF
:C %_z2%
:C/COM,
:C/COM, EM-Praktikum V 2.0
:C/COM, Prof. Dr. Aschendorf, FH Dortmund
:C/COM, fuer ANSYS RELEASE  ab  11.0
:C/COM, Letzte Aenderung am 14.01.2010
:C/COM,
:C/COM, Copyright Prof. Dr. Aschendorf
:C/COM, Nutzung erfordert Lizensierung durch
Prof. Dr. Aschendorf
:C/COM,
:C )/GO
:A EM Gleichstrommaschine
:D EM-Praktikum Gleichstrommaschine
Fnc_MODELL_NEU
Men_EM_GSM1
Men_EM_GSM2
Men_EM_GSM3
Men_EM_GSM4
:E END
:!!
```

Dieses hat entsprechend folgendes Erscheinungsbild.

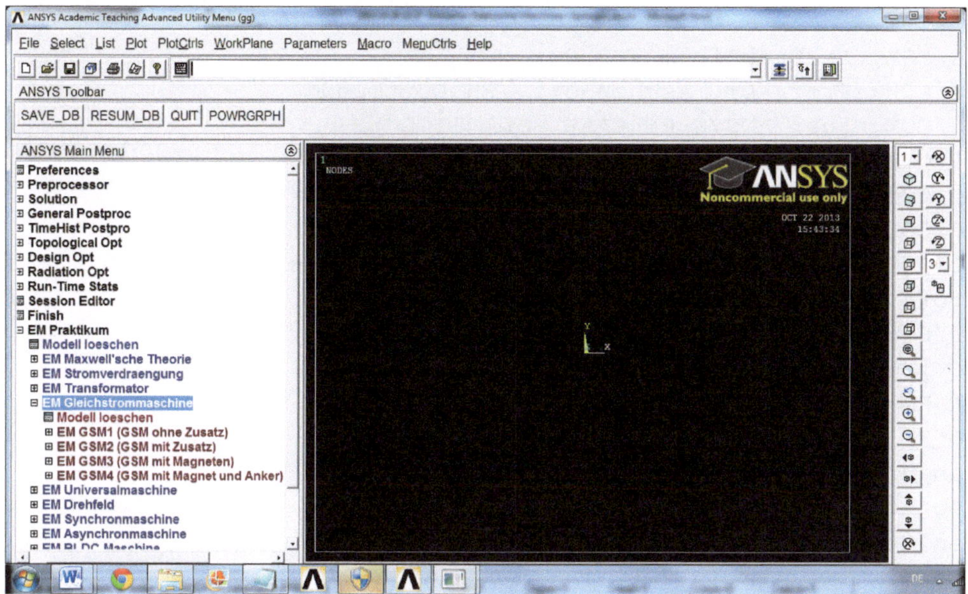

Abb. 13.4 Erscheinungsbild des neuen User-Menüs zum Aufruf der Gleichstrommaschinenberechnung

13.3   Einlesen von Parametern

Nach Aufruf eines Untermenüs müssen die Parameter für die nachfolgende Modellgenerierung, sowie der Modell- und Berechnungsablauf im Menü abgelegt werden. Am Beispiel des Menüs für die Gleichstrommaschine für den Typ „GSM1" ergibt sich folgende Syntax.

```
:N Men_EM_GSM1
:S      0,      0,      0
:T Menu
:C )/NOPR
:C )! Men_EM_GSM1 17.11.04
:C )/uis,msgpop,3
:C )*GET,_z1,ACTIVE,,ROUTIN
:C )*IF,_z1,NE,17,THEN
:C )_z2='/PREP7'
:C )*ELSE
:C )_z2=')!'
```

```
:C )*ENDIF
:C %_z2%
:C/COM,
:C/COM, EM-Praktikum V 2.0
:C/COM, Prof. Dr. Aschendorf, FH Dortmund
:C/COM, fuer ANSYS RELEASE  ab  11.0
:C/COM, Letzte Aenderung am 14.01.2010
:C/COM,
:C/COM, Copyright Prof. Dr. Aschendorf
:C/COM, Nutzung erfordert Lizensierung durch
Prof. Dr. Aschendorf
:C/COM,
:C )/GO
:A EM GSM1 (GSM ohne Zusatz)
:D EM-Praktikum Gleichstrommaschine (GSM ohne Zusatz)
Men_Vor5
Sep_
Men_Gene5
Sep_
Men_Aend5
Sep_
Men_Loes5
Sep_
Men_Ausw5
:E END
:!!
```

Dieses Untermenü steuert die Prozessschritte der Eingabendefinition, der Modellgenerierung, möglicher Änderungen, den Lösungs und Auswertungsprozess.

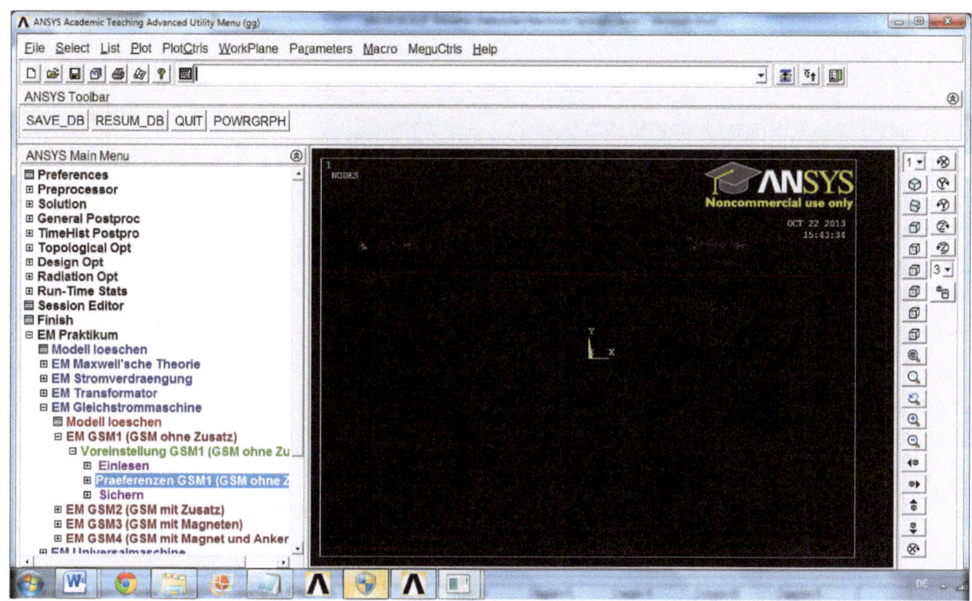

Abb. 13.5 Erscheinungsbild des Menüs zur Generierung, Berechnung und Auswertung der Gleichstrommaschine vom Typ 1

Es ist erkennbar, dass von allen angeführten Menüzeilen lediglich die Zeile für die Parametereingaben als „Praeferenzen" sichtbar ist. Dies ist auf das intelligente Menü zurückzuführen, dass die Generierung und damit auch alle weiteren Schritte erst möglich sind, wenn die Eingaben vollständig erfolgt sind.

Innerhalb des Untermenüs „Men_Vor5" mit der Überschrift „Praeferenzen" erfolgen die Eingaben zur Gleichstrommaschine. Auch dies erfolgt in weiteren einzelnen Untermenüs.

So steuert das Untermenü „Men_Vor5" die Eingabe der Parameter getrennt nach Stator, Rotor, etc. .

```
:N Men_Vor5
:S        0,       0,       0
:T Menu
:C )/NOPR
:C )! Men_Vor5 06.02.2001
:C )/uis,msgpop,3
:C )*GET,_z1,ACTIVE,,ROUTIN
:C )*IF,_z1,NE,17,THEN
:C )_z2='/PREP7'
:C )*ELSE
:C )_z2=')!'
```

```
:C  )*ENDIF
:C  %_z2%
:C/COM,
:C/COM,  EM-Praktikum V 2.0
:C/COM,  Prof. Dr. Aschendorf, FH Dortmund
:C/COM,  fuer ANSYS RELEASE   ab   11.0
:C/COM,  Letzte Aenderung am 14.01.2010
:C/COM,
:C/COM,  Copyright Prof. Dr. Aschendorf
:C/COM,  Nutzung erfordert Lizensierung durch
Prof. Dr. Aschendorf
:C/COM,
:C  )/GO
:A Voreinstellung GSM1 (GSM ohne Zusatz)
:D EM-Praktikum Voreinstellung GSM 1 (GSM ohne Zusatz)
Fnc_EMM_HIN
Sep_
- Einlesen -
Fnc_Rpar1
-Praeferenzen GSM1 (GSM ohne Zusatz)-
Fnc_Vor51
Fnc_Vor52
Fnc_Vor53
Fnc_Vor53b
- Sichern -
Fnc_Wpar1
:E END
:!!
```

Das funktionsausführende Untermenü „Fnc_Vor51" liest ein gesamtes Eingabedatenfile ein, dies muss die Endung „geo" aufweisen. Es erscheint folgendes Pop-up-Fenster.

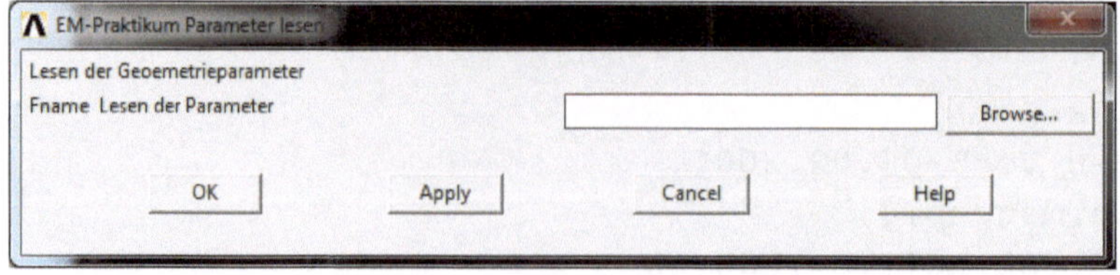

Abb. 13.6 Menü zum Einlesen einer Geometriebeschreibungsdatei

Nach Einlesen einer Geometriebeschreibungsdatei oder auch direkt werden die Eingabedaten eingeblendet und können geändert werden.

Am Beispiel des Funktionsuntermenüs „Fnc_Vor51" wird die Eingabe näher beschrieben. Die Eingabe einer Text- oder Variableneingabezeile beginnt mit „Fld_0" oder „Fld_2". Es folgt eine Textzeile zur Beschreibung des Ausgabetexts, die mit „Typ_Lab" beginnt und mit „Prm_Text" fortgesetzt wird. „Text steht hier für den Text zur Beschreibung der Eingabe. Es folgen zwei weitere Zeilen, mit denen die nächste Eingabezeile definiert wird, die in diesem Falle mit „Typ_Sep" beginnt und eine Texttrennung einleitet. Eine Parametereingabe beginnt mit einer Kommandozeile mit vorangestelltem „Cmd_)" und nachfolgendem ANSYS-Befehl zur Ausgabe der Variablen über einen „*SET"-Befehl. In einem weiteren mit „Fld_2" beginnendem Block wird zunächst der Eingabetext ausgegeben. Daran schließt sich die Weiterführung des „*SET"-Befehls an. In der Zeile „Typ_Real" wird das Format der Parameterausgabe definiert. Die Parametereingabe wird mit „DEF_*PAR(raussen)" abgeschlossen, die die Eingabe der Variablen, in diesem Falle „raussen" abschließt. Die vorhandenen Werte der Variablen werden zunächst eingeblendet und können im Menüfenster verändert werden.

```
:N Fnc_Vor51
:S       0,      0,      0
:T Cmd
:C )/NOPR
:C )! Fnc_Vor51 22.02.2000
:C )! Einstellungen Standard fuer Stator u Rotor
:C )/GO
:A Statordaten GSM1 (GSM ohne Zusatz)
:H Hlp_EMD_VOREIN2
:D EM-Praktikum GSM1 (GSM ohne Zusatz)
Inp_NoApply
Fld_0
 Typ_Lab
 Prm_Eingabe der Aussenblechgeometrie
Fld_0
  Typ_Sep
Cmd_)*SET,raussen
Fld_2
 Prm_Aussenradius        [m]
 Typ_Real
DEF_*PAR(raussen)
Cmd_)*SET,joch1
Fld_2
 Prm_Jochdicke [m]
 Typ_Real
DEF_*PAR(joch1)
Cmd_)*SET,jochdicke
```

```
Fld_2
 Prm_Statorstaerke gesamt [m]
 Typ_Real
DEF_*PAR(jochdicke)
Cmd_)*SET,jochtiefe
Fld_2
 Prm_Jochtiefe (lfe)
 Typ_Real
DEF_*PAR(jochtiefe)
Cmd_)*SET,delta
Fld_2
 Prm_Luftspalt (delta)
 Typ_Real
DEF_*PAR(delta)
Fld_0
 Typ_Sep
Cmd_)*SET,p
Fld_2
 Prm_Polpaarzahl (p)
 Typ_Real
DEF_*PAR(p)
Cmd_)KEYW,VOREIN1,1
Cmd_)KEYW,TRAFO1,0
Cmd_)KEYW,TRAFO2,0
Cmd_)KEYW,DREH,0
Cmd_)KEYW,VOLL,0
Cmd_)KEYW,GSM1,1
Cmd_)KEYW,SCHEN,0
CAL_REFRESH
:E END
:!!
```

Am Ende des Parametereingabemenüs werden über die Keywörter „KEYW" die intelligenten Eigenschaften des Menüs gesteuert.

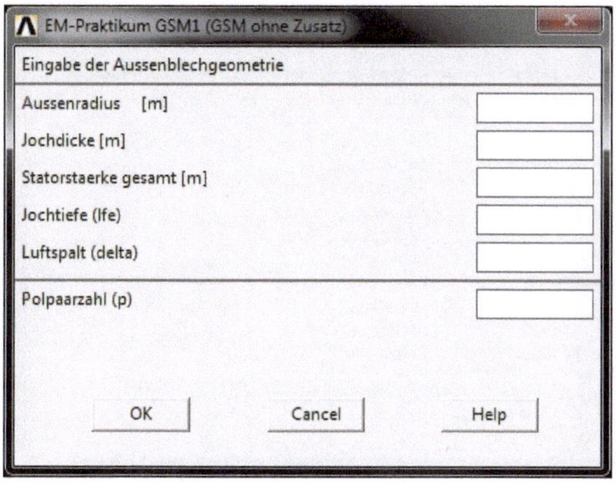

Abb. 13.7 Erscheinungsbild des Parametereingabemenüs

13.4   Aufruf von APDL-Skripten

Skripten mit ANSYS-Befehlen werden in Funktionsmenüs mit Namen vom Typ „Fnc_
menue" aufgerufen, indem bei vorangestelltem „Cmd_)" direkt im Anschluss das Skript,
bzw. Makro, aufgerufen wird, im vorliegenden Falle „trafo1p-material.txt".

```
Fld_2
 Prm_Fuellfaktor sekundaer
 Typ_Real
 Def_*PAR(fil2)
Cmd_)trafo1p-material.txt
Cmd_)KEYW,DEFI2,1
Cmd_)KEYW,DEFI1,0
Cal_REFRESH
:E END
:!!
```

13.5   Einbindung des User-Menüs in das ANSYS-Benutzer-Menü

Das so erstellte User-Menü muss innerhalb der ANSYS-Programmumgebung integriert
werden. Dies erfordert zwei Änderungen. Zunächst muss das erstellte Menü im Dateibaum
an der Stelle der weiteren ANSYS-Menüs abgelegt werden. Hierzu erfolgt eine Kopie des
Usermenüs mit der Endung „MEN0" in eine Datei an der entsprechenden Stelle mit der
Endung „MEN". Prinzipiell kann das neue User-Menü auch an jeder beliebigen anderen
Stelle im Dateibaum abgelegt werden.

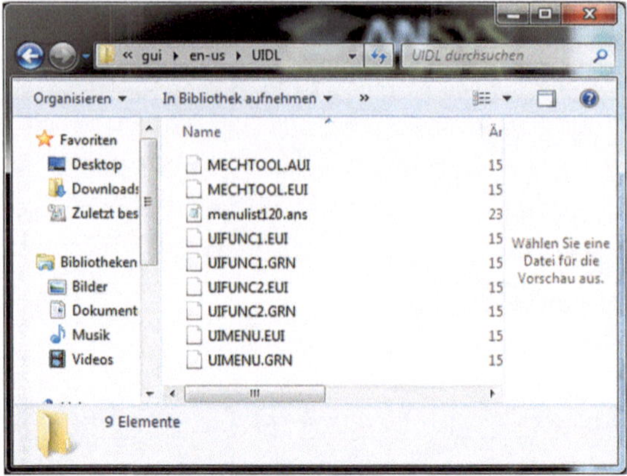

Abb. 13.8 Dateien im UIDL-Verzeichnis

In der in diesem Verzeichnis liegenden Datei „menulist*.ans", wobei der Stern „*" für die ANSYS-Version steht, ist das neue ANSYS-Menü, sowie der Dateiablageort anzugeben.

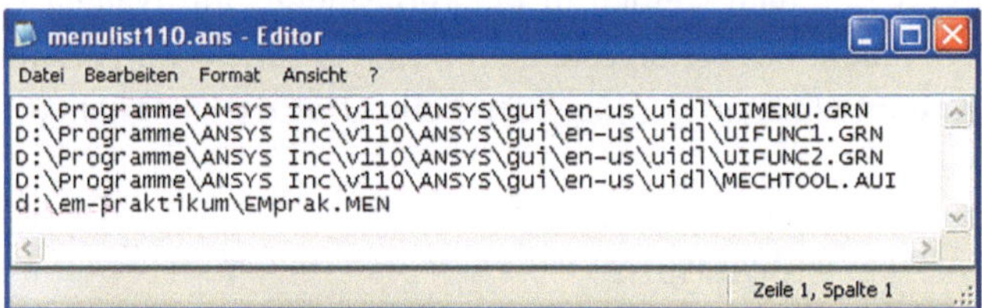

Abb. 13.9 Inhalt der Menüdefinitionsdatei

Desweiteren sind Änderungen an der Datei „start*.ans" im „apdl"-Verzeichnis vorzunehmen.

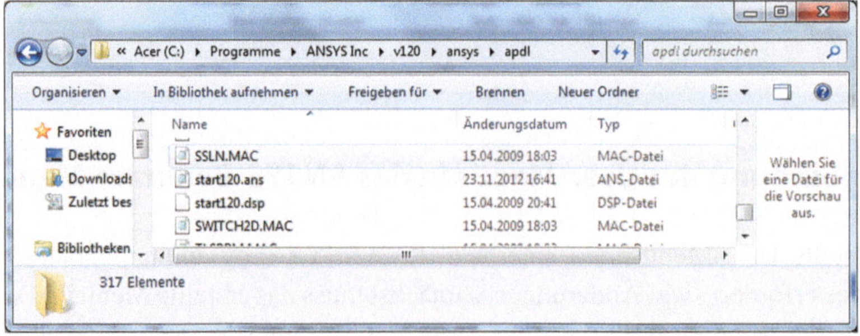

Abb. 13.10 ANSYS-Startdatei im „apdl"-Verzeichnis

```
! ************************************************************
!
!       Sample START.ANS file provided by Ansys, Inc.
!                 for the ANSYS Program
!                      8/07/2002
!
! All of the commands included in this file are commented.
! If you want to have any command executed at ANSYS start-up,
! simply remove the ! from the beginning of the line.
!
!
!/NOPR    ! Suppresses printout of the START.ANS file
!
!
! Suggested ANSYS abbreviations for the Toolbar:
!
!*ABBR,REPLOT ,/REPLOT
! Replots the last graphics display
!*ABBR,ISO    ,/VIEW,,1,1,1
! Changes the view to isometric
!*ABBR,FRONT  ,/VIEW,,0,0,1
! Changes the view to front view
!*ABBR,VECTOR ,/DEVICE,VECT,ON
! Specifies vector mode for graphics displays
!*ABBR,RASTER ,/DEVICE,VECT,OFF
! Specifies raster mode for graphics displays
!*ABBR,NOERASE,/NOERASE
! Does not erase the screen between plots
!*ABBR,ERASE  ,/ERASE
! Erases the screen between plots
!*ABBR,HID_LINE,Fnc_Pl_Hidden
! Brings up dialog box for hidden-line options
!*ABBR,INFO-ON ,/PLOPTS,INFO,ON
! Turn the legend information on
!*ABBR,INFO-OFF,/PLOPTS,INFO,OFF
! Turn the legend information off
!*abbr,RESU_ABR,Fnc_ABBRESU
! Brings up a dialog box to read an
! abbreviation file
!
!
```

```
! The next abbreviations are system-dependent:
!
! To invoke a system editor:
!*ABBR,SYS_EDIT,/SYS,xterm -title 'ANSYS  vi_Editor' -e vi &
! UNIX
!*ABBR,SYS_EDIT,/SYS,start notepad   ! Windows-NT
!
! To bring up a system calculator:
!*ABBR,CALCULAT,/SYS,xcalc -stipple -geom -0+0 &   ! UNIX
!*ABBR,CALCULAT,/SYS,start calc                    ! Windows-NT
!*ABBR,CALCLTR ,/SYS,xhpcalc -geom -0+0 &          ! HP
!
!
! It is possible to have multiple toolbars by having
different abbreviation
! files.  (The files must be available in a directory on
! your system.)  The way to access them is to have the
! following type of abbreviations defined INSIDE the
! initial (main) abbreviation file.
!
!*ABBR,MAINTBAR,ABBRESUM,NEW,MAINTBAR,ABBR   ! Restores the
main Toolbar
!*ABBR,GRPHTBAR,ABBRESUM,NEW,GRPHTBAR,ABBR   ! Restores a
! Toolbar customized for graphics manipulations
!*ABBR,POSTTBAR,ABBRESUM,NEW,POSTTBAR,ABBR   ! Restores a
! Toolbar customized for postprocessing
!
!
! There are five predefined ANSYS abbreviations in the
Toolbar. The following
! commands can be used to remove them (by removing the
exclamation point).
!
!*ABBR, SAVE_DB
!*ABBR, RESUM_DB
!*ABBR, QUIT

!  ....

!*ABBR, RESUM_DB, RESUME
!*ABBR, E-CAE,    SIMUTIL
!*ABBR, POWRGRPH, Fnc_/GRAPHICS
```

```
! An abbreviation can be added to bring up your web browser
with www.ansys.com
! by adding the following command
!*ABBR, ANSYSWEB, Fnc_HomePage
!


! Initial ANSYS parameters:
!PI=ACOS(-1)
!
!


!    .....


!                      Button 3 is rotate about x or y axis
!
! ************  End of sample START.ANS file  ************
keyw,adorf36,1
/show,win32c
/config,nres,2000000
keyw,adorf6,1
```

Die Änderungen betreffen die Lizensierung des Tools „EM-Praktikum".

Die Ablageort der Makros wird wie bereits beschrieben über die Systemsteuerung und dort unter „Umgebungsvariablen" definiert.

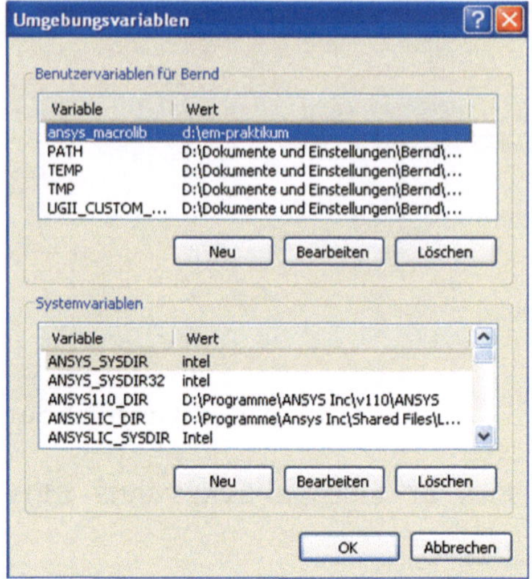

Abb. 13.11 Angabe des Verzeichnisses zentraler zugreifbarer Skripten und Makros über Umgebungsvariablen

Nach Einrichtung und Ablage der Dateien und Änderung kann das neue Menü angewendet werden, um menügestützt ein Modell zu generieren.

Auf der Basis der grundlegenden Herleitung der Finite-Elemente-Theorie und damit der Maxwell'schen Gleichungen wurde die Verwendung von ANSYS vorgestellt, um zunächst am Beispiel der Stromverdrängungsberechnung in einer Trapeznut die Prozessschritte zur Generierung, Berechnung und Auswertung näher kennenzulernen. Im ersten Prozessschritt, dem sogenannten Preprocessing, wurden die Methoden zur Erstellung des Finite-Elemente-Modells mit Geometriepunkten, Linien, Flächen, Finite-Elemente-Knoten und Elementen vorgestellt. Dabei wurde die klassische Bottom-up-Methode, aber auch die modernere Top-down-Methode bei Verwendung Boole'scher Operationen vorgestellt. Beide Methoden gemeinsam eingesetzt erlauben die komfortable Erzeugung von Finite-Elemente-Modellen. Zum Preprocessing gehört auch die Definition der Elementtypen, die der Umsetzung der Finite-Elemente-Theorie entsprechen, und die Parametrierung der Materialeigenschaften, die isotrop, anisotrop und auch nichtlinear sein können. Elementtypen und Materialien werden der Geometrie des Modells als Attribute zugeordnet. Es schließt sich die Vernetzung, bzw. Vermaschung an, bei der die diskretisierte Geometrie mit Finiten-Elementen überzogen wird. Auch dieser Arbeitsschritt kann mit verschiedenen Ansätzen und Vorgehensweisen erfolgen. Der Vermaschung schließt sich die Definition der Randbedingungen und Lasten, z. B. Stromdichten in bestimmten Gebieten, an. Damit wurden erste Berechnungen ermöglicht, die im Prozessschritt der Berechnung, auch Solution genannt, als statische oder harmonische Berechnung erfolgen. Im nachfolgenden Auswertungsschritt, dem Postprocessing, werden die berechneten Ergebnisse mit direkten oder tabellarischen Auswertungen oder durch graphische Analysen über Feldlinien- oder Konturplots analysiert. Zu den Konturplots für magnetische Feldstärke und Flußdichte oder Stromdichte gesellen sich auch vektorielle Auswertung der magnetischen Feldstärke und Flußdichte. Es zeigt sich schnell, dass der Umgang mit ANSYS zwar über das intelligente Benutzermenü relativ gut geführt ist, wenn man die Befehle schnell findet oder weiß, wo sie sich verbergen, aber dennoch unflexibel und schlecht änder- oder anpassbare Modelle liefert. Der Übergang zur skriptgesteuerten Anwendung von ANSYS, dem sogenannten BATCH-Betrieb ist für einen effizienten Einsatz

© Springer Fachmedien Wiesbaden 2014

B. Aschendorf, *FEM bei elektrischen Antrieben 1*, DOI 10.1007/978-3-8348-2033-4_14

von ANSYS unumgänglich. Es wurde eine Methode vorgestellt, bei der grundlegend über das Benutzermenü das Modell aufgebaut wird, aber durch Auslesen des von ANSYS parallel mitgeführten LOG-Files die abgelegten aufgerufenen Befehl in ein eigens erstelltes INPUT-File übertragen werden und dort direkt oder in Abwandlung weiterverwendet werden können. So entstehen bei Verwendung der Programmiersprache APDL flexibel änder- und erweiterbare Skripten auch in Unterprogrammtechnik, die innerhalb von ANSYS sehr einfach eingelesen werden können und nach kürzester Zeit das Modellierungs- oder sogar Rechenergebnis liefern. Bei Verwendung von APDL in Skripten kann die Vorgehensweise zum Aufbau eines Finite-Elemente-Modells dokumentiert werden, um darauf basierend, weitere Modelle oder ganze elektrische Maschinen in Verbindung mit deren verschiedenen Verschaltungsmöglichkeiten zu modellieren.

Hinsichtlich der Berechenbarkeit elektrischer Maschinen wurde auf Transformatoren und eine Gleichstrommaschine eingegangen.

Transformatoren stellen sich als Einphasentransformator als relativ einfaches Finite-Elemente-Modell dar, das auch durch eine sehr einfache Beschaltung realisiert werden kann. Vorgestellt wurde die statische Berechnung zur Kontrolle des erstellten Finite-Elemente-Modells, danach die harmonische Berechnung zur Darstellung der verschiedenen Belastungen sekundärseitiger Leerlauf, Kurzschluss und Belastung. Transiente Berechnungen wurden als zeitveränderliche Rechnungen vorgestellt, mit denen dieselben Belastungen, wie bei der harmonischen Berechnung, aber auch Belastungsänderungen nach bestimmter Zeit berechnet werden können. Wesentlich aufwändiger gestaltet sich die Modellgenerierung des Dreiphasentransformators, dessen Modellgenerierung nur durch die Verwendung der Methoden Spiegelung und Kopie vereinfacht werden kann. Hinsichtlich der Berechnungsmöglichkeiten unterscheidet sich der Drei- nicht vom Einphasentransformator.

Die Gleichstrommaschine wurde in den Varianten als Gleichstrommaschine mit ausgeprägten Erregerpolen und verteilter Ankerwicklung bearbeitet, wobei auch auf die Zusatzwicklungen Kompensations-, Kompound- und Wendepolwicklung eingegangen wurde. Verwendet wurde ein vereinfachtes Kommutierungsmodell, bei dem die Verbindungen der Bürsten zu den Lamellen des Kommutators über einzeln zuschaltbare Widerstände realisiert wurden. Mit dieser Berechnungsmethode wurden statische Berechnungen zur Ermittlung von Erreger- und Ankerfeld separat, aber auch in Verbindung mit der Ankerrückwirkung durchgeführt. Durch gezielte Variation der Zusatzwicklungen wurden die Auswirkungen der Ankerrückwirkung durch Kompensations-, Kompound- und Wendepolwicklung kompensiert. Die transiente Berechnungsmethode wurde als ortsveränderliche Zeitschrittrechnung angewandt, um die induzierte Spannung und den Kurzschlussstrom am Anker in Abhängigkeit der Drehzahl, aber auch Hochlauf und Belastung zu berechnen. Das vorgestellte Kommutierungsmodell erwies sich dabei als sehr praktikabel, um schnell Ergebnisse zu erzielen.

Es ist noch zu ergänzen, dass ANSYS ein eingetragenes Warenzeichen der ANSYS INC, Canonsburg, ist.

Literatur

Erst berechnen, dann bauen, FEM bei magnetischen Problemen Elektrischer Maschinen, Konstruktionspraxis Nr. 6, 6/96

Simulation von Elektromotoren per FEM, Erweiterung eines FEM-Programms, Antriebstechnik 39, 8/00

Berechnung elektrischer Maschinen, Konstruktionspraxis 9/00

Angepasste Softwaremodule ermöglichen optimale Berechnung, Ruhrwirtschaft 9/00

Berechnung von elektrischen Maschinen, VDI-Konstruktion 9/00

Finite-Elemente-Programm vereinfacht Entwicklung elektrischer Maschinen, Maschinenmarkt 47/2000

Elektrische Maschinen in kürzester Zeit generiert und gerechnet, CADFEM-Infoplaner 1/2001

Entwicklung und Analyse elektrischer Maschinen auf der Basis von FEM, Amperehaltiger Röntgenblick, KEM 2/2001

Komplexe Berechnungen, Entwicklung und Analyse von Elektrischen Maschinen, Konstruktionspraxis 4/2001

Transiente Simulation linearer elektrischer Maschinen, HRZ computer-Postille Nr. 1 2004

Einbindung eines Finite-Elemente-Tools zur Unterstützung in der Lehre, etz S4/2007

Vortrag „EM-Design", Internationale ANSYS-Konferenz in Friedrichshafen, 2000

Vortrag „Transient simulation of moving and rotating electrical machines using Ansys", Simulationskonferenz LUXFEM in Luxemburg, 2003

Vortrag „Transient simulation of moving and rotating electrical machines using Ansys", IEEE-ISIE in Ajaccio, Korsika, 2004

Vortrag „Transient simulation of moving and rotating electrical machines using Ansys", US-ANSYS-Konferenz in Pittsburgh, 2004

Vortrag „EM-practical course, Integration of a finite element tool for the support of training courses and lectures of electrical machines and drives", US-ANSYS-Konferenz in Pittsburgh, 2005

Vortrag über verschiedene Ansätze von Randbedingungen bei Linearmotorberechnungen, Internationale ANSYS-Konferenz in Stuttgart, studentischer Beitrag, 2006

Vortrag „Über den Vergleich der transienten Berechnung von Elektromotoren mit ANSYS und ANSOFT/Maxwell", Internationale ANSYS-Konferenz in Dresden, 2007

Vorträge über die FEM-Berechnung von BLDC- und Asynchronkäfigläufermaschinen, Internationale ANSYS-Konferenz in Leipzig, studentischer Beitrag, 2009

© Springer Fachmedien Wiesbaden 2014

B. Aschendorf, *FEM bei elektrischen Antrieben 1*, DOI 10.1007/978-3-8348-2033-4

Vortrag „Nutzung des Tools EM-Praktikum und ANSYS in den Lehrveranstaltungen der Elektrischen Maschinen", Internationale ANSYS-Konferenz in Kassel, 2012

Vortrag „Auslegung und Simulation von asynchronen Linearmotoren mit Wirbelstromschiene für ein People-Mover-System", Internationale ANSYS-Konferenz in Kassel, 2012

Vortrag „Erfahrungen mit den Lehrveranstaltungen Grundlagen der FEM und Entwerfen Elektrischer Maschinen", Internationale ANSYS-Konferenz in Kassel, studentischer Beitrag, 2012

Vortrag „Transrapid – Utopie oder sinnvolle technische Anwendung", Lathen 2004

Vortrag „Metrorapid Utopie oder sinnvolle technische Anwendung", Hamm 2005

Untersuchung eines Asynchronlinearmotors mit Wirbelstromschiene unter Berücksichtigung numerischer Feldberechnungsmethoden, Bachelor Thesis

Untersuchung der Performance verschiedener Rechnerstrukturen und Betriebssysteme mit Bezug auf die Anwendung von ANSYS am Beispiel verschiedener elektrotechnischer Projekte, Diplomarbeit

Vergleichende Berechnung von permanenterregten Gleichstrommotoren zwischen den FEM-Berechnungsprogrammen Maxwell und ANSYS, Diplomarbeit Kroll

Parameterbasierte FEM – Berechnung der Betriebseigenschaften einer Hysteresekupplung für eine Flaschenverschließanlage, Diplomarbeit, Burbank

Parameterbasierte FEM-Berechnung der Betriebseigenschaften einer Wirbelstromkupplung mit mehrschichtiger Wirbelstromscheibe, Diplomarbeit, Ortmann

Transiente numerische Untersuchung des Betriebsverhaltens eines Synchronlinearmotors bei Variation von Geometrieparametern unter Verwendung des Finite-Elemente-Programms ANSYS, internes Projekt

Entwicklung einer Resonanzfrequenzregelung zur Optimierung des Wirkungsgrades von Magnetantrieben durch FEM-Multiphysiksimulation des Schwing- und Regelsystems, internes Projekt, Keller

Analyse von Asynchron-Linear-motoren unter Berücksichtigung der Wicklungsanordnung in der Nutunterlage mit Hilfe des Finite-Elemente-Programms Ansys, Diplomarbeit

Nachbildung und Untersuchung eines Versuchsaufbaus der Firma ELWE-Lehrsysteme GmbH, internes Projekt

ANSYS-Hilfetexte

Diverse ANSYS-Handbücher

Skripten zu Elektrische Maschinen I und II, Prof. Dr. Aschendorf, FH Dortmund

Anleitungen zu Praktika der Elektrische Maschinen, Prof. Dr. Aschendorf, FH Dortmund

Programmpaket EM-Design, Prof. Dr. Aschendorf, FH Dortmund

Programmpaket EM-Praktikum, Prof. Dr. Aschendorf, FH Dortmund